工業管理與行銷

劉金文 主編

前 言

　　進入21世紀以來，社會經濟和科學技術的發展使得企業的生產方式、經營模式發生了根本性的變化。現代企業的任何一項生產技術活動都不單純是技術問題；任何一個行業的競爭也都不單純是生產技術競爭，而是技術水準、管理水準、市場營銷能力、能源節約、環境保護等多方面的綜合競爭。工程技術人員在進行研究、開發、設計、測試和生產時，不僅要有更高的技術水準，還要具備一定的生產管理、營銷管理、財務管理等相關領域的知識。因此，現代高等工程教育一方面要加強理工科學生技術素質、創新能力的培養；另一方面還要加強其經濟管理素質和能力的培養。只有這樣才能使其成為適應社會發展需要的人才。

　　目前理工科專業經濟管理課程的教學仍然停留在較低的水準上，沒有規範的課程體系設置和教學內容安排，主要原因是人們對理工科學生應具備哪些經濟管理素質認識模糊，沒有明確的培養目標。一般情況是學校根據各自的教學資源、教師憑藉各自的專業知識結構和水準來設置課程、安排教學內容。因此，不同的學校所開設的課程在內容的廣度和深度上差異很大。我們編寫的《管理與營銷》教材，從理工科專業人才經濟管理素質的培養目標應與經濟管理類專業培養目標不同出發，不過分強調經濟管理基礎理論的基礎性、系統性和連貫性，而是從當代工程師和生產現場管理者應具有的基本經濟學、管理學知識和市場營銷技能為主要培養目標來安排內容。這本針對理工科學生編寫的《管理與營銷》可以納入高等院校理工科等專業本科和專科學生的教材體系，從知識結構上來彌補理工科學生對經濟管理素質的不足。

　　本書吸收了國內外較新的企業管理、財務管理、市場營銷學成果和編寫人員多年的教學經驗，力求在加強理工科學生經濟管理素質和能力的培養上，做到基礎性、實踐性、前瞻性的統一，充分體現新時期高等院校人才培養的新特點與新要求。本書以管理原理為基礎，財務管理、市場營銷策略為重點，將理工科學生應具備的經濟管理素質和能力融於一書。本書為努力擴大信息量、強化可讀性、加深讀者的理解，將案例溶入到章節中，並在結構安排上，各章均採取了教學目標、教學重難點、關鍵概念、本章小結、思考與練習、並列的方式，內容完整，結構合理，有利於培養學生的實踐能力。

由於客觀條件和水準有限，本書難免有不足和疏漏，懇請各位讀者批評指正！

編者

目 錄

第一章 管理學基礎 …………………………………………………… (1)
 第一節 管理與管理者 ……………………………………………… (1)
 第二節 管理的職能 ………………………………………………… (4)

第二章 生產運作管理 ………………………………………………… (17)
 第一節 生產運作管理基礎 ………………………………………… (17)
 第二節 現場管理 …………………………………………………… (22)

第三章 質量管理 ……………………………………………………… (30)
 第一節 質量管理基礎 ……………………………………………… (30)
 第二節 全面質量管理 ……………………………………………… (35)

第四章 財務管理的基本理論 ………………………………………… (44)
 第一節 財務管理概述 ……………………………………………… (44)
 第二節 資金時間價值 ……………………………………………… (51)
 第三節 風險價值 …………………………………………………… (62)

第五章 籌資管理 ……………………………………………………… (70)
 第一節 籌資概述 …………………………………………………… (70)
 第二節 負債資金的籌集 …………………………………………… (76)
 第三節 權益資金的籌集 …………………………………………… (87)
 第四節 混合性籌資 ………………………………………………… (96)
 第五節 資金成本 …………………………………………………… (98)
 第六節 財務風險的衡量 …………………………………………… (102)
 第七節 資金結構與籌資決策 ……………………………………… (108)

第六章 企業項目投資管理 …………………………………………… (115)
 第一節 項目投資決策的相關概念 ………………………………… (115)
 第二節 項目投資淨現金流量的確定 ……………………………… (118)

第三節　項目投資決策評價方法 …………………………………（122）
　　第四節　投資項目評價方法的應用 ………………………………（128）
　　第五節　項目投資風險的分析 ……………………………………（133）

第七章　企業財務分析 …………………………………………………（140）
　　第一節　財務分析概述 ……………………………………………（140）
　　第二節　償債能力分析 ……………………………………………（147）
　　第三節　營運能力分析 ……………………………………………（151）
　　第四節　獲利能力分析 ……………………………………………（155）
　　第五節　綜合財務分析 ……………………………………………（159）

第八章　市場營銷原理 …………………………………………………（164）
　　第一節　市場營銷概述 ……………………………………………（164）
　　第二節　顧客價值與顧客滿意 ……………………………………（170）
　　第三節　市場營銷環境 ……………………………………………（176）
　　第四節　消費者市場 ………………………………………………（184）
　　第五節　目標市場營銷戰略 ………………………………………（196）

第九章　產品策略 ………………………………………………………（207）
　　第一節　產品整體概念 ……………………………………………（207）
　　第二節　產品生命週期 ……………………………………………（213）
　　第三節　產品組合 …………………………………………………（219）
　　第四節　新產品開發 ………………………………………………（225）

第十章　分銷策略 ………………………………………………………（231）
　　第一節　分銷渠道含義及類型 ……………………………………（232）
　　第二節　分銷渠道的設計和管理 …………………………………（236）
　　第三節　分銷渠道模式 ……………………………………………（245）

第十一章　價格策略 ……………………………………………………（251）
　　第一節　影響定價的因素 …………………………………………（252）
　　第二節　定價方法 …………………………………………………（259）

第三節　定價技巧與策略 …………………………………………（264）

第十二章　促銷策略 ………………………………………………（272）
　　第一節　促銷組合 …………………………………………………（272）
　　第二節　人員推銷 …………………………………………………（276）
　　第三節　廣告策略 …………………………………………………（284）
　　第四節　銷售促進策略 ……………………………………………（291）

附錄 …………………………………………………………………（294）

第一章　管理學基礎

學習目的：

　　通常本章學習，理解管理的定義及特徵；瞭解管理的層次；掌握目標管理的內容；掌握重要的激勵理論。

重點與難點：

　　正確把握目標管理和激勵方法運用的條件。

關鍵概念：

　　管理　目標管理　SWOT 分析法　需要層次理論　公平理論　期望理論

第一節　管理與管理者

一、管理

（一）管理的定義

　　管理活動自古即有，但什麼是管理，從不同的角度出發，可以有不同的理解。從字面上看，管理有管轄、處理、管人、理事等意，即對一定範圍的人員及事務進行安排和處理。但是這種字面的解釋是不可能嚴格地表達出管理本身所具有的完整含義的。

　　管理是指一定組織中的管理者，通過實施計劃、組織、人員配備、領導、控制等職能來協調他人的活動，使別人同自己一起實現既定目標的活動過程。

　　1. 管理的特徵

　　為了更全面地理解管理的概念，理解管理學研究的特點、範圍和內容，我們還可以從以下幾方面來進一步把握管理的一些基本特徵。

　　第一，管理是一種社會現象或文化現象。只要有人類社會存在，就會有管理存在，因此，管理是一種社會現象或文化現象。從科學的定義上講，存在管理必須具備兩個必要條件，缺一不可。

　　（1）必須是兩個人以上的集體活動，包括生產、行政等活動。

　　（2）有一致認可的、自覺的目標。

　　第二，管理的載體就是組織。前面講過，管理活動在人類現實的社會生活中廣泛存在，而且從前面的論述中也可以看出，管理總存在於一定的組織之中。正因為我們這個現實世界中普遍存在著組織，管理也才存在和有必要。兩個或兩個以上的人組成的，為一定目標而進行協作活動的集體就形成了組織：「許多人在同一生產過程中，或在不同的但互相聯繫的生產過程中，有計劃地一起協同勞動，這種勞動形式叫做協

作。」有效的協作需要有組織，需要在組織中實施管理。社會生活中各種組織的具體形式雖因其社會功能的不同而會有差異，但構成組織的基本要素是相同的。

在組織內部，一般包括五個要素，即人——包括管理的主體和客體；物和技術——管理的客體、手段和條件；機構——實質反應管理的分工關係和管理方式；信息——管理的媒介、依據，同時也是管理的客體；目的——宗旨，表明為什麼要有這個組織，它的含義比目標更廣泛。

組織作為社會系統中的一個子系統，其活動必然要受周圍環境的影響，因此組織還包括九個外部要素：

（1）行業，包括同行業的競爭對手和相關行業的狀況。
（2）原材料供應基地。
（3）人力資源。
（4）資金資源。
（5）市場。
（6）技術。
（7）政治經濟形勢。
（8）政府。
（9）社會文化。

因此，一個組織的建立和發展，既要具備五個基本的內部要素，又要受到一系列外部環境因素的影響和制約。管理就是在這樣的組織中，由一個或者若干人通過行使各種管理職能，使組織中以人為主體的各種要素合理配置，從而達到實現組織目標而進行的活動，這一點對於任何性質、任何類型的組織都是具有普遍意義的。

第三，管理的核心是處理各種人際關係。管理不是個人的活動，它是在一定的組織中實施的。對主管人員來講，管理是要在其職責範圍內協調下屬人員的行為，是要讓別人同自己一道去完成組織目標的活動。組織中的任何事都是由人來傳達和處理的，所以主管人員既管人又管事，而管事實際上也是管人，管理活動自始至終，在每一個環節上都是與人打交道的，因此說管理的核心是處理組織中的各種人際關係，包括主管人員與下屬之間的關係，這是各種人際關係的主導與核心。組織內的一般成員之間的關係，即不存在管理與被管理關係的人與人之間的關係，這種關係在組織中大量存在，它直接表現為組織的社會氣氛；群體之間的關係，群體是組織內部的團體，有正式與非正式之分，正式團體是指組織內按專業分工所劃分的各個部門，而非正式團體則是指正式團體的一些成員為某種共同的感情或需要而形成的一種無形的團體，要重視非正式團體的作用，處理好它們之間與正式團體之間的關係。

需要注意的是，人際關係的內涵是隨著社會制度的不同而不同的。在我們這樣的社會主義國家裡，任何一個組織中的層次，無論它是主管人員，還是普通成員都是國家主人，人與人之間是平等的，至於主管和下屬，僅僅是由於處在不同的崗位，各司其職而已。

2. 管理的二重性

管理一方面是由於有許多人進行協作勞動而產生的，是由生產社會化引起的，是有效地組織共同勞動所必需的，因此它具有同生產力、社會化大生產相聯繫的自然屬性；另一方面，管理又是在一定的生產關係條件下進行的，必然體現出生產資料佔有者安排勞動、監督勞動的意志，因此，它具有同生產關係、社會制度相聯繫的社會屬

性。這兩方面的屬性就是管理的二重性。學習和掌握管理的二重性對我們學習和理解管理學、認識中國的管理問題、探索管理活動的規律以及運用管理原理來指導實踐都具有非常重大的現實意義。

管理的二重性體現著生產力和生產關係的辯證統一關係。把管理僅僅看作生產力或僅僅看作生產關係，都不利於中國管理理論和實踐的發展。中國的管理科學由於種種原因雖然還很不成熟，但也經歷了漫長的探索和累積的過程。因此，認真總結中國歷史上以及新中國建立六十多年來管理的經驗教訓，遵循管理的自然屬性的要求，並在充分體現社會主義生產關係的基礎上，分析和研究中國的管理問題，是建立具有中國特色的管理科學體系的基礎。

(二) 管理者

管理者是管理行為過程的主體，管理者一般由擁有相應的權力和責任，具有一定管理能力，從事現實管理活動的人或人群組成。管理者及其管理技能在組織管理活動中起決定性作用。

1. 管理者的角色

按照管理職能（或過程）論，管理者的管理活動是有序的、連續的。20世紀60年代末，加拿大學者亨利·明茨伯格（Henry Mintzberg）對總經理的工作進行了一項仔細的觀察和研究。在大量觀察的基礎上，他提出了一個管理者究竟在做什麼的分類綱要（1973）。他的結論是管理者扮演著10種不同的、但卻高度相關的角色。這10種角色可以從總體上分為三大類型：

(1) 人際關係角色（Interpersonal Roles）。指作為正式負責或管轄一個具體的組織單位並具有特別的職務地位的人，所有管理者都要履行禮儀性和象徵性的義務。

(2) 信息角色（Informational Roles）。管理者的人際關係角色使他具有獲得信息的獨特地位。他同外部的接觸帶來了外部信息，而他的領導工作則使他成為組織內部信息的集中點。其結果是，管理者成為組織信息的重要神經中樞。

(3) 決策制定角色（Decisional Roles）。管理者掌握信息的獨特地位和特別的權力使他在重大決策（戰略性決策）方面處於中心地位。

2. 管理層次和管理技能

(1) 管理層次

一些人可能認為，管理職能僅由組織等級的最高層行使。實際上，管理工作必須在組織的各個層次展開，也就是說，其涉及的層次是從執行總裁到一線管理人員。儘管組織中的層次結構可以被劃分為若干垂直結構層次，但通常只引用三個層次：高層管理、中層管理和基層管理（或一線管理）。

這三個層次管理的任務和職責隨組織不同而各異，這取決於組織的規模、技術和其他因素。

管理職位的多少通常隨管理層次的不同而變化。在大多數組織中，基層管理職位最多，中層管理職位較少，高層管理職位最少。這樣，管理層次就構成了一種金字塔式結構。

首席執行官（CEO, Chief Executive Officer）這個職位是西方發達國家，主要是美國對企業第一經理人的稱呼，與中國的總經理/總裁（General Manager/President）在本質上是一致的。在中英文中可以互譯，都是企業的第一雇員，是為董事會和股東服務的。任何首席執行官都不能凌駕於董事會之上。

（2）管理技能

就職能而言，隨著管理者在組織中的晉升，他們從事更多的計劃工作和更少的直接監督工作。所有管理者，無論他處於哪個層次上，都要制定決策，履行計劃、組織、領導和控制職能，只是他們花在每項職能上的時間不同（史蒂芬·羅賓）。

高層管理：制定和評價長期計劃與戰略；評價不同部門的總體運作業績，保證合作；重要人員的選擇；就全局的項目或問題與下級管理人員磋商。

中層管理：制定中期計劃和長期計劃，供高層管理人員審查；分析管理工作的業績，考察和確定提升人員的個人能力和合格情況；建立部門政策；審查日常和每週的生產和銷售情況；與下級管理人員磋商生產、人事和其他情況；選擇和招募員工。

基層管理：確定詳細的短期經營計劃；考察下級的工作業績；管理和監督日常經營運作；制定詳細的任務分配計劃；與操作員工保持密切聯繫和接觸（約瑟芬·普丁，漢茲·威瑞弛，哈諾德·庫茨）。

因此，所有管理者都需要擁有一定的管理技能。羅伯特·卡茨（Robert L. Katy）認為管理者必須具備如下三種類型的技能：

技術技能（Technical Skills）。即與特定專業領域有關的知識和能力。一般而言，所處的管理層次越低，對技術技能的要求越高；所處的管理層次越高，對技術技能的要求越低。管理人員沒有必要使自己成為某一技術領域的專家，因為他們可以借助於有關專業人員來解決技術性問題。但他們需要瞭解或初步掌握與其專業領域相關的基本技術知識，否則他們將很難與其所主管的組織內的專業技術人員進行有效的溝通和交流，從而無法對其所管轄的業務範圍內的各項管理工作進行具體的指導。這也會嚴重影響決策的及時性、有效性。

人事技能（Human Skills）。即處理與他人包括個人和團體關係的能力。管理最主要的任務是管理人，這就要求管理人員必須具有識別人、任用人、團結人、組織人和調動人的積極性以實現組織目標的能力。對於各個層次的管理人員來說，人事技能都同樣重要。管理人員不僅要處理好與下級的關係，學會影響和激勵下級的工作；還要處理好與上級、同級之間的關係，學會如何說服領導，如何與其他部門有效合作。

概念化技能（Conceptual Skills）。概念化意味著對模糊的、不明確的複雜問題進行分析，明確問題的本質和問題的根源，確定問題的關鍵變量，理解變量與問題之間的關係，從而使問題清晰化。概念化技能是對問題進行思考和推理的能力。

在這裡，我們將概念化技能理解為一種將組織視為一個整體，對組織所面臨的複雜問題建立適當的分析框架，設想組織如何適應外部環境變化的能力，即分析、判斷和決策能力。因而，概念化技能也稱為「決策技能」。這種能力具體包括：

①把握全局的能力。
②理解事物的相互關聯性，從而識別關鍵因素的能力。
③權衡方案優劣及其內在風險的能力。

管理者所處的層次越高，其面臨的環境和問題越複雜，越無先例可援，從而越需要高超的決策技能。

第二節　管理的職能

管理是人們進行的一項實踐活動，是人們的一項實際工作，一種行動。人們發現

在不同的管理者的管理工作中，管理者往往採用程序具有某些類似、內容具有某些共性的管理行為，比如計劃、組織、控制等，人們對這些管理行為加以系統性歸納，逐漸形成了「管理職能」這一被普遍認同的概念。所謂管理職能（Management Functions），是管理過程中各項行為的內容的概括，是人們對管理工作應有的一般過程和基本內容所作的理論概括。

哈羅德・孔茨和西里爾・奧唐奈里奇把管理的職能劃分為：計劃、組織、人事、領導和控制。包含人事職能意味著管理者應當重視利用人才，注重人才的發展以及協調員工活動，這說明當時管理學家已經注意到了人的管理在管理行為中的重要性：

(1) 計劃：對未來行動做出安排和籌劃。
(2) 組織：把各種要素（包括人、財、物）組織起來，形成一個有機整體。
(3) 人事：配備和保持組織所需要的人力資源的過程。
(4) 領導：率領、帶領、引導和指導。就是通過影響力影響下屬行為的工作。
(5) 控制：檢查、監督、糾偏的工作。

計劃、組織、人事、領導、控制等管理職能，分別回答了一個組織做什麼，怎麼做，由誰做，怎麼做得更好和做得怎麼樣的問題。它們不是截然分開的獨立活動，它們相互作用，融為一體。在時間上，它們通常按一定的先後順序發生，然而這種前後工作邏輯也不是絕對的，這些職能往往相互融合，同時進行；沒有計劃，也就沒有控制；沒有控制也就無法累積制訂計劃的經驗；人們往往在進行控制工作的同時，又需要編訂新的計劃或對原計劃進行修補。同時沒有組織構架，工作無法實施領導，而在領導過程中，又可能反過來對組織進行調整；管理過程是一個各職能活動周而復始的循環過程，而且在大循環中又有小循環。這裡我們將重點講授計劃與領導相關方面的知識及主要運用方法。

一、計劃和目標管理法

計劃是管理的首要職能，是為了實現既定的目標，對未來行動進行規劃、安排以及組織實施的一系列管理活動的總稱。它既是決策所確定的組織在未來一定時期內的行動目標和方式在時間和空間的進一步展開，又是組織、領導、人事和控制等管理活動的基礎。計劃工作是對有關將來活動做出決策所進行的周密思考和準備工作。它包括：擬定組織的目標，為實現這些目標制定總體戰略，並提出一系列派生計劃，以綜合和協調各項活動。

作為首要職能，計劃具有以下特徵：

(1) 計劃的目的性

任何組織或個人制訂計劃都是為了有效地達到某種目標。在計劃工作過程的最初階段，制定具體的、明確的目標是其首要任務，其後的所有工作都是圍繞目標進行的。例如，某家品牌產品的經理希望明年市場佔有額有較大幅度的增長，這就是一種不明確的目標，為此就要制定計劃，根據過去的情況和現在的條件確定一個可行的目標，比如市場佔有額增長20%，利潤增長30%。這種具體的、明確的目標不是單憑主觀願望就能確定的，它要符合實際情況，要以許多預測和分析工作作為其基礎。計劃工作要使今後的行動集中於目標，要預測並確定哪些行動有利於達到目標，哪些行動不利於達到目標或與目標無關，從而指導今後的行動朝著目標的方向邁進。

（2）計劃的首要性

計劃在管理職能中處於首要地位，這主要是由於管理過程當中的其他職能都是為了支持、保證目標的實現。因此這些職能只有在計劃確定了目標之後才能進行。因為只有在明確目標之後才能確定合適的組織結構，下級的任務和權力，伴隨權力的責任，以及怎樣控制組織和個人的行為不偏離計劃等等。所有這些組織、領導、控制職能都是依計劃而轉移的。沒有計劃，其他工作就無從談起。計劃首要性的另一個原因是，在有些情況下，計劃是唯一需要完成的管理工作。計劃的最終結果可能導致一種結論，即沒有必要採取進一步的行動。計劃首先要做的工作是進行可行性分析，如果分析的結果表明該計劃是不合適的，那麼，所有工作也就告一段落，無須再實行其他的管理職能。

（3）計劃的普遍性

任何層次的管理者或多或少都有某些制訂計劃的權力和責任。一般來說，高層管理人員僅對組織活動制訂結構性的計劃。換句話說，高層管理人員負責制定戰略性的計劃，而那些具體的計劃由下級完成。這種情況的出現主要是由於人的能力是有限的，現代組織的工作是如此繁雜，即使是最聰明最能幹的領導人，也不可能包攬全部計劃工作。此外，授予下級某些制訂計劃的權力，有助於調動下級的積極性，挖掘下級的潛在能力。這無疑對貫徹執行計劃，高效地完成組織目標大有好處。

（4）計劃的經濟性

計劃的經濟性可用計劃的效率來衡量。計劃效率是指制訂計劃與執行計劃時所有的產出與所有的投入之比。如果一個計劃能夠達到目標，但它需要的代價太大，這個計劃的效率就很低，它就不是一份好的計劃。在制訂計劃時，要好好考慮計劃的效率，不但要考慮經濟方面的利益和耗損，還要考慮非經濟方面的利益和耗損。

1. 計劃的類型

由於人類活動的複雜性與多元性，計劃的種類也變得十分複雜和多樣。計劃按不同的標準可分為很多種類型，常見的主要有：

（1）按計劃的期限分類

按計劃的期限劃分，可把計劃分為長期計劃、中期計劃和短期計劃。一般說來，人們習慣於把1年或1年以下的計劃稱為短期計劃；1年以上到5年的計劃稱為中期計劃；而5年以上的計劃稱為長期計劃。這種劃分不是絕對的。比如，一項航天發展項目的短期實施計劃可能需要5年；而一家小的制鞋廠，由於市場變化較快，它的短期計劃僅能適用兩個月。所以儘管我們按上述時間界限劃分出長期計劃、中期計劃和短期計劃，在討論各期計劃時還是應從它們本身的性質來說明。

（2）按計劃的層次分類

按計劃的層次劃分，可把計劃分為戰略計劃、戰術計劃和作業計劃。

戰略計劃是由高層管理者制定的，涉及企業長遠發展目標的計劃。它的特點是長期性，一次計劃可以決定在相當長的時期內大量資源的運動方向；它的涉及面很廣，相關因素較多，這些因素的關係既複雜又不明確，因此戰略計劃要有較大的彈性；戰略計劃還應考慮許多無法定量化的因素，必須借助於非確定性分析和推理判斷才能對它們有所認識。戰略計劃的這些特點決定了它對戰術計劃和作業計劃的指導作用。

戰術計劃是由中層管理者制定的，涉及企業生產經營、資源分配和利用的計劃。它將戰略計劃中具有廣泛性的目標和政策，轉變為確定的目標和政策，並且規定了達到各種目標的確切時間。戰術計劃中的目標和政策比戰略計劃具體、詳細，並具有相

互協調的作用。此外，戰略計劃是以問題為中心的，而戰術計劃是以時間為中心的。一般情況下，戰術計劃是按年度分別擬定的。

作業計劃是由基層管理者制定的。戰術計劃雖然已經相當詳細，但在時間、預算和工作程序方面還不能滿足實際實施的需要，還必須制定作業計劃。作業計劃根據管理計劃確定計劃期間的預算、利潤、銷售量、產量以及其他更為具體的目標，確定工作流程，劃分合理的工作單位，分派任務和資源，以及確定權力和責任。

（3）按計劃對象分類

按計劃對象劃分，可把計劃分為綜合計劃、局部計劃和項目計劃三種。顧名思義，綜合計劃所包括的內容是多方面的，局部計劃只包括單個部門的業務，而項目計劃則是為某種特定任務而制定的。

綜合計劃一般指具有多個目標和多方面內容的計劃。就其涉及對象來說，它關聯到整個組織或組織中的許多方面。習慣上人們把預算年度的計劃稱為綜合計劃。企業中是指年度的生產經營計劃。它主要應該包括：銷售計劃、生產計劃、勞動工資計劃、物資供應計劃、成本計劃、財務計劃、技術組織措施計劃等。這些計劃都有各自的內容，但它們又互相聯繫、互相影響、互相制約，形成一個有機的整體。由於目前的企業已經形成了一種開放的系統，外界環境對這個系統有直接的影響。為此，就要使資源在各個部門合理分配，用有限的投入獲得更大的產出，產生更大的組織效應。所以應把制定綜合計劃放在首要的位置上，要自上而下地編製計劃。

局部計劃限於指定範圍的計劃。它包括各種職能部門制定的職能計劃，如技術改造計劃、設備維修計劃等；還包括執行計劃的部門劃分的部門計劃。局部計劃是在綜合計劃的基礎上制定的，它的內容專一性強，是綜合計劃的一個子計劃。是為達到整個組織的分目標而確立的。例如，企業年度銷售計劃是在國家計劃、市場預測和訂貨合同的基礎上，規定年度銷售的產品品種、質量、數量和交貨期，以及銷售收入、銷售利潤和銷售渠道。應該注意，各種局部計劃相互制約的關係，如銷售計劃直接影響生產計劃和財務計劃等其他局部計劃。

項目計劃是針對組織的特定課題做出決策的計劃。例如某種產品開發計劃、企業的擴建計劃、與其他企業聯合計劃、職工俱樂部建設計劃等都是項目計劃。項目計劃在某些方面類似於綜合計劃，它的特殊性在於其目的是為了企業結構的變革。即針對企業的結構問題選擇解決問題的目標和方法。它的計劃期很可能為 1 年，這時它就要包括在年度計劃之內。也許它的計劃需要幾年才能完成。比如企業擴建計劃，這時年度計劃僅包括它的一部分。項目計劃是與組織結構的變革相關的。結構的組成要素有許多，比如企業中的市場、設備、產品、財務和組織等，幾乎包括企業的一切領域。項目計劃就是使這些因素具體地朝著將來的方向發展下去。我們必須注意把項目計劃同在原有結構上的實現有效經營的管理計劃相區別。

2. 制訂計劃的程序

計劃編製本身也是一個過程。其主要程序為：①環境分析，②確定目標，③擬定各種可行性計劃方案，④評估選擇方案，⑤擬定主要計劃，⑥制定派生計劃，⑦制定預算，用預算使計劃數字化。

3. 目標管理（Management By Objectives，MBO）

目標管理是 1954 年由彼得・德魯克提出，是指一個組織的上下級管理人員和組織內的所有成員共同制定目標、實施目標的一種管理方法。它是按照一定的程序進行的，

如圖1-1所示。

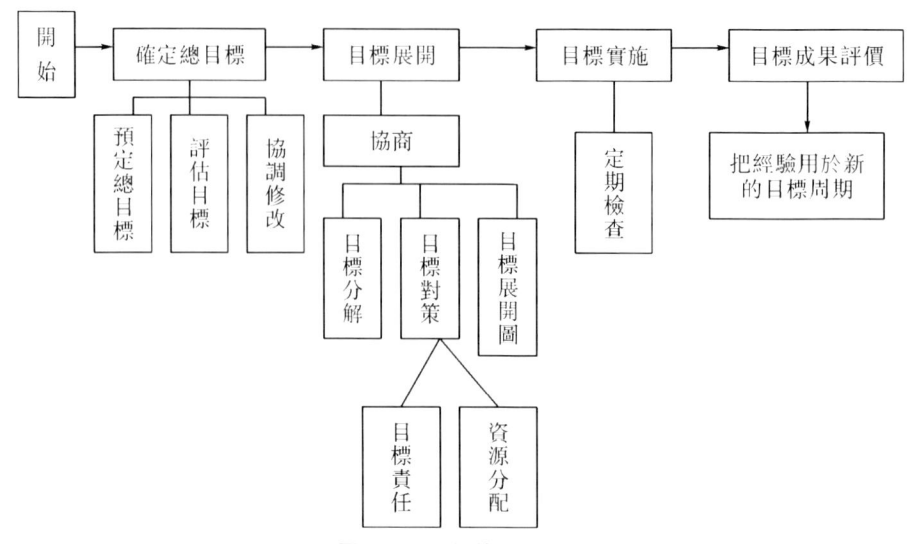

圖1-1　目標管理的程序

　　(1) 目標管理的開始　　目標管理要取得成功，領導首先必須向組織內的人說明要實行目標管理的原因、做法，要讓大家瞭解目標管理的性質、內容以及各自在目標管理中的作用。

　　(2) 確定總目標

　　①預定總目標　　最高管理層根據本組織的實際和MBO的理論以及掌握的情報信息，制定基本的戰略目標和策略目標。這些目標是試探性的，也是試驗性的。

　　②評估目標　　對試探性的目標進行分析論證，選出最優方案。

　　③協調修改　　管理人員要向下屬說明試探性目標的內容，徵求大家的意見，經反覆的討論、修改、審查，最終形成組織總目標。

　　(3) 目標展開　　將總目標從上到下、層層分解落實的過程，稱為目標展開。在目標展開時，必須要與自己下級組織的管理人員或個人進行面對面的協商，幫助各級組織和個人制定各自相應的目標和任務，以及目標完成的時間幅度，並要形成文字，固定下來。

　　①目標分解　　將總目標自上而下按其內部機構設置和組織層次依次分解，從經理層分解到各個職能科室，再分解到各個部門（車間、教研室），一直分解到每一個班組、崗位和個人，直分解到能具體地採取措施為止，即要形成一層接一層，一環套一環的目標體系。

　　②目標對策　　即對能具體採取措施的子目標，直接採取措施，即採取對策，以實現目標從而實現分目標直到保證總目標。

　　制定對策的基本方法是：首先找出各部門的實際情況與分目標之間的差距；對這些差距進行歸納、整理、分類，就可以找出實現分目標所必須解決的重要問題，即問題點；針對各問題點，研究、制定相應的對策，來縮短差距，或保證目標最大限度的實現。

　　制定對策時，有兩個問題必須同時展開：

　　一是確定目標責任，即將各層次目標與各層次上的具體人員結合起來。即在每一

層次上，都應該在明確集體目標責任的基礎上，明確個人目標責任，即要明確目標責任在範圍、內容、數量、質量、時間、程度等多方面的要求。

二是資源分配，即在協商會議中應根據完成目標任務的需要合理地分配各種資源。例如，一個銷售部門為了完成增加銷售量的目標，要求增加一定的銷售人員和費用，這種合理的要求上級就應在他接受任務時盡量滿足。

③目標展開圖　　在分解了目標，又確定了目標對策後，包括目標責任和資源調配好以後，需要將總目標、層次目標和目標對策、各方責任等以方框圖的形式表示出來，固定下來，公布於眾。使職工能更直觀地明確各自的目標和目標責任，從而可以自覺地執行。

（4）目標實施　　實施時，上下都要按照目標體系的要求，分工協作，各施其責，努力工作。目標的實施，一般來說，主要靠職工自己管理或自我控制。但是，也必須定期地檢查各項任務的進展情況。例如，如果一個目標要在一年內完成，那麼，管理人員和有關的下屬人員最好每季度檢查討論一次這項任務的進展情況，以便及時發現問題，採取相應的措施。

（5）目標成果評價　　當目標管理一週期結束時，領導必須與有關的下級或個人逐個地檢查目標任務完成的情況，並與原定的目標進行比較，對完成好的，充分肯定成績，並根據各人完成任務的情況給予相應的報酬和獎勵；對未能完成任務的，要分析和找出原因，一般不採用懲罰措施，重點在於共同總結經驗教訓。同時，為下一週期的目標管理提供寶貴的經驗，爭取把以後的工作做好。

4. SWOT 分析法

SWOT 分析法，是一種綜合考慮企業內部條件和外部環境的各種因素，進行系統評價，從而選擇最佳經營戰略的方法。通過分析企業內部條件的優勢（Strength）、劣勢（Weakness）和企業外部環境的機會（Opportunity）和威脅（Threats），幫助企業把資源和行動聚集在自己的強項和有最多機會的地方，見表 1-1。其分析過程一般分為以下幾個步驟：

（1）確認當前的戰略。
（2）確認企業外部環境的變化。
（3）根據企業資源組合情況，確認企業的關鍵能力和關鍵限制。
（4）對所列出的，內部條件和外部環境和各關鍵因素逐一進行打分評價。
（5）將結果在 SWOT 分析表上定位，確定企業戰略能力。

表 1-1　　　　　　　　　　　SWOT 分析表

	優勢（S）	劣勢（W）
機會（O）	增長型戰略（SO） 利用機會，發揮優勢	扭轉型戰略（OT） 克服不足，發揮優勢
威脅（T）	多種經營戰略（ST） 利用優勢，迴避威脅	防禦型戰略（WT） 降低劣勢，迴避威脅

二、領導和激勵

1. 領導的本質

（1）領導概念

領導工作不等於管理工作，但它又是管理工作中的一個重要方面。領導工作是在

一定環境下，個體與群體之間的一種特殊的相互作用的過程，同樣也是影響人們為達到組織目標而自覺遵從的一種行為。所謂領導也就是指在組織的機構中所設置的各個職位上的主管人員。在管理過程中，作為一個主管人員，對其下屬來說，不應是站在他們的後面去推動與鞭策他們，而應該站在他們的前面去率領和引導他們前進，鼓舞他們努力實現組織的目標。

(2) 領導與管理

領導與管理對組織的成功都是重要的，兩者都涉及對需要處理的事情做出決策，建立一個能完成某項計劃的人際關係網絡，並盡力保證任務得以完成。從這種意義上講，兩者都是完整的行為體系，而不是對方的一個組成部分。領導和管理的一個重要區別是權力的來源不同，管理權力來源於組織結構，而領導權力則來源於個人資源，如個人興趣、目標和價值觀，這些資源不是組織所授予的。領導和管理的另一個區別在於，管理旨在增進組織的穩定性、秩序和問題解決，而領導旨在推動組織的變革，帶來的是組織的運動。對複雜企業中的管理和領導進行比較，見表1－2。

表1－2　　　　　　　　　比較複雜企業中的管理與領導

	管理	領導
制定議程	計劃、預算過程——確定實現計劃的詳細步驟和日程安排，調撥必需資源以實施計劃	確定經營方向——確立將來，通常是遙遠的將來的遠期目標，並為實現遠期目標制定進行變革的戰略
發展完成計劃所需的人力網絡	企業組織和人員配備——根據計劃要求，建立企業組織機構，配備人員，賦予他們職責和權利，制定政策和程序對人們進行引導，並採取某些方式或建立一定系統監督計劃的執行情況	聯合群眾——通過言行將所確定的企業經營方向傳達給群眾，爭取有關人員的合作，並形成影響力，使相信遠景目標和戰略的人們形成聯盟，並得到他們的支持
執行計劃	控制、解決問題——詳細地監督計劃完成情況。如發現偏差點，則制訂計劃，組織人員解決問題	激勵和鼓舞——通過喚起人們尚未得到滿足的最基本的需求，激勵人們克服變革過程中遇到的政治、官僚和資源方面的障礙
結果	在一定程度上實現預期計劃，維持秩序，並具有能持續滿足相關利益者主要期望的潛力（對顧客而言是要求準時，對股東而言是實現預算）	引起變革，通常是劇烈變革，並形成非常積極的變革潛力（如，生產出顧客需要的新產品，尋求新的勞資關係協調法，增強企業競爭力）

約翰·科特概括了領導與管理的區別。但這並不意味著管理與變革毫無聯繫。相反，管理與有效領導行為相結合，能創造出更為有序的變革過程；有效的領導與高效管理的結合，將有助於產生必要的變革，同時使混亂的局面得到控制。

按照科特的觀點，管理過分而領導不力，其必然結果是：過於強調短期利益，注重細節，力求迴避風險，很少注重長期性、宏觀性和風險性的戰略；過分注重專業化，要求服從規定，很少注重整體性、聯合群眾和投入精神；過分側重於抑制、控制和預見性，對擴展、授權和激勵強調不足。總之，管理過分而領導不力可能使公司相當刻板，不具創新精神，不能處理市場競爭和技術環境中出現的重大變化。

當然領導過度而管理不足，也可能對組織產生消極後果，因為領導者製造的問題多於他們解決的問題。不過，總的來說，大多數公司缺乏充足的領導。

2. 權力的來源

權力是一種影響他人行為的潛力。一組織中存在著五種權力類型：合法權、獎賞權、強制權、專家權和影響權。有時權力產生於一個人在組織中的職位，而有時權力則建立在個人的個性特徵基礎之上。約翰・弗倫奇和伯特倫・雷文（1959）識別了五種基本權力：

（1）職位權（Position Power）

典型的管理權力來自於組織。管理者所處的職位給予其獎勵或懲罰下屬，從而影響下屬行為的權力。合法權、獎賞權和強制權均是管理者常用的改變雇員行為的職位權力形式。

①合法權（Legitimate Power）

合法權來源於組織中正式的管理職位。合法意味著權力的行使具有職務基礎或優勢。例如，一旦某人被選舉為監工，大部分人知道他們必須服從監工的指揮。下屬視這種權力的來源是合法的，這就是他們遵從的原因。

②獎賞權（Reward Power）

獎賞權來源於給予他人獎賞的權力。管理者們可以運用正式的獎酬如提升工資和晉升職務，或運用非正式的獎酬如表揚、關心和承認等來影響下屬的行為。

③強制權（Coercive Power）

強制權是一種懲罰或提出懲罰建議的權力。當管理者有權辭退雇員、將雇員降級、給予批評或不給某人提升工資時，他便擁有了強制權力。

不同職位權力引起下屬的反應是不同的。合法權和獎賞權更可能引起下屬的順服。順服意味著雇員遵守命令和執行指示，雖然他們可能不同意或沒有積極性。強制權更多地會引起反抗。反抗意味著雇員處心積慮地試圖不執行命令或不遵守指示。

（2）個人權（Personal Power）

與來自於外部的職位權力相比較。個人權主要來自於個人的內部資源，如一個人的特殊知識或一個人的個性特徵。個人權是領導的工具。下屬追隨領導人，是因為他們尊重、傾慕或信奉領導者的思想觀點。個人權有兩種類型：

①專家權（Expert Power）

專家權來自於領導者所擁有的對他人或整個組織而言具有重要價值的特殊知識或技能。當一個人是真正的專家時，因為他具有知識專長，下屬就會服從他。監工層次的領導者一般都擁有生產流程的經驗，這使得他們能夠獲得下屬的尊重。然而在高層管理中，領導者可能缺乏專家權力，因為下屬比他們懂得更多的技術細節。

②影響權（Referent Power）

影響權來自於領導者的個性特徵，如具有某種特殊氣質、形象或擁有某種榮譽、聲望以及特殊經歷等，其個性特徵為下屬所接受、尊重和仰慕，以至於下屬竭力仿效之。當工人們因為監工對待他們的方式而仰慕一個監工時，這種影響力便是基於感召權力的。影響權依賴於領導者的個性特徵而非正式的頭銜或職位，這在富有魅力的領導者身上是顯而易見的。

專家權和影響權引起的反應，更多是承諾。承諾（Committment）意味著雇員們將分享領導者的觀點，並積極主動地執行他的指令。毫無疑問，承諾意味著服從而不是抵制。當領導者希望變革時，這是尤為重要的。因為變革意味著風險和不確定性。承諾有助於下屬克服對變革的畏懼。

總結五種權力的來源，見表1-3。

表1-3　　　　　　　　　　五種權力的來源表

	合法權	獎賞權	強制權	專家權	影響權
領導者方面	職位	職位	職位	個人專長	個人魅力
下屬方面	習慣觀念	慾望	恐懼	尊敬	信任

科特在弗倫奇和雷文的基礎上指出，成功的管理者需要建立起一些基本權力，尤其是感召權和專家權力。這兩種權力比正式職權、獎賞權力以及強制權力更具有持久性。

3. 激勵

人是決定組織績效的最關鍵因素。組織成員積極性的高低直接影響著組織的績效，要提高員工的積極性就離不開激勵。

激勵，就其表面意思而言是激發和鼓勵的意思。在管理工作中可以將其定義為調動人的積極性的過程，或者更完整地講，是一個為了特定的目的而對人們的內在需要或動機施加影響，從而強化、引導或改變人們行為的反覆過程。通過激勵，能夠激活人的潛能，產生更高的績效。激勵的特徵主要有以下兩個方面。

（1）目的性特徵

任何激勵行為都有很強的目的性，即都有一個現實的、明確的目的。因此，任何希望達到某個目的的人（尤其是對管理者而言）都可以將激勵作為一種手段。

（2）激勵通過對人們的需要或動機施加影響來強化、引導或改變人的行為

這涉及激勵理論的第三個假設：人的行為是由動機來驅使的，而動機則受到人的需要的支配。人有了需要才有可能產生動機。而且，只有強烈的動機或主導性的動機才可能引發現實的、具體的行為。因此，管理者的任務就是分析和洞察員工的需要和動機，在管理中選用適當的機會、採取適當的激勵措施，對員工的某種需要及其滿足該種需要的動機產生積極的影響，從而強化、引導或改變員工的某種行為，並使其個體行為與組織目標相一致。從本質上講，激勵所產生的行為是主動的、自覺的行為，而非被動的、強迫的行為。

（3）激勵是一個持續的反覆過程

激勵不是一個即時性行為。由於組織和個體的內部、外部因素是變化的，因而一項具體任務的完成往往需要一個連續的、反覆的激勵過程。

（4）激勵的效能依賴於精神力量

無論採取哪一種激勵形式，成功的激勵必須能夠激發人們達到的一種高昂的、飽滿的、積極的精神狀態，在這種精神狀態下能夠產生一種精神力量，從而加強、激發和推動人的積極性。如果激勵不能改變人們的內心狀態，得到的只是人們機械、單調而且是被動的行為，激勵就是失敗的。

4. 激勵理論中對人的假設

激勵的對象是人。在不同的歷史時期社會學家和管理學家曾經有過各種不同的關於「人性」的假設。在不同的「人性」假設指導下，管理者會採取不同的方法與手段來實施激勵。

（1）經濟人假設

這種假設認為：人的一切行為都是為了最大限度地滿足自己的利益，其工作動機是為了獲得經濟報酬。經濟人假設認為，組織需要運用權力和控制體系來維護組織的運轉，引導雇員的行為；用經濟報酬來使人們服從和提高績效。

（2）社會人假設

這種假設認為：人的社會性需求的滿足往往比經濟報酬更能激勵人。所以，組織應注意雇員的需求，重視發展與雇員之間的關係，培養和形成雇員的歸屬感，提倡集體獎勵制度。

（3）自我實現的人假設

這種假設認為，人們除了物質和社會需求之外，還有一種想充分運用自己的各種能力，發揮自身潛力，實現自我價值的慾望。因此，組織應創造條件，在讓人們滿足這種慾望的同時需求組織目標的實現。

（4）複雜人假設

這種假設認為，以上任何一種假設並不適用於一切人。人是複雜的、非均質的、多樣化而且是變化的，管理者必須根據不同的人採取不同的激勵措施。

5. 幾種重要的激勵理論

（1）需要層次理論（Hierarchy of Needs Theory）

1943 年，美國學者馬斯洛（A. H. Maslow）在《人類動機論》一文中首次提出了需要層次理論，並在於 1954 年所著的《動機與個性》中做了進一步的闡述。馬斯洛將人的需要分為五種需要：生理的需要、安全的需要、社交的需要、尊重的需要、自我實現的需要，他認為：

①五種需要像階梯一樣從低到高，按層次逐級遞升，但這種次序不是完全固定的，也有例外的情況。

②需要的發展遵循「滿足——激活律」。一般地，某一層次的需要相對滿足了，就會向更高一層次發展，追求更高一層次的需要就成為驅使行為的動力。相應地，獲得基本滿足的需要就不再是一股激勵力量。

③需要的強弱受「剝奪——主宰律」的影響。即某一需要被剝奪得越多，越缺乏，這個需要就越突出、越強烈。

④五種需要可以分為高低兩級，其中的生理需要、安全需要和社交需要都屬於低一級需要，這些需要通過外部條件就可以滿足；而尊重的需要和自我實現的需要則屬於高級需要，它們只有通過內部因素才能滿足，而且，一個人對尊重和自我實現的需要是無止境的。

⑤同一時期，一個人可能同時存在幾種需要，任何一種需要都不會因為更高層次需要的發展而消失。但每一時期總有一種需要占支配地位，對行為起決定作用。這種占支配地位的需要稱為優勢需要或主導性需要，見圖 1－2。

（2）公平理論

公平理論又稱社會比較理論，它是美國行為科學家亞當斯（J. S. Adams）在《工人關於工資不公平的內心衝突同其生產率的關係》（1962，與羅森合寫）、《工資不公平對工作質量的影響》（1964，與雅各布森合寫）、《社會交換中的不公平》（1965）等著作中提出來的一種激勵理論。該理論側重於研究工資報酬分配的合理性、公平性及其對職工生產積極性的影響。

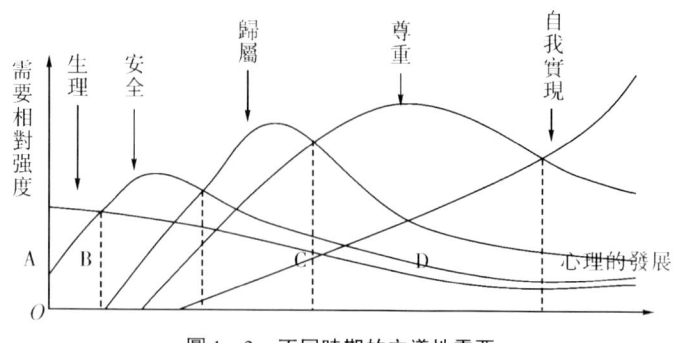

圖1-2 不同時期的主導性需要

公平理論的基本觀點是：當一個人做出了成績並取得了報酬以後，他不僅關心自己的所得報酬的絕對量，而且關心自己所得報酬的相對量。因此，他要進行種種比較來確定自己所獲報酬是否合理，比較的結果將直接影響今後工作的積極性。

一種比較稱為橫向比較，即他要將自己獲得的報償（包括金錢、工作安排以及獲得的賞識等）與自己的投入（包括教育程度、所作努力、用於工作的時間、精力和其他無形損耗等）的比值與組織內其他人做社會比較，只有相等時他才認為公平，如下式所示：

$$\frac{OP}{IP} = \frac{OC}{IC}$$

其中 OP 表示自己對所獲報酬的感覺；OC 表示自己對他人所獲報酬的感覺；IP 表示自己對個人所作投入的感覺；IC 表示自己對他人所作投入的感覺。

當上式為不等式時，可能出現以下兩種情況：

①前者小於後者，他可能要求增加自己的收入或減少自己今後的努力程度，以便使左方增大，趨於相等；第二種辦法是他可能要求組織減少比較對象的收入或讓其今後增大努力程度以便使右方減少趨於相等。此外他還可能另外找人作為比較對象以便達到心理上的平衡。

②前者大於後者，他可能要求減少自己的報酬或在開始時自動多做些工作，久而久之他會重新估計自己的技術和工作情況，終於覺得他確實應當得到那麼高的待遇，於是產量便又會回到過去的水準了。

除了橫向比較之外，人們也經常做縱向比較，即把自己目前投入的努力與目前所獲得報償的比值，同自己過去投入的努力與過去所獲報償的比值進行比較。只有相等時他才認為公平。

即 OP/IP = OH/IH 其中 OH 表示自己對過去所獲報酬的感覺；IH 表示自己對個人過去投入的感覺。當上式為不等式時，人也會有不公平的感覺，這可能導致工作積極性下降。當出現這種情況時，人不會因此產生不公平的感覺，但也不會感覺自己多拿了報償從而主動多做些工作。調查和實驗的結果表明，不公平感的產生絕大多數是由於經過比較認為自己目前的報酬過低而產生的；但在少數情況下也會由於經過比較認為自己的報酬過高而產生。

(3) 期望理論

期望理論是美國學者弗魯姆（V. Vroom）在 1964 年所著的《工作與激勵》一書中

提出的一種激勵理論。這一理論通過考察人們的努力行為與其所獲得的最終獎酬之間的因果關係，來說明激勵的過程。這一理論認為，當人們有需要，又有達到目標的可能，其積極性才高。

這一理論是效價（Valance）、工具值（Instrumentality）和期望（Expectancy）三個概念建立起來的，因此也被稱為 VIE 理論，見圖 1-3。

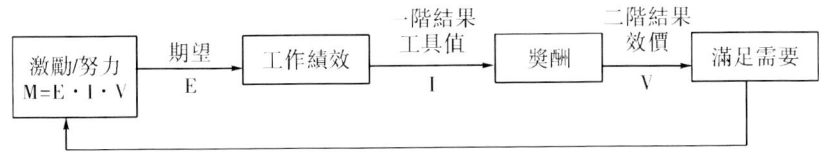

圖 1-3　弗魯姆的期望模型

激勵力量指激勵水準，它可以由激勵對象心理動機的強烈程度來反應。

效價指個人對某種結果效用價值的判斷，或某種目標、結果對於滿足個人需要的價值（激勵對象對某一目標或達到目標而得到的獎酬的重視程度或偏好程度，即激勵對象對目標或獎酬的價值大小的主觀評價）。

工具值是指個人所預期的結果。它包含兩個層次，二階結果是個人在某一行動中希望達到的最終結果，一階結果是指為達到二階結果必須達到的最初結果。因此，一階結果是達到二階結果的工具或手段。工具值是對一階結果和二階結果之間內在聯繫的主觀認識。一般來說，一階結果是指工作績效，二階結果是指各種各樣的獎酬，如加薪、提升、得到同事的好評和上級的表揚等。

期望指激勵對象對自己達到目標或得到獎酬的可能性大小的估計。

這一模型意味著，如果一個人認為某種目標或某種獎酬對他具有重要價值，而且他估計通過自己的努力有很大把握達到這個目標，同時他相信達到目標之後一定會獲得相應的獎酬，那麼他的積極性就會受到激發，從而努力去實現這一目標。

這一理論給予我們的啟示是，在激勵中必須把握如下三種關係：

其一，努力與績效的關係。人總是希望通過努力達到預期的結果。如果他認為通過自己的努力有能力達到目標（期望值高），就會有決心、有信心去實現目標；如果目標高不可攀，或者目標太低，唾手可得，就會缺乏信心或興趣。因此，管理者應該與下級一起設置切實可行的目標，激發下級的積極性；同時，管理者可以通過指導、培訓等方法提高下級的工作能力，從而提高下級努力達到目標的期望。

其二，績效與獎酬的關係。人們總是期望在達到預期的績效後能得到適當的合理的獎酬。只有能讓員工相信組織會對績效進行合理、公平的獎勵，他們才會繼續努力工作。如果只要求人們對組織作出貢獻，而組織卻沒有行之有效的物質或精神獎勵制度進行強化，時間一長，人們被激發的內部力量就會逐漸消退。因此，管理者應當根據員工的工作績效來制訂相應的獎勵制度，並將獎勵與組織所重視的行為明確地聯繫起來。

其三，獎勵與滿足個人需要的關係。人總是希望獎勵能滿足個人的需要，由於人們在需要上存在著個別差異，因此對同一種獎勵，不同的人體驗到的效價不同，它所具有的吸引力也不同。管理者在實踐中要根據人的不同需要，採取內容豐富的獎勵形式，才能最大限度地挖掘人的潛力，調動人的工作積極性，提高工作效率。

本章小結

　　瞭解管理方面的相關知識，懂得一些管理原理，對理工科專業學生是有益的。本章主要介紹了管理的一些基礎知識，並希望學生重點掌握目標管理和一些激勵方法，對進行管理實踐有直接幫助。

思考與練習

1. 什麼是管理？如何理解管理的二重性？
2. 如何運用 SWOT 分析法進行目標管理？
3. 如何在管理中運用需要層次理論？
4. 公平理論的含義。
5. 如何運用期望理論調動員工的積極性？

第二章　生產運作管理

學習目的：

通過本章學習，理解生產運作管理的概論和內容；瞭解生產運作管理與其他職能的關係；掌握現場管理及其特點；理解「5S」管理的內容；掌握看板管理的內容。

重點和難點：

準確把握現場管理和看板管理的程序及管理條件。

關鍵概念：

生產運作管理　現場管理　5S　看板管理

第一節　生產運作管理基礎

一、生產運作管理

1. 生產運作的概念

生產與運作的實質是一種生產活動。人們習慣把提供有形產品的活動稱為製造型生產，而將提供無形產品即服務的活動稱為服務型生產。過去，西方國家的學者把有形產品的生產稱作「Production」（生產），而將提供服務的生產稱作「Operations」（運作）。而近幾年來更為明顯的趨勢是把提供有形產品的生產和提供服務的生產統稱為「Operations」，都看成是為社會創造財富的過程。生產與運作概念的發展，如圖 2-1 所示。

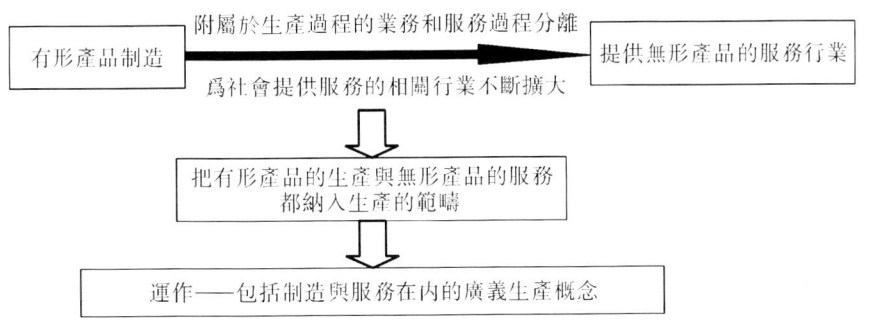

圖 2-1　生產與運作概念的發展

2. 生產與運作活動的過程

把輸入資源按照社會需要轉化為有用輸出，實現價值增值的過程就是運作活動的

過程。表2-1列出不同行業、不同社會組織的輸入、轉換、輸出的主要內容。其中，輸出是企業對社會做出的貢獻，也是它賴以生存的基礎；輸入則由輸出決定，生產什麼樣的產品決定了需要什麼樣的資源和其他輸入要素。一個企業的產品或服務的特色與競爭力，是在轉化過程中形成的。因此，轉化過程的有效性是影響企業競爭力的關鍵因素之一。

表2-1　　　　　　　　　輸入—轉換—輸出的典型系統

系統	主要輸入資源	轉換	輸出
汽車製造廠	鋼材、零部件、設備、工具	製造、裝配汽車	汽車
學校	學生、教師、教材、教室	傳授知識、技能	受過教育的人才
醫院	病人、醫師、護士、藥品、醫療設備	治療、護理	健康的人
商場	顧客、售貨員、商品、庫房、貨架	吸引顧客、推銷產品	顧客的滿意
餐廳	顧客、服務員、食品、廚師	提供精美食物	顧客的滿意

3. 製造生產與服務運作的區別

有形產品的製造過程和無形產品的服務過程都可以看作是一個輸入—轉換—輸出的過程，但這兩種不同的轉換過程以及它們的產出結果有很多區別，如表2-2所示。主要表現在以下五個方面：

表2-2　　　　　　　　　製造業與服務業的區別

特性	製造業	服務業
輸出品的形態	有形的產品	無形的服務
產品/服務的儲藏	可庫存	無法儲藏
生產/運作設施規模	大規模	小規模
生產/運作場地數	少	多
生產資源的密集度	資本密集	勞動密集
生產和消費	分開進行	同時進行
與顧客的接觸頻度	少	多
受顧客的影響度	低	高
顧客要求反應時間	長	短
質量/效率的測量	容易	難

（1）產品物質形態不同

製造生產的產品是有形的，可以被儲藏、運輸，以用於未來的或其他地區的需求。因此，在有形產品的生產中，企業可以利用庫存和改變生產量來調節與適應需求的波動。而服務生產提供的產品是無形的，是不能預先生產出來的，也無法用庫存來調節顧客的隨機性需求。

（2）顧客參與程度不同

製造生產過程基本上不需要顧客參與，而服務則不同，顧客需要在運作過程中接受服務，有時顧客本身就是運作活動的一個組成部分。

（3）對顧客需求的回應時間不同

製造業企業所提供的產品可以有數天、數周甚至數月的交貨週期，而對於許多服務業企業來說，必須在顧客到達的幾分鐘內做出回應。由於顧客是隨機到達的，就使

得短時間內的需求有很大的不確定性。因此，服務業企業要想保持需求和能力的一致性，難度是很大的。從這個意義上來講，製造業企業和服務業企業在制定其運作能力計劃及進行人員和設施安排時，必須採用不同的方法。

(4) 運作場所的集中性和規模不同

製造企業的生產設施可遠離顧客，從而可服務於地區、全國甚至國際市場，比服務業組織更集中、設施規模更大，自動化程度更高和資本投資更多，對流通、運輸設施的依賴性也更強，而對服務企業來說，服務不能被運輸到異地，其服務質量的提高有賴於與最終市場的接近與分散程度。設施必須靠近其顧客群，從而使一個設施只能服務於有限的區域範圍，這導致了服務業的運作系統在選址、佈局等方面有不同的要求。

(5) 在質量標準及度量方面不同

由於製造業企業所提供的產品是有形的，所以其產出的質量易於度量。而對於服務業企業來說，大多數產出是不可觸的，無法準確地衡量服務質量，顧客的個人偏好也影響對質量的評價。因此，對質量的客觀度量有較大難度。

二、生產運作管理

生產與運作管理是指對企業提供產品或服務的系統進行設計、運行、評價和改進的各種管理活動的總稱。生產與運作系統的設計包括產品或服務的選擇和設計、運作設施的地點選擇、運作設施的布置、服務交付的系統設計和工作的設計。生產與運作系統的運行，主要是指在現行的運作系統中如何適應市場的變化，按用戶的需求生產合格產品和提供滿意服務。生產與運作系統的運行主要涉及生產計劃、組織和控制三個方面。

人們最初開始的是對生產製造過程的研究，主要研究有形產品生產製造過程的組織、計劃和控制，被稱為「生產管理學」（Production Management）。隨著經濟的發展、技術進步以及社會工業化、信息化的進展，社會構造越來越複雜，社會分工越來越細。原來附屬於生產過程的一些業務、服務過程相繼分離並獨立出來，形成了專門的商業、金融、房地產等服務業。此外人們對教育、醫療、保險、娛樂等方面的要求也在不斷提高，相關行業也在不斷擴大。因此，對這些提供無形產品的運作過程進行管理和研究的必要性也就應運而生。人們開始把有形產品和無形產品生產和提供都看作是一種「投入─變換─產出」的過程（見圖2-2），從管理的角度來看，這兩種變換過程實際上是有許多不同之處的，但從漢語習慣上將生產與運作兩者稱生產運作。其特徵主要表現為：

(1) 能夠滿足人們某種需要，即有一定的使用價值。
(2) 需要投入一定的資源，經過一定的變換過程才能實現。
(3) 在變換過程中需投入一定的勞動，實現價值增值。

1. 生產與運作管理的研究對象

生產與運作管理的研究對象是生產與運作系統。如上所述，生產與運作過程是一個「投入─變換─產出」的過程，是一個勞動過程或價值增值過程。所謂生產與運作系統，是指使上述的變換過程得以實現的手段。它的構成與變換過程中的物質轉化過程和管理過程相對應，也包括一個物質系統和一個管理系統。

物質系統是一個實體系統，主要由各種設施、機械、運輸工具、倉庫、信息傳遞媒介等組成。例如，一個機械工廠，其實體系統包括車間、車間內的各種機床、天車等工具，車間與車間之間的在製品倉庫等。一個化工廠，它的實體系統可能主要是化學反應罐和形形色色的管道；一個急救系統或一個經營連鎖快餐店的企業，它的實體

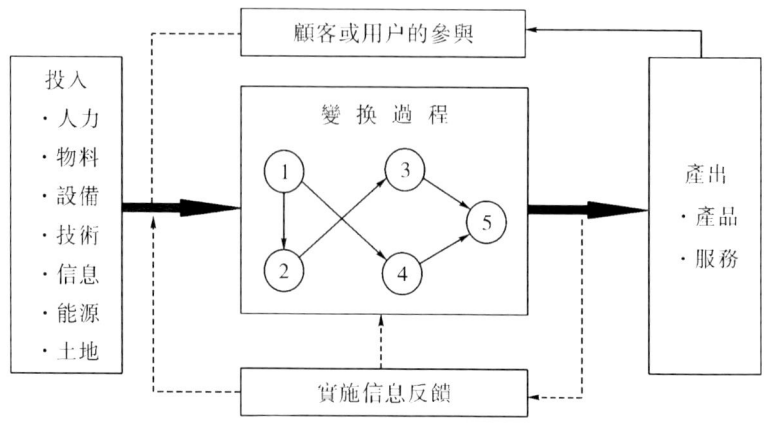

圖 2-2　生產系統運轉程序圖

系統可能又大為不同，不可能集中在一個位置，而是分佈在一個城市或一個地區內各個不同的地點。

　　管理系統主要是指生產與運作系統的計劃和控制系統，以及物質系統的設計、配置等問題。其中的主要內容是信息的收集、傳遞、控制和反饋。

　　2. 生產與運作管理內容

　　（1）生產與運作戰略制定

　　生產與運作戰略決定產出什麼，如何組合各種不同的產出品種，為此需要投入什麼，如何優化配置所需要投入的資源要素，如何設計生產組織方式，如何確立競爭優勢等。其目的是為產品生產及時提供全套的、能取得令人滿意的技術經濟效果的技術文件，並盡量縮短開發週期，降低開發費用。

　　（2）生產與運作系統（設計）構建管理

　　生產與運作系統（設計）構建管理包括設施選擇、生產規模與技術層次決策、設施建設、設備選擇與購置、生產與運作系統總平面布置、車間及工作地布置等；其目的是為了以最快的速度、最少的投資建立起最適宜企業的生產系統主體框架。

　　（3）生產與運作系統的運行管理

　　生產與運作系統的運行管理是對生產與運作系統的正常運行進行計劃、組織和控制。其目的是按技術文件和市場需求，充分利用企業資源條件，實現高效、優質、安全、低成本生產，最大限度地滿足市場銷售和企業盈利的要求。生產與運作系統的運行管理包括三方面內容：即計劃編製，如編製生產計劃和生產作業計劃；計劃組織，如組織製造資源，保證計劃的實施；計劃控制，如以計劃為標準，控制實際生產進度和庫存。

　　（4）生產與運作系統的維護與改進

　　生產與運作系統只有通過正確的維護和不斷的改進，才能適應市場的變化。生產與運作系統的維護與改進包括設備管理與可靠性、生產現場和生產組織方式的改進。生產與運作系統運行的計劃、組織和控制，最終都要落實到生產現場。因此，要加強生產現場的協調與組織，使生產現場做到安全、文明生產。生產現場管理是生產與運作管理的基礎和落腳點，加強生產現場管理，可以消除無效勞動和浪費，排除不適應生產活動的異常現象和不合理現象，使生產與運作過程的各要素更加協調，不斷提高

勞動生產率和經濟效益。

綜上所述，生產與運作管理內容如圖 2-3 所示。

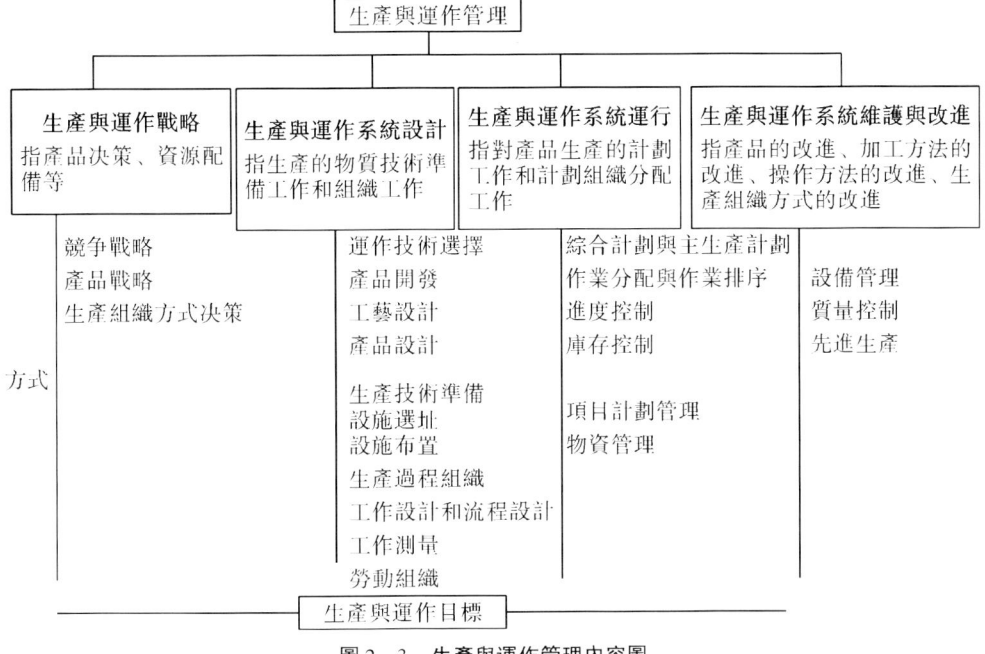

圖 2-3　生產與運作管理內容圖

3. 生產與運作管理的目標

生產與運作管理的目標是：高效、低耗、靈活、清潔、準時地生產合格產品或提供滿意服務。高效是對時間而言，指能夠迅速地滿足用戶的需要，在當前激烈的市場競爭條件下，誰的訂貨提前期短，誰就更可能爭取用戶；低耗是指生產同樣數量和質量的產品，人力、物力和財力的消耗最少，低耗才能低成本，低成本才有低價格，低價格才能爭取用戶；靈活是指能很快地適應市場的變化，生產不同的品種和開發新品種或提供不同的服務和開發新的服務。清潔指對環境沒有污染。準時是在用戶要求的時間、數量內，提供所需的產品和服務。

4. 生產運作管理與其他職能管理的關係

生產運作管理與其他職能管理的關係歸納如下：

(1) 生產與運作職能是企業管理三大基本職能之一

企業管理有三大基本職能：運作、理財和營銷。運作就是創造社會所需要的產品和服務，把運作活動組織好，對提高企業的經濟效益有很大作用。理財就是為企業籌措資金並合理地運用資金。只要進入的資金多於流出的資金，企業的財富就會不斷增加。營銷就是要發現與發掘顧客的需求，讓顧客瞭解企業的產品和服務，並將這些產品和服務送到顧客手中。無論是製造型企業還是服務型企業，生產與運作活動是企業的基本活動之一，生產與運作管理是企業管理的一項基本職能。

(2) 生產與運作管理與市場營銷的關係

生產與運作管理與市場營銷處在同一管理層次上，相對獨立，又有著十分緊密的

協作關係。生產與運作管理為營銷部門提供滿足市場消費、適銷對路的產品和服務，搞好生產與運作管理對開展營銷管理工作、提高產品的市場佔有率和增強企業活力有著重要的意義。所以說，生產與運作管理對市場營銷起保障作用，同時市場營銷為生產提供市場信息，是生產與運作管理的產品價值實現的保證。

（3）生產與運作管理與財務管理的關係

生產與運作管理與財務管理也是處在同一管理層次上，彼此之間既獨立又有著聯繫的。企業的生產與運作活動是伴隨著資金運動同時進行的。財務管理是以資金運動為對象，利用價值形式進行的綜合性管理工作。企業為進行生產與運作活動通過借貸、籌集等方式獲得資金，先以貨幣資金形式存在於企業，當企業採購生產所需的原材料、燃料等實物後，貨幣資金轉化為儲備資金；在生產過程中，儲備資金又轉化為生產資金；當轉化過程結束後，原材料加工成為成品，生產資金轉化為成品資金；產品在市場銷售後，其價值得以實現，成品資金轉化為貨幣資金。

在上述資金運動過程中，資金流動與實物流動交織在一起，資金流動對實物流動起著核算、監督和控制的作用。從財務管理的角度看，企業財務管理系統既要為生產與運作活動所需的物資及技術改造、設備更新等提供足夠的資金，又要控制生產與運作中所需的費用，加快資金週轉，提高資金利用效果。

從生產的角度來看，生產與運作管理所追求的高效率、高質量、低成本和交貨期，又可以在各方面降低消耗、節約資金，提高資金利用效率，增加企業經濟效益。

（4）生產與運作管理與企業管理系統的關係

企業管理的目的是要在充分發揮市場營銷、生產與運作與財務管理等職能作用的基礎上，實現企業系統的整體優化，創造最佳經濟效益。在企業管理系統中，三大職能互相影響、互相制約。如果企業營銷體系不健全、營銷政策不完整、銷售渠道不暢，即使企業擁有競爭力很強的產品，也難將產品銷售出去，更談不上取得市場地位、獲得競爭優勢。如果企業生產與運作系統設計不合理，產品質量不能保證，這樣的產品就是有再完善的營銷體系也很難將產品銷售出去。假如企業上述兩項都不錯，但財務管理系統較弱，資金籌措和資金運作能力很低，企業最終也會因為沒有足夠的資金支持和資金使用效果低，而不能在市場競爭中把企業做大做強。因此，對於企業這樣一個完整的有機系統，提高企業管理水準必須以系統的觀點，從系統的角度全面提高企業各職能的管理水準。

第二節　現場管理

現場管理是企業生產運作管理的有機組成部分，生產現場管理是生產運作系統中一個區域，它直接影響產品質量和企業的經濟效益，只有不斷地優化生產現場管理，才能實現企業管理的整體優化。

一、現場和現場管理

1. 現場與現場管理的概念

現場一般指作業場所。生產現場就是從事產品生產、製造或提供生產服務的場所，即勞動者運用勞動手段，作用於勞動對象，完成一定生產作業任務的場所。它既包括

生產一線各基本生產車間的作業場所，又包括輔助生產部門的作業場所，如庫房、試驗室和鍋爐房等。在中國工業企業規模較小，習慣於把生產現場簡稱為車間、工場或生產第一線。

　　工業企業的生產現場由於受行業特點的影響，既具有共性，又具有各自的特徵。所謂共性，是指有些基本原理和方法對所有企業的生產現場都是普遍適用的，如所有生產現場都要求生產諸要素的合理配置，都有一個投入與產出轉換的效益問題；在管理上都具有綜合性、區域性、動態性和可控性等特點。所謂特性，主要是指由於生產工藝、技術裝備、生產規模和生產類型等不同，從而優化現場管理的具體要求和方法也不盡相同。從生產技術特點看，不同行業的生產現場有明顯的差別：鋼鐵企業是煉鐵、煉鋼、軋鋼；紡織企業是紡紗、織布、印染。即使是在同一個機械製造企業中，冷加工與熱加工的生產現場也有很大差異。從技術裝備程度看，有些生產現場擁有較多機械化、自動化設備，技術密集程度較高，如大型化工企業的生產現場，一般都是通過裝置和管道設施對原料進行加工。而有的生產現場則以手工業為主，勞動密集程度較高。從生產規模看，大型企業的生產現場，在人員素質、管理水準和環境條件等方面，一般都比小型企業具有較多的優勢。從生產類型看，訂貨生產與存貨生產、連續生產與間斷生產、單一品種生產與多品種生產、流水生產與成批生產，其生產現場的組織管理方式皆不相同。按對象原則設置的生產現場與按工藝原則設置的生產現場，其組織管理方式也有區別。所以研究現場管理的重點首先放在共性上，主要揭示生產現場運作的一般規律，但在具體實施時要從企業生產現場的實際情況出發，注意不同生產現場的特性要求，防止「一刀切」。

　　有現場就必然有現場管理。現場管理就是運用科學的管理思想、管理方法和管理手段，對現場的各種生產要素，如人（操作者、管理者）、機（設備）、料（原材料）、法（工藝、檢測方法）、環（環境）、資（資金）、能（能源）、信（信息）等，進行合理配置和優化組合，通過計劃、組織、控制、協調和激勵等管理職能，保證現場按預定的目標，實現優質、高效、低耗、均衡、安全、文明的生產。現場管理是企業管理的重要環節，企業管理中的很多問題必然會在現場得到反應，各項專業管理工作也要在現場落實。可是作為基層環節的現場管理，其首要任務是保證現場的各項生產活動能高效率、有秩序地進行，實現預定的目標任務，現場出現的各種生產技術問題，有關人員在現場就能及時解決，不等、不拖、不上交。從這個意義上說，生產現場管理也就是現場的生產管理。

2. 現場管理的特點

（1）基礎性

　　企業管理一般可分三個層次，即最高領導層的決策性管理、中間管理層的執行性管理和作業層的現場管理。現場管理屬於基層管理，是企業管理的基礎。基礎紮實，現場管理水準高，可以增強企業對外部環境的承受能力和應變能力；可以使企業的生產經營目標，以及各項計劃、指令和各項專業管理要求，順利地在基層得到貫徹與落實。優化現場管理需要以管理的基礎工作為依據，離不開標準、定額、計量、信息、原始記錄、規章制度和基礎教育，基礎工作健全與否，直接影響現場管理的水準。通過加強現場管理又可進一步健全基礎工作。所以，加強現場管理與加強管理基礎工作，兩者是一致的，不是對立的。

（2）系統性

現場管理是從屬於企業管理這個大系統中的一個子系統。過去抓現場管理沒有把生產現場作為一個系統進行綜合治理，整體優化。往往抓了某一個方面的工作改進，忽視了各項工作之間的配套改革；比較重視生產現場的各項專業管理，卻忽視了它們在生產現場中的協調與配合，所以收效不大。現場管理作為一個系統，具有系統性、相關性、目的性和環境適應性。這個系統的外部環境就是整個企業，企業生產經營的目標、方針、政策和措施都會直接影響生產現場管理。這個系統輸入的是人、機、料、法、環、資、能和信等生產要素，通過生產現場有機的轉換過程，向外部環境輸出各種合格的產品或優質的服務。同時，反饋轉換過程中的各種信息，以促進各方面工作的改善。生產現場管理系統的性質是綜合的、開放的、有序的、動態的和可控的。系統性特點要求生產現場必須實行統一指揮，不允許各部門、各環節、各工序違背統一指揮而各行其是。各項專業管理雖自成系統，但在生產現場也必須協調配合，服從現場整體優化的要求。

（3）群眾性

現場管理的核心是人。人與人、人與物的組合是現場生產要素最基本的組合，不能見物不見人。現場的一切生產活動、各項管理工作都要現場的人去掌握、去操作、去完成。優化現場管理僅靠少數企業管理人員是不夠的，必須依靠現場所有人員的積極性和創造性，發動廣大員工群眾參與管理。生產人員在崗位工作過程中，按照統一標準和規定的要求，實行自主管理，開展員工民主管理活動，必須改變人們的舊觀念，培養員工良好的生產習慣和參與管理的能力，不斷提高員工的素質。員工素質中突出的是責任心問題，有了責任心，工作就主動，不會干的可以學會。如果沒有責任心，再好的管理制度和管理方法也無濟於事。提高員工素質既不能任其自然，也不能操之過急，要從多方面做細緻地工作。

（4）開放性

現場管理是一個開放系統，在系統內部與外部環境之間經常需要進行物質和信息的交換與信息反饋，以保證生產有秩序地連續進行。各類信息的收集、傳遞和分析利用，要做到及時、準確、齊全，盡量讓現場人員能看得見、摸得著，人人心中有數。例如，需要大家共同完成的任務產量產值、質量控制、班組核算等。可將計劃指標和指標完成情況，畫成圖表，定期公布於眾，讓現場人員都知道自己應幹什麼和干得怎麼樣。與現場生產密切相關的規章制度，如安全守則、操作規程和崗位責任制等，應公布在現場醒目處，便於現場人員共同遵守執行。現場區域劃分、物品擺放位置和危險處所等應設有明顯標誌。各生產環節之間、各道工序之間的聯絡，可根據現場工作的實際需要，建立必要的信息傳導裝置。例如，生產線上某個工位出現故障，流水線就會自動停下來，前方的信號燈就會顯示出第幾號工位出了毛病。

（5）動態性

現場各種生產要素的組合，是在投入與產出轉換的運動過程中實現的。優化現場管理是由低級到高級不斷發展、不斷提高的動態過程。在一定條件下，現場生產要素的優化組合，具有相對的穩定性。生產技術條件穩定，有利於生產現場提高質量和經濟效益。但是由於市場環境的變化、企業產品結構的調整，以及新產品、新工藝、新技術的採用，原有的生產要素組合和生產技術條件就不能適應了，必須進行相應的變革。現場管理應根據變化了的情況，對生產要素進行必要的調整和合理配置，提高生產現場對環境變化的適應能力，從而增強企業的競爭能力。所以，穩定是相對的、有條件的，變化則是絕

對的，求穩怕變或只變不定都不符合現場動態管理的要求。

上述特點有助於進一步理解現場管理的含義，同時也為優化現場管理提供了理論依據。

3. 現場管理的任務和內容

（1）現場管理的任務

有人把現場管理僅僅理解為「打掃衛生，文明生產」，這是很不全面的。現場管理的任務主要是合理地組織現場的各種生產要素，使之有效地結合起來形成一個有機的生產系統，並經常處於良好的運行狀態。具體的目標任務是：

①以市場需求為導向，生產適銷對路的產品，全面完成生產計劃規定的任務，包括產品品種、質量、產量、產值、資金、成本、利潤和安全等經濟技術指標。

②消除生產現場的浪費現象，科學地組織生產，採用新工藝、新技術，開展技術革新和合理化建議活動，實現生產的高效率和高效益。

③優化勞動組織，搞好班組建設和民主管理，不斷提高現場人員的思想水準與技術業務素質。

④加強定額管理，降低物料和能源消耗，減少生產儲備和資金占用，不斷降低生產成本。

⑤優化專業管理，完善工藝、質量、設備、計劃、調度、財務和安全等專業管理保證體系，並使它們在生產現場協調配合，發揮綜合管理效應，有效地控制生產現場的投入與產出。

⑥組織均衡生產，實行標準化管理。

⑦加強管理基礎工作，做到人流、物流運轉有序，信息流及時準確，出現異常現象能及時發現和解決，使生產現場始終處於正常、有序、可控的狀態。

⑧治理現場環境，改變生產現場「臟、亂、差」的狀況，確保安全生產、文明生產。

（2）現場管理的內容

現場管理的任務決定現場管理的內容是多方面的，既包括現場生產的組織管理工作，又包括落實到的各項專業管理和管理基礎工作。因此，現場管理的內容可以從不同的角度去概括和分析。例如，從管理職能分析，現場管理的層次與範圍雖不同於企業管理，但仍具有計劃、組織、控制、激勵和教育等職能，這些管理職能在生產現場都有所體現，所以可以據此概括和分析現場管理的內容。另外，還可以從構成現場的點（工序管理）、線（流水管理）、面（環境管理）角度，概括和分析現場管理的內容。下面是從優化現場的人、機、料、法、環等主要生產要素，從優化質量、設備等主要專業管理系統這一角度來概括和分析現場管理的內容。具體內容包括：①作業管理。②物流管理。③文明生產與定量管理。④生產現場質量管理。⑤生產現場設備管理。⑥生產現場成本控制。⑦生產現場計劃與控制。⑧優化勞動組織與班組建設。⑨崗位責任制。⑩生產現場管理診斷。

在不同行業的不同企業中，現場管理的內容及其重點不盡相同。上述 10 項內容是從當前大多數企業的實際情況出發提出來的，具有一定的普遍意義。隨著生產技術的發展和管理水準的提高，現場管理的內容將更加豐富、充實，並不斷出現新的內容。

二、「5S」活動

1. 「5S」活動的含義

「5S」活動是指對生產現場各生產要素，主要是物的要素所處狀態不斷地進行整

理、整頓、清潔、清掃和提高素養的活動。由於整理、整頓、清潔、清掃和素養這五個詞在口語中羅馬拼音的第一個字母都是「S」，簡稱為「5S」。「5S」活動在日本企業中廣泛實行，它相當於中國企業裡開展的文明生產活動。

「5S」活動在西方和日本企業中的推行，有個逐步發展、總結、提高的過程。開始的提法是開展「3S」活動，以後內容逐步充實，改為「4S」，最後增加為「5S」，這不僅內容增加和豐富了，而且按照文明生產各項活動的內在聯繫和逐步地由淺入深的要求，把各項活動系統化和程序化了，「5S」活動總結出在各項活動中，提高隊伍素養這項活動是全部活動的核心和精髓。「5S」活動重視人的因素，沒有員工隊伍素養的相應提高，「5S」活動是難以開展和堅持下去的。最後，日本企業在如何推行堅持「5S」活動方面，也總結了一套方法，有不少方面值得我們學習。從一定意義上說，日本企業實行的「5S」活動，也是文明生產活動的發展和提高。因此，近年來中國許多企業，為了提高文明生產活動的水準，學習和推行了「5S」活動。

2. 「5S」活動的內容和具體要求

（1）整理（Seiri）——把要與不要的人、事、物分開，再將不需的人、事、物加以處理。

這是開始改善生產現場的第一步。其要點是首先對生產現場擺放和停滯的各種物品進行分類，區分什麼是現場需要的，什麼是現場不需要的；其次，對於現場不需要的物品，諸如用剩的材料、多餘的半成品、切下的料頭、切屑、垃圾、廢品、多餘的工料、多餘的工具、報廢的設備、員工個人生活用品（下班後穿戴的衣帽鞋襪、化妝用品）等，要堅決清理出現場。這樣做的目的是：

①改善和增大作業面積。
②現場無雜物，行道通暢，提高工作效率。
③減少磕碰的機會，保障安全，提高質量。
④消除管理上的混放、混料等差錯事故。
⑤有利於減少庫存量，節約資金。
⑥改變作風，提高工作情緒。

這項工作的重點在於堅決把現場不需要的東西清理掉。對於車間裡各個工位或設備的前後、通道左右、廠房上下和工具箱內外等，包括車間的各個死角，都要徹底搜尋和清理，達到現場無不用之物。堅決做好這一步，是樹立好作風的開始。日本有的企業提出口號：效率和安全始於整理！有的企業為了保證做到這一條，而又照顧到員工擺放個人生活用品的實際需要，因地制宜，採取了相應措施。如在車間外專門為員工設置休息室和存放衣帽的專用櫥櫃；有的利用兩個車間之間的空間，專門設置員工存放個人用品的地方等。

（2）整頓（Seiton）——把需要的人、事、物加以定量、定位。

通過上一步整理後，對生產現場需要留下的物品進行科學合理的布置和擺放，以便在最快速的情況下取得所要之物，在有效的規章制度和流程下完成事務。

整頓活動的要點是：

①物品擺放要有固定的地點和區域，以便於尋找和消除因混放而造成的差錯。
②物品擺放要科學合理，例如，根據物品使用的頻率，經常使用的東西放得近些（如放在作業區內），偶爾使用或不常用的東西則應放得遠些（如集中放在車間某處）。
③物品擺放目視化，使定量裝載的物品做到過目知數，不同物品擺放區域採用不

同的色彩和標記。

生產現場物品的合理擺放有利於提高工作效率，提高產品質量，保障生產安全。

（3）清掃（Seiso）——把工作場所打掃乾淨，設備異常時馬上修理，使之恢復正常。

現場在生產過程中會產生灰塵、油污、鐵屑和垃圾等，從而使現場變臟。臟的現場會使設備精度降低，故障多發，影響產品的質量，使安全事故防不勝防；臟的現場更會影響人們的工作情緒，使人不願久留。因此，必須通過清掃活動來清除那些臟物，創建一個明快、舒暢的工作環境，以保證員工安全、優質和高效率地工作。清掃活動的要點是：

①自己使用的物品，如設備、工具等，要自己清掃，而不是依賴他人，不增加專門的清掃工。

②對設備的清掃，著眼於對設備的維修保養。清掃設備要同設備的日常檢查結合起來。清掃設備要同時做好設備的潤滑工作，清掃也是保養。

③清掃也是為了改善，所以當清掃地面發現有飛屑和油水泄漏時，查明原因並採取措施加以改進。

（4）清潔（Seikeetsu）——整理、整頓、清掃之後要認真維護，保持完美和最佳狀態。

清潔，不是單純從字面上來理解，而是對前三項活動的堅持與深入，從而消除發生安全事故的根源，創造一個良好的工作環境，使員工能愉快地工作。清潔活動的要點是：

①車間環境不僅要整齊，而且要做到清潔衛生，保證員工身體健康，增強員工勞動熱情。

②不僅物品要清潔，而且整個工作環境要清潔，進一步消除混濁的空氣、粉塵、噪音和污染源。

③不僅物品、環境要清潔，而且員工本身也要做到清潔，如工作服要清潔，儀表要整潔，及時理髮、刮須、修指甲和洗澡等。

④員工不僅做到形體上的清潔，而且要做到精神上的「清潔」，待人要講禮貌，要尊重別人。

（5）素養（Shitsuke）——養成良好的工作習慣，遵守紀律。

素養即教養。努力提高人員的素質，養成嚴格遵守規章制度的習慣和作風，這是「5S」活動的核心。沒有人員素質的提高，各項活動也不能順利開展，開展了也堅持不了。所以，抓「5S」活動，要始終著眼於提高人的素質。「5S」活動始於素質，也終於素質。

在開展「5S」活動中，要貫徹自我管理的原則。創造良好的工作環境，不能單靠添置設備來改善，也不要指望別人來代為辦理，而讓現場人員坐享其成。應當充分依靠現場人員，由現場的當事人員自己動手為自己創建一個整齊、清潔、方便和安全的工作環境。使他們在改造客觀世界的同時，也改造自己的主觀世界，產生美的意識，養成現代化大生產所要求的遵章守紀、嚴格要求的風氣和習慣。因為是自己動手創造的成果，也就容易保持和堅持下去。

由上可見，「5S」活動是把企業的文明生產各項活動系統化，並進入了一個更高的階段。

三、生產現場控制技術——看板系統

1. 概述

看板系統又稱視板管理、看板方式、看板法、目視管理等，是一種生產現場管理

方法。它以流水線作業為基礎，將生產過程中傳統的送料制改為取料制，以看板作為取貨指令、運輸指令、生產指令進行現場生產控制。從生產的最後一道工序（總裝線）起，按反工藝順序，一步一步、一道工序一道工序地向前推進，直到原材料準備部門，都按看板的要求取貨、運送和生產。看板作為可見的工具，反應通過系統的物流，鼓勵操作者發揮積極性，使企業中的各生產部門、工作中心協調地運行，實現整個生產過程的準時化、同步化，保證企業以最少的在製品，佔用最少的流動資金，獲取較好的經濟效益。

2. 看板的機能

（1）生產以及運送的工作指令。看板中記載著生產量、時間、方法、順序以及運送量、運送時間、運送目的地、放置場所、搬運工具等信息，從裝配工序逐次向前工序追溯，在裝配線將所使用的零部件上所帶的看板取下，以此再去前工序領取。後工序領取以及適時適量生產就是這樣通過看板來實現的。

（2）防止過量生產和過量運送。看板必須按照既定的運用規則來使用。其中一條規則是：「沒有看板不能生產，也不能運送」。根據這一規則，看板數量減少，則生產量也相應減少。由於看板所表示的只是必要的量，因此通過看板的運用能夠做到自動防止過量生產以及適量運送。

（3）進行目視管理的工具。看板的另一條運用規則是：「看板必須在實物上存放」，「前工序按照看板取下的順序進行生產」。根據這一規則，作業現場的管理人員對生產的優先順序能夠一目了然，易於管理。並且只要一看看板，就可知道後工序的作業進展情況、庫存情況等。

（4）改善的工具。在這種生產方式中，通過不斷減少看板數量來減少在製品的中間儲存。在一般情況下，如果在製品庫存較高，即使設備出現故障，不良品數目增加也不會影響到後道工序的生產，所以容易把這些問題掩蓋起來。而且即使有人員過剩，也不易察覺。根據看板「不能把不良品送往後工序」的運用規則，後工序所需得不到滿足，就會造成全線停工，由此可立即使問題暴露，從而必須立即採取改善措施來解決問題。這樣通過改善活動不僅使問題得到瞭解決，也使生產線的「體質」不斷增強，帶來了生產率的提高。這種生產方式的目標是要最終實現無儲存生產系統，而看板提供了一個朝著這個方向邁進的工具。

3. 看板的種類

實際生產管理中使用的看板形式很多。常見的有塑料夾內裝著的卡片或類似的標示牌、運送零件小車、工位器具或存件箱上的標籤、指示部件吊運場所的標籤、流水生產線上各種顏色的小球或信號燈、電視圖像等。

使用最多的看板有兩種：傳送看板（拿取看板）和生產看板（訂貨看板）。它們一般都被做成 10cm×20cm 的尺寸，傳送看板標明後一道工序向前一道工序拿取工件的種類和數量，而生產看板則標明前一道工序應生產的工件的種類和數量。

4. 看板的使用規則

為使看板系統有效運行，必須嚴格遵循使用規則，培訓全體操作人員理解規則，並設立一定的獎懲制度認真貫徹規則。規則主要內容有以下五點：

（1）不合格不交後工序

這種方式認為製造不合格件是最大浪費，如果不能及時解決不合格品問題，後工序就會停產。不合格件積壓在本工序，本工序的問題就很快暴露出來，使管理人員、

監督人員不得不共同採取對策，防止再發生類似問題。

（2）後工序來取件

改變生產供給後工序的傳統做法，由後工序向前工序取件，不能領取超過看板規定的數量，領取工件時，須將看板系在裝工件的容器上。

（3）只生產後道工序領取的工件數量

超過看板規定的數量不生產，同時完全按看板出現的順序生產。

（4）均衡化生產

如果後道工序在領取工件的時間和數量方面沒有規律，波動較大，前道工序就需按後道工序最大需求來安排其設備能力和人力，這是很不經濟的。因此，看板管理只適用於需求波動較小和重複性生產系統。

（5）利用減少看板數量來提高管理水準

在生產系統中庫存水準由看板數量來決定，因為每一塊看板代表著一個標準容器容量的工件，用減少看板數量、減少標準容量的方法，可減低庫存水準。

本章小結

對理工科專業學生而言，深入到生產一線的機會是很多的。本章主要介紹了生產運作管理方面的一些基礎知識和相關原理，並重點介紹了現場管理、「5S」活動及JIT方法中的看板管理，這些知識對指導以後的生產管理，有非常重要的現實意義。

思考與練習

1. 生產運作管理的內容是什麼？
2. 生產運作管理與其他職能管理的關係是什麼？
3. 現場管理的內容和特點是什麼？
4. 簡述「5S」活動的內容。
5. 簡述看板系統的具體內容。

第三章 質量管理

學習目的：

1. 理解質量管理的基礎工作及其原則。
2. 理解全面質量管理的概念和含義。
3. 掌握「PDCA」的具體內容。
4. 深入理解全面質量管理的內容。

重點和難點：

如何正確實現全面質量管理

關鍵概念：

質量　全面質量管理　PDCA

第一節　質量管理基礎

一、質量管理基礎

1. 質量及其特性

1994 版的 ISO 9000 標準對質量的定義是：「反應實體滿足明確和隱含需要能力的特性之總和」。2000 版 ISO 9000 標準又將質量的定義改為：「一組固有特性滿足要求的程度」。

質量特性是指產品、過程或體系與要求有關的固有特性。

質量概念的關鍵是滿足要求。這些要求必須轉化為有指標的特性，作為評價、檢驗和考核的依據。由於顧客的需求是多種多樣的，所以反應質量的特性也應該是多種多樣的。另外，不同類別的產品，質量特性的具體表現形式也不盡相同。

質量特性可分為真正質量特性和代用質量特性。所謂真正質量特性是指直接反應用戶需求的質量特性。一般來說，真正質量特性表現為產品的整體質量特性，但不能完全體現在產品製造規範上，而且，在大多數情況下，很難直接定量表示。因此，就需要根據真正質量特性（用戶需求）相應確定一些數據和參數來間接反應它，這些數據和參數就稱為代用質量特性。

對於產品質量特性，無論是真正還是代用，都應當盡量定量化，並盡量體現產品使用時的客觀要求。把反應產品質量主要特性的技術經濟參數明確規定下來，作為衡量產品質量的尺度，就形成了產品的技術標準。

產品技術標準標誌著產品質量特性應達到的要求，符合技術標準的產品就是合格品，不符合技術標準的產品就是不合格品。

另外，根據對顧客滿意的影響程度不同，還可將質量特性分為關鍵質量特性、重要質量特性和次要質量特性三類。關鍵質量特性是指若超過規定的特性值要求，會直接影響產品安全性或導致產品整機功能喪失的質量特性。重要質量特性是指若超過規定的特性值要求，將造成產品部分功能喪失的質量特性。次要質量特性是指若超過規定的特性值要求，暫不影響產品功能，但可能會引起產品功能的逐漸喪失的質量特性。

2. 質量形成過程

朱蘭認為，質量管理是由質量策劃、質量控制和質量改進這樣三個互相聯繫的階段所構成的一個邏輯的過程，每個階段都有其關注的目標和實現目標的相應手段。

質量策劃指明確企業的產品和服務所要達到的質量目標，並為實現這些目標所必需的各種活動進行規劃和部署的過程。通過質量策劃活動，企業應當明確誰是自己的顧客，顧客的需要是什麼，產品必須具備哪些特性才能滿足顧客的需要；在此基礎上，還必須設定符合顧客和供應商雙方要求的質量目標，開發實現質量目標所必需的過程和工藝，確保過程在給定的作業條件下具有達到目標的能力，為最終生產出符合顧客要求的產品和服務奠定堅實的基礎。

控制就其一般含義而言，是指制定控制標準、衡量實績找出偏差並採取措施糾正偏差的過程。控制應用於質量領域便成為質量控制。質量控制也就是為實現質量目標，採取措施滿足質量要求的過程。廣泛應用統計方法來解決質量問題是質量控制的主要特徵之一。

質量改進是指突破原有計劃從而實現前所未有的質量水準的過程。實現質量改進有三個方面的途徑，即通過排除導致過程偏離標準的偶發性質量故障，使過程恢復到初始的控制狀態；通過排除長期性的質量故障使當前的質量提高到一個新的水準；在引入新產品、新工藝時從計劃開始就力求消除可能會導致新的慢性故障和偶發性故障的各種可能性。

在質量管理的三部曲中，質量策劃明確了質量管理所要達到的目標以及實現這些目標的途徑，是質量管理的前提和基礎；質量控制確保事物按照計劃的方式進行，是實現質量目標的保障；質量改進則意味著質量水準的飛躍，標誌著質量活動是以一種螺旋式上升的方式在不斷攀登和提高，見圖3-1。

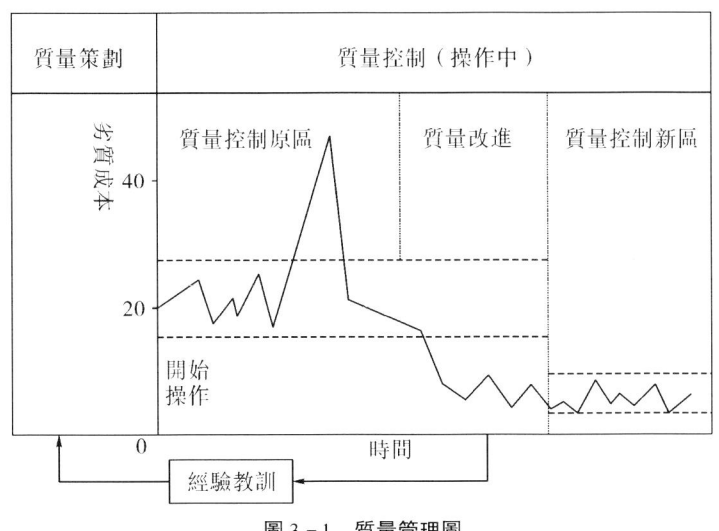

圖3-1　質量管理圖

3. 質量管理的基礎工作和基本原則

進行質量管理，必須做好一系列基礎工作。紮實的基礎工作將為質量管理的順利進行和不斷發展提供保證。質量管理的基礎工作主要包括質量教育工作、標準化工作、計量工作、質量信息工作和質量責任制。質量教育包括三個基本內容：質量意識教育、質量管理知識教育、專業技術和技能教育。按標準的對象分，標準可以分為技術標準、管理標準和工作標準。計量工作的主要要求是：計量器具和測試設備必須配備齊全；根據具體情況選擇正確的計量測試方法；正確合理地使用計量器具，保證量值的準確和統一；嚴格執行計量器具的檢定規程，計量器具應及時修理和報廢；做好計量器具的保管、驗收、儲存、發放等組織管理工作。為了做好上述工作，企業應設置專門的計量管理機構和建立計量管理制度。質量信息是有關質量方面的有意義的數據，是指反應產品質量和企業生產經營活動各個環節工作質量的情報、資料、數據、原始記錄等。在企業內部，質量信息包括研製、設計、製造、檢驗等產品生產全過程的所有質量信息；在企業外部，質量信息包括市場及用戶有關產品使用過程的各種經濟技術資料。質量責任制的內容應包括企業各級領導、職能部門和工人的質量責任制，以及橫向聯繫和質量信息反饋的責任。

質量管理的基本原則是以顧客為關注焦點、領導作用、全員參與、過程方法、管理的系統方法、持續改進、基於事實的決策方法、與供方互利的關係。

二、常用的質量管理方法

在質量管理中強調一切用數據說話，是為了根據事實採取行動，防止盲目的主觀主義。一個具體的產品需要一系列的數據來反應它的質量，如尺寸、重量、強度等。產品質量的提高，要用數量來表示；不合格品率的降低，也要用數量來表示。在質量管理過程中，通過有目的地收集數據，運用數理統計的方法處理所得的原始數據，提煉出有關產品質量、生產過程的信息，再分析具體情況，做出決策，從而達到提高產品質量的目的。數據有計量值數據和計數值數據兩種。

所謂計量值數據是指數據在給定範圍內可以取任何值，即被測數據可以是連續的，如測量產品的長度、重量、硬度、電流、溫度等。在測試電燈泡壽命的一組數據裡，取任意兩個不同的數值，如 1,999 小時與 2,000 小時，在其中插入 1,999.8 小時是有意義的。因此，電燈泡的壽命屬於計量值。

所謂計數值數據是指那些不能連續取值的，只能以整數計算的數為計數值數據。產品的不合格品數或缺陷數、鑄件的氣孔、砂眼數、疵點數等都屬於計數值數據。例如，記錄機器每天發生故障的次數，屬於計數值。

1. 質量管理的常用工具

排列圖（Pareto Chart）又叫帕累托圖（Pareto），排列圖的全稱是主次因素分析圖，它是將質量改進項目從最重要到最次要進行排列而採用的一種簡單的圖示技術。排列圖建立在帕累托原理的基礎上，帕累托原理是 19 世紀義大利經濟學家在分析社會財富的分佈狀況時發現的：國家財富的 80% 掌握在 20% 的人的手中，這種分佈關係，即是帕累托原理。在質量管理中運用排列圖，就是根據「關鍵的少數和次要的多數」的原理，對有關產品質量的數據進行分類排列，用圖形表明影響產品質量的關鍵所在，從而便可知道哪個因素對質量的影響最大，改善質量的工作應從哪裡入手最為有效，經濟效果最好。

因果圖是以結果為特性，以原因為因素，在它們之間用箭頭聯繫起來，表示因果關係的圖形。因果圖又叫特性要因圖，或形象地稱為樹枝圖或魚刺圖，是由日本質量管理學者石川馨（Koaru Ishikawa）在1943年提出的，所以也稱為石川圖。因果圖是利用頭腦風暴法的原理，集思廣益，尋找影響質量、時間、成本等問題的潛在因素，從產生問題的結果出發，首先找出產生問題的大原因，然後再通過大原因找出中原因，再進一步找出小原因，依次類推下去，步步深入，一直找到能夠採取的措施為止。

　　調查表又稱檢查表、統計分析表，是一種收集整理數據和粗略分析質量原因的工具，是為了調查客觀事物、產品和工作質量，或為了分層收集數據而設計的圖表，即把產品可能出現的情況及其分類預先列成統計調查表，在檢查產品時只需在相應分類中進行統計，並可從調查表中進行粗略的整理和簡單的原因分析，為下一步的統計分析與判斷質量狀況創造良好條件。

　　分層法是分析產品質量原因的一種常用的統計方法，它能使雜亂無章的數據和錯綜複雜的因素系統化和條理化，有利於找出主要的質量原因和採取相應的技術措施。

　　質量管理中的數據分層就是將數據根據不同的使用目的，按其性質、來源、影響因素等進行分類的方法，把不同材料、不同加工方法、不同加工時間、不同操作人員、不同設備等各種數據加以分類的方法，也就是把性質相同、在同一生產條件下收集到的質量特性數據歸為一類。

　　直方圖又稱質量分佈圖，是通過對測定或收集來的數據加以整理，來判斷和預測生產過程質量和不合格品率的一種常用工具。

　　直方圖法適用於對大量計量值數據進行整理加工，找出其統計規律，分析數據分佈的形態，以便對其總體的分佈特徵進行分析。直方圖的基本圖形為直角坐標系下若干依照順序排列的矩形，各矩形底邊相等稱為數據區間，矩形的高為數據落入各相應區間的頻數。

　　散布圖又稱相關圖，是描繪兩種質量特性值之間相關關係的分佈狀態的圖形，即將一對數據看成直角坐標系中的一個點，多對數據得到多個點組成的圖形即為散布圖。

　　SPC是英文Statistical Process Control的首字母簡稱，即統計過程控制。SPC就是應用統計技術對過程中的各個階段進行監控，從而達到改進與保證質量的目的。其中控制圖理論是SPC最主要的統計技術。

　　控制圖是判別生產過程是否處於控制狀態的一種手段，利用它可以區分質量波動究竟是由隨機因素還是系統因素造成的。

　　2. 質量管理新七種工具

　　在現代質量管理中，科學技術的迅猛發展使產品日益複雜、精密，需要人們對事物進行系統思考，而且質量管理工作要面對大量的市場和技術信息、廠內和廠外信息。為迎接這些新時代的挑戰，就必須引入適合系統和綜合管理的各種有效方法。質量管理新七種工具就是隨著企業生產的不斷發展以及科學技術的進步，將運籌學、系統工程、行為科學等更多、更廣的方法結合起來解決質量問題的質量管理方法。

　　質量管理新七種工具是指關聯圖法、系統圖法、矩陣圖法、矩陣數據分析法、過程決策程序法、箭頭圖法和親和圖法。質量管理新七種工具不能代替質量控制老七種工具，它們不是對立的，而是相輔相成的，相互補充機能上的不足。這七種方法是思考型的全面質量管理，屬於創造型領域，主要用文字、語言分析、確定方針、提高質量。

關聯圖是表示事物依存或因果關係的連線圖，把與事物有關的各環節按相互制約的關係連成整體，從中找出解決問題應從何處入手。用於弄清楚各種複雜因素相互纏繞的、相互牽連的問題，尋找、發現各種因素內在的因果關係，用箭頭邏輯性地連接起來，綜合地掌握全貌，找出解決問題的措施。關聯圖的箭頭只反應邏輯關係，不是工作順序，一般是從原因指向結果，手段指向目的。

　　系統圖就是把要實現的目的與需要採取的措施或手段，系統地展開，並繪製成圖，以明確問題的重點，尋求最佳手段或措施。為了達到某個目的，就要採取某種手段。為了實現這一手段，又必須考慮下一級水準的目的。這樣，上一級水準的手段就成為下一級水準的目的。系統圖在質量管理活動中，還可以在企業管理人員進行目的與手段思考訓練方面發揮作用，減少明確目的與手段過程的困難。

　　矩陣圖是通過多因素綜合思考，探索解決問題的方法。矩陣圖借助數學上矩陣的形式把影響問題的各對應因素列成一個矩陣，然後根據矩陣的特點找出確定關鍵點的方法。

　　矩陣數據分析是多變量質量分析的一種方法。矩陣數據分析法與矩陣圖有些類似，其主要區別是：不是在矩陣圖上填符號，而是填數據，形成一個數據分析的矩陣。其基本思路是通過收集大量數據，組成相關矩陣，求出相關數矩陣，以及求出矩陣的特徵值和特徵向量，確定出第一主要成分，第二主要成分等。通過變量變換的方法，將眾多的線性相關指標轉換為少數線性無關的指標（由於線性無關，就使得分析與評價指標變量能夠切斷相關的干擾，找出主導因素，做出更準確的估計），顯示出其應用價值。這樣就找出了進行研究攻關的主要目標或因素。所以，它是質量管理新七種工具中唯一利用數據分析問題的方法。矩陣數據分析法可以應用於市場調查，新產品開發、規劃和研究，以及工藝分析等方面。

　　過程決策程序圖法又叫 PDPC 圖法（Process Decision Program Chart）。在進行質量管理時，為了達到預定目標和解決問題，事先進行必要的計劃或設計，預測可能出現的問題，分別確定每種情況下的對策和處理程序，以便把事物引向理想的結果。但是，在事物的發展過程中可能發生意料不到的重大事故，根據現有知識，提出解決問題的依據尚不充分，或考慮到環境變化以及無法估計到的事態發生，在現階段根本不能預測解決。這樣，在發生新事態或出現新情報時，就需要經常把解決問題的步驟推向完成目標的方向。即每當新情報出現時，就必須預測並探索按過去的計劃進行是否可以，有無其他更佳方案可行，並找出解決措施。為了解決質量管理中所遇到的這種問題，就要引入運籌學中的 PDPC 法來解決。

　　PDPC 法是為了實現研究開發目標，在制訂計劃或進行系統設計時，預測事先可以考慮到的不理想事態或結果，把過程的特性盡可能引向理想方向的方法。此外，當產生沒有預測的問題時，PDPC 法也有效，應以最終目標為標準，不斷地、盡可能地修正計劃和措施。也可以說，PDPC 法是隨著事態的進展對能夠導致各種結果的問題，確定一個過程使之達到理想結果的方法。

　　PDPC 法兼有預見性和隨機應變性。它是以事件或現象為中心，掌握系統的輸入和輸出的關係，故可較為準確地提出可能導致的不良狀態，找到其發生的原因，事先予以消除。而且它所採取的是沿多方向發展的方式，便於指出意料之外的重要問題。

　　箭頭圖法是計劃協調技術（PERT, Program Evaluation and Review Technique）和關鍵路線法（CPM, Critical Path Method）在質量管理中的具體應用。其實質是把一項任

務的工作（研製和管理）過程，作為一個系統加以處理，將組成系統的各項任務，細分為不同層次和不同階段，按照任務的相互關聯和先後順序，用圖或網絡的方式表達出來，形成工程問題或管理問題的一種確切的數學模型，用以求解系統中各種實際問題。

親和圖法又叫 KJ 法，是由日本川喜田二郎（Kawakida Jiro）提出的一種屬於創造性思考的開發方法。KJ 法就是對未來的問題、未知的問題、未有經驗領域的問題的有關事實、意見、構思等語言資料收集起來，按相互接近的要求進行統一，從複雜的現象中整理出思路，以便抓住實質，找出解決問題途徑的一種方法。

KJ 法是把事件、現象和事實，用一定的方法進行歸納整理，引出思路，抓住問題的實質，提出解決問題的辦法。具體講，就是把雜亂無章的語言資料，依據相互間的親和性（相近的程度，親感性，相似）進行統一綜合，對於將來的、未來的、未知的、沒有經驗的問題，通過構思以語言的形式收集起來，按它們之間的親和性加以歸納、分析整理，繪成親和圖（A 型圖，Affinity Diagram），以期明確怎樣解決問題。所以 KJ 法的主體是不斷使用 A 型圖來解決問題。採取的手法是進行集體創造性的思考。一般的程序是：事實→調查→文件閱讀→綜合→靈感→創新。通過對大量事實進行綜合分析，加上個人靈感，最後達到創新。用事實說話，靠靈感發現新思想，解決新問題。許多新思想、新理論，往往是靈機一動，突然發現，靈感實際上是潛思維、潛意識的表現，常借助於熟能生巧的前提，突然得到平時百思不得其解的答案。

第二節　全面質量管理

全面質量管理（TQM，Total Quality Management）是從質量管理的共性出發，對質量管理工作的實質內容進行科學的分析、綜合、抽象和概括，從中探索質量管理的客觀規律性，以指導人們在開展質量管理工作時按客觀規律辦事。它是現代企業管理的中心環節，是進行質量管理的有效方法。

一、全面質量管理

1. 全面質量管理的概念與含義

全面質量管理的定義是：一個組織以質量為中心，以全員參與為基礎，目的在於通過讓顧客滿意和本組織所有成員及社會受益，而達到長期成功的管理途徑。其實際就是企業全體員工、所有部門同心協力，綜合運用現代管理技術、專業技術和數理統計方法，經濟合理地開發、研製、生產和銷售用戶滿意的產品的管理活動過程的總稱。它包括以下幾方面：

①全面質量管理的內容的全面性，主要表現在不僅要管好產品質量，還要管好產品質量賴以形成的工程質量、工作質量。

②全面質量管理的管理範圍的全面性，主要表現在包括產品研究、開發、設計、製造、輔助生產、供應、銷售（售前、售中、售後）服務等全過程的質量管理。它指明了質量管理的宗旨是經濟地開發、研製、生產和銷售用戶滿意的產品。

③全面質量管理的參加管理的人員的全面性，主要表現在這項管理是要由企業全體人員參與的。它闡明了質量管理的基礎是由企業全體員工牢固的質量意識、責任感、

積極性所構成的。

④全面質量管理的管理方法的全面性，主要表現在根據不同情況和影響因素，採取多種多樣的管理技術和方法，包括科學的組織工作、數理統計方法的應用、先進的科學技術手段和技術措施等。它強調了全面質量管理的手段，是綜合運用管理技術、專業技術和科學方法，而不是單純只靠檢測技術或統計技術。

全面質量管理所謂的全面性，具體表現在管理內容的全面性、管理範圍的全面性、參加管理人員的全面性以及管理方法的全面性等。它是全方位的質量管理，全員參與的質量管理，全過程的質量管理，管理的方法是多種多樣。因此，全面質量管理簡稱「三全一多樣」。

2. 全面質量管理的特點

傳統質量管理認為，質量管理是企業生產部門和質量檢驗部門的工作，重點應放在生產過程的管理，特別是工藝管理以及產品質量檢驗上，把質量管理委託給質量經理去管理。全面質量管理就是要在「全」字上做文章，要樹立「三全一多樣」管理的理念。

(1) 全面的質量管理

既然質量管理的目標是滿足用戶要求，用戶不但要求物美，而且要求價廉、按期交貨和服務及時周到等。「質量」的概念突破了原先只局限於產品質量的框框，提出了全方位質量的概念，所以全面質量管理中的「質量」，是一個廣義的質量概念。它不僅包括一般的質量特性，而且包括了工作質量和服務質量；它不僅包括產品質量，而且還包括企業的服務質量。所以全面質量管理就是對產品質量、工程質量、工作質量和服務質量的管理。要保證產品質量、工程質量、服務質量，則必須保證工作質量，以達到預防和減少不合格品、不合格工程及提高服務水準的目的，即做到價格便宜、供貨及時、服務優良等，以滿足用戶各方面的合理要求。

(2) 全過程的質量管理

全過程，主要是指產品的設計過程、製造過程、輔助過程和使用過程。全過程的質量管理，就是指對上述各個過程的有關質量進行管理。

質量管理全過程中的各個環節，一環扣一環，一個循環完了，又開始一個新的循環。這樣就形成了一個螺旋上升的過程。

優質產品是設計、製造出來的，而不是檢驗出來的。基於這一觀點，產品的質量取決於設計質量、製造質量和使用質量（如合理的使用和維護等）的全過程。

(3) 全員參加的質量管理

產品質量是工作質量的反應，企業中每一個部門、生產車間以及每一位員工的工作質量都必然直接或間接地影響到產品的質量。而且，現代企業的生產過程十分複雜，前後工序、車間之間相互影響和制約，僅靠少數人設關保質量是不能真正解決問題的。所以全面質量管理的另一個重要特點是要求企業的全體人員都必須為提高產品質量盡職盡責，只有這樣生產優質產品才有可靠的保證。因此，全員性、群眾性是科學質量管理的客觀要求。

實行全員性的質量管理，即在生產過程中要求動員和組織廣大員工積極參與改善產品質量的活動，組織各種形式的質量管理小組（QC小組），及時從技術上和組織措施上解決現場中所出現的各種質量問題，特別是關鍵的質量問題。

(4) 多種多樣方法的質量管理

質量管理採用的方法是全面而多種多樣的，它是由多種管理技術與科學方法所組

成的。科學技術的發展對質量管理提出了更高的要求，進而推動質量管理向科學化、現代化發展。在質量管理過程中應自覺地利用先進的科學技術和管理方法，應用排列圖、因果圖、直方圖、控制圖、數理統計、正交試驗等技術來分析各部門的工作質量，找出產品質量存在的問題及其關鍵的影響因素，從而有效地控制生產過程的質量，達到提高產品質量的目的。

3. 全面質量管理的基礎工作

企業開展全面質量管理，必須做好涉及質量管理方面的一系列基礎工作。這些質量管理基礎工作是否紮實牢靠，關係到質量管理以至整個企業管理水準的提高。全面質量管理的基礎工作內容比較廣泛，這裡主要介紹最基本的基礎工作，包括標準化工作、計量管理工作、質量信息工作、質量教育和責任制等。

（1）標準化工作

所謂標準，是指人們為了更好地滿足各方面的共同要求和取得良好的社會效益，在先進的科學、技術、管理和實踐經驗的基礎上，對具有多次重複性的事和物，在一定範圍內所制定的，並經過一定程序批准以特定形式頒布、實施的統一規定。

所謂標準化，是指人們制定標準並有效地實施標準的一種有組織的活動過程。它的本質是為了尋求各方面的良好效益（或效果）而採取的統一的方法、手段和原則。標準化是一個發展著的運動過程，它包括制定標準、貫徹標準、修訂完善標準的全過程，這是一個不斷循環和螺旋式上升的運動過程。每經過一個循環，標準的水準就提高一步。標準化的任務，就是要根據實際情況的變化，不斷地促進這種循環過程的進行，從而使標準不斷提高到新水準。所以，也可以把標準看做是標準化活動的成果之一。

要取得標準化的效果，首先要制定標準。但是，標準化的效果只有在實施標準的過程中才能取得，所以貫徹實施標準的是標準化工作的關鍵。此外，由於科學技術的發展，人們經驗的不斷累積和認識的不斷深化，原有的標準在一定時期後就會落後於實際，因此就要不斷修改和完善標準。所以，標準化是隨著科學技術的發展，生產技術水準和管理水準的不斷提高而不斷發展，並反過來促進生產技術和管理水準的提高。

標準化工作和質量管理有著極其密切的關係。標準化是質量管理的基礎，質量管理是貫徹執行標準的保證。

（2）計量管理工作

計量管理工作（包括測試、化驗、分析等工作），是保證化驗分析、計量測試的量值準確和統一，確保技術標準的貫徹執行，保證零部件互換和產品質量的重要手段。

加強計量管理工作，必須抓好以下幾個主要環節：

①正確、合理地使用計量器具。
②嚴格執行計量器具的檢定。
③確保計量器具的及時修理和報廢。

（3）質量信息工作

質量信息是指反應產品質量和供、產、銷各環節工作質量的數據、原始記錄和資料。它是企業進行產品質量管理的極為重要的資料。通過質量信息，可以及時地反應影響產品質量的各種因素和生產技術經營活動的狀態，反應產品的使用情況，以及國內外產品質量的發展動向。通過對質量信息的分析研究，可以正確認識影響產品質量諸因素的變化同產品質量波動的內在聯繫，從而認識和掌握提高產品質量的規律性。

為了充分發揮質量信息的作用，企業的質量信息必須準確、及時、全面、系統和完整。

　　（4）質量教育與責任制

　　產品質量的形成，不只是依靠機器設備、工藝和工具設備、原材料等物的因素，更重要的是人的因素。只有廣大員工牢固地樹立了質量第一的思想和強烈的質量意識，對全面質量管理的重要性有了充分的認識，具備了一定的質量管理知識和技能，並且能熟練地操作和掌握先進技術，才能保證和提高產品質量。因此，為了動員和組織企業全體成員都能積極自覺地參加全面質量管理活動，關心和提高產品質量，從企業領導人員到每個班組員工，每個人都必須接受全面質量管理的教育和訓練。

　　4. 推行全面質量管理工作的方法

　　要搞好全面質量管理工作，最主要的一條是組織的最高管理者要重視並親自參與，這是全面質量管理工作能否取得預期效果的根本保證，所以 TQM 又被形象地稱為「頭 QM」。要推行全面質量管理就必須要有一套推行的工作程序和具體的工作內容，必須要有一定的組織活動方式和適合全員參與的活動載體。工作程序和工作內容是本節介紹的主要內容。

二、全面質量管理的工作程序

　　全面質量管理採用一套科學的、合乎邏輯的工作程序，也即 PDCA 循環法。PDCA 由英文 Plan（計劃）、Do（執行）、Check（檢查）、Action（處理）幾個詞的第一個字母組成。PDCA 循環的概念最早是由美國質量管理專家戴明（W. E. Deming）提出來的，故又稱為「戴明環」，是全面質量管理的基本工作方法。它把全面質量管理的工作過程分為計劃、執行、檢查、處理四個階段，其中每個階段又可具體分為若干步驟，見圖 3-2。

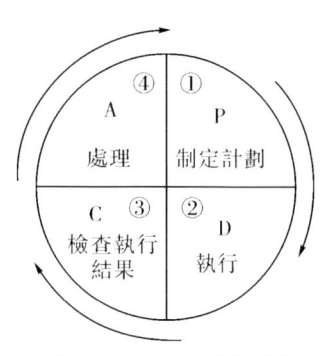

圖 3-2　PDCA 管理循環

　　1. PDCA 循環四個階段

　　第一階段是計劃（Plan）階段。以滿足顧客的要求並取得經濟效果為目標，通過調查、設計、試製，制訂技術和經濟指標、質量目標，以及達到這些目標的具體措施和方法。所以計劃階段就是制定質量目標、活動計劃、管理項目和實施方案。

　　第二階段是執行（Do）階段。根據預定計劃和措施要求，努力貫徹和實現計劃目標和任務。所以執行階段就是要按照所制訂的計劃和措施去實施。

　　第三階段是檢查（Check）階段。對照執行結果和預定目標，檢查計劃執行情況是

否達到預期的效果，哪些措施有效，哪些措施效果不好，成功的經驗是什麼，失敗的教訓又是什麼，原因在哪裡，所有這些問題都應在檢查階段調查清楚。所以檢查階段就是對照計劃，檢查計劃執行的情況和效果，及時發現和總結計劃實施過程中的經驗和問題。

第四階段為處理（Action）階段。就是根據檢查的結果所採取的措施，鞏固成績，吸取教訓，以利再干，這是總結處理階段。

2. PDCA 循環八個步驟

全面質量管理工作程序，可以具體分為以下八個步驟：

第 1 步，調查研究，分析現狀，找出存在的質量問題。

第 2 步，根據存在問題，分析產生質量問題的各種影響因素，並逐個因素加以分析。

第 3 步，找出影響質量的主要因素，並從主要影響因素中著手解決質量問題。

第 4 步，針對影響質量的主要原因，制定技術、組織的措施和方案，執行計劃和預計效果，計劃和措施應盡量做到明確具體，並確定具體的執行者、時間進度、地點、部門和完成方法等。

以上四個步驟就是 P 階段的具體化。

第 5 步，按照既定計劃執行，即 D 階段。

第 6 步，根據計劃的要求，檢查實際執行結果，即 C 階段。

第 7 步，根據檢查結果進行總結，把成功的經驗和失敗的教訓總結出來，對原有的制度、標準進行修正，把成功的經驗肯定下來制定成為標準和規則，以指導實踐，對失敗的教訓也要加以總結整理，記錄在案，以供借鑑。鞏固已取得的成績，同時防止重蹈覆轍。

第 8 步，提出這一次循環尚未解決的遺留問題，並將其轉到下一次 PDCA 循環中去，作為下一階段的計劃目標。

以上第 7、8 步是 A 階段的具體化。

上述四個階段八個步驟不是運行一次就完結，而是要周而復始地運行的。一個循環完結，解決了一部分問題，可能還有問題沒有解決，或者又出現了新的問題，需要再進入下一次循環，以不斷改進質量。

3. PDCA 循環的四個特點

PDCA 循環有以下四個特點：

（1）大環套小環，互相促進，一環扣一環，小環保大環，推動大循環（見圖 3-3）。如果將整個企業的工作比喻為一個大的 PDCA 循環，那麼，各個車間、小組或職能部門則都有各自的 PDCA 小循環。因此，管理循環的轉動，不是個人的力量，而是組織的力量，是整個企業全員推動的結果。PDCA 循環不僅適用於整個企業，而且也適用於各個車間、科室和班組以至個人。根據企業總的方針目標，各級各部門都要有自己的目標和自己的 PDCA 循環。這樣就形成了大環套小環，小環裡邊又套有更小的環的情況。整個企業就是一個大 PDCA 循環，各部門又都有各自的 PDCA 循環，依次又有更小的 PDCA 循環，具體落實到每一個人。上一級 PDCA 循環是下一級 PDCA 循環的依據，下一級 PDCA 循環又是上一級 PDCA 循環的貫徹落實和具體化。通過循環把企業各項工作有機地聯繫起來，彼此協同，互相促進。

39

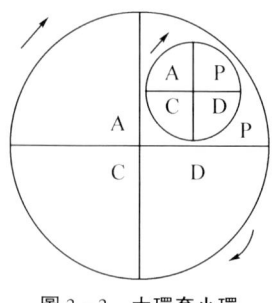

圖 3-3　大環套小環

（2）不斷循環，階梯式上升。四個階段要周而復始地循環，從圖 3-4 看出 PDCA 循環不是停留在一個水準上的循環，而每一次循環都會解決一批問題，取得一部分成果，因而就會前進一步，有新的內容和目標，水準就上升一個臺階，質量水準就會有新的提高。就如上樓梯一樣，每經過一次循環，就登上一級新階，這樣一步一步地不斷上升提高。例如企業向省級、國家級、國際標準不斷邁進，正是階梯式上升的具體表現。

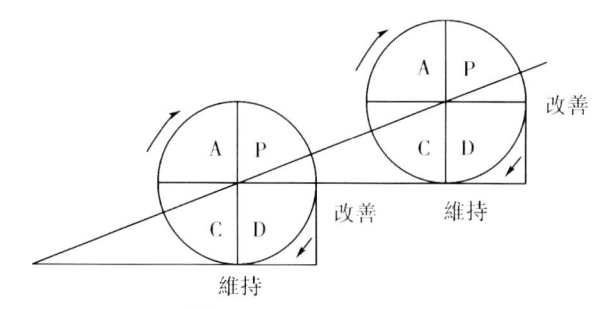

圖 3-4　不斷上升的循環

（3）推動 PDCA 循環關鍵在 A 階段。所謂總結，就是總結經驗，肯定成績，糾正錯誤，提出新的問題以利再干。這是 PDCA 循環之所以能上升、前進的關鍵。如果只有三個階段，沒有將成功經驗和失敗教訓納入有關標準、制度和規定中，就會不鞏固成績，吸取教訓，也就不能防止同類問題的再度發生。因此，推動 PDCA 循環，一定要始終抓好總結這個階段。

（4）統計工具的應用。PDCA 循環的一個重要特點就是它應用了一套科學的統計處理方法作為發現、解決問題的有效工具，這些統計方法的內容和應用已在本書的有關章節中進行了介紹。

三、全面質量管理的內容

企業全面質量管理內容主要包括：設計試製過程的質量管理，製造過程的質量管理，輔助生產過程的質量管理和產品使用過程的質量管理等。

1. 設計試製過程的質量管理

設計試製過程是指產品（包括開發新產品和改進老產品）正式投產前的全部開發研製過程，包括調查研究、制訂方案、產品設計、工藝設計、試製、試驗、鑒定以及

標準化工作等內容。

設計試製過程是產品質量最早的孕育過程。搞好開發、研究、試驗、設計、試製，是提高產品質量的前提。產品設計質量「先天」決定著產品質量，在整個產品質量產生、形成過程中居於首位。設計質量是以後製造質量必須遵循的標準和依據，而製造質量則要完全符合設計質量的要求；設計質量又是最後使用質量必須達到的目標，而使用質量則是設計質量、製造質量完善程度的綜合反應。如果開發設計過程的質量管理薄弱，設計不周鑄成錯誤，這種「先天不足」，必然帶來後患無窮，不僅嚴重影響產品質量，還會影響投產後的一系列工作，造成惡性循環。因此，設計試製過程的質量管理，是全面質量管理的起點，是企業質量體系中帶動其他各個環節的首要一環。

（1）設計試製過程質量管理的任務

設計試製過程中質量管理的任務主要包括以下兩個方面：

①根據對使用要求的實際調查和科學研究成果等信息，保證和促進設計質量，使研製的新產品或改進的老產品具有更好的使用效果，有更好的適用性。

②在實現質量目標、滿足使用要求的前提下，還要考慮現有生產技術條件和發展可能，研究加工的工藝性，要求設計質量易於得到加工過程的保證，並獲得較高的生產效率和良好的經濟效益。

由上述可見，設計試製過程的質量主要體現在所設計的產品能否滿足用戶要求的程度，以及與企業加工製作水準相適應狀況兩個方面上。

（2）設計試製過程質量管理工作的具體內容

為了保證設計質量，設計試製過程的質量管理一般要著重做好九項工作。

①根據市場調查與科技發展的信息資料制定質量目標。

②保證先行開發研究工作的質量。先行開發研究是屬於產品前期開發階段的工作。這階段的基本任務是選擇新產品開發的最佳方案，編製設計任務書，闡明開發該產品的結構、特徵、技術規格等，並做出新產品的開發決策。保證先行開發研究的質量就是把握上述各個環節的工作質量，特別在選擇新產品開發方案時，要進行科學的技術經濟分析，在權衡各方案利弊得失基礎上做出最理想的選擇。

③根據方案論證，驗證試驗資料，鑒定方案論證的質量。

④審查產品設計質量（包括性能審查、一般審查、計算審查、可檢驗性審查、可維修性審查、互換性審查、設計更改審查等）。

⑤審查工藝設計質量。

⑥檢查產品試製、鑒定質量。

⑦監督產品試驗質量。

⑧保證產品最後定型質量。

⑨保證設計圖樣、工藝等技術文件的質量等。

企業應組織質量管理部門專職或兼職人員參與上述方面的質量保證活動，落實各環節的質量管理職能，以保證最終的設計質量。

在保證產品設計質量的前提下，還應盡量節約設計質量費用，提高經濟效益。為此，要從產品質量水準的變化同所發生的費用、成本的變化等方面進行經濟分析，選擇質量與質量保證費用的最佳點。

2. 製造過程的質量管理

產品正式投產後，能不能保證達到設計質量標準，這在很大程度上取決於製造部

門技術能力以及生產製造過程的質量管理水準。

生產製造過程的質量管理，重點要抓好以下四項工作：

（1）加強工藝管理

嚴格工藝紀律，全面掌握生產製造過程的質量保證能力，使生產製造過程經常處於穩定的控制狀態，並不斷進行技術革新，改進工藝。為了保證工藝加工質量，還必須認真搞好文明生產，合理配置工位器具，保證工藝過程有一個良好的工作環境。

（2）組織好技術檢驗工作

為了保證產品質量，必須根據技術標準，對原材料、半成品、產成品以至工藝過程質量都要進行檢驗，嚴格把關，保證做到不合格的原材料不投產，不合格的製品不轉序，不合格的半成品不使用，不合格的零件不裝配，不合格的產成品不出廠也不計算產值、產量。質量檢驗的目的不僅是要挑出廢品，還要收集和累積大量反應質量狀況的數據資料，為改進質量、加強質量管理提供信息。

（3）掌握好質量動態

為了充分發揮生產製造過程質量管理的預防作用，就必須系統地掌握企業、車間、班組在一定時期內質量的現狀及發展動態。掌握質量動態的有效工具是對質量狀況的綜合統計與分析。這種綜合統計與分析，一般是按規定的某些質量指標來進行的。這種指標有兩類：

①產品質量指標，如產品等級率、壽命等。
②工作質量指標，如廢品率、返修率等。

為了有效地做好質量狀況的綜合統計與分析，要建立和健全質量的原始記錄。合格品的轉序、繳庫，不合格品的返修、報廢，都要有記錄、有憑證，並由質量檢驗人員簽證。根據原始記錄定期進行匯總統計，有關部門對質量變動原因做出分析，使企業各級領導和員工及時掌握質量動態。

（4）加強不合格品管理

產品質量是否合格，一般是根據技術標準來判斷的，符合標準的為合格品，否則為不合格品。不合格品又可以分為兩類：一類屬於不可修復的；另一類屬於可以修復的。不可修復的不合格品就是廢品，可修復的不合格品中包括返修品、回用品、代用品（即只能降級使用或作另外用途的產品）等，它也會造成工時、設備等浪費。從質量管理的觀點看，不僅要降低明顯的廢品數量，而且更要降低整個不合格品的數量。

加強不合格品管理，重點要抓好以下工作：

①按不合格品的不同情況分別妥善處理，要建立健全原始記錄。
②定期召開不合格分析會議。通過分析研究，找出造成不合格品的原因，從中吸取教訓，並採取措施，以防再度發生。
③做好不合格品的統計分析工作。要根據有關質量的原始記錄，對廢品、返修品、回用品等進行分類統計，並對廢品種類、數量、產生廢品所消耗的人工和原材料，以及產生廢品的責任者等，作分門別類的統計，並將各類數據資料匯總編製成表，以便為進行單項分析和綜合分析提供依據。
④建立包括廢品在內的不合格品技術檔案，以便發現和掌握廢品產生變化的規律性，從而為有計劃地採取防範措施提供依據，還可成為企業進行質量管理教育、技術培訓的反面教材。
⑤實行工序質量控制。全面質量管理要求在不合格品發生之前，發現問題，及時

處理，防止不合格品發生，為此必須進行工序質量控制。

工序質量控制的主要手段有兩個：一個是建立管理點。所謂管理點，就是把在一定時期內和一定條件下，需要特別加強監督和控制的重點工序（或重點部位），明確列為質量管理的重點對象，並採用各種必要的手段、方法和工具，對它加強管理。另一個手段是運用控制圖，它是進行工序質量控制的一種最重要而有效的工具，本書第五章已作了專門介紹。

3. 輔助生產過程的質量管理

上述生產製造過程的質量管理，實質上是基本生產過程的質量管理。為保證基本生產過程實現預定的質量目標，保證基本生產過程正常進行，還必須加強對輔助生產過程的質量管理。

輔助生產過程的質量管理一般來說包括：物料供應的質量管理、工具供應的質量管理和設備維修的質量管理等。

4. 產品使用過程的質量管理

產品的使用過程是考驗產品實際質量的過程，它既是企業質量管理的歸宿點，又是企業質量管理的出發點。產品的質量特性是根據客戶使用要求而設計的，產品實際質量的好壞，主要看客戶的評價。因此，企業的質量管理工作必須從生產過程延伸到使用過程。

本章小結

質量是企業的生命。本章主要介紹了質量管理方面的基礎知識，重點介紹了全面質量管理，這是當前在質量管理中運用得比較多的質量管理方法，是值得大家認真掌握的。

思考與練習

1. 質量管理的常用工具有哪些？
2. 全面質量管理的含義是什麼？
3. 在全面質量管理中怎樣運用PDCA環？
4. 全面質量管理的內容是什麼？

第四章 財務管理的基本理論

學習目的：

　　通過本章學習，熟悉財務管理的概念、對象、目標、職能等基本問題，瞭解財務管理的環境、觀念、原則與循環等衍生問題。理解時間價值的概念和意義，熟練掌握和靈活運用各類時間價值的計算；瞭解風險及風險價值的含義，掌握單項資產風險價值的計算和組合投資風險的衡量；瞭解利息率的含義及計算。

重點與難點：

　　掌握在現有財務管理的環境下，應具備的財務管理的觀念和財務管理的原則；理解及靈活應用資金時間價值；理解風險價值的衡量。

關鍵概念：

　　企業財務　財務管理　財務活動　財務關係　時間價值　複利終值　複利現值　年金　後付年金　年金終值　年金現值　貼現率　風險　風險報酬　期望報酬率　風險報酬率　風險報酬系數　非系統性風險　系統性風險

第一節 財務管理概述

一、財務管理的概念與對象

（一）財務管理的概念

　　在西方國家，基於實證性的考慮，對於財務管理較有權威性的表述是確定資金和資源的最佳利用，以使企業價值增值的過程。

　　在我們國家，關於財務管理的概念，更多的是基於規範性的考慮，企業財務管理的概念表述為：企業財務管理是以企業財務為對象，通過組織、控制和協調資金運動過程，以使資金運動過程所體現的經濟關係得以正確處理，也使企業得到最優化的經濟利益的一項經濟管理工作。

（二）財務管理的對象

　　企業的資金運動和它所體現的經濟關係是企業財務的內涵，是企業財務管理所要組織、控制和協調的客體。因此企業的資金運動和資金運動所體現的經濟關係是對企業財務管理對象的質的規定。

　　1. 企業的資金運動

　　企業資金運動表現為資金的籌集、資金的投放、資金的營運、資金的分配四個階段的統一。

資金籌集是指企業從有關渠道，採用一定方式取得企業經營所需資金的活動。
　　資金投放是指企業將從有關渠道取得的資金投入企業經營過程或其他企業，以謀取收益的活動。
　　資金營運是指企業對通過資金投放所形成的各項資產的利用和調度活動。
　　資金分配是指企業根據國家的有關規定和企業經營的需要，將從經營中收回的資金分配用於不同方面的活動。
　　企業財務活動的上述四個方面，既相互區別，又相互聯繫、相互依存。正是這些既有聯繫又有區別的財務活動，構成了企業財務活動的完整過程。
　　2. 企業資金運動所體現的經濟關係
　　企業資金運動所體現的經濟關係即財務關係，是企業在組織財務活動過程中發生的企業與有關各方之間的關係。包括：
　　（1）企業與政府之間的財務關係
　　（2）企業與投資者及接受投資者之間的財務關
　　（3）企業與債權人及債務人之間的財務關係
　　（4）企業與職工之間的財務關係
　　（5）企業內部各部門（單位）之間的財務關係

二、財務管理的目標與職能

（一）財務管理的目標

　　財務管理的目標是指財務管理系統運行和財務管理工作期望達到的境界或結果。
　　儘管中國與西方國家在財務管理目標的確定與表述方面有所不同，但有一點卻是相同的，即東西方學者都認為：財務管理的目標必須統一在企業目標之下，財務管理的目標是企業目標的具體化，企業目標必須在財務管理目標中得到體現。
　　1. 西方國家的企業目標與財務管理目標
　　大多數學者均認為，應該把西方國家的企業目標概括為股東財富最大化與企業應承擔的社會責任的統一。
　　股東財富是指股東所擁有的貨幣、實物和金融資產的數量。由於普通股股東與優先股股東在權利、責任、利益方面都存在著一定的差別，大多數人認為，普通股股東才是企業真正的股東。因而，股東財富最大化中的股東專指普通股股東，而不包括優先股股東。
　　一般認為，企業應承擔的社會責任主要包括：為每一位社會公民都提供公平的就業機會、對員工實行合理的工薪制度，保護消費者的利益；支持社會公益事業的發展；積極參與環境保護活動，防止大氣和水質的污染，維護生態平衡，等等。
　　在此之前，西方國家的企業還採用過利潤最大化、每股收益最大化等目標。
　　依據企業目標與財務管理目標之間的關係，在西方國家的企業中，財務管理部門還必須對上述企業目標做更加具體的解釋，以作為財務管理的目標。解釋的方法有三種：一是以流動性與獲利能力為主線，要求最大限度地減少風險，並保持對經營活動的有效控制；二是以風險與收益為主線，要求在既定的風險水準上使收益最大；三是以風險與收益為主線，但要求在收益最大的同時風險最小。
　　我們較為贊同第三種方法。因為：① 不管是第一種方法所強調的風險水準和收益水準，還是第二種方法所強調的資產流動性和獲利能力，其實都受制於企業的資產結

構、財務結構、資本結構，將財務管理的目標定位於優化三個結構能使各個局部問題得到更高程度的統一。②這種方法將財務管理的目標定位於一種狀態或境界，而不是一種具體的水準，可以使財務管理的各個具體操作更具靈活性。③在不同時期和不同的條件下，風險水準、收益水準、資產流動性、獲利能力對於財務決策的重要性不是一成不變的，從而「最優化」的含義也各不相同，將財務管理的目標定位於一種狀態或境界，可以使財務管理做出各種具體針對性的決策。

2. 中國市場經濟條件下的企業目標與財務管理目標

考慮到中國目前經濟發展水準、資本市場發展狀況、企業組織形式以及經濟建設中的主要矛盾等現實問題，中國市場經濟條件下的企業目標，既不能是利潤最大化，也不能是股東財富最大化。

目前，中國理論界和實業界一致認為，在中國市場經濟條件下，最少是在市場經濟發展的現有條件下，企業目標只能是經濟效益最優（大）化。

也有的認為，應該把經濟效益最優化的企業目標在財務管理中具體化為提高企業的獲利能力、償債能力和營運能力。把財務管理的目標定位為提高企業的三個能力，或者說以提高企業的獲利能力、償債能力和營運能力作為財務管理的目標，有三個好處：一是避免了抽象的表述；二是使財務管理的目標變得可以計量；三是把財務管理目標置於一個動態的過程而不是一個具體的水準。

（二）財務管理的職能

財務管理的職能是財務管理機制的應用所產生的效果。也稱財務管理的內在功能，具體是指財務管理能夠解決企業財務活動中矛盾的能力。

1. 中西方關於財務管理職能研究的主要觀點

對財務管理職能的研究，中國與西方國家學者由於研究指導思想與研究思路的不同，對其具體職能的看法也有一定的分歧。

在以美國為代表的西方國家，關於財務管理職能的研究有兩種觀點或稱兩種思路。一是按財務管理與流動性和獲利能力的關係進行研究。二是按管理對象的不同進行研究。

第一種觀點認為財務管理與流動性有關的職能主要有：①預測現金流量的職能；②籌措資金的職能；③管理內部資金流轉的職能。財務管理與獲利能力有關的職能主要有：①控制成本的職能；②制定產品價格的職能；③預測利潤的職能；④計量最低報酬的職能。

第二種觀點認為財務管理職能主要是：①管理資產的職能；②管理資金的職能。

在中國，關於財務管理職能的研究也有兩種思路。一是對財務管理的社會主義特色進行研究；二是基於財務管理的市場經濟環境進行研究。

第一種思路認為財務管理的職能主要有：①根據需要籌集資金的職能；②決策資金投向的職能；③提高資金使用效益和經濟效益的職能；④正確地進行資金分配的職能。並且認為財務管理的四種職能呈現出一種相互作用，相互制約的辯證關係。

第二種思路認為財務管理職能主要有：①決策的職能；②調控的職能；③反饋的職能；④監督的職能。由於這一結論是基於財務管理的市場經濟環境而得出的，本書也支持這一觀點，認為它們就是財務管理的具體職能。

2. 財務管理的具體職能

（1）決策的職能，就是財務管理對企業財務活動進行預測、決策和計劃（預算

的能力。
（2）調控的職能，就是財務管理對企業資金供求的調節能力和對資金投放與資金耗費的控制能力。
（3）反饋的職能，就是財務管理能夠根據回輸的信息對企業財務活動進行再管理的能力。
（4）監督的職能，就是財務管理能夠保證企業財務活動全過程的合法性與合理性的能力。

三、財務管理的環境

（一）財務管理環境的概念與類型

財務管理環境是指導向企業財務行為的內外部客觀條件和因素的集合。這些條件和因素組成了一個有機整體，共同影響和制約著企業的財務行為。

從以上對財務管理環境概念的表述中不難發現，它包括內部環境和外部環境兩種基本類型。

財務管理的內部環境是對存在於企業內部的，並對企業財務行為產生導向作用的條件和因素的統稱。

財務管理的外部環境是對存在於企業外部的，並對企業財務行為產生導向作用的條件和因素的統稱。

一般來講，財務管理的外部環境決定內部環境，財務管理的內部環境始終應與外部環境相適應。這就是說，企業財務管理應隨時根據外部環境的變化不斷改善其內部環境。

（二）財務管理的內部環境

財務管理的內部環境，作為存在於企業內部並對企業財務行為產生導向作用的條件和因素，又可以細分為兩個方面：一是無形環境，也稱軟環境，主要由企業的各項規章制度和企業管理者的水準構成；二是有形環境，也稱硬環境，主要由企業的組織形式和企業的各種內在條件與能力構成。

鑒於企業組織形式和各項規章制度在財務管理內部環境中所處的重要地位，我們須對其做專門討論。

1. 企業的組織形式

（1）獨資企業，獨資企業是指由單個自然人獨自出資、獨自經營、獨自享受權益、獨自承擔風險的企業。

（2）合夥制企業，合夥制企業是由少數合夥人共同出資、共同經營、共同享受權益並共同承擔風險的企業。

（3）公司制企業，公司制企業是以盈利為目的而依法登記成立的社團法人。公司制企業分為無限責任公司、有限責任公司、兩合公司、股份有限公司。常見的是有限責任公司和股份有限公司。

2. 企業的各項規章制度

在財務管理方面，企業的各項規章制度集中體現為企業內部財務管理制度。企業內部財務管理制度是企業根據國家統一的財務制度制定的關於財務活動和財務管理工作的規範性要求。

企業內部財務管理制度，須由企業自行設計和制定。企業內部財務管理制度，從不同的角度看應該包括不同的內容。

在財務管理實踐中，企業內部財務管理制度的設計和制定，通常有綜合考慮上述各個方面的需要。因而，企業內部財務管理制度的主要內容應包括：①籌資與投資管理制度；②資產管理制度；③成本費用管理制度、④財務收支與債權債務管理制度；⑤利潤與利潤分配管理制度；⑥財務預算與分析制度。其中，資產管理制度還應細分為存貨與用品管理制度、現金與有價證券管理制度、固定資產管理制度、無形資產管理制度、遞延資產和其他資產管理制度。此外，在有外幣業務的企業，還應該有外匯資金管理制度。不僅如此，每項制度的內容還應具有綜合性，即在每項制度中，既要規定財務管理人員的職責與權限，也要規定財務管理工作的具體內容和程序，還要規定具體詳細的操作要求與標準。

(三) 財務管理的外部環境

財務管理的外部環境，總的來講是一種多元衝擊、競爭激烈、充滿希望也遍布危機的環境。這種環境，不管是從世界各國經濟發展歷史模式來看，還是從現存各種經濟發展模式的固有特徵來看，均可用商品經濟體制或市場經濟體制來概括。換言之，現代企業財務管理處於商品經濟或市場經濟體制環境當中。

研究財務管理外部環境中的市場體系，不但要研究金融市場，而且還要研究商品市場；研究財務管理外部環境中的政府政策和管理制度，則應著重研究稅收制度。

1. 商品市場

商品市場是商品供求雙方進行商品交易所形成的相互關係。商品市場的主要功能是把商品供應者手中的商品有條件地轉移到商品需求者手中，從而使商品的供應者和需求者各得其所，同時也使社會財富盡其所用，促進社會經濟的發展。

2. 金融市場

金融市場是資金供求雙方買賣金融工具所形成的相互關係。金融市場除了具有將社會剩餘資金有條件地從資金剩餘者（也稱資金提供者或投資者）手中轉移到資金缺乏者（也稱資金需求者或籌資者）手中的基本功能外，就其與商品市場的關係來看，它還有兩個功能：一是引導商品市場的功能。這是因為，在商品經濟條件下，任何商品都有使用價值和價值，而代表商品價值的資金是可以與使用價值分離的，從而使得金融市場上的資金流向對商品市場上的商品流向具有引導作用。二是調控商品市場的功能，即調控商品市場上商品供求關係的功能。主要表現為，當商品市場上出現某種商品供不應求的情況時，資金會通過金融市場主動流向該商品的生產企業，從而使該商品的市場供應量增加，供求趨於平衡；相反，當商品市場上出現某種商品供過於求的情況時，資金會通過金融市場主動流出該商品的生產企業，從而使該商品的市場供應量縮減，供求趨於平衡。

3. 稅收制度

稅收制度中，對企業所得稅產生影響的問題包括：

(1) 折舊問題。

(2) 利息問題。

(3) 正常經營損失的遞延問題。

(4) 特殊業務收益的減免稅問題。

四、財務管理的觀念與原則

(一) 財務管理的觀念

觀念是指進入人們頭腦並指導人們行動的思想意識。財務管理的觀念是指作為管理主體的人基於對財務管理環境的一定認識和一定的財務管理實踐而形成的一種思維定式。

依據市場經濟體制的客觀要求，財務管理應確立以下幾種新的觀念：
1. 競爭觀念。
2. 效益觀念。
3. 貨幣時間價值觀念。
3. 風險觀念。

(二) 財務管理的原則

財務管理的原則是指財務管理主體在組織財務活動、選擇財務行為、處理財務關係時所必須執行的要求和必須遵循的規範。

依據市場經濟的客觀要求和財務管理自身的特點，財務管理應遵循以下幾項原則：
1. 成本效益原則。
2. 風險與收益均衡原則。
3. 資源合理配置原則。
4. 利益關係協調原則。

五、財務管理循環

(一) 財務管理的內容循環

財務管理的內容循環是把財務管理看做是一門經濟管理科學而產生的，它著重解決企業財務管理這一完整而又系統的學科體系應該由哪些具體內容組成以及各項內容的相互關係問題。

財務管理的內容是財務管理對象的延伸，是在財務管理對象這個基本問題的基礎上產生的一個深層次問題。它是由企業財務活動過程所固有的內在規律決定的。雖然企業財務活動過程的規律性有多種表現，但它卻集中表現為資金籌集、資金投放、資金營運與資金分配四種重大財務行為的順次發生和順次進行。與此相對應，財務管理的內容應由資金籌集管理、資金投放管理、資金營運管理、資金分配管理四個方面順次組成。

1. 資金籌集管理

資金籌集管理就是選擇最適當的資金籌集方案，在最有利於企業的前提下獲得經營所需的資金。

2. 資金投放管理

資金投放管理就是選擇最恰當的投資方案，在成本與效益、風險與收益最佳組合的條件下使用資金。

3. 資金營運管理

資金營運管理就是選擇最合理的資源配置方案，最大限度地利用企業的各項資產。

4. 資金分配管理

資金分配管理就是選擇最佳的利潤和稅後利潤分配方案，在保證各方利益的同時，使企業的財務狀況得以改善，財務能力得以增強。

財務管理四項內容之間的關係與四種重大財務行為之間的關係相同，也是一種相互影響、相互作用、相互制約、相互促進的關係，前一項內容都是後一項內容的前提和基礎，後一項內容都是前一項內容的繼續和延伸。資金的分配使一部分資金留在企業內部，客觀上產生了從企業內部籌集資金的效果。如此一來，財務管理的四項內容便形成了一個完整的循環。每一次循環都不是簡單地重複，都會使企業的各種財務行為更加合理和有效，從而也使財務管理的水準不斷提高。

(二) 財務管理的過程循環

　　財務管理的過程循環是把財務管理看作一項經濟管理工作而產生的。它著重解決企業財務管理這種複雜而嚴密的工作過程應由哪些具體環節組成以及各環節的相互關係問題。

　　財務管理的過程是財務管理職能的延伸，是在財務管理職能這個基本問題的基礎上產生的一個深層次問題。根據科學性、連續性和完整性的要求，財務管理過程應由財務預測、財務決策、財務預算、財務控制、財務分析五個具體環節順次構成。

　　1. 財務預測

　　財務預測是財務管理人員在歷史唯物主義觀點的指引下，根據企業財務活動的歷史資料和其他相關信息，結合企業的現實條件和未來可能具有的條件，採用一定的方法，對企業未來財務活動的發展趨勢及可能達到的狀況進行判斷和測算的過程。在整個財務管理過程中，財務預測承擔著提出財務方案的職責。

　　2. 財務決策

　　財務決策是對財務預測所提出的諸多財務方案進行可行性研究，從而選出最優方案的過程。在整個財務管理過程中，承擔著對財務方案做出選擇的職責。

　　3. 財務預算

　　財務預算是對財務決策所選定的最優財務方案進行數量化、具體化、系統化反應的過程。財務預算既是財務管理的一個重要環節，也是財務管理必須借助的一種有效手段。在整個財務管理過程中，財務預算承擔著明確和落實財務方案的職責。

　　4. 財務控制

　　財務控制是根據一定的標準，利用有關信息和相應的手段，約束與調節企業的財務行為，使之按照預定目標運行的過程。它既是財務管理的一個環節，也是實現財務管理目標的基本手段。在財務管理全過程中，財務控制承擔著保證最優財務方案實現的職責。

　　5. 財務分析

　　財務分析是根據財務預算、財務報表以及有關資料，運用特定方法，借助有關指標來瞭解和評價企業的財務狀況和財務能力，考核企業財務效果，以便為其他管理環節反饋信息的過程。在財務管理全過程中，它承擔著檢查財務預算（即最優財務方案）落實情況的職責。

　　財務預測、財務決策、財務預算、財務控制、財務分析這五項財務管理具體工作的各自特徵，決定了它們在財務管理過程中承擔不同的職責、完成不同的任務、發揮不同的作用。但它們之間又相互影響、相互作用、相互制約、相互促進，前一項工作都是後一項工作的前提和基礎，後一項工作都是前一項工作的繼續和延伸。這種關係，決定了它們作為財務管理過程的五個具體環節，已經形成了一個完整的管理循環，只要財務管理人員能保證財務預測的準確性科學性、可靠性、有效性和有用性，現代企業財務管理水準就能夠呈現出一種螺旋式上升的趨勢。

第二節　資金時間價值

　　任何企業的財務活動的時間價值是客觀存在，都是在特定的時空中進行的。離開了時間價值因素，就無法正確計算不同時期的財務收支，也無法正確評價企業盈虧。貨幣的時間價值是現代財務管理的基礎觀念之一，時間價值正確地揭示了不同時點上資金之間的換算關係，是財務決策的基本依據。為此，必須瞭解貨幣時間價值的概念和計算方法。

一、資金時間價值的概念

　　資金時間價值是指貨幣經歷一定時間的投資和再投資所增加的價值，也稱為貨幣時間價值。一定量的貨幣資金在不同時點上具有不同的價值。今天的1元錢和將來的1元錢不等值，前者要比後者的價值大。為什麼會這樣呢？比如，若銀行存款年利率為10%，將今天的1元錢存入銀行，一年以後就會是1.10元。可見，經過一年時間，這1元錢發生了0.1元的增值，今天的1元錢和一年後的1.10元錢等值。因此，人們將資金在使用過程中隨時間的推移而發生增值的現象，稱為資金具有時間價值的屬性。資金時間價值的實質是資金週轉使用後的增值額，是資金所有者讓渡資金使用權而參與社會財富分配的一種形式。

　　資金時間價值可以用絕對數表示，也可以用相對數表示，即以利息額或利息率表示。但在實際工作中通常以利息率進行計量。一般的利息率除了包括資金時間價值因素外，還要包括價值風險和通貨膨脹因素，而資金時間價值通常被認為是在沒有風險和通貨膨脹條件下的社會平均資金利潤率，這是利潤平均化規律作用的結果。

　　貨幣的時間價值是在沒有風險和沒有通貨膨脹條件下的社會平均資金利潤率。由於競爭，市場經濟中各部門投資的利潤率趨於平均化。每個企業在投資某項目時，至少要取得社會平均的利潤率，否則不如投資於另外的項目。因此，貨幣的時間價值成為評價投資方案的基本標準。財務管理對時間價值的研究，主要是對資金的籌集、投放、使用和收回等從量上進行分析，以便瞭解不同時點上收到或付出的資金價值之間的數量關係，尋找適用於管理方案的數學模型，改善財務管理的質量。

　　在資金時間價值的學習中有三點應注意：

　　（1）時間價值產生於生產領域和流通領域，消費領域不產生時間價值，因此，企業應將更多的資金或資源投入生產領域和流通領域而非消費領域。

　　（2）時間價值產生於資金運動中，只有運動著的資金才能產生時間價值，凡處於停頓狀態的資金不會產生時間價值，因此企業應盡量減少資金的停頓時間和數量。

　　（3）時間價值的大小取決於資金週轉速度的快慢，時間價值與資金週轉速度成正比，因此企業應採取各種有效措施加速資金週轉，提高資金使用效率。

二、資金時間價值的計算

（一）一次性收付款項終值與現值的計算

　　一次性收付款項是指在生產經營過程中收付款項各一次的經濟活動，比如定期存款。終值又稱未來值，是指現在的一定量現金在未來某一時點上的價值，俗稱本利；

現值又稱本金，是指未來時點上的一定量現金折合到現在的價值。一次性收付款項資金時間價值可以用單利法計算，也可用複利法計算。

1. 單利終值與現值的計算

按單利方式計算利息的原則是本金按年數計算利息，而以前年度本金產生的利息不再計算利息。因而在單利計算方式下，資金現值與終值的計算比較簡單。

利息的計算公式為：$I = PV \times i \times n$

終值的計算公式為：$FV = PV + I = PV + PV \times i \times n = PV \times (1 + i \times n)$

現值的計算公式為：$PV = FV \div (1 + i \times n)$

式中：I——利息

i——利率（折現率）

PV——現值

FV——終值

n——計算利息的期數

【例題4-2-1】某人存入銀行15萬元，若銀行存款利率為5%，5年後的本利和是多少？（若採用單利計息）

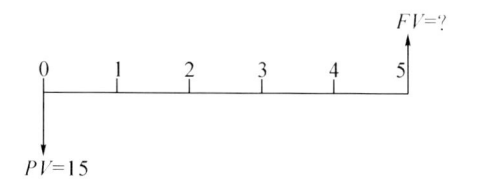

解析：$FV = 15 \times (1 + 5\% \times 5) = 18.75$（萬元）

【例題4-2-2】某人存入一筆錢，希望5年後得到20萬元，若銀行存款利率為5%，問現在應存入多少錢？（若採用單利計息）

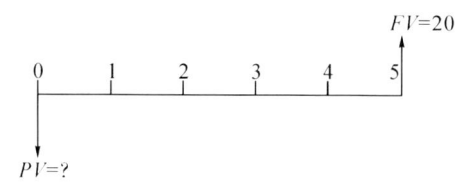

解析：$PV = 20 \times (1 + 5\% \times 5) = 16$（萬元）

2. 複利終值與現值的計算

複利不同於單利，既涉及本金的利息，也涉及以前年度的利息繼續按利率生息的問題。

(1) 複利終值計算公式：（已知現值 PV_0，求終值 FV_n）。

$FV_n = PV_0 \times (1 + i)^n = PV_0 \times (F/P, i, n)$

式中：$(1 + i)^n$ 稱為複利終值係數，可以用 $(F/P, i, n)$ 或 $FVIF_{i,n}$ 表示，可以通過查閱複利終值係數表直接獲得。

【例題4-2-3】張雲將100元錢存入銀行，年利率為6%，則各年年末的終值計算如下：

```
              0      1      2      3      4      5
利息                6.00   6.36   6.74   7.15   7.57
終值         100   106.00 112.36 119.10 126.25 133.82（元）
```

解析：

1年後的終值：$FV_1 = 100 \times (1 + 6\%) = 106$（元）

2年後的終值：$FV_2 = 106 \times (1 + 6\%) = 100 \times (1 + 6\%)^2 = 112.36$（元）

3年後的終值：$FV_3 = 112.36 \times (1 + 6\%) = 100 \times (1 + 6\%)^3 = 119.10$（元）

…………

n年後的終值：$FV_n = 100 \times (1 + 6\%)^n$（元）

因此，複利終值的計算公式：$FV_n = PV_0 \times (1 + i)^n = PV_0 \times (F/P, i, n)$

（2）複利現值計算公式：（已知終值 FV_n，求現值 PV_0）。

實際上計算現值是計算終值的逆運算

$$PV_0 = \frac{FV_n}{(1 + i)^n} = FV_n \times (P/F, i, n)$$

式中：$(1 + i)^{-n}$ 稱為複利現值系數，可以用 $(P/F, i, n)$ 或 $PVIF_{i,n}$ 表示，可以通過查閱複利現值系數表直接獲得。複利現值系數 $(P/F, i, n)$ 與複利終值系數 $(F/P, i, n)$ 互為倒數。

【例題4-2-4】假定李林在兩年後需要1,000元，那麼在利息率是7%的條件下，李林現在需要向銀行存入多少錢？

解析：$PV_0 = \dfrac{1,000}{(1 + 7\%)^2} = 1,000 \times (P/F, 7\%, 2) = 873.44$（元）

【思考題】王紅擬購房，開發商提出兩種方案，一是現在一次性付80萬元；另一方案是5年後付100萬元，若目前的銀行貸款利率為7%，應如何付款？

分析：

方法一：按終值比較

方案一的終值：$FV_5 = 800,000 \times (1 + 7\%)^5 = 1,122,080$（元）

方案二的終值：$FV_5 = 1,000,000$（元）

所以應選擇方案二。

方法二：按現值比較

方案一的現值：$PV_0 = 800,000$（元）

方案二的現值：

$$PV_0 = \frac{1,000,000}{(1 + 7\%)^5} = 1,000,000 \times (P/F, 7\%, 5) = 713,000（元）$$

仍是方案二較好。

(二) 年金終值與現值的計算

年金是在一定時期內每次等額的收付款項。利息、租金、保險費、等額分期收款、等額分期付款以及零存整取或整存零取等一般都表現為年金的形式。年金按其收付發生的時點不同，可分為普通年金、即付年金、遞延年金、永續年金等幾種。不同種類年金的計算用以下不同的方法計算。年金一般用符號 A 表示。

1. 普通年金的計算

普通年金又稱後付年金，是指一定時期每期期末等額的系列收付款項。

（1）普通年金終值（已知年金 A，求年金終值 FV_n）。

普通年金終值是指一定時期內每期期末收付款項的複利終值之和，猶如零存整取的本利和。

普通年金終值的計算公式：

$$FV_n = A \times \sum_{i=1}^{n}(1+i)^{t-1} = A \times \frac{(1+i)^n - 1}{i} = A \times (F/A, i, n)$$

式中：$[(1+i)^n - 1]/i$ 稱為年金終值系數，可以用 $(F/A, i, n)$ 或 $FVIFA_{i,n}$ 表示，可以通過查閱年金終值系數表直接獲得。

公式推導：

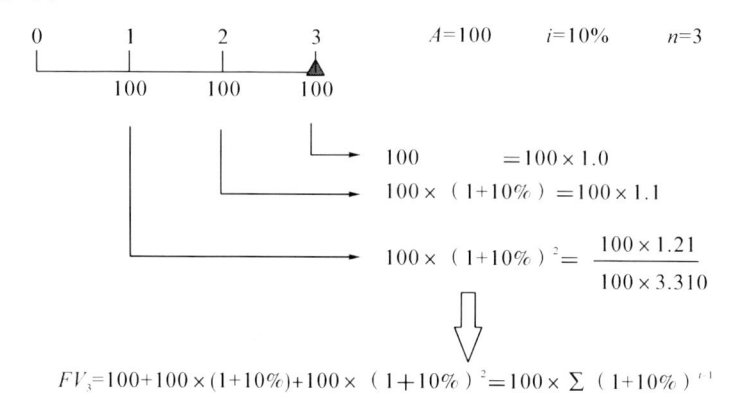

```
0       1       2       3           A=100    i=10%    n=3
        100     100     100
                        
                        100              = 100 × 1.0
                        100 × (1+10%)    = 100 × 1.1
                        100 × (1+10%)²   = 100 × 1.21
                                           100 × 3.310
```

$FV_3 = 100 + 100 \times (1+10\%) + 100 \times (1+10\%)^2 = 100 \times \sum(1+10\%)^{t-1}$

普通年金終值為：

$FV_n = A + A \times (1+i) + A \times (1+i)^2 + \cdots\cdots A \times (1+i)^{n-1}$

等式兩邊同乘 $(1+i)$ 得：

$FV_n \times (1+i) = A \times (1+i) + A \times (1+i)^2 + A \times (1+i)^3 + \cdots\cdots A \times (1+i)^n$

上述兩式相減得：$FV_n \times (1+i) - FV_n = A \times (1+i)^n - A$

化簡得：$FV_n = A \times \frac{(1+i)^n - 1}{i}$

【例題 4－2－5】王紅每年年末存入銀行 2,000 元，年利率 7%，5 年後本利和應為多少？

解析：

5 年後本利和為：

$FV_5 = 2,000 \times (F/A, 7\%, 5) = 2,000 \times 5.751 = 11,502$（元）

（2）普通年金現值（已知年金 A，求年金現值 PV）

年金現值是指一定時期內每期期末收付款項的複利現值之和，整存零取求最初應存入的資金額就是典型的求年金現值的例子。

普通年金現值的計算公式：

$$PV = \frac{A}{\sum_{i=1}^{n}(1+i)^{t-1}} = A \times \frac{1-(1+i)^{-n}}{i} = A \times (P/A, i, n)$$

式中：$[1-(1+i)^{-n}]/i$ 稱為年金現值系數，可用 $(P/A, i, n)$ 或 $PVIFA_{i,n}$ 表示，可以通過查閱年金現值系數表直接獲得。

公式推導：

```
        0      1     2     3    A=100
        ▲——————|—————|—————|    i=10
              100   100   100   n=3
```

$100 \times (1-10\%)^2 = 100 \times 0.9091$

$100 \times (1-10\%)^2 = 100 \times 0.82641$

$100 \times (1-10\%)^3 = \dfrac{100 \times 0.7531}{100 \times 2.4868}$

$PV_3 = 100/(1+10\%) + 100/(1+10\%)^2 + 100/(1+10\%)^3 = 100/\sum(1+10\%)^t$

普通年金現值為：

$$PV = \frac{A}{1+i} + \frac{A}{(1+i)^2} + \frac{A}{(1+i)^3} + \cdots + \frac{A}{(1+i)^n}$$

等式兩邊同乘 $(1+i)$ 得：

$$PV \times (1+i) = A + \frac{A}{1+i} + \frac{A}{(1+i)^2} + \cdots + \frac{A}{(1+i)^{n-1}}$$

上述兩式相減得：$PV \times (1+i) - PV_n = A - \dfrac{A}{(1+i)^n}$

化簡得：$PV = A \times \dfrac{1-(1+i)^{-n}}{i}$

【例題 4-2-6】現在存入一筆錢，準備在以後 5 年中每年末得到 100 元，如果利息率為 10%，現在應存入多少錢？

解析：$PV = 100 \times (P/A, 10\%, 5) = 100 \times 3.791 = 379.1$（元）

(3) 償債基金與年資本回收額

償債基金是指為了在約定的未來時點清償某筆債務或積蓄一定數量的資金而必須分次等額形成的存款準備金。由於每次提取的等額準備金類似年金存款，因而同樣可以獲得按複利計算的利息，因此債務實際上等於年金終值。計算公式為：

$$A = FV \times \frac{1}{(F/A, i, n)} = FV \times \frac{i}{(1+i)^n - 1}$$

式中 $1/(F/A, i, n)$ 或 $i/[(1+i)^n - 1]$ 稱作償債基金系數。償債基金系數是年金終值系數的倒數，可以通過查一元年金終值表求倒數直接獲得，所以計算公式也可以寫為：

$$A = FV \times (A/F, i, n) = \frac{FV}{(F/i, n)}$$

【例題 4-2-7】假設某企業有一筆 4 年後到期的借款，到期值為 1,000 萬元。若存款利率為 10%，則為償還這筆借款應建立的償債基金為多少？

解析：$A = \dfrac{1,000}{(F/A, 10\%, 4)} = \dfrac{1,000}{4.641,0} = 215.4$（萬元）

資本回收額是指在給定的年限內等額回收或清償所欠債務（或初始投入資本）。年資本回收額的計算是年金現值的逆運算，其計算公式為：

$$A = PV \times \frac{1}{(P/A, i, n)} = PV \times \frac{i}{1-(1+i)^{-n}}$$

式中：$1/(P/A, i, n)$ 或 $i/[1-(1+i)^{-n}]$ 稱作資本回收係數，記作 $(A/p, i, n)$。資本回收係數是年金現值係數的倒數，可以通過查閱一元年金現值係數表，利用年金現值係數的倒數求得。所以計算公式也可以寫為：

$$A = PV \times (A/P, i, n) = \frac{PV}{(P/A, i, n)}$$

【例題4-2-8】某企業現在借得1,000萬元的貸款，在10年內以利率12%償還，則每年應付的金額為多少？

解析：$A = \dfrac{1,000}{(P/A, 12\%, 10)} = \dfrac{1,000}{5.650,2} \approx 177$（萬元）

2. 先付年金的計算

先付年金是指一定時期內每期期初等額的系列收付款項，又稱預付年金或即付年金。先付年金與後付年金的差別僅在於收付款的時間不同。由於年金終值係數表和年金現值係數表是按常見的後付年金編製的，在利用後付年金係數表計算先付年金的終值和現值時，可在計算後付年金的基礎上加以適當調整。

n期先付年金終值和n期後付年金終值之間的關係表示如下。

(1) 先付年金終值（已知年金A，求年金終值FV_n）

n期先付年金與n期後付年金比較，兩者付款期數相同，但先付年金終值比後付年金終值要多一個計息期。為求得n期先付年金的終值，可在求出n期後付年金終值後，再乘以$(1+i)$。計算公式如下：

$$FV_n = A \times (F/A, i, n) \times (1+i)$$

此外，根據n期先付年金終值和$n+1$期後付年金終值的關係還可推導出另一公式。n期先付年金與$n+1$期後付年金比較，兩者計息期數相同，但n期先付年金比$n+1$期後付年金少付一次款。因此，只要將$n+1$期後付年金的終值減去一期付款額，便可求得n期先付年金終值。計算公式如下：

$$FV = A \times (F/A, i, n+1) - A = A \times [(F/A, i, n+1) - 1]$$

【例題4-2-9】某公司決定連續5年於每年年初存入100萬元作為住房基金，銀行存款利率為10%。則該公司在第5年末能一次取出的本利和是多少？

解析：

$$FV = 100 \times [(F/A, 10\%, 5+1) - 1] = 100 \times (7.715,6-1) \approx 672 \text{（萬元）}$$

(2) 先付年金現值（已知年金A，求年金終值PV_n）

n期先付年金現值和n期後付年金現值比較，兩者付款期數相同，但先付年金現值

```
n期先付年金現值    0    1    2         n-1    n
                 |----|----|---------|----|
                      A    A         A    A

n期後付年金現值    0    1    2         n-1    n
                 |----|----|---------|----|
                      A    A         A    A
```

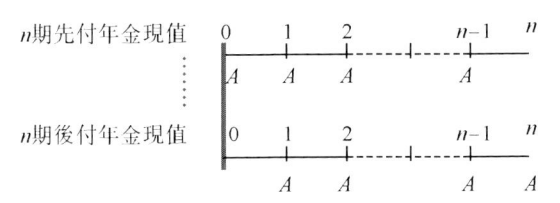

比後付年金現值少貼現一期。為求得 n 期先付年金的現值，可在求出 n 期後付年金現值後，再乘以（1+i）。計算公式如下：

$$PV = A \times (P/A, i, n) \times (1+i)$$

此外，根據 n 期先付年金現值和 n-1 期後付年金現值的關係也可推導出另一公式。n 期先付年金與 n-1 期後付年金比較，兩者計息期數相同，但 n 期先付年金比 n-1 期後付年金少一期不需貼現的付款。因此，先計算出 n 期後付年金的現值再加上一期不需貼現的付款，便可求得 n 期先付年金現值。計算公式如下：

$$PV = A \times (P/A, i, n-1) + A = A \times [(P/A, i, n-1) + 1]$$

【例題4-2-10】某人擬購房，開發商提出兩種方案，一是現在一次性付80萬元，另一方案是從現在起每年初付20萬元，連續支付5年，若目前的銀行貸款利率是7%，應如何付款？

解析：

方案一現值：

P = 80（萬元）

方案二現值：

P = 20 ×（P/A，7%，5）×（1+7%）= 87.744（萬元）

應選擇方案一。

3. 遞延年金的計算

遞延年金又叫延期年金，是指在最初若干期沒有收付款項的情況下，隨後若干期等額的系列收付款項。m 期以後的 n 期遞延年金表示如下：

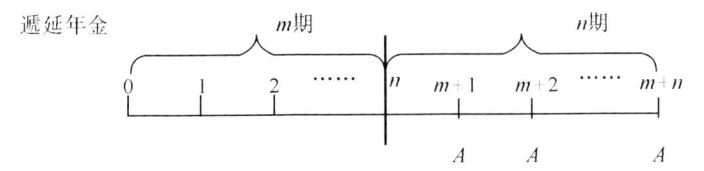

```
遞延年金           m期                      n期
           ┌──────────────┐         ┌──────────────┐
        0  1  2  ……    n    m+1  m+2  ……    m+n
        |──|──|──────|────|────|──────|
                                A    A         A
```

（1）遞延年金終值

遞延年金終值只與連續收支期（n）有關，與遞延期（m）無關。其計算公式如下：

$$FV = A \times (F/A, i, n)$$

（2）遞延年金現值

遞延年金現值的計算有兩種方法。

方法一：分段法。將遞延年金看成 n 期普通年金，先求出遞延期末的現值，然後再將此現值折算到第一期期初，即得到 n 期遞延年金的現值。

$$PV = A \times (P/A, i, n) \times (P/F, i, m)$$

方法二：補缺法。假設遞延期中也進行支付，先計算出 m+n 期的普通年金的現

57

值，然後扣除實際並未支付的遞延期（m）的年金現值，即可得遞延年金的現值。

$$PV = PV_{m+n} - PV_m$$
$$= A \times (P/A, i, m+n) - A \times (P/A, i, m)$$
$$= A \times [(P/A, i, m+n) - (P/A, i, m)]$$

【例題 4-2-11】W 項目於 1991 年初動工，由於施工延期 5 年，於 1996 年初投產，從投產之日起每年得到收益 40,000 元。按年利率 6% 計算，則 10 年收益於 1991 年初的現值是多少？

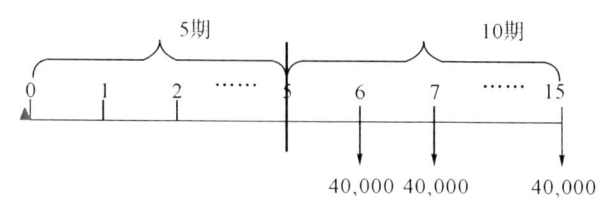

1991 年初的現值為：

$$PV = 40,000 \times (P/A, 6\%, 10) \times (P/F, 6\%, 5)$$
$$= 40,000 \times 7.36 \times 0.747$$
$$= 219,917 （元）$$

或者：

$$PV = 40,000 \times [(P/A, 6\%, 15) - (P/A, 6\%, 5)]$$
$$= 40,000 \times [9.712 - 4.212]$$
$$= 220,000 （元）$$

4. 永續年金的計算

永續年金是指無限期等額收付的年金，可視為普通年金的特殊形式，即期限趨於無窮的普通年金。存本取息可視為永續年金的例子。此外，也可將利率較高、持續期限較長的年金視同永續年金。

（1）永續年金終值

由於永續年金持續期無限，沒有終止的時間，因此沒有終值。

（2）永續年金現值

$$PV = A \times \sum_{i=1}^{n} \frac{1}{(1+i)^t} = \frac{A}{i}$$

【例題 4-2-12】某項永久性獎學金，每年計劃頒發 50,000 元獎金。若年複利率為 8%，該獎學金的本金應為多少？

解析：永續年金現值 $PV = \dfrac{50,000}{8\%} = 625,000 （元）$

三、時間價值基本公式的靈活運用

1. 混合現金流

混合現金流是指各年收付不相等的現金流量。對於混合現金流終值（或現值）計算，可先計算出每次收付款的複利終值（或現值），然後加總。

【例題 4-2-13】某人準備第一年末存入銀行 1 萬元，第二年末存入銀行 3 萬元，第三年至第五年末存入銀行 4 萬元，存款利率 10%。問 5 年存款的現值合計是多少錢？

解析：

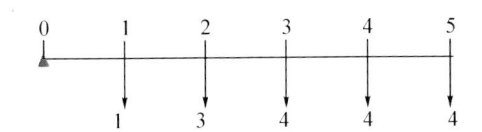

```
0   1   2   3   4   5
↓   ↓   ↓   ↓   ↓   ↓
    1   3   4   4   4
```

$PV = 1 \times (P/F, 10\%, 1) + 3 \times (P/F, 10\%, 2) + 4 \times [(P/A, 10\%, 5) - (P/A, 10\%, 2)]$

$= 1 \times 0.909 + 3 \times 0.826 + 4 \times (3.791 - 1.736)$

$= 11.607$（萬元）

2. 計息期短於1年時間價值的計算（年內計息的問題）

計息期就是每次計算利息的期限。在複利計算中，如按年複利計息，1年就是一個計息期；如按季複利計算，1季是1個計息期，1年就有4個計息期。計息期越短，1年中按複利計息的次數就越多，利息額就會越大。

（1）計息期短於1年時複利終值和現值的計算

當計息期短於1年，而使用的利率又是年利率時，計息期數和期利率的換算公式如下：

期利率：$r = \dfrac{i}{m}$

計息期數：$t = m \times n$

式中：

r——期利率

i——年利率

m——每年的計息期數

n——年數

t——換算後的計息期數

計息期換算後，複利終值和現值的計算可按下列公式進行：

$FV_t = PV_0 \times (1+r)^t = PV_0 \times \left(1 + \dfrac{i}{m}\right)^{m \times n}$

$= PV_0 \times \left(F/P, \dfrac{i}{m}, m \times n\right)$

$PV_0 = FV_t \times \dfrac{1}{(1+r)^t} = FV_t \times \dfrac{1}{\left(1 + \dfrac{i}{m}\right)^{m \times n}}$

$= FV_t \times \left(P/F, \dfrac{i}{m}, m \times n\right)$

【例題4-2-14】北方公司向銀行借款1,000元，年利率為16%。按季複利計算，兩年後應向銀行償付本利多少錢？

解析：

對此首先應換算 r 和 t，然後計算終值。

期利率：$r = \dfrac{16\%}{4} = 4\%$

計息期數：$t = 2 \times 4 = 8$

終值：

$FV_t = 1,000 \times (1+4\%)^8 = 1,000 \times (F/P, 4\%, 8)$

$= 1,000 \times 1.369 = 1,369$（元）

【例題 4-2-15】某基金會準備在第 5 年底獲得 2,000 元，年利率為 12%，每季計息一次。現在應存入多少款項？

解析：

期利率：$r = \dfrac{12\%}{4} = 3\%$

計息期數：$t = 5 \times 4 = 20$

現值：

$PV_0 = \dfrac{2,000}{(1+3\%)^{20}} = 2,000 \times (P/F, 3\%, 20)$

$= 2,000 \times 0.554 = 1,108$（元）

（2）實際利率與名義利率的換算公式

如果規定的是 1 年計算一次的年利率，而計息期短於 1 年，則規定的年利率將小於分期計算的年利率。分期計算的年利率可按下列公式計算：

$k = (1+r)^m - 1$

式中：

k——分期計算的年利率

r——計息期規定的年利率

m——1 年內的計息期數

公式推導：上式是對 1 年期間利息的計算過程進行推導求得的。如果 1 年後的終值是 V_m，則 1 年期間的利息是 $V_m - V_0$，分期計算的年利率可計算如下：

$k = \dfrac{V_m - V_0}{V_0} = \dfrac{V_0(1+r)^m - V_0}{V_0} = (1+r)^m - 1$

【例題 4-2-16】北方公司向銀行借款 1,000 元，年利率為 16%。按季複利計算，試計算其實際年利率。

解析：

期利率：$r = \dfrac{16\%}{4} = 4\%$

1 年內的計息期數：$m = 4$

則：$k = (1+4\%)^4 - 1 = 1.170 - 1 = 17\%$

為了驗證，可用分期計算的年利率 k 按年複利計算，求本利和。這時 $k = 17\%$，$n = 2$。計算出來的兩年後終值與用季利率按季複利計息的結果完全一樣。

$FV_t = 1,000 \times (1+17\%)^2 = 1,000 \times 1.369 = 1,369$（元）

在【例題 4-2-14】中，按 $r = 4\%$，$n = 8$。計算的結果為：

$FV_t = 1,000 \times (1+4\%)^8 = 1,000 \times (F/P, 4\%, 8)$

$= 1,000 \times 1.369 = 1,369$（元）

3. 貼現率的推算

（1）複利終值（或現值）貼現率的推算

根據複利終值的計算公式，可得貼現率的計算公式為：

$$FV_n = PV_0 \times (1+i)^n = PV_0 \times (F/P, i, n)$$

$$i = \left(\frac{FV}{PV}\right)^{\frac{1}{n}} - 1$$

若已知 FV、PV、n，不用查表便可直接計算出複利終值（或現值）的貼現率。

（2）永續年金貼現率的推算

永續年金貼現率的計算也很方便，若 PV，A 已知，則根據公式：

$$PV = \frac{A}{i}$$

可求得貼現率的計算公式：$i = \dfrac{A}{PV}$

（3）普通年金貼現率的推算

普通年金貼現率的推算比較複雜，無法直接套用公式，必須利用有關的系數表，有時還要牽涉內插法的運用。下面我們介紹一下計算的原理。

實際上，我們可以利用兩點式直線方程來解決這一問題：

兩點 (x_1, y_1)，(x_2, y_2) 構成一條直線，則其方程為：

$$\frac{x-x_1}{x_2-x_1} = \frac{y-y_1}{y_2-y_1}$$

這種方法稱為內插法，即在兩點之間插入第三個點，於是對於知道 n，i，F/P 這三者中的任何兩個就可以利用以上公式求出。因此，普通年金貼現率的推算要分兩種情況分別計算，下面著重對此加以介紹。

①利用系數表計算

根據年金終值與現值的計算公式：

$FV_n = A \times (F/A, i, n)$

$PV = A \times (P/A, i, n)$

將上面兩個公式變形可以得到下面普通年金終值系數和普通年金現值系數公式：

$(F/A, i, n) = \dfrac{FV_n}{A}$

$(P/A, i, n) = \dfrac{PV}{A}$

當已知 FV，A，n 或 PV，A，n 則可以通過查普通年金終值系數表或普通年金現值系數表，找出系數值為 FV/A 的對應的 i 值或找出系數值為 PV/A 的對應的 i 值。

②利用內插法計算

查表法可以計算出一部分情況下的普通年金的折算率，對於系數表中不能找到完全對應的 i 值時，利用年金系數公式求 i 值的基本原理和步驟是一致的。若已知 PV，A，n 可按以下步驟推算 i 值：

A. 計算出 PV/A 的值，假設 $PV/A = \alpha$。

B. 查普通年金現值系數表。沿著已知 n 所在的行橫向查找，若恰好能找到某一系數值等於 α，則該系數值所在的行相對應的利率就是所求的 i 值；若無法找到恰好等於 α 的系數值，就應在表中 n 行上找到與 α 最接近的左右臨界系數值，設為 β_1，β_2（$\beta_1 > \alpha > \beta_2$ 或 $\beta_1 < \alpha < \beta_2$），讀出 β_1，β_2 所對應的臨界利率，然後進一步運用內插法。

C. 運用內插法，假定利率 i 同相關的系數在較小範圍內線性相關，因而可根據臨

界系數 β_1, β_2 所對應的臨界利率 i_1, i_2 計算出 i，其公式為：

$$i = i_1 + \frac{\beta_1 - \alpha}{\beta_2 - \beta_1} \times (i_2 - i_1)$$

【例題4-2-17】某公司於第一年年初借款 20,000 元，每年年末還本付息額為 4,000元，連續 9 年還清，問借款利率為多少？

解析：

根據題意，已知：$PV = 20,000$　$A = 4,000$　$n = 9$

則：$(P/A, i, 9) = \dfrac{20,000}{4,000} = 5$

查普通年金現值系數表，當 $n = 9$ 時，

$i_1 = 12\%$　　$(P/A, 12\%, 9) = 5.328,2$
$i = ?$　　　　$(P/A, i, 9) = 5$
$i_2 = 14\%$　　$(P/A, 14\%, 9) = 4.916,4$

根據插值法原理可得：

$$i = 12\% + \frac{5.328,2 - 5}{5.328,2 - 4.916,4} \times (14\% - 12\%) \approx 13.59\%$$

第三節　風險價值

　　風險一般是指某一行動的結果具有變動性。從財務管理的角度講，風險是指企業在各項財務活動過程中，各種難以預料或難以控制因素使企業的實際收益與預計收益發生背離，從而蒙受經濟損失的可能性。由於風險與收益同方向變動，因而正確地估計風險將可能給企業帶來超過預期的收益，而錯誤地估計風險則可能給企業帶來超過預期的損失。因此，風險管理的目的是正確地估計和計量風險，在對各種可能結果進行分析的基礎上，趨利防弊，以求以最小的風險謀求最大的收益。

一、風險價值的概念

　　企業的經濟活動大都是在風險和不確定的情況下進行的，離開了風險因素就無法正確評價企業收益的高低。投資風險價值原理揭示了風險同收益之間的關係，它同資金時間價值原理一樣，是財務決策的基本依據：

　　根據對未來情況的掌握程度，財務決策可分為三種類型：

　　1. 確定性決策

　　確定性決策是指未來情況能夠確定或已知的決策。如購買政府發行的國庫券，由於國家實力雄厚，事先規定的債券利息率到期肯定可以實現，就屬於確定性投資，即沒有風險和不確定的問題。

　　2. 風險性決策

　　風險性決策是指未來情況不能完全確定，但各種情況發生的可能性即概率為已知的決策。如購買某家用電器公司的股票，已知該公司股票在經濟繁榮、一般、蕭條時的收益分別為 15%，10%，5%；另根據有關資料分析，認為近期該行業繁榮、一般、蕭條的概率分別為 30%，50%，20%，這種投資就屬於風險性投資。

3. 不確定性決策

不確定性決策是指未來情況不僅不能完全確定，而且各種情況發生的可能性也不清楚的決策。如投資於煤炭開發工程，若煤礦開發順利可獲得100%的收益率，但若找不到理想的煤層則將發生虧損；至於能否找到理想的煤層，獲利與虧損的可能性各有多少事先很難預料，這種投資就屬於不確定性投資。

在財務管理中對風險和不確定性並不作嚴格區分，往往把兩者統稱為風險。

風險在長期投資中是經常存在的。投資者討厭風險，不願遭受損失，為什麼又要進行風險性投資呢？這是因為有可能獲得額外的收益，即風險收益。人們總想冒較小的風險而獲得較多的收益，至少要使所得的收益與所冒的風險相當，這是對投資的基本要求。

風險價值有兩種表示方法：風險收益額和風險收益率。投資者由於冒著風險進行投資而獲得的超過資金時間價值的額外收益，稱為風險收益額；風險收益額對於投資額的比率則稱為風險收益率。

二、單項資產風險價值的計算

如上所述，風險是指某一行動的結果具有變動性，因而與概率直接相關。風險與概率的分佈關係如圖4－1所示。在對風險衡量時應注意以下幾點：

1. 確定概率分佈

在現實生活中，某一事件在完全相同的條件下可能發生也可能不發生，既可能出現這種結果又可能出現那種結果，我們稱這類事件為隨機事件。概率就是用百分數或小數來表示隨機事件發生可能性及出現某種結果可能性大小的數值。用 X 表示隨機事件，用 X_i 表示隨機事件的第 i 種結果，P_i 為出現該種結果的相應概率，若 X_i 出現，則 $P_i = 1$，若不出現，則 $P_i = 0$，同時，所有可能結果出現的概率之和必定為1。因此，概率必須符合下列兩個要求：

(1) $0 \leq P_i \leq 1$。

(2) $\sum_{i=1}^{n} P_i = 1$。

【例題4－3－1】南方某公司投資項目有甲、乙兩個方案，投資額均為10,000元，其收益的概率分佈如表4－1所示：

表4－1　　　　　某投資項目甲、乙兩個方案收益的概率分佈表

經濟情況	概率（P_i）	收益（隨機變量 X_i）	
		甲方案	乙方案
繁榮	$P_1 = 0.20$	$X_1 = 600$	$X_1 = 700$
一般	$P_2 = 0.60$	$X_2 = 500$	$X_2 = 500$
較差	$P_3 = 0.20$	$X_3 = 400$	$X_3 = 300$

2. 計算期望值

期望值是一個概率分佈中的所有可能結果，以各自相應的概率為權數計算的加權平均值，是加權平均的中心值。其計算公式如下：

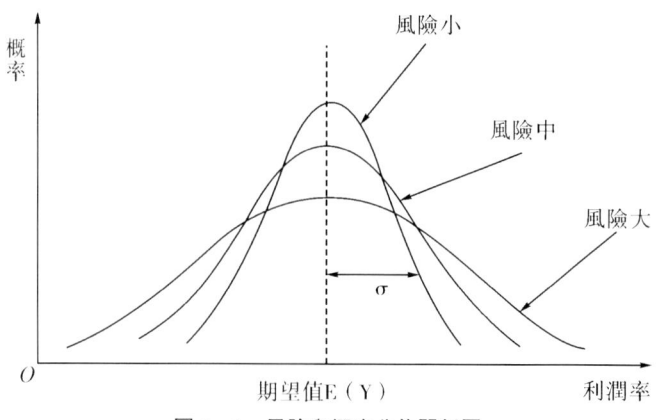

圖 4－1　風險與概率分佈關係圖

$$\bar{B} = \sum_{i=1}^{n} X_i \cdot P_i$$

式中：

X_i——概率分佈中第 i 種可能結果

P_i——概率分佈中第 i 種可能結果的相應概率

根據以上公式，代入【例題 4－3－1】數據求得：

$\bar{E}_{甲} = 600 \times 0.2 + 500 \times 0.6 + 400 \times 0.2 = 500$ （萬元）

$\bar{E}_{乙} = 700 \times 0.2 + 500 \times 0.6 + 300 \times 0.2 = 500$ （萬元）

應強調的是，上述期望收益值是各種未來收益的加權平均數，它並不反應風險程度的大小。

3. 計算標準離差

標準離差是反應各隨機變量偏離期望收益值程度的指標之一，以絕對額反應風險程度的大小。其計算公式如下：

$$\delta = \sqrt{\sum_{i=1}^{n} (X_i - B)^2 \times P_i}$$

根據以上公式，代入【例題 4－3－1】數據求得：

$\delta_{甲} = \sqrt{(600-500)^2 \times 0.20 + (500-500)^2 \times 0.20 + (400-500)^2 \times 0.20} = 63.25$

$\delta_{乙} = \sqrt{(700-500)^2 \times 0.20 + (500-500)^2 \times 0.20 + (300-500)^2 \times 0.20} = 126.49$

從標準離差來看，乙方案風險比甲方案大。

4. 計算標準離差率

標準離差率是反應各隨機變量偏離期望收益值程度的指標之一，以相對數反應風險程度的大小。其計算公式如下：

$$V = \frac{\delta}{E}$$

根據以上公式，代入【例題 4－3－1】數據求得：

$V_{甲} = \dfrac{63.25}{500} \times 100\% = 12.65\%$

$$V_乙 = \frac{126.49}{500} \times 100\% = 25.30\%$$

從標準離差率來看，乙方案風險比甲方案大。

標準離差屬於絕對額指標，適用於單一方案的選擇，不適用於多方案的選擇；而標準離差率屬於相對數指標，常用於多方案的選擇。

5. 計算風險收益率

標準離差率可以反應投資者所冒風險的程度，但無法反應風險與收益間的關係。由於風險程度越大，得到的收益率也應越高，而風險收益與反應風險程度的標準離差率成正比例關係。於是風險收益率可按下述公式計算：

$R_R = b \times V$

式中：

R_R——風險收益率，也稱風險報酬率

b——風險價值系數，也稱風險報酬系數

V——標準離差率

【例題4-3-1】中，假設風險價值系數為8%，則風險收益率為：

$R_甲 = 8\% \times 12.65\% = 1.012\%$

$R_乙 = 8\% \times 25.30\% = 2.024\%$

為了正確進行風險條件下的決策，往往將單個方案的標準離差（或標準離差率）與企業設定的標準離差（或標準離差率）的最高限值比較，當前者小於或等於後者時，該方案可以被接受，否則予以拒絕；對多個方案則是將該方案的標準離差率與企業設定的標準離差率的最高限值比較，當前者小於或等於後者時，該方案可以被接受，否則予以拒絕。只有這樣，才能選擇標準離差最低、期望收益最高的最優方案。

三、投資組合風險的衡量

投資者在進行投資時，一般並不把其所有資金都投資於一種證券，而是同時持有多種證券。這種同時投資多種證券的形式叫證券的投資組合，簡稱為證券組合或投資組合。銀行、共同基金、保險公司和其他金融機構一般都持有多種有價證券，即使是個人投資者，一般也持有證券組合，而不是投資於一家公司的股票或債券。所以，必須瞭解證券組合的風險報酬。

1. 投資組合的風險種類及其特性

投資組合的風險可分為兩種性質完全不同的風險，即可分散風險和不可分散風險。

（1）可分散風險。可分散風險又叫非系統性風險或公司特有風險，是指某些因素對單個投資造成經濟損失的可能性。如個別公司工人的罷工，公司在市場競爭中的失敗等。這種風險可通過證券持有的多樣化來抵消。即多買幾家公司的股票，其中某些公司的股票報酬上升，另一些股票的報酬下降，從而將風險抵消。因而，這種風險稱為可分散風險。但應強調的是，當兩種股票完全負相關（$r = -1.0$）時，組合的風險被全部抵消；當兩種股票完全正相關（$r = 1.0$）時，組合的風險不減少也不擴大。實際上，各種股票之間不可能完全正相關，也不可能完全負相關，所以不同股票的投資組合可以降低風險，但又不能完全消除風險。一般而言，股票的種類越多，風險越小。當股票種類足夠多時，幾乎能把所有的非系統風險分散掉。

（2）不可分散風險。不可分散風險又稱系統性風險或市場風險，指的是由於某些

因素給市場上所有的投資都帶來經濟損失的可能性，如宏觀經濟狀況的變化、國家稅法的變化、國家財政政策和貨幣政策變化、世界能源狀況的改變都會使股票報酬發生變動。這些風險影響到所有的證券，因此，不能通過證券組合分散掉。換句話說，即使投資者持有的是經過適當分散的證券組合，也將遭受這種風險。因此，對投資者來說，這種風險是無法消除的，故稱不可分散風險。但這種風險對不同的企業也有不同影響。不可分散風險的程度，通常用 β 係數表示，用來說明某種證券（或某一組合投資）的系統性風險相當於整個證券市場系統性風險的倍數。作為整體的證券市場的 β 係數為1。如果某種股票的風險情況與整個證券市場的風險情況一致，則這種股票的 β 係數等於1；如果某種股票的 β 係數大於1，說明其風險大於整個市場的風險；如果某種股票的 β 係數小於1，說明其風險小於整個市場的風險。

2. 投資組合風險與收益的關係

風險與收益總是相適應的，低風險則低收益，高收益也意味著高風險。

（1）投資組合的風險主要是系統風險。由於多樣化投資可以把所有的非系統風險分散掉，因而組合投資的風險主要是系統風險。從這一點上講，投資組合的收益只反應系統風險（暫不考慮時間價值和通貨膨脹因素）的影響程度，投資組合的風險收益是投資者因冒不可分散風險而要求的、超過時間價值的那部分額外收益。用公式表示為：

$$R_p = \beta_p \times (K_m - R_F)$$

式中：

R_p——投資組合的風險報酬率

β_p——投資組合的 β 係數

K_m——所有投資的平均收益率，又稱市場收益率

R_F——無風險報酬率，一般用國家公債利率表示

（2）投資組合風險和收益的決定因素。決定組合投資風險和收益高低的關鍵因素是不同組合投資中各證券的比重，因為個別證券的 β 係數是客觀存在的，是無法改變的。但是，由於 $\beta_p = \sum_{i=1}^{n} X_i \times \beta_i$，因此人們可以通過調整某一組合投資內各證券的種類或比重來控制該組合投資的風險和收益。

（3）投資組合風險和收益的關係。可以用資本資產定價模型來表示：

$$K_i = R_F + R_R = R_F + \beta_i \times (K_m - R_F)$$

此時，K_i 的實質是在不考慮通貨膨脹情況下無風險收益率與風險收益率之和。

【例題4-3-2】某企業持有由甲、乙、丙三種股票構成的證券組合，其 β 係數分別是1.2、1.6和0.8，它們在證券組合中所占的比重分別是40%、35%和25%，此時證券市場的平均收益率為10%，無風險收益率為6%。

問：

（1）上述組合投資的風險收益率和市場收益率是多少？

（2）如果該企業要求組合投資的收益率為13%，你將採取何種措施來滿足投資的要求？

解析：

（1）$\beta_p = 1.2 \times 40\% + 1.6 \times 35\% + 0.8 \times 25\% = 1.24$

$R_p = 1.24 \times (10\% - 6\%) = 4.96\%$

$K_i = 6\% + 4.96\% = 10.96\%$

（2）由於該組合的收益率 10.96% 低於企業要求的收益率 13%，因此可以通過提高 β 系數高的甲種或乙種股票的比重、降低丙種股票的比重實現這一目的。

資本資產定價模型通常可用圖形表示，即用證券市場線（簡稱 SML）表示。它說明必要報酬率 R 與不可分散風險 β 系數之間的關係。用圖 4-2 加以說明。

從圖 4-2 中可以看到，無風險報酬率為 6%，β 系數不同的股票有不同的風險報酬率，當 β＝0.5 時，風險報酬率為 2%；當 β＝1.0 時，風險報酬率為 4%；當 β＝2.0 時，風險報酬率為 8%。

也就是說，β 值越高，要求的風險報酬率也就越高，在無風險報酬率不變的情況下，必要報酬率也就越高。

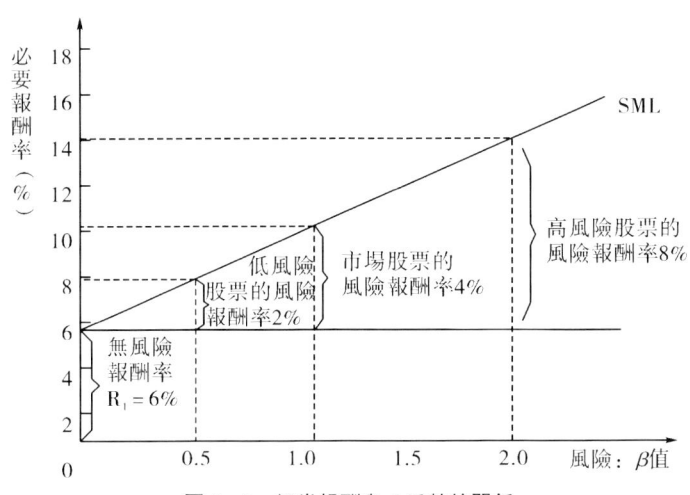

圖 4-2 證券報酬與 β 系數的關係

本章小結

本章全面研究了財務管理的基本理論問題，包括財務管理的概念、對象、目標、職能、環境、觀念、原則、循環、貨幣時間價值、風險分析、證券組合風險報酬等有關內容。

1. 在中國社會主義市場經濟條件下，不管是財務管理的概念、對象、目標、職能，還是財務管理的環境、觀念、原則，或者是財務管理循環，都有其特定的含義或內容。

2. 貨幣時間價值。時間價值是扣除風險報酬和通貨膨脹貼水後的平均資金利潤率。複利就是不僅本金要計算利息，利息也要計算利息。終值又稱未來值，是指若干期後包括本金和利息在內的未來價值，又稱本利和。複利終值和現值的計算是財務管理非常重要的基礎內容。年金是指一定時期內每期相等金額的收付款項。年金按付款方式，可分為普通年金（後付年金）、即付年金（先付年金）、延期年金和永續年金。其中後付年金為最常見的年金形式，其他形式的年金的終值或現值都可以通過後付年金的計算公式計算得來。

3. 風險分析。衡量風險的方法有期望值、方差、標準離差和標準離差率幾種計算；證券組合的風險包括可分散風險和不可分散風險。證券組合的風險報酬是投資者因承擔不可分散風險而要求的，超過時間價值的那部分額外報酬。在西方金融學和財務管理學中，有許多模型論述風險和報酬率的關係，其中非常重要的模型就是資本資產定價模型（CAPM）。

思考與練習

一、簡答題

1. 簡要說明財務管理概念的研究思路。
2. 怎樣理解財務管理的對象？
3. 在中國社會主義市場經濟條件下應該怎樣定位財務管理的目標？
4. 什麼是時間價值，如何理解這一概念？
5. 什麼是年金，如何計算年金的終值與現值？
6. 後付年金和先付年金有何區別與聯繫？
7. 證券組合的風險報酬是如何計算的？

二、實訓題

1. 某項投資的資產報酬率估計情況如表4-2所示。

表4-2　　　　　　　　某項投資的資產報酬率

預計市場狀況	概率	預測報酬率
經濟狀況好	0.3	20%
經濟狀況中	0.5	10%
經濟狀況差	0.2	-5%
合計	1	—

要求：
(1) 計算資產報酬率的預測值。
(2) 計算資產報酬率的標準差。
(3) 計算資產報酬率的標準離差率。

2. 某公司需用一臺設備，買價為10,000元，可用6年。如果租用，則每年年初需付租金2,000元，假設利率為8%。
要求：試分析企業應租用還是購買該設備。

3. 某人計劃採用分期付款的方式購買住宅，每年年初支付10,000元，20年還清貸款，銀行貸款利率為5%。如果採用一次性付款，則需支付的款項是多少？

4. 某企業投資10萬元興建一個工程項目，建設期為2年，從第3年起，每年流入現金2萬元，設備的使用年限為15年。若企業要求的報酬率為10%，計算該項目是否值得投資。

5. 某投資者進行股票投資，如果國庫券利率為5%，市場證券組合的報酬率為

13%。要求：
(1) 計算市場風險報酬率。
(2) 當 β 為 1.5 時，必要報酬率應為多少？
(3) 如果某種股票的 β 值為 0.8，期望報酬率為 11%，是否應當進行投資？
(4) 如果某種股票的必要報酬率為 12.2%，其 β 值應為多少？

第五章　籌資管理

學習目的：

　　通過對本章的學習，要求瞭解企業籌集資金的動機和要求，掌握各種負債資金及權益資金的籌集與管理的基本內容和方法。理解混合性籌資的動機及優缺點，掌握企業短期籌資的手段、籌資的方式、程序等內容。掌握普通股的發行條件、股票上市的條件、股票上市暫停和終止的規定、股票籌資的優缺點。瞭解優先股籌資的有關內容，掌握企業資金成本的概念和個別資金成本的計算、綜合資金資本的計算。掌握經營槓桿係數的計算及其說明的問題，財務槓桿係數、總槓桿係數的計算及其說明的問題。

重點與難點：

　　掌握商業信用中現金折扣成本的計算、短期借款的方式、信用條件；普通股的發行條件、股票上市的條件、股票上市暫停和終止的規定、股票籌資的優缺點；個別資金成本的計算、綜合資金成本的計算、經營槓桿、財務槓桿、總槓桿的計算。

關鍵概念：

　　籌資渠道　籌資方式　銷售百分比　資金習性法　直接投資　間接投資　資金成本　個別資金成本　加權資金成本　邊際資金成本　籌資無差別點　經營槓桿　財務槓桿　複合槓桿

第一節　籌資概述

　　籌資即企業財務籌資，是指企業從其內部、外部等各方面籌集企業生產經營活動中所需資金的過程。籌資活動的時效性直接關係到企業的存在及其經營規模的擴大，並直接影響到企業的投資及其收益分配活動。

　　籌集資金是企業資金運動的起點，是決定資金運動規模和生產經營發展程度的重要環節。通過一定的資金渠道，採取一定的籌資方式，組織資金的供應，保證企業生產經營活動的需要，是企業財務管理的一項重要內容。

一、企業籌資的動機

　　企業籌資的基本目的是為了自身的維持和發展。但每次具體的籌資活動則往往是受特定動機的驅使。企業籌資的具體動機歸納起來有四類：新建籌資動機、擴張籌資動機、償債籌資動機和混合籌資動機。

　　1. 新建籌資動機

　　新建籌資動機是指企業在新建時為滿足正常生產經營活動所需的鋪底資金而產生

的籌資動機。企業新建時，要按照經營方針所確定的生產經營規模核定固定資金需要量和流動資金需要量，同時籌措相應的資本金，資本金不足部分即需籌集短期或長期的銀行借款（或發行債券）。

2. 擴張籌資動機

擴張籌資動機是指企業因擴大生產經營規模或追加對外投資而產生的籌資動機。具有良好發展前景、處於成長時期的企業通常會產生擴張籌資動機。例如，企業生產經營的產品供不應求，需要購置設備增加市場供應；開發生產適銷對路的新產品，需要引進技術；擴大有利的對外投資規模；開拓有發展前景的對外投資領域等。擴張籌資動機所產生的直接結果是企業的資產總額和權益總額的增加。

3. 償債籌資動機

償債籌資動機是指企業為了償還某項債務而形成的借款動機。償債籌資有兩種情況：一是調整性償債籌資，即企業具有足夠的能力支付到期舊債，但為了調整原有的資本結構，舉借一種新債務，從而使資本結構更加合理；二是惡化性償債籌資，即企業現有的支付能力已不足以償付到期舊債，被迫舉借新債還舊債，這表明企業財務狀況已經惡化。

4. 混合籌資動機

混合籌資動機是指企業既需要擴大經營的長期資金又需要償還債務的現金而形成的籌資動機。這種籌資包含了擴張籌資和償債籌資兩種動機，其結果既會增大企業資產總額，又能調整企業資本結構。

二、企業籌資的分類

企業籌集的資金可按不同方式進行不同的分類，這裡只介紹兩種最主要的方式。

1. 按資金使用期限的長短，分為短期資金和長期資金

短期資金是指供1年以內使用的資金。短期資金主要投資於現金、應收帳款、存貨等，一般在短期內可收回。短期資金常採用商業信用、銀行流動資金借款等方式來籌集。

長期資金是指供1年以上使用的資金。長期資金主要投資於新產品的開發和推廣、生產規模的擴大、廠房和設備的更新，一般需幾年或幾十年才能收回。長期資金通常採用吸收投資、發行股票、發行債券、長期借款、融資租賃、留存收益等方式來籌集。

2. 按資金的來源渠道，分為所有者權益資金和負債資金

權益資金是指企業通過發行股票、吸收投資、內部累積等方式籌集的資金，都屬於企業的所有者權益，所有者權益不用還本，因而稱為企業的自有資金、主權資金或權益資金。自有資金不用還本，因此籌集自有資金沒有財務風險。但自有資金要求的回報率高，資本成本高。

負債資金是指企業通過發行債券、銀行借款、融資租賃等方式籌集的資金，屬於企業的負債，到期要歸還本金和利息，因而又稱之為企業的借入資金或負債資金。企業採用借入的方式籌集資金，一般承擔較大的財務風險，但相對而言付出的資本成本小。

三、企業籌資渠道與方式

1. 籌資渠道

籌資渠道是指籌集資金來源的方向與途徑，體現資金來源與供應量。中國企業目

前籌資渠道主要有：

（1）國家財政資金。國家對企業的直接投資是國有企業最主要的資金來源渠道，特別是國有獨資企業，其資本全部由國家投資形成，從產權關係上看，產權歸國家所有。

（2）銀行信貸資金。銀行對企業的各種貸款是中國各類企業最為主要的資金來源。中國提供貸款的銀行主要有兩類，商業銀行和政策性銀行。商業銀行以盈利為目的，為企業提供各種商業貸款，政策性銀行為特定企業提供政策性貸款。

（3）非銀行金融機構資金。非銀行金融機構主要指信託投資公司、保險公司、租賃公司、證券公司以及企業集團所屬的財務公司。他們所提供的金融服務，既包括信貸資金的投放，也包括物資的融通，還包括為企業承銷證券。

（4）其他企業資金。其他企業資金是指企業生產經營過程中產生的部分閒置的資金，可以互相投資，也可以通過購銷業務形成信用關係以作為其他企業資金，這也是企業資金的重要來源。

（5）居民個人資金。居民個人資金指遊離於銀行及非銀行金融機構之外的個人資金，可用於對企業進行投資，形成民間資金來源。

（6）企業自留資金。指企業通過計提折舊、提取公積金和未分配利潤等形式形成的資金，這些資金的重要特徵之一是，企業無須通過一定的方式去籌集，它們是企業內部自動生成或轉移的資金。

2. 籌資方式

籌資方式是指企業籌集資金所採用的具體方式。目前中國企業的籌資方式主要有以下幾種：①吸收直接投資；②發行股票；③利用留存收益；④商業信用；⑤發行債券；⑥融資租賃；⑦銀行借款。

企業籌資管理的重要內容是針對客觀存在的籌資渠道，選擇合理的籌資方式進行籌資，有效的籌資組合可以降低籌資成本，提高籌資效率。

籌資渠道與籌資方式存在一定的對應關係，一定的籌資方式只適用於某一特定的籌資渠道，具體的對應關係如表5-1所示：

表5-1　　　　　　　　籌資方式與籌資渠道的對應關係

籌資方式＼籌資渠道	吸收直接投資	發行股票	銀行借款	發行債券	商業信用	融資租賃
國家財政資金	√	√				
銀行信貸資金			√			
非銀行金融機構資金	√	√	√	√		√
其他企業資金	√			√	√	√
居民個人資金	√	√		√		
企業自留資金	√					
國外和港澳臺資金	√	√				√

四、企業籌資的要求

企業籌集資金的基本要求是講求資金籌集的綜合經濟效益，具體要求如下：

1. 合理確定資金需要量，努力提高籌資效果

不論通過什麼渠道、採取什麼方式籌集資金，都應該預先確定資金的需要量，既要確定流動資金的需要量，又要確定固定資金的需要量。籌集資金固然要廣開財路，但必須要有一個合理的界限。要使資金的籌集量與需要量相適應，防止籌資不足影響生產經營或籌資過剩從而降低籌資效益。

2. 周密研究投資方向，大力提高投資效果

投資是決定應否籌資和籌資多少的重要因素之一。投資收益與籌資成本相權衡，決定著要不要籌資，而投資規模則決定著籌資的數量。因此，必須確定有利的資金投向，才能作出籌資決策，避免不顧投資效果的盲目籌資。

3. 適時取得所籌資金，保證資金投放需要

籌集資金要按照資金投放使用的時間來合理安排，使籌資與用資在時間上相銜接，避免取得資金滯後而貽誤投資的有利時機，也要防止取得資金過早而造成投放前的閒置。

4. 認真選擇籌資來源，力求降低籌資成本

企業籌集資金可以採用的渠道和方式多種多樣，不同籌資渠道和方式的難易程度、資本成本和財務風險各不一樣。因此，要綜合考察各種籌資渠道和籌資方式，研究各種資金來源的構成，求得最優的籌資組合，以降低組合的籌資成本。

5. 合理安排資本結構，保持適當償債能力

企業的資本一般由權益資金和債務資金構成。企業負債所占的比率要與權益資金多少和償債能力高低相適應。要合理安排資本結構，既防止負債過多，導致財務風險過大，償債能力不足，又要有效地利用負債經營，借以提高權益資金的收益水準。

6. 遵守國家有關法規，維護各方合法權益

企業的籌資活動影響著社會資金的流向和流量，涉及有關方面的經濟權益。企業籌集資金必須接受國家宏觀指導與調控，遵守國家有關法律法規，實行公開、公平、公正的原則，履行約定的責任，維護有關各方的合法權益。

五、企業資金需要量預測

企業在籌資之前，應當採用一定的方法預測資金需要數量，只有這樣，才能使籌集來的資金既能保證滿足生產經營的需要，又不會有太多的閒置。現介紹預測資金需要量常用的方法。

1. 定性預測法

定性預測法是指利用直觀的資料，依靠個人的經驗和主觀分析、判斷能力，預測未來資金需求量的方法。這種方法通常在企業缺乏完備、準確的歷史資料情況下採用的。其預測過程是：首先由熟悉財務情況和生產經營情況的專家，根據過去所累積的經驗，進行分析判斷，提出預測的初步意見；然後，通過召開座談會或發出各種表格等形式，對上述預測的初步意見進行修正補充。這樣經過一次或幾次以後，得出預測的最終結果。

定性預測法是十分有用的，但它不能揭示資金需要量與有關因素之間的數量關係。例如，預測資金需要量應和企業生產經營規模相聯繫。生產規模擴大以及銷售數量增加，會引起資金需求量增加；反之，則會使資金需求量減少。

2. 比率預測法

比率預測法是指以一定財務比率為基礎，預測未來資金需要量的方法。能用於預測的比率可能會很多，如存貨週轉率、應收帳款週轉率等，但最常用的是資金與銷售額之間的比率。以資金與銷售額的比率為基礎，預測未來資金需要量的方法，就是銷售百分率法。

計算外界資金需要量的基本步驟：

（1）區分變動性項目（隨銷售收入變動而呈同比率變動的項目）和非變動性項目。通常變動性項目有：貨幣資金、應收帳款、存貨等流動性資產。非變動性項目有：固定資產、對外投資等固定性資產。

（2）計算變動性項目的銷售百分率。計算公式為：

$$變動性項目的銷售百分率 = \frac{基期變動性資產（或負債）}{基期銷售收入}$$

（3）計算需追加的外部籌資額。計算公式為：

外界資金需要量＝增加的資產－增加的負債－增加的留存收益

其中：

增加的資產＝增量收入×基期變動資產占基期銷售額的百分比

增加的負債＝增量收入×基期變動負債占基期銷售額的百分比

增加的留存收益＝預計銷售收入×銷售淨利率×收益留存率

對於增加的留存收益，應該採用預計銷售收入計算，並且《中華人民共和國公司法》（簡稱《公司法》）規定企業應當按照當期實現的稅後利潤的10%計提法定公積金，5%計提法定公益金，所以銷售留存率不會小於15%。

【例題5-1-1】四方公司2007年12月31日的資產負債表如表5-2所示。

表5-2　　　　　　　四方公司簡要資產負債表（2007年12月31日）　　　　　　單位：元

資產		負債與所有者權益	
現金	5,000	應付費用	5,000
應收帳款	15,000	應付帳款	10,000
存貨	30,000	短期借款	25,000
固定資產淨值	30,000	公司債券	10,000
		實收資本	20,000
		留存收益	10,000
資產合計	80,000	負債與所有者權益合計	80,000

2007年公司的銷售收入為100,000元，現在還有剩餘生產能力，即增加銷售收入不需要進行固定資產方面的投資。假定銷售淨利率為10%，如果預計2008年的銷售收入為120,000元，用銷售百分率法預測2008年需要增加的資金量為多少？

解析：

①將資產負債表中預計隨銷售變動而變動的項目分離出來。在本例中，資產負債表中的現金、應收帳款和存貨隨銷售量的增加而同比例增加，據題意可知資產方的固定資產不隨銷售量的增加而增加，保持不變；在負債和所有者權益一方，應付帳款和

應付費用也會隨銷售的增加而同比例增加，但實收資本、公司債券、短期借款不會自動增加。公司的利潤如果不全部分配出去，留存收益也會適當增加。具體變動情況見表 5－3，用比率表示的項目是變動項目。

表 5－3　　　　　　　　四方公司的銷售百分率表　　　　　　　　單位:%

資產	占銷售收入百分比	負債與所有者權益	占銷售收入百分比
現金	5	應付費用	5
應收帳款	15	應付帳款	10
存貨	30	短期借款	不變動
固定資產	不變動	公司債券	不變動
		實收資本	不變動
		留存收益	不變動
合計	50	合計	15

表 5－3 中的百分率由該項目的數字除以銷售收入求得，如存貨百分率為：30,000/100,000＝30%。該表顯示了與銷售收入同比例變化的項目與銷售收入之間存在的固定比例，同時顯示，銷售收入每增加 100 元，在資產方必須增加 50 元的資金占用，同時產生 15 元的資金來源。

②確定需要增加的資金。從表 5－3 中可看出，每增加 100 元的銷售收入，必須增加 50 元（現金＋存貨＋應收帳款）的資金占用，但同時也自動增加 15 元的資金來源。（應付費用＋應付帳款）。因此，公司每增加 100 元的銷售收入必須增加 35 元（即 35%）的資金來源才能滿足資產占用。如銷售收入增加到 120,000 元，增加了 20,000 元，按照 35% 的比例預測要增加資金為：20,000×35%＝7,000 元。

③確定對外界資金需求的數量。上述 7,000 元的資金來源首先可以從內部得到，公司 2008 年的淨利潤為 12,000 元（120,000×10%），如果公司的利潤分配的比率為 60% 給投資者，則有 40% 的利潤作為留存收益。即 4,800（12,000×40%）元，那麼將有 2,200（7,000－4,800）元的資金需要從外界融通。根據上述過程可計算出對外資金需求量：

外界資金需要量＝增加的資產－增加的負債－增加的留存收益
　　　　　　　＝20,000×50%－20,000×15%－120,000×10%×40%
　　　　　　　＝2,200（元）

【例題 5－1－2】ABC 公司 2007 年的財務數據如表 5－4 所示：

表 5－4　　　　　　　　ABC 公司財務數據（2007 年）

項目	金額（萬元）	占銷售收入（4,000 萬元）百分比（%）
流動資產	4,000	100
長期資產	（略）	無穩定的百分比關係
應付帳款	400	10

表5-4(續)

項目	金額（萬元）	占銷售收入（4,000萬元）百分比（%）
其他負債	（略）	無穩定的百分比關係
當年的銷售收入	4,000	
淨利潤	200	5
分配股利	60	
留存收益	140	

假設該公司的實收資本始終保持不變，2008年預計銷售收入將達到5,000萬元。

問：

（1）需要補充多少外部融資？

（2）如果利潤留存率是100%，銷售淨利率提高到6%，目標銷售收入是4,500萬元。要求計算是否需要從外部融資，如果需要，需要補充多少外部資金？

解析：

（1）增加的資產 = 1,000 × 100% = 1,000（萬元）

增加的負債 = 1,000 × 10% = 100（萬元）

股利支付率 = $\frac{60}{200}$ × 100% = 30%

收益留存率 = 1 - 30% = 70%

增加的所有者權益 = 5,000 × 5% × 70% = 175（萬元）

外部補充的資金 = 1,000 - 100 - 175 = 725（萬元）

（2）增加的資產 = 500 × 100% = 500（萬元）

增加的負債 = 500 × 10% = 50（萬元）

收益留存率 = 100%

增加的所有者權益 = 4,500 × 6% × 100% = 270（萬元）

外部融資額 = 500 - 50 - 270 = 230（萬元）

第二節 負債資金的籌集

負債資金是指企業向銀行、其他金融機構、其他企業單位等吸收的資金，它反應債權人的權益，又稱債務資金。負債資金的出資人是企業的債權人，對企業擁有債權，有權要求企業按期還本付息。企業負債資金的籌集方式主要有銀行借款、發行債券、融資租賃、商業信用等。

一、銀行借款

銀行借款是指企業根據借款合同向銀行（以及其他金融機構，下同）借入的需要還本付息的款項。利用銀行的長期和短期借款是企業籌集資金的一種重要方式。

（一）銀行借款的種類

銀行借款的種類很多，按不同的標準可進行不同的分類。

1. 按借款的期限分類，分為短期借款、中期借款和長期借款

短期借款期限在 1 年內，中期借款期限在 1～5 年，長期借款期限在 5 年以上。

2. 按借款的條件分類，分為信用借款、擔保借款和票據貼現

信用借款是以借款人的信用為依據而獲得的借款，企業取得這種借款不用以財產抵押。擔保借款指以一定的財產做抵押或以一定的保證人做擔保為條件而取得的借款。它分為以下三類：保證借款、抵押借款和質押借款。票據貼現是指企業以持有的未到期的商業票據向銀行貼付一定的利息而取得的借款。

3. 按借款的用途不同分類，分為基本建設借款、專項借款和流動資金借款

4. 按提供貸款的機構分類，分為政策性銀行貸款和商業銀行貸款

政策性銀行貸款是指執行國家政策性貸款業務的銀行向企業發放的貸款。如國家開發銀行為滿足企業承建國家重點建設項目的資金需要而提供的貸款。主要為執行國家重點扶持行業等經濟政策服務。進出口信貸銀行為大型設備的進出口提供買方或賣方信貸。商業銀行貸款是各商業銀行向工商企業提供的貸款。這類貸款主要滿足企業生產經營的資金需要。此外，企業還可從信託投資公司取得實物或貨幣形式的信託投資貸款，從財務公司獲得各種貸款等。

(二) 銀行借款的程序

企業利用銀行借款籌集資金，必須按規定的程序辦理。根據中國貸款通則，銀行貸款的程序大致分為以下幾個步驟：

(1) 企業提出借款申請。企業需要借款，應當向主辦銀行或其他銀行的經辦機構提出申請。企業要填寫以借款用途、借款金額、償還能力以及還款方式等為主要內容的《借款申請書》，並提供以下資料：①借款人及保證人的基本情況；②財政部門或會計師事務所核准的上年度財務報告；③原有的不合理借款的糾正情況；④抵押物清單及同意抵押的證明，保證人擬同意保證的有關證明文件；⑤項目建議書和可行性報告；⑥貸款銀行認為需要提交的其他資料。

(2) 銀行審查借款申請書。銀行接到企業的申請後，要對借款人的信用等級進行評估，對借款人的信用及借款的合法性、安全性和盈利性進行調查，核實抵押物、保證人情況。

(3) 貸款審批。貸款銀行一般都建立了審貸分離、分級審批的貸款管理制度。審查人員要對調查人員提供的資料進行核實、評定，預測貸款風險，提出意見按規定權限報批，決定是否提供貸款。

(4) 簽訂借款合同。為了維護借款雙方的權益，企業向銀行借入資金時，雙方要簽訂借款合同，借款合同主要包括以下四個方面內容：

① 基本條款。這是借款合同的基本內容，主要強調雙方的權利和義務，具體包括借款數額、借款方式、款項發放時間、還款期限、還款方式、利息支付方式、利息率等。

② 保證條款。這是保證款項能順利歸還的一系列條款。包括借款按規定的用途使用、有關的物資保證、抵押財產、擔保人及其責任等內容。擔保條款應當由擔保人與貸款銀行簽訂擔保合同，或擔保人在借款合同上載明與貸款人協商一致的保證條款，加蓋保證人的法人公章，並由擔保人的法定代表人或其授權的代理人簽名蓋章。抵押貸款、質押貸款應由抵押人、出資人與貸款人簽訂抵押合同、質押合同，需要辦理登記的，應依法辦理登記。

③ 違約條款。這是對雙方若有違約現象時應如何處理進行規定的條款。主要載明對企業逾期不還或挪用貸款等如何處理和銀行不按期發放貸款如何處理等內容。

④ 其他附屬條款。這是與借貸雙方有關的其他條款，如雙方經辦人、合同生效日期等條款。

(5) 企業取得借款。雙方簽訂借款合同後，貸款銀行按合同的規定按期發放貸款，企業便可取得相應的資金。

(6) 借款的歸還。企業應按借款合同的規定按時足額歸還借款本息。一般而言，貸款銀行會在短期貸款到期1個星期之前，中長期貸款到期1個月之前，向借款的企業發送還本付息通知單。企業在接到還本付息通知單後，要及時籌備資金，按期還本付息。

(三) 銀行借款的信用條件

按照國際慣例，銀行發放貸款時往往要加有一些信用條件，主要有以下幾個方面：

1. 信貸額度（貸款限額）

信貸額度指借款人與銀行簽訂協議，規定的借入款項的最高限額。如借款人超過限額繼續借款，銀行將停止辦理。此外，如果企業信譽惡化，銀行也有權停止借款。對信貸額度，銀行不承擔法律責任，沒有強制義務。

2. 週轉信貸協定

週轉信貸協定指銀行具有法律義務承諾提供不超過某一最高限額外的貸款協定。在協定的有效期內，銀行必須滿足企業在任何時候提出的借款要求。企業享用週轉信貸協定必須對貸款限額的未使用部分向銀行付一筆承諾費。銀行對週轉信貸協議負有法律義務。

【例題 5-2-1】某企業與銀行協定的信貸限額是 2,000 萬元，承諾費率為 0.5%，借款企業年度內使用了 1,400 萬元，餘額為 600 萬元，那麼，企業應向銀行支付承諾費是多少？

解析：

企業應向銀行支付承諾費為：$600 \times 0.5\% = 3$（萬元）

【例題 5-2-2】某企業取得銀行為期一年的週轉信貸額 100 萬元，借款企業年度內使用了 60 萬元，平均使用期只有 6 個月，借款利率為 12%，年承諾費率為 0.5%，要求計算年終借款企業需要支付的利息和承諾費總計是多少。

解析：

需支付的利息：$60 \times 12\% \times \dfrac{6}{12} = 3.6$（萬元）

需支付的承諾費：$(100 - 60 \times \dfrac{6}{12}) \times 0.5\% = 0.35$（萬元）

總計支付額：3.95（萬元）

3. 補償性餘額

指銀行要求借款人在銀行中保留借款限額或實際借用額的一定百分比計算的最低存款餘額。企業在使用資金的過程中，通過資金在存款帳戶的進出，要始終保持一定的補償性餘額在銀行存款的帳戶上。這實際上增加了借款企業的利息，提高了借款的實際利率，加重了企業的財務負擔。

【例題 5-2-3】某企業按利率 8% 向銀行借款 100 萬元，銀行要求保留 20% 的補償

性餘額。那麼企業可以動用的借款只有 80 萬元，問該項借款的實際利率為多少？

解析：

補償性餘額貸款實際利率 $= \dfrac{利息}{實際可使用借款額} = \dfrac{100 \times 8\%}{80} = 10\%$

或：

補償性餘額貸款實際利率 $= \dfrac{名義利率}{1 - 補償性餘額比率} = \dfrac{8\%}{1 - 20\%} = 10\%$

4. 借款抵押

除信用借款以外，銀行向財務風險大、信譽不好的企業發放貸款，往往需要抵押貸款，即企業以抵押品作為貸款的擔保，以減少自己蒙受損失的風險。借款的抵押品通常是借款企業的應收帳款、存貨、股票、債券及房屋等。銀行接受抵押品後，將根據抵押品的帳面價值決定貸款金額，一般為抵押品的帳面價值的 30% ~ 50%。企業接受抵押貸款後，其抵押財產的使用及將來的借款能力會受到限制。抵押貸款的利率要高於非抵押貸款的利率，原因在於銀行將抵押貸款視為風險貸款，借款企業的信譽不是很好，所以需要收取較高的利息；而銀行一般願意為信譽較好的企業提供貸款，且利率相對會較低。

5. 償還條件

貸款的償還有到期一次償還和在貸款期內定期（每月、季）等額償還兩種方式。一般來說企業不希望採用分期等額償還方式，而是願意在貸款到期日一次償還，因為分期償還會加大貸款的實際利率。但是銀行一般希望採用分期付息方式提供貸款，因為到期一次償還借款本金會增加企業的債務，加大企業拒付風險，同時會降低借款的實際利率。

6. 其他承諾

銀行有時還要求企業為取得借款做出其他的承諾，如及時提供財務報表，保持適當的水準（如特定的流動比率）等。

(四) 借款利息的支付方式

1. 利隨本清法

利隨本清法又稱收款法，即在短期借款到期時向銀行一次性支付利息和本金。採用這種方法，借款的名義利率等於實際利率。

2. 貼現法

貼現法是銀行向企業發放貸款時，先從本金中扣除利息部分，而借款到期時企業再償還全部本金的方法。採用這種方法，貸款的實際利率高於名義利率。

實際利率 $= \dfrac{本金 \times 名義利率}{實際借款額} = \dfrac{本金 \times 名義利率}{本金 - 利息} = \dfrac{名義利率}{1 - 名義利率}$

【例題 5 - 2 - 4】某企業從銀行取得借款 200 萬元，期限一年，名義利率 10%，利息 20 萬元。按照貼現法支付利息，企業實際可動用的貸款為 180 萬元（200 - 20），該項貸款的實際利率為多少？

解析：

實際利率 $= \dfrac{利息}{貸款金額 - 利息} = \dfrac{20}{200 - 20} = 11.11\%$

或：實際利率 $= \dfrac{名義利率}{1-名義利率} = \dfrac{10\%}{1-10\%} = 11.11\%$

(五) 銀行借款籌資的優缺點

1. 銀行借款籌資的優點

(1) 籌資速度快。銀行借款與發行證券相比，一般所需時間較短，可以迅速獲得資金。

(2) 籌資成本低。就中國目前的情況看，利用銀行借款所支付的利息比發行債券所支付的利息低，另外，也無須支付大量的發行費用。

(3) 借款彈性好。企業與銀行可以直接接觸，商談確定借款的時間、數量和利息。借款期間如企業經營情況發生了變化，也可與銀行協商，修改借款的數量和條件。借款到期後如有正當理由，還可延期歸還。

2. 銀行借款籌資的缺點

(1) 財務風險大。企業舉借長期借款，必須定期付息，在經營不利的情況下，企業有不能償付的風險，甚至會導致破產。

(2) 限制條款多。企業與銀行簽訂的借款合同中一般都有一些限制條款，如定期報送有關部門報表、不能改變借款用途等。

(3) 籌資數量有限。銀行一般不願借出巨額的長期借款，因此，利用銀行借款籌資有一定的上限。

二、發行公司債券

公司債券是指公司按照法定程序發行的、約定在一定期限還本付息的有價證券。發行公司債券是公司籌集負債資金的重要方式之一。

(一) 債券的種類

1. 按發行主體分類，分為政府債券、金融債券、公司債券

政府債券由各國中央政府或地方政府發行。政府債券風險小，流動性強，是最受投資者歡迎的債券之一。金融債券是銀行或其他金融機構發行的，金融債券風險不大，流動性較好，報酬也比較高。公司債券又稱企業債券，由股份公司等各類企業發行，與政府債券相比，公司債券的風險較大，因而利率也比較高。

2. 按有無抵押擔保分類，分為信用債券、抵押債券、擔保債券

信用債券是無抵押擔保的債券，是僅憑發行者的信譽發行的。政府債券屬於信用債券，一個信用良好的企業也可以發行信用債券，但有一定的條件限制。抵押債券是以一定抵押品作抵押才能發行的債券。這種債券在西方比較常見，抵押債券按抵押品的不同又可分為不動產抵押債券、設備抵押債券和證券抵押債券。擔保債券是由一定的保證人作擔保而發行的債券。當企業沒有足夠的資金償還債券時，債權人有權要求擔保人償還。中國 1998 年 4 月 8 日頒布的《企業債券發行與轉讓管理辦法》規定，保證人應是符合《中華人民共和國擔保法》的企業法人，同時還要具備以下條件：①淨資產不能低於被保證人發行債券的本金和利息。②近三年連續盈利。③不涉及改組、解散等事宜或重大訴訟案件。④中國人民銀行規定的其他條件。

3. 按債券是否記名分類，分為記名債券和無記名債券

記名債券指在券面上註明債權人姓名或名稱，同時在發行公司的債權人名冊上進

行登記的債券。這種債券的優點是比較安全，缺點是轉讓時手續比較複雜。無記名債券指在券面上不註明債權人姓名或名稱，同時也不在發行公司的債權人名冊上進行登記的債券。無記名債券轉讓時隨即生效，無須背書，因而比較方便。

(二) 債券的基本要素

1. 債券的面值

債券的面值包括兩個基本內容：一是幣種，二是票面金額。面值的幣種可用本國貨幣，也可用外幣，這取決於發行者的需要和債券的種類。債券的票面金額是債券到期時償還債務的金額，面值印在債券上，固定不變，到期必須足額償還。

2. 債券的期限

債券有明確的到期日，債券從發行日至到期日之間的時間稱為債券的期限。債券的期限有日益縮短的趨勢，在債券的期限內，公司必須定期支付利息，債券到期時，必須償還本金。

3. 利率和利息

債券上通常載明利率，一般為固定利率，也有少數是浮動利率。債券的利率為年利率，面值與利率相乘可得出年利息。

4. 債券的價格

理論上債券的面值就是它的價格。但實際操作中，由於發行者的考慮或資金市場上供求關係、利息率的變化，債券的市場價格常常脫離它的面值，但差額並不大。發行者計算利息，償付本金都以債券的面值為根據，而不以價格為根據。

(三) 債券的發行

1. 發行債券的資格和條件

中國《公司法》規定，股份有限公司、國有獨資公司和兩個以上的國有企業或者其他兩個以上的國有投資主體投資設立的有限責任公司，有資格發行公司債券。發行公司債券，必須具備以下條件：

(1) 股份有限公司的淨資產額不低於 3,000 萬元，有限責任公司的淨資產額不低於 6,000 萬元。

(2) 累積債券總額不超過公司淨資產的 40%。

(3) 最近三年平均可分配利潤足以支付公司債券一年的利息。

(4) 所籌集資金的投向符合國家產業政策。

(5) 債券的利率不得超過國務院限定的利率水準。

(6) 國務院規定的其他條件。

2. 發行債券的程序

發行公司債券要經過一定的程序，辦理規定的手續。其程序一般為：

(1) 發行債券的決議或決定。股份有限公司和國有有限責任公司發行公司債券，由董事會制訂方案，股東大會作出決議；國有獨資公司發行公司債券，由國家授權投資的機構或者國家授權的機構作出決定。可見，發行公司債券的決議和決定，是由公司最高機構作出的。

(2) 發行債券的申請與批准。凡欲發行債券的公司，先要向國務院證券管理部門提出申請並提交公司登記證明、公司章程、公司債券募集辦法、資產評估報告和驗資報告等文件。國務院證券管理部門根據有關規定，對公司的申請予以核准。

(3) 募集借款。公司發出公司債券募集公告後，開始在公告所定的期限內募集借款。一般地講，公司債券的發行方式有公司直接向社會發行（私募發行）和由證券經營機構承銷發行（公募發行）兩種。在中國，根據有關法規，公司發行債券須與證券經營機構簽訂承銷合同，由其承銷。由承銷機構發售債券時，投資人直接向其付款購買，承銷機構代理收取債券款、交付債券。然後，承銷機構向發行公司辦理債券款的結算。

3. 債券的發行價格

債券的發行價格有三種：等價發行、折價發行和溢價發行。等價發行又叫面值發行，是指按債券的面值出售；折價發行是指以低於債券面值的價格出售；溢價發行是指按高於債券面值的價格出售。

債券之所以會存在溢價發行和折價發行，這是因為資金市場上的利息率是經常變化的，而企業債券一經發行，就不能調整其票面利息率。從債券的開印到正式發行，往往需要經過一段時間，在這段時間內如果資金市場上的利率發生變化，就要靠調整發行價格的方法來使債券順利發行。即：當票面利率高於市場利率時，以溢價發行債券；當票面利率低於市場利率時，以折價發行債券；當票面利率等於市場利率時，以等價發行債券。

債券發行價格的確定其實就是一個求現值的過程，等於各期利息的現值和到期還本的現值之和，折現率以市場利率為標準。

分期付息債券價格的計算如圖 5-1 所示：

圖 5-1　分期付息債券價格計算示意圖

債券發行價格 = 未來各期利息的現值 + 到期本金的現值
$$= 票面金額 \times 票面利率 \times (P/A, i, n) + 票面金額 \times (P/F, i, n)$$

【例題 5-2-5】華北電腦公司發行面值為 1,000 元，利息率為 10%，期限為 10 年，每年年末付息的債券。公司決定發行債券時，認為 10% 的利率是合理的。如果到債券發行時，市場上的利率發生變化，就要調整債券的發行價格。試分析市場利率分別為 10%、15%、5% 時債券發行價格的變化情況。

解析：

（1）資金市場上利率保持不變，即票面利率與市場利率相等，可用等價發行，發行價格計算如下：

債券發行價格 = 1,000×10%×（P/A, 10%）+1,000×（P/F, 10%, 10）
　　　　　　 = 100×6.144,6+1,000×0.385,5
　　　　　　 ≈ 1,000（元）

（2）資金市場利率上升，達到 15%，高於票面利率，則採用折價發行。發行價格計算如下：

債券發行價格 = 1,000×10%×（P/A, 15%, 10）+1,000×（P/F, 15%, 10）
　　　　　　 = 100×5.018,8+1,000×0.247,2
　　　　　　 ≈ 749.06（元）

只有按低於或等於749.06元的價格出售，投資者才會購買並獲得15%的報酬。

（3）資本市場上利率下降為5%，低於債券的票面利率，則可採用溢價發行。發行價格計算如下：

債券發行價格 = 1,000×10% × （P/A，5%，10）+1,000×（P/F，5%，10）
　　　　　　 = 100×7.721,7 + 1,000×0.613,9
　　　　　　 = 1,386.08（元）

也就是說，投資者把1,386.08元資金投資於華北電腦公司面值為1,000元的債券，可以獲得5%的報酬。

【例題5-2-6】C公司發行債券，債券面值為1,000元，3年期，票面利率為8%，單利計息，到期一次還本付息，若發行時債券市場利率為10%，則C公司債券的發行價格為多少？

解析：（見圖5-2）

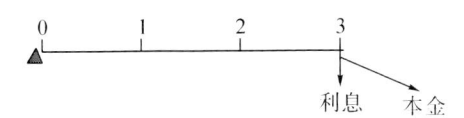

圖5-2　C公司分期付息債券價格計算示意圖

C公司債券的發行價格為：

(1,000×8% + 1,000) ×（P/F，10%，3）= 1,240×0.751 = 931.24（元）

（四）債券籌資的優缺點

1. 債券籌資的優點

（1）資本成本低。債券的發行費用低，並且利息在稅前支付，比股票籌資成本低。

（2）能夠保證控制權。債券持有人無權干涉企業的經營管理事務。

（3）可以發揮財務槓桿作用。債券只支付固定的利息，當企業盈利多時，可以留更多的收益給股東或給企業擴大經營。

2. 債券籌資的缺點

（1）籌資風險高。債券有固定的到期日，並定期支付利息，無論企業經營如何都要償還。

（2）限制條件多。債券發行契約書上的限制條款比優先股和短期債務嚴格得多，可能會影響企業以後的發展或籌資能力。

（3）籌資額有限。利用債券籌資在數額上有一定限度，當公司的負債超過一定程度後，債券籌資的成本會上升，有時甚至難以發行出去。

三、融資租賃

（一）租賃的種類

租賃指出租人在承租人給予一定報酬的條件下，授予承租人在約定的時間內佔有和使用財產權利的一種契約性行為。租賃的種類很多，目前中國主要有經營租賃和融資租賃兩類。

1. 經營租賃

經營租賃是由租賃公司在短期內向承租的單位提供設備並提供維修、保養、人員

培訓等的一種服務性業務，又稱服務性租賃。承租單位支付的租賃費除租金外還包括維修、保養等費用，經營租賃所付的租賃費可在成本中列支。經營租賃的主要目的是解決企業短期、臨時的資產需求問題，但從企業不必先付款購買設備即可享有設備使用權來看，也有短期籌資的作用。

經營租賃的特點主要有：

（1）租賃期較短，一般短於資產有效使用期的一半。

（2）設備的維修、保養由租賃公司負責。

（3）租賃期滿或合同中止後，出租資產由租賃公司收回。經營租賃適用於租用技術過時較快的生產設備。

2. 融資租賃

融資租賃是由租賃公司按承租單位要求出資購買設備，在較長的契約或合同期內提供給承租單位使用的信用業務。一般借貸的對象是資金，而融資租賃的對象是實物，融資租賃是融資與融物相結合、帶有商品銷售性質的借貸活動，是企業籌集資金的一種方式。

融資租賃的主要特點有：

（1）租賃期較長，一般長於資產有效使用期的一半，在租賃期間雙方無權取消合同。

（2）由承租企業負責設備的維修、保養和保險，承租企業無權拆卸改裝。

（3）租賃期滿，按事先約定的方法處理設備，包括退還租賃公司、繼續租賃、企業留購。

(二) 融資租賃的程序

（1）選擇租賃公司。

（2）辦理租賃委託。

（3）簽訂購貨協議。

（4）簽訂租賃合同。

（5）辦理驗貨與投保。

（6）支付租金。

（7）租賃期滿的設備處理。

(三) 融資租賃租金的計算

1. 融資租賃租金的構成

（1）營業租賃的租金包括租賃資產購買成本、租賃期間的利息、租賃物件維護費、業務及管理費、稅金、保險費及租賃物的陳舊風險補償金等。

（2）融資租賃租金包括設備價款和租息兩部分，其中租息又可分為租賃公司的融資租賃成本、租賃手續費等。融資租賃的租金計算具體內容如下：

①設備價款是租金的主要內容，包括設備的買價、運雜費和途中保險費。

②融資成本指設備租賃期間為購買設備所籌集資金的利息。

③租賃手續費指租賃公司承辦租賃設備的營業費用和一定的盈利。

2. 租金的支付方式

租金的支付方式按期限的長短分為年付、半年付、季付和月付等。按支付期先後，分為先付和後付兩種。按每期支付金額，分為等額和不等額付。

3. 租金的計算方法

租金的計算方法很多，中國融資租賃實務中大多採用平均分攤法和等額年金法。

（1）平均分攤法。平均分攤法是先以商定的利息率和手續費率計算出租賃期間的利息和手續費，然後連同設備成本按支付次數平均計算。這種方法沒有充分考慮資金時間價值因素。每次應付租金的計算公式如下：

$$R = \frac{(C-S) + I + F}{N}$$

式中，R 為每次支付的租金；C 為租賃設備購置成本；S 為租賃設備預計殘值；I 為租賃期間利息；F 為租賃期間手續費；N 為租期。

【例題 5－2－7】某企業於 2000 年 1 月 1 日從租賃公司租入一套設備，價值 100,000 元，租期為 5 年，預計租賃期滿時的殘值為 6,000 元，歸租賃公司，年利率按 9% 計算，租賃手續費率為設備價值的 2%。租金每年年末支付一次。要求：計算租賃該套設備每次支付的租金？

解析：租賃該套設備每次支付的租金可計算如下：

$$R = \frac{(100,000-6,000) + [100,000 \times (1+9\%)^5 - 10,000] + 100,000 \times 2\%}{5}$$

$= 29,972$（元）

（2）等額年金法。等額年金法是運用年金現值的計算原理計算每期應付租金的方法。在這種方法下，通常要根據利率和手續費率確定一個租費率，作為貼現率。

①後付租金的計算。後付租金即普通年金，根據普通年金現值的計算公式，可推倒導出後付租金方式下每年年末支付租金數額的計算公式：

$$A = \frac{PV}{(P/A, i, n)}$$

【例題 5－2－8】某企業採用融資租賃方式於 1998 年 1 月 1 日租入一套設備，價款為 40,000 元，租期為 8 年，到期後歸企業所有。為了保證租賃公司完全彌補融資成本和相關的手續費，並有一定的盈利，雙方協定採用 18% 的折現利率，試計算企業每年年末應付的等額租金。

解析：設備現在的購買款作為現值等於 40,000 元。租賃公司購買該設備用於出租，收取租金，租金相當於年金。年金是未來 8 年年末等額支付，這些年金的現值之和應等於購買設備款。採用較高的貼現率（18%）是為了保證出租方的利益。

$$A = \frac{40,000}{(P/A, 18\%, 8)} = \frac{40,000}{4.077,6} \approx 9,808.69 \text{（元）}$$

②先付租金的計算。根據先付年金的現值公式，可得到先付租金的計算公式：

$$A = \frac{PV}{(P/A, i, n-1) + 1}$$

【例題 5－2－9】假如上例採用先付等額租金的方式，則每年年初支付租金額如何計算？

解析：利用先付租金的公式可知：

$$A = \frac{40,000}{(P/A, 18\%, 8-1) + 1} = \frac{40,000}{3.811,5 + 1} \approx 8,313.42 \text{（元）}$$

（四）融資租賃籌資的優缺點

　　1. 融資租賃籌資的優點

　　（1）籌資速度快。租賃往往比借款購置設備更迅速、更靈活，因為租賃是籌資與設備購置同時進行，可以縮短設備的購進、安裝時間，使企業盡快形成生產能力，有利於企業盡快佔領市場，打開銷路。

　　（2）限制條款少。如前所述，債券和長期借款都定有相當多的限制條款，雖然類似的限制在租賃公司中也有，但一般比較少。

　　（3）設備淘汰風險小。當今，科學技術在迅速發展，固定資產更新週期日趨縮短。企業設備陳舊過時的風險很大，利用租賃集資可降低這一風險。這是因為融資租賃的期限一般為資產使用年限的75％，不會像自己購買設備那樣整個期間都承擔風險；且多數租賃協議都規定由出租人承擔設備陳舊過時的風險。

　　（4）財務風險小。租金在整個租期內分攤，不用到期歸還大量本金。許多借款都在到期日一次償還本金，這會給財務基礎較弱的公司造成相當大的困難，有時會造成不能償付的風險。而租賃則把這種風險在整個租期內分攤，可適當減少不能償付的風險。

　　（5）稅收負擔輕。租金可在稅前扣除，具有抵免所得稅的效用。

　　2. 融資租賃籌資的缺點

　　融資租賃籌資的最主要缺點就是資本成本較高。一般來說，其租金要比舉借銀行借款或發行債券所負擔的利息高得多。在企業財務困難時，固定的租金也會構成一項較沉重的負擔。

四、商業信用

　　商業信用是企業在進行商品交易時由於延期付款或延期交貨所形成的借貸關係。企業樂意使用商業信用，是因為提供商業信用的企業實際上提供了兩項服務：其一，銷售商品；其二，提供短期借款。

（一）商業信用的形式

　　（1）賒購商品。其是由於延期付款形成的。

　　（2）預收貨款。其是由於延期交貨形成的。購買單位對緊俏商品樂意採用這種形式，飛機、輪船等生產週期長、售價高的商品也採用這種形式先訂貨，以緩解資金佔用過多的矛盾。

　　（3）商業匯票。商業匯票是一種期票，是反應應付帳款和應收帳款的書面證明。分為商業承兌匯票和銀行承兌匯票。對於商品買賣關係中的買方（延遲付款方）來說，它是一種短期融資方式。

（二）商業信用條件

　　商業信用條件是指銷貨人對付款時間、現金折扣和折扣期限作出的具體規定，其主要形式有：

　　（1）預收貨款。

　　（2）延期付款但不提供現金折扣。如「net30」表示商品的買方應在30天之內按發票金額付清貨款，沒有現金折扣。

　　（3）延期付款，但早付款有現金折扣。如「3/10，2/30，net/60」。

(三) 現金折扣成本的計算

在銷售方提供現金折扣的情況下，如果購買單位在規定折扣期內付款，便可享受免費信用，在這種情況下購買單位沒有因為享受信用而付出代價。如果購買單位放棄現金折扣，該單位便要承受因放棄而造成的隱含利息成本。一般而言，放棄現金折扣的成本可由下式計算：

$$放棄現金折扣成本 = \frac{折扣百分比}{1-折扣百分比} \times \frac{360}{信用期-折扣期}$$

【例題5-2-10】某企業擬以2/10，n/30信用條件購買一批原料。這一信用條件意味著企業如在10天內付款，可享受2%的現金折扣。若不享受折扣貨款應在30天內付清。試分析其具體情況，企業應計算是否享受現金折扣。

解析：如果銷貨單位提供現金折扣，購買單位應盡量獲得此折扣，如果企業不享受現金折扣，則換得98%應付款使用20天，付出的代價是應付款的2%（現金折扣），因此，喪失現金折扣的機會成本很高。

$$放棄現金折扣成本：\frac{2\%}{1-2\%} \times \frac{360}{30-10} \times 100\% = 36.73\%$$

這表明，只要企業籌資成本不超過36.73%，就應當在第10天付款。

(四) 商業信用融資的優缺點

1. 商業信用融資的優點

（1）籌資便利。利用商業信用籌措資金非常方便。因為商業信用與商品買賣同時進行，屬於一種自然性融資，不用做非常正規的安排。

（2）籌資成本低。如果沒有現金折扣，或企業不放棄現金折扣，則利用商業信用集資沒有實際成本。

（3）限制條件少。如果企業利用銀行借款籌資，銀行往往對貸款的使用規定一些限制條件，而商業信用則限制較少。

2. 商業信用融資的缺點

商業信用的期限一般較短，如果企業取得現金折扣，則時間會更短，如果放棄現金折扣，則要付出較高的資本成本。

第三節　權益資金的籌集

自有資金是指投資者投入企業的資本金及經營中所形成的累積，它反應所有者的權益，又稱權益資金。其出資人是企業的所有者，擁有對企業的所有權。企業可以獨立支配其所佔有的財產，擁有出資者投資形成的全部法人財產權。企業自有資金的籌資方式又稱股權性籌資，主要有吸收直接投資、發行股票、企業內部累積等。

一、吸收直接投資

吸收直接投資（以下簡稱吸收投資）指企業按照「共同投資、共同經營、共擔風險、共享利潤」的原則直接吸收國家、法人、個人投入資金的一種籌資方式。吸收直接投資無需公開發行證券。吸收投資中的出資者都是企業的所有者，他們對企業具有

經營管理權。企業經營狀況好，盈利多，各方可按出資額的比例分享利潤，但如果企業經營狀況差，連年虧損，甚至被迫破產清算，則各方要在其出資的限額內按出資比例承擔損失。

(一) 吸收直接投資的種類

1. 吸收國家投資

吸收國家投資指有權代表國家投資的部門或機構以國有資產投入企業，形成國有資本。吸收國家投資一般具有以下特點：

(1) 產權歸屬國家。
(2) 資金的運用和處置受國家約束較大。
(3) 在國有企業中採用比較廣泛。

2. 吸收法人投資

吸收法人投資指法人單位以其依法可以支配的資產投入企業形成法人資本。吸收法人投資一般具有以下特點：

(1) 發生在法人單位之間。
(2) 以參與企業利潤分配為目的。
(3) 出資方式靈活多樣。

3. 吸收個人投資

吸收個人投資指社會個人或企業內部職工以個人合法財產投入企業形成個人資本。吸收個人投資一般具有以下特點：

(1) 參加投資的人員較多。
(2) 每人投資的數額較少。
(3) 以參與企業利潤分配為目的。

(二) 吸收直接投資的出資方式

吸收直接投資的投資者主要採用以下形式向企業投資：

1. 現金投資

以現金出資是吸收投資的一種最重要的出資方式。有了現金，便可獲取其他物質資源。因此，企業應盡量動員投資者採用現金方式出資。

2. 實物投資

以實物出資就是投資者以廠房、建築物、設備等固定資產和原材料、商品等流動資產所進行的投資。一般來說，企業吸收的實物應符合如下條件：

(1) 確為企業科研、生產、經營所需。
(2) 技術性能比較好。
(3) 作價公平合理。

3. 工業產權投資

工業產權投資是指投資者以專有技術、商標權、專利權等無形資產所進行的投資。一般來說，企業吸收的工業產權應符合以下條件：

(1) 能幫助研究和開發出新的高科技產品。
(2) 能幫助生產出適銷對路的高科技產品。
(3) 能幫助改進產品質量，提高生產效率。
(4) 能幫助大幅度降低各種消耗。

（5）作價比較合理。

4. 土地使用權投資

土地使用權是按有關法規和合同的規定使用土地的權利。企業吸收土地使用權投資應符合以下條件：

（1）企業科研、生產、銷售活動所需要的。

（2）交通、地理條件比較適宜。

（3）作價公平合理。

除現金出資之外，以其他方式出資的要對資產進行作價。雙方可以按公平合理原則協商作價，也可以請資產評估機構進行資產評估，以評估後的價格確認出資。

（三）吸收直接投資的程序

1. 確定籌資數量

吸收投資一般是在企業開辦時所使用的一種籌資方式。企業在經營過程中，如果發現自有資金不足，也可採用吸收投資的方式籌集資金，但在吸收投資之前，必須確定所需資金的數量，以利於準確籌集所需資金。

2. 尋找投資單位

企業在吸收投資之前，需要做一些必要的宣傳，以便使出資單位瞭解企業的經營狀況和財務情況，有目的地進行投資。這將有利於企業在比較多的投資者中尋找最合適的合作夥伴。

3. 協商投資事項

尋找到投資單位後，雙方便可進行具體的協商，以便合理確定投資的數量和出資方式。在協商過程中，企業應盡量說服投資者以現金方式出資。如果投資者的確擁有較先進的適用於企業的固定資產、無形資產等，也可用實物、工業產權和土地使用權進行投資。

4. 簽署投資協議

雙方經初步協商後，如沒有太大異議，便可進一步協商。這裡的關鍵問題是以實物投資、工業產權投資、土地使用權投資的作價問題。一般而言，雙方應按公平合理的原則協商定價。如果爭議比較大，可聘請有關資產評估的機構來評定。當出資數額、資產作價確定後，便可簽署投資的協議或合同，以明確雙方的權利和責任。

5. 共享投資利潤

企業在吸收投資之後，應按合同中的有關條款，從實現利潤中對吸收的投資支付報酬。投資報酬是企業利潤的一個分配去向，也是投資者利益的體現，企業要妥善處理，以便與投資者保持良好關係。

（四）吸收直接投資的優缺點

1. 吸收直接投資的優點

（1）有利於增強企業信譽。吸收投資所籌集的資金屬於自有資金，能增強企業的信譽和借款能力，對擴大企業經營規模、壯大企業實力具有重要作用。

（2）有利於盡快形成生產能力。吸收投資可以直接獲取投資者的先進設備和技術，有利於盡快形成生產能力、盡快開拓市場。

（3）有利於降低財務風險。吸收投資可以根據企業的經營情況向投資者支付報酬，比較靈活，所以財務風險較小。

2. 吸收直接投資的缺點

（1）資本成本較高。因為向投資者支付的報酬是根據其出資的數額和企業實現利潤的多寡來計算的。

（2）企業控制權容易分散。投資者在投資的同時，一般都要求獲得與投資數量相適應的經營管理的權利，這是外來投資的代價。

二、發行股票

股票是股份公司為籌集自有資金而發行的有價證券，是投資人投資入股以及取得股利的憑證，它代表了股東對股份公司的所有權。

（一）股票的種類

1. 按股東權利和義務的不同，分為普通股和優先股

普通股是公司發行的具有管理權而股利不固定的股票，是公司資本結構中基本的部分。普通股在權利義務方面的特點是：

（1）普通股股東對公司有經營管理權。在股東大會上有表決權，可以選舉董事會，從而實現對公司的經營管理。

（2）普通股股利分配在優先股分紅之後進行，股利多少取決於公司的經營情況。

（3）公司解散、破產時，普通股股東的剩餘財產求償權位於公司各種債權人和優先股股東之後。

（4）在公司增發新股時有認股優先權，可以優先購買新發行的股票。

優先股是較普通股有某些優先權利同時也有一定限制的股票。其優先權利表現在：

（1）優先獲得股利。優先股股利的分發通常在普通股之前，其股利率是固定的。

（2）優先分配剩餘財產。當公司解散、破產時，優先股的剩餘財產求償權雖位於債權人之後，但位於普通股之前。優先股股東在股東大會上無表決權，在參與公司經營管理上受到一定限制，僅對涉及優先股權利的問題有表決權。

2. 按票面有無記名，分為記名股票和無記名股票

記名股票在票面上載有股東姓名並將股東姓名記入公司股東名冊。對記名股票要附發股權手冊，股東只有同時具備股票和股權手冊才能領取股利。記名股票的轉讓、繼承要辦理過戶手續。無記名股票在票面上不記載股東姓名，公司也要設置股東名冊，記載股票的數量、編號和發行日期。持有無記名股票的人就成為公司的股東。無記名股票的轉讓、繼承無需辦理過戶手續，只要買賣雙方辦理交割手續，就可完成股權的轉移。

《公司法》規定，公司向發起人、國家授權投資的機構、法人發行的股票應當為記名股票。對社會公眾發行的股票可以為記名股票，也可以為無記名股票。

3. 按票面是否標明金額，分為面值股票和無面值股票

面值股票是指在股票的票面上記載每股金額的股票。股票面值的主要功能是確定每股股票在公司所佔有的份額；另外，還表明在有限公司中股東對每股股票所負有限責任的最高限額。無面值股票是指股票票面不記載每股金額的股票。無面值股票僅表示每一股在公司全部股票中所佔有的比例。也就是說，這種股票只在票面上註明每股占公司全部淨資產的比例，其價值隨公司財產價值的增減而增減。

4. 按投資主體的不同，分為國家股、法人股、個人股和外資股

國家股為有權代表國家投資的部門或機構以國有資產向公司投資形成的股份。國

家股由國務院授權的部門或機構以及根據國務院的決定由地方人民政府授權的部門或機構持有，並委派股權代表。法人股為企業法人以其依法可支配的資產向公司投資形成的股份，或具有法人資格的事業單位和社會團體以國家允許用於經營的資產向公司投資形成的股份。個人股為社會個人或本公司職工以個人合法財產投入公司形成的股份。外資股為外國投資者和中國香港、澳門、臺灣地區投資者以購買人民幣特種股票形式向公司投資形成的股份。

5. 股票按發行對象和上市地點，分為 A 股、B 股、H 股、N 股

在中國內地，有 A 股、B 股。A 股是以人民幣標明票面金額並以人民幣認購和交易的股票。B 股是以人民幣標明票面金額，以外幣認購和交易的股票。另外，還有 H 股和 N 股。H 股為在香港上市的股票，N 股是在紐約上市的股票。

(二) 股票的發行

1. 股票發行的目的

股份公司發行股票，總的目的是為了籌借資本，主要有以下幾點動機：

(1) 滿足創建公司的需要。股份有限公司成立時，通常通過發行股票籌集股本。股本是公司的資本基礎，是公司實力的主要標誌，對公司的聲譽和業務發展有著重大影響。《公司法》規定，股份有限公司的設立，必須經過國務院授權的部門或者省級人民政府批准。屬於向社會公開募集的，須經國務院證券管理部門批准。股份公司可以採取發起設立或募集設立的方式籌集設立資金。發起設立是指由發起人認購公司應發行的全部股份；募集設立是指由發起人認購公司應發行的一部分，其餘部分向社會公開募集，以達到設立公司的目的。

(2) 滿足擴大經營規模的需要。已設立的股份公司為了擴大經營規模或籌借週轉資金，可以通過發行股票來籌資，即增資發行。公司發行新股份時應由原股東優先認購，其餘股份可公開向社會出售。

(3) 滿足改善資本結構的需要。公司設立後，其資本結構會不斷變化，如果自有資本比率過低，就會影響償債能力，從而舉債籌資困難，削弱公司財務信譽。因此，為提高自有資本比率，改善資本結構，增發新股是公司的有效手段。

(4) 發放股票股利。

2. 股票發行的條件

(1) 新設立的股份有限公司申請公開發行股票，應當符合下列條件：

①生產經營符合國家產業政策。

②發行普通股限於一種，同股同權。

③發起人認購的股本數額不少於公司擬發行股本總額的 35%。

④在公司擬發行的股本總額中，發起人認購的部分不少於人民幣 3,000 萬元，但國家另有規定的除外。

⑤向公眾發行的部分不少於公司擬發行股本總額的 25%，其中公司職工認購的股本數不得超過擬向社會公眾發行股本總額的 10%。公司擬發行股本總額超過人民幣 4 億元的，證監會按照規定可以酌情降低向社會公眾發行部分的比例，但是最低不少於公司擬發行股本總額的 10%。

⑥發起人在近三年內沒有重大違法行為。

⑦國務院證券監督管理機構規定的其他條件。

(2) 國有企業改組設立股份有限公司申請公開發行股票，除應當符合上述情況下

的各種條件外，還應具備以下條件：

①發行的前一年末，淨資產在總資產中所占比例不低於30%，無形資產在淨資產中所占比例不高於20%，但國務院證券監督管理機構另有規定的除外。

②近三年連續盈利。

（3）股份有限公司增資發行股票，應符合以下條件：

①前一次發行的股份已經募足，並間隔1年以上。

②公司在最近3年內連續盈利，並可以向股東支付股利（公司以當年利潤分派新股，不受此限）。

③公司在最近3年內財務會計文件無虛假記載。

④公司預期利潤可達到同期銀行存款利率。

3. 股票發行的程序

股份公司設立發行股票與增資發行股票的程序有所不同。

（1）設立發行股票的程序如下：

①提出募集股份的申請。股份公司的設立需經國務院授權的部門或省級人民政府批准，公開募集的還需國務院證券管理部門批准。所以，股份公司設立發行股票時，發起人應向有關部門提出申請。

②公告招股說明書，製作認股書，簽訂承銷協議和代收股款協議。在募股申請批准後，發起人應在規定的時間內向社會公開招股說明書，並製作認股書。發起人應與證券承銷機構簽訂協議，承銷股票；還應同銀行簽訂代收股款協議，由銀行代收投資者繳納的股款。

③招認股份，繳納股款。發起人或其股票承銷機構，通常以公告或書面通知的方式招募股份。認購人應認真填寫認購書，並足額繳納股款。發行股份的股款募足後，必須經法定的驗資機構驗證。

④召開創立大會，選舉董事會、監事會。募足股款後，發起人應在規定期限內（30天）主持召開創立大會，創立大會由認股人組成，應有代表股份半數以上的認股人出席方可舉行。創立大會通過公司設立章程，選舉董事會和監事會的成員，並有權對公司的設立費用、發起人抵作股款的財產的作價進行審核。

⑤辦理公司設立登記，交割股票。經創立大會選舉產生董事會，應在規定的期限內，辦理公司設立登記事項。股份有限公司登記成立後，即向股東正式交割股票。公司登記成立前不得向股東交割股票。

（2）增資發行新股的程序如下：

①做出發行新股的決議。《公司法》規定，公司發行新股應由股東大會做出決議，包括新股種類及數額、新股發行的價格、新股發行的起止日期、向原股東發行新股的種類及數額等事項。

②提出發行新股的申請。股東大會做出發行新股的決議後，董事會必須向國務院授權的部門或省級人民政府申請批准，公開募集應由國務院證券管理部門批准。

③公告招股說明書、財物會計報表及附屬明細表，製作認股書，與證券經營機構簽訂承銷協議。

④招認股份，繳納股款，交割股票。

⑤改選董事會、監事會，辦理變更登記，並向社會公告。

4. 股票發行方式

股票發行方式是指公司通過何種途徑發行股票。股票的發行方式可分為如下兩類：

（1）公開間接發行。公開間接發行指通過仲介機構，公開向社會公眾發行股票。中國股份有限公司採用募集設立方式向社會公開發行新股時，須由證券經營機構承銷的做法，就屬於股票的公開間接發行。這種發行方式的發行範圍廣、發行對象多，易於足額募集資本；股票的變現性強，流通性好；股票的公開發行還有助於提高發行公司的知名度和擴大其影響力。但這種發行方式也有不足，主要是手續繁雜，發行成本高。

（2）不公開直接發行。不公開直接發行指不公開對外發行股票，只向少數特定的對象直接發行，因而不需經仲介機構承銷。中國股份有限公司採用發起設立方式和以不向社會公開募集的方式發行新股的做法，即屬於股票的不公開直接發行。這種發行方式彈性較大，發行成本低；但發行範圍小，股票變現性差。

5. 股票的銷售方式

股票的銷售方式指的是股份有限公司向社會公開發行股票時所採取的股票銷售方法。股票銷售方式有兩類：自銷和承銷。

（1）自銷方式。股票發行的自銷方式指發行公司自己直接將股票銷售給認購者。這種銷售方式可由發行公司直接控制發行過程，實現發行意圖，並可以節省發行費用；但往往籌資時間長，發行公司要承擔全部發行風險，並需要發行公司有較高的知名度、信譽和實力。

（2）承銷方式。股票發行的承銷方式指發行公司將股票銷售業務委託給證券經營機構代理。這種銷售方式是發行股票所普遍採用的。中國《公司法》規定股份有限公司向社會公開發行股票，必須與依法設立的證券經營機構簽訂承銷協議，由證券經營機構承銷。股票承銷又分為包銷和代銷兩種具體辦法。所謂包銷，是根據承銷協議商定的價格，證券經營機構一次性全部購進發行公司公開募集的全部股份，然後以較高的價格出售給社會上的認購者。對發行公司來說，包銷可及時籌足資本，免於承擔發行風險（股款未募足的風險由承銷商承擔）；但股票以較低的價格售給承銷商會損失部分溢價。所謂代銷，是證券經營機構代替發行公司代售股票，並由此獲取一定的佣金，但不承擔股款未募足的風險。

6. 股票發行價格

股票的發行價格是股票發行時所使用的價格，也就是投資者認購股票時所支付的價格。股票發行價格通常由發行公司根據股票面額、股市行情和其他有關因素決定。以募集設立方式設立公司首次發行的股票價格，由發起人決定；公司增資發行新股的股票價格，由股東大會作出決議。

股票的發行價格可以和股票的面額一致，但多數情況下不一致。股票的發行價格一般有以下三種：

（1）等價。等價是以股票的票面額為發行價格，也稱為平價發行。這種發行價格一般在股票的初次發行或在股東內部分攤增資的情況下採用。等價發行股票容易推銷，但無從取得股票溢價收入。

（2）時價。時價是以本公司股票在流通市場上買賣的實際價格為基準確定的股票發行價格。其原因是股票在第二次發行時已經增值，收益率已經變化。選用時價發行股票，考慮了股票的現行市場價值，對投資者也有較大的吸引力。

(3) 中間價。中間價是以時價和等價的中間值確定的股票發行價格。

按時價或中間價發行股票,股票發行價格會高於或低於其面額。前者稱溢價發行,後者稱折價發行。如屬溢價發行,發行公司所獲的溢價款列入資本公積。

中國《公司法》規定,股票發行價格可以等於票面金額(等價),也可以超過票面金額(溢價),但不得低於票面金額(折價)。

(三) 股票上市

股票上市指股份有限公司公開發行的股票經批准在證券交易所進行掛牌交易。經批准在交易所上市交易的股票稱為上市股票。股票獲準上市交易的股份有限公司簡稱為上市公司。中國《公司法》規定,股東轉讓其股份,即股票流通必須在依法設立的證券交易場所進行。

1. 股票上市的目的

股份公司申請股票上市,一般出於以下目的:

(1) 資本大眾化,分散風險。股票上市後,會有更多的投資者認購公司股份,公司則可將部分股份轉售給這些投資者,再將得到的資金用於其他方面,這就分散了公司的風險。

(2) 提高股票的變現力。股票上市後便於投資者購買,自然提高了股票的流動性和變現力。

(3) 便於籌措新資金。股票上市必須經過有關機構的審查批准並接受相應的管理,執行各種信息披露和股票上市的規定,這就大大增強了社會公眾對公司的信賴,使之樂於購買公司的股票。同時,由於一般人認為上市公司實力雄厚,也便於公司採用其他方式(如負債)籌措資金。

(4) 提高公司知名度,吸引更多顧客。股票上市公司為社會所知,並被認為經營優良,會帶來良好聲譽,吸引更多的顧客,從而擴大銷售量。

(5) 便於確定公司的價值。股票上市後,公司股價有市價可循,便於確定公司價值,有利於促進公司財富最大化。

但股票上市也有對公司不利的一面。這主要指:公司將負擔較高的信息披露成本;各種信息公開的要求可能會暴露公司的商業秘密;股價有時會歪曲公司的實際狀況,醜化公司聲譽;可能會分散公司的控制權,造成管理上的困難。

2. 股票上市的條件

公司公開發行的股票進入證券交易所交易必須受嚴格的條件限制。中國的《公司法》規定,股份有限公司申請股票上市必須符合以下條件:

(1) 股票經國務院證券管理部門批准已向社會公開發行,不允許公司設立時直接申請上市。

(2) 公司股本總額不少於人民幣 5,000 萬元。

(3) 開業時間在三年以上,最近三年連續盈利;屬於國有企業依法改建而設立股份有限公司的,或者在《公司法》實施後新組建成立、其主要發起人為國有大中型企業的股份有限公司,可連續計算。

(4) 持有股票面值 1,000 元以上的股東不少於 1,000 人,向社會公開發行的股份達股份總額的 25% 以上;公司股本總額超過人民幣 4 億元的,其向社會公開發行股份的比例為 15% 以上。

(5) 公司在最近三年內無重大違法事件,財務會計報告無虛假記載。

（6）國務院規定的其他條件。

具備上述條件的股份有限公司經申請，由國務院或國務院授權的證券管理部門批准，其股票方可上市。

3. 股票上市的暫停與終止

股票上市公司有下列情形之一的，由國務院證券管理部門決定暫停其股票上市：

（1）公司股本總額、股權分佈等發生變化，不再具備上市條件（限期內未能消除的，終止其股票上市）。

（2）公司不按規定公開其財務狀況，或者對財務報告作虛假記載（後果嚴重的，終止其股票上市）。

（3）公司有重大違法行為（後果嚴重的，終止其股票上市）。

（4）公司最近三年連續虧損（限期內未能消除的，終止其股票上市）。

另外，公司決定解散、被行政主管部門依法責令關閉或者宣告破產的，由國務院證券管理部門決定終止其股票上市。

（四）股票籌資的優缺點

1. 發行股票籌資的優點

（1）能提高公司的信譽。發行股票籌集的是主權資金。普通股本和留存收益構成公司借入一切債務的基礎。有了較多的主權資金，就可為債權人提供較大的損失保障。因而，發行股票籌資既可以提高公司的信用程度，又可為使用更多的債務資金提供有力的支持。

（2）沒有固定的到期日，不用償還。發行股票籌集的資金是永久性資金，在公司持續經營期間可長期使用，能充分保證公司生產經營的資金需求。

（3）沒有固定的利息負擔。公司有盈餘並且認為適合分配股利，就可以分給股東；公司盈餘少，或雖有盈餘但資金短缺，或者有有利的投資機會，就可以少支付或不支付股利。

（4）籌資風險小。由於普通股票沒有固定的到期日，不用支付固定的利息，不存在不能還本付息的風險。

2. 發行股票籌資的缺點

（1）資本成本較高。一般來說，股票籌資的成本要大於債務資金，股票投資者要求有較高的報酬。而且股利要從稅後利潤中支付，而債務資金的利息可在稅前扣除。另外，普通股的發行費用也較高。

（2）容易分散控制權。企業發行新股時，出售新股票、引進新股東會導致公司控制權的分散。

另外，新股東分享公司未發行新股前累積的盈餘，會降低普通股的淨收益，從而可能引起股價的下跌。

三、企業內部累積

企業內部累積主要是指企業稅後利潤進行分配所形成的公積金。企業的稅後利潤並不全部分配給投資者，而應按規定的比例提取法定盈餘公積金，有條件的還可提取任意盈餘公積金。此項公積金可用以購建固定資產、進行固定資產更新改造、增加流動資產儲備、採取新的生產技術措施和試製新產品、進行科學研究和產品開發等。因此，稅後利潤的合理分配也關係到企業籌資問題。

企業利潤的分配一般是在年終或會計期末進行結算的，因此，在利潤未被分配以

前，可作為公司資金的一項補充來源。企業年末未分配的利潤也具有此種功能。企業平時和年末未分配的利潤，使用期最長不超過半年，使用時應加以注意。此外，企業因計提折舊從銷售收入中轉化來的新增貨幣資金並不增加企業的資金總量，但卻能增加企業可以週轉使用的營運資金，因而也可視為一種資金來源和籌資方式。

應當指出，企業內部累積是補充企業生產經營資金的一項重要來源。利用這種籌資方式不必向外部單位辦理各種手續，簡便易行，而且不必支付籌資、用資的費用，經濟合理。

第四節　混合性籌資

企業在籌資過程中發行的證券，有的基本性質是股票但又具有債券的某些特點，有的基本性質是債券但又可能轉化為股票。對於這種具有雙重性質的籌資活動，人們稱之為混合性籌資。主要有發行優先股、發行認股權證和發行可轉換債券。

一、發行優先股

優先股是一種特別股票，它與普通股有許多相似之處，但又具有債券的某些特徵。從法律的角度講，優先股屬於自有資金。發行優先股使企業既籌集了自有資金，又保持了董事會對公司的控制權。

(一) 優先股的分類

1. 按股利是否可累積為標準，分為累積優先股和非累積優先股

累積優先股股利在任何營業年度內可累積起來，由以後年度的盈利一起支付。一般而言，一個公司只有把優先股股利全部支付後才可支付普通股股利。非累積優先股僅按年利潤分配股利，股利不可累積，年度盈利不足支付全部股利時，股東也不能要求在以後年度補發。

2. 按是否可轉換成普通股為標準，分為可轉換優先股和不可轉換優先股

可轉換優先股股東可在規定時期內按一定比例把優先股轉換成普通股，轉換的比例是事先確定的，其數值大小取決於優先股與普通股的現行市場價格。不可轉換優先股是不能轉換為普通股的股票，所以只能獲得固定股利報酬，而不能獲得轉換收益。

3. 按是否有權參加利潤分配為標準，分為參加優先股和不參加優先股

參加優先股是不僅能取得固定股利，還有權與普通股一起參加利潤分配的股票。根據參與分配的方式不同還可分為全部參加分配的優先股和部分參加分配的優先股。不參加優先股只能獲得固定股利，而沒有參加剩餘利潤分配的權利。

4. 按是否在以後的時期收回股票為標準，分為可贖回優先股和不可贖回優先股

可贖回優先股指股份公司在發行後的一定時期可以按一定價格收回的優先股股票，收回是附有收回條件的，收回條款中規定了收回價格，是否收回和何時收回由股份公司決定。不可贖回優先股是不能收回的優先股股票。由於優先股發行後股利固定，會成為一項永久的財務負擔，所以實際工作中公司都發行可贖回優先股。

從上面的分類看，累積優先股、可轉換優先股、參加優先股對股東有利，可贖回優先股對股份公司有利。

(二）優先股股東的權利

1. 優先分配股利權

優先股的股利固定，按面值的一定百分比計算。優先股股利在稅後支付，優先於普通股。

2. 優先分配剩餘財產權

企業破產清算時，出售資產所得的收入，優先股位於債權人之後求償，但先於普通股。其金額只限於優先股的票面價值，加上累積未支付的股利。

3. 管理權

優先股股東的管理權限是有嚴格限制的，通常，在公司股東大會上，優先股股東沒有表決權，但當公司研究與優先股有關部門的問題時有表決權。

(三）優先股的性質

優先股是一種具有雙重性質的證券，它雖然屬於自有資金，卻兼有債券性質。從法律上講，優先股是自有資金的一部分。優先股股東權利與普通股股東類似，股利也從淨利潤中扣除，但優先股有固定的股利，對盈利的分配和對剩餘財產的求償具有優先權，類似於債券。

公司的不同利益集團對優先股有不同的認識。普通股的股東一般把優先股看成是一種特殊的債券。從債券持有人的角度，優先股屬於股票。投資人在購買普通股票時，則往往把優先股看作債券。從公司管理當局和財務人員的角度，優先股有雙重性質，因優先股雖沒有固定的到期日，不用償還本金，但往往需要支付固定的股利而成為財務上的負擔。所以在用優先股籌資時，一定要考慮它兩方面的特性。

(四）優先股籌資的優缺點

1. 利用優先股籌資的優點

(1) 優先股沒有固定的到期日，多數又可根據需要收回。優先股本身無償還本金的義務，也無需作再籌資計劃，等於使用一筆無限期的貸款。但大多數優先股又附有收回條款，這就使得這種資金來源更有彈性。當財務狀況較緊時發行，而財務狀況較鬆時收回，有利於適應公司資金的需求，也能主動控制公司的資本結構。

(2) 股利的支付既固定，又有一定彈性。優先股一般都採用固定股利，但固定股利的支付並不構成公司的法定義務。如果財務狀況不佳，則可暫時不支付優先股股利，優先股股東不至於像債權人那樣迫使公司破產。

(3) 有利於增強公司信譽。從法律上講，優先股屬於自有資金，因而，優先股擴大了權益基礎，可適當增加公司的信譽，加強公司的借款能力。

(4) 能保持普通股股東的控制權。當公司既想向外界籌集主權資金，又不想喪失原有股東控制權時，利用優先股籌資是一個恰當的方式。

2. 利用優先股籌資的缺點

(1) 籌資成本高。優先股所支付的股利要從稅後淨利潤中支付，不像債券利息那樣可在稅前列支，因而優先股成本很高。

(2) 財務負擔重。優先股需要支付固定股利，但又不能在稅前列支，因而當盈餘下降時，優先股股利會成為一項較重的財務負擔，有時不得不延期支付。

(3) 限制條件多。發行優先股通常有許多限制條款，如對普通股股利支付上的限制、對公司借債的限制等，不利於公司的自主經營。

二、發行可轉換債券

（一）可轉換債券的含義及特徵

可轉換債券又稱可轉換公司債券，是指發行人依照法定程序發行，在一定期間內依據約定的條件可以轉換成股份的公司債券。可轉換債券具有如下特徵：

（1）固定利息。在換股之前，可轉換債券與普通債券一樣產生固定年息。然而，其利息通常低於普通債券。

（2）期滿贖回。如果轉換沒有實現，可轉換債券與普通債券一樣在期滿時將被贖回，投資者本金的安全由此得到保證（前提是公司仍有清償能力）。如果發行公司的股價上升，投資者可將其債券轉換為股票以獲取股價長期上升之利。

（3）換股溢價。可轉換債券的換股溢價一般在5%～20%之間，具體多少則視債券期限、利息及發行地而定。換股溢價越低，投資者盡快將債券轉換為股票的可能性越大。

（4）發行人期前回贖權。發行人多保留在債券最終期滿之前贖回債券的權利。由於發行人支付低於普通債券的利息，因此它通常只會在股價大幅高於轉換價情況下行使回贖權以迫使投資者將債券轉換為股本。

（5）投資者的期前回售權。此權利使投資者有機會在債券到期之前，在某一指定日期將債券回售給發行人，通常是以一定溢價售出。投資者一般是在發行人股票表現欠佳時行使回售權。

（二）發行可轉換債券的優缺點

1. 發行可轉換債券的優點

（1）債券成本低。發行可轉換債券可使公司在換股之前能夠以較低廉費用籌集額外資金。因為可轉換債券使得公司能獲得相對於普通債券而言利率較低且限制條款較不苛刻的負債。

（2）公司可獲得股票溢價利益。可轉換債券所設定的每股普通股的轉換價格通常高於每股普通股當期價格，因此若債券能換股，公司便可以高於當期價格的溢價發行股票。即當公司發行股票或配股時機不好時，可以先發行可轉換債券，延續股權融資。

2. 發行可轉換債券的缺點

（1）實際籌資成本較高。雖然可轉換債券可使公司以較高股價出售普通股，但換股時普通股股價隨之上漲，其實際籌資成本會高於發行普通債券成本。

（2）業績不佳時債券難以轉換。若公司經營業績較差，可轉換債券大部分不會轉換為普通股，公司因此將會處於債務困境，輕則資信和形象受損，導致今後股權或債務籌資成本增加，重則會被迫出售資產償還債務。

（3）債券低利率的期限不長。可轉換債券擁有的低票面利率會隨著債券轉換而消失；而利用認股權證籌資可使公司的低票面利率長期存在下去，直到債券到期。

第五節　資金成本

企業籌集資金，因為只有在投資項目的投資收益率高於資金成本率時，才有必要

為之籌集資金，並進行投資。

一、資金成本的概念

資金成本又稱資本成本，它是企業為籌集資金和使用資金而付出的代價。資金成本包括資金籌集費和資金占用費兩部分。

1. 資金籌集費

資金籌集費是指企業為籌集資金而付出的代價。如向銀行支付的借款手續費，向證券承銷商支付的發行股票、債券的發行費等。籌資費用通常是在籌措資金時一次支付的，在用資過程中不再發生，可視為籌資總額的一項扣除。

2. 資金占用費

資金占用費主要包括資金時間價值和投資者要考慮的投資風險報酬兩部分，如向銀行借款所支付的利息，發放股票的股利等。

資金成本可以用絕對數表示，也可以用相對數表示。資金成本用絕對數表示即資金總成本，它是籌資費用和用資費用之和。資金成本用相對數表示即資金成本率，它是資金占用費與籌資淨額的比率，一般講資金成本多指資金成本率。其計算公式為：

資金成本率＝資金占用費÷（籌資總額－資金籌集費）

由於資金籌集費一般以籌資總額的某一百分比計算，因此，上述計算公式也可表現為：

資金成本率＝資金占用費÷［籌資總額×（1－籌資費率）］

企業以不同方式籌集的資金所付出的代價一般是不同的，由於影響資金成本的具體因素不同，其資金成本率的計算方法也有區別。

企業總的資金成本是由各項個別資金成本所決定的。

二、個別資金成本的計算

個別資金成本是指各種長期資金的成本。主要有長期借款、長期債券、優先股、普通股和留用利潤等。

(一) 債務資金成本的計算

債務資金成本的基本內容是利息費用，而利息費用一般允許在企業所得稅前支付，因此，企業實際負擔的利息是：利息×（1－所得稅稅率）。

1. 長期借款資金成本

銀行借款資金成本的計算公式為：

$$K_l = I \times (1-T) \div [L \times (1-f)]$$

或 $K_l = i \times (1-T) \div (1-f)$

式中：

K_l——銀行長期借款成本；

I——銀行長期借款利息；

i——銀行長期借款利息率；

f——銀行長期借款費用率；

T——公司所得稅稅率（下同）。

如果長期借款有附加的補償性餘額，長期借款籌資額應扣除補償性餘額，從而其

資金成本將會提高。

【例題5-5-1】某企業向銀行取得400萬元的長期借款，年利息率為8%，期限5年，每年付息一次，到期還本。假設籌資費率為0.2%，所得稅率為33%，問該筆長期借款的成本是多少？

解析：

$K_l = 400 \times 8\% \times (1-33\%) \div [400 \times (1-0.2\%)]$

$= 5.47\%$

2. 企業債券資金成本

企業發行債券通常事先要規定出債券利息率，按照規定利息計入財務費用，作為期間費用，可在稅前利潤中支付，實際負擔的債券利息應扣除相應的所得稅額。其計算公式為：

$K_b = I_b \times (1-T) \div [B_b \times (1-f_b)]$

式中，k_b——債券資本成本；

I_b——債券利息；

B_b——債券發行價格；

f_b——債券籌資費用率。

【例題5-5-2】某企業發行總面額1,000萬元的債券，票面利率為10%，期限5年，發行費用占發行價格總額的4%，企業所得稅率為33%。其資金成本應為多少？

解析：

若該債券溢價發行，其發行價格總額為1,200萬元，則其資金成本為：

$K_b = 1,000 \times 10\% \times (1-33\%) \div [1,200 \times (1-4\%)]$

$= 5.82\%$

若該債券平價發行，則其資金成本為：

$K_b = 1,000 \times 10\% \times (1-33\%) \div [1,000 \times (1-4\%)]$

$= 6.98\%$

若該債券折價發行，其發行價格總額為800萬元，則：

$K_b = 1,000 \times 10\% \times (1-33\%) \div [800 \times (1-4\%)]$

$= 8.72\%$

一般而言，債券的資金成本高於長期借款成本，因為債券利率水準高於長期借款，同時債券的發行費用較高。

(二) 權益資金成本的計算

權益資金主要有優先股、普通股和留用利潤三種形式。權益資金的成本也包含兩大內容：投資者的預期投資報酬和籌資費用。

1. 優先股資金成本。優先股的資金成本也包括兩部分，籌資費用與預定的股利。

其計算公式如下：

$K_p = D_p \div [P_p \times (1-f_p)]$

式中，K_p——優先股資本成本；

D_p——優先股每年股利的支付額；

P_p——優先股發行總額；

f_p——優先股籌資費用率。

【例題5-5-3】某企業發行優先股總面額為300萬元，總價為340萬元。籌資費用率為5%，預定年股利率為12%。則其資金成本率應為多少？

解析：

$K_p = 300 \times 12\% \div [340 \times (1-5\%)]$

$= 11.15\%$

由於優先股股利在稅後支付，不減少企業所得稅。而且在企業破產時，優先股的求償權位於債券持有人之後，優先股股東的風險比債券持有人的風險要大。因此，優先股成本明顯高於債券成本。

2. 普通股資金成本

普通股的資金成本率計算公式如下：

$K_c = D_c \div [P_c(1-f_c)] + G$

式中：

K_c——普通股資金成本；

D_c——普通股股票市價；

P_c——預計第一年股利率；

f_c——籌資費用率；

GC——預計增長率。

【例題5-5-4】某企業發行普通股股票市價為2,600萬元，籌資費用率為4%，預計第一年股利率為14%，以後每年按3%遞增，則其資金成本率為多少？

解析：

$K_c = 2,600 \times 14\% \div [2,600 \times (1-4\%)] + 3\%$

$= 17.58\%$

3. 留用利潤資金成本

企業的留用利潤是由企業稅後淨利潤扣除派發股利後形成的。它屬於普通股股東，包括提取的盈餘公積和未分配利潤。

從表面上看，企業使用留用利潤好像不需要付出任何代價，但實際上，股東願意將其留用於企業而不作為股利取出後投資於別處，總會要求與普通股等價的報酬。因此，留用利潤的使用也有成本，不過是一種機會成本。其確定方法與普通股相同，只是不考慮籌資費用。其計算公式如下：

$K_s = D_c \div P_c + G$

【例題5-5-5】某企業留用利潤120萬元，第一年股利為12%，以後每年遞增3%，則留用利潤成本率計算為多少？

解析：

$K_s = 120 \times 12\% \div 120 + 3\%$

$= 15\%$

三、綜合資金成本的計算

綜合資金成本是指企業全部長期資金的總成本。它一般是以個別資金占企業全部資金的比重作為權數，對個別資金成本進行加權，從而確定綜合資金成本。其基本計算公式為：

$$K_w = \sum_{i=1}^{n} w_i k_i$$

式中，k_w——加權平均資本成本；

k_i——稅後資本成本，第 i 種資本的稅後資本成本；

w_i——資本權重系數，第 i 種資本來源占總資本的比重；

n ——長期資本的種類。

【例題 5-5-6】某企業共有資金 1,000 萬元，其中銀行借款占 100 萬元，長期債券占 200 萬元，普通股占 400 萬元，優先股占 100 萬元，留存收益占 200 萬元；各種來源資金的資金成本率分別為 8%、9%、12%、10%、11%。則綜合資金成本率為多少？

解析：

$K_w = 100 \times 8\% + 200 \times 9\% + 400 \times 12\% + 100 \times 10\% + 200 \times 11\% = 10.6\%$

上述綜合資金成本率的計算中所用權數是按帳面價值確定的。使用帳面價值權數容易從資產負債表上取得數據，但當債券和股票的市價與帳面價值相差過多的話，計算得到的綜合資金成本顯得不客觀。

計算綜合資金成本也可選擇採用市場價值權數和目標價值權數。以上三種權數分別有利於瞭解過去、反應現在、預知未來。在計算綜合資金成本時，如無特殊說明，則要求採用帳面價值權數。

第六節　財務風險的衡量

財務管理中的槓桿效應有三種形式，即經營槓桿、財務槓桿和複合槓桿，要說明這些槓桿的原理，需要首先瞭解成本習性、邊際貢獻和息稅前利潤等相關術語的含義。

一、成本習性、邊際貢獻與息稅前利潤

(一) 成本習性及分類

1. 成本習性

成本習性是指成本總額與業務量之間在數量上的依存關係。

2. 公司全部成本

公司全部成本按照習性可以分成固定成本、變動成本和混合成本三類：

(1) 固定成本。固定成本是指其總額在一定時期和一定業務量範圍內不隨業務量發生變動的那部分成本。

固定成本還可進一步區分為約束性固定成本和酌量性固定成本兩類：

①約束性固定成本。約束性固定成本屬於企業經營能力成本，是企業為維持一定的業務量所必須負擔的最低成本。

②酌量性固定成本。酌量性固定成本屬於企業經營方針成本，即根據企業經營方針由管理當局確定的一定時期（通常為 1 年）的成本。廣告費、研究與開發費、職工培訓費等都屬於這類成本。

應當指出的是，固定成本總額只是在一定時期和業務量的一定範圍內保持不變。這裡所說的一定範圍，通常為相關範圍。

(2) 變動成本。變動成本是指其總額隨著業務量成正比例變動的那部分成本。直

接材料、直接人工等都屬於變動成本。

變動成本也要研究相關範圍問題，也就是說，只有在一定範圍之內，產量和成本才能完全成同比例變化，即成完全的線性關係，超過了一定範圍，這種關係就不存在了。

(3) 混合成本。有些成本雖然也隨業務量的變動而變動，但不成同比例變動，不能簡單地歸入變動成本或固定成本，這類成本稱為混合成本。

混合成本按其與業務量的關係又可分為半變動成本和半固定成本。

(4) 總成本習性模型。成本按習性可分成變動成本、固定成本和混合成本三類，但混合成本又可以按一定方法分解成變動部分和固定部分，這樣，總成本習性模型用下式表示：

$$TC = F + VQ$$

式中：

TC——總成本；

F——固定成本；

V——單位變動成本；

Q——產銷量。

(二) 邊際貢獻及其計算

邊際貢獻是指銷售收入減去變動成本以後的差額，這是一個十分有用的價值指標。其計算公式為：

$$M = PQ - VQ = (P - V)Q = m \cdot Q$$

式中：

M——邊際貢獻；

P——銷售單價；

V——單位變動成本；

Q——產銷量；

m——單位邊際貢獻。

(三) 息稅前利潤及其計算

息稅前利潤是指企業支付利息和交納所得稅之前的利潤。成本按習性分類後，息稅前利潤可用下列公式計算：

$$EBIT = PQ - VQ - F = (P - V)Q - F = M - F$$

式中：

$EBIT$——息稅前利潤；

F——固定成本。

顯然，不論利息費用的習性如何，它不會出現在計算息稅前利潤公式之中，即在上式的固定成本和變動成本中不應包括利息費用因素。息稅前利潤也可以用利潤總額加上利息費用求出。

二、經營槓桿

(一) 經營槓桿的概念

經營槓桿是指單價和單位變動成本水準不變，在某一固定成本比重的作用下，銷售量的變動會引起息稅前利潤以更大的幅度變動。可以在表 5-5 中說明。

表 5－5　　　　　　　　　　　經營槓桿變動演示表　　　　　　　　　單位：元

營業額	變動成本	固定成本	息稅前利潤
300,000	240,000	60,000	0
350,000	280,000	60,000	10,000
400,000	320,000	60,000	20,000
450,000	360,000	60,000	30,000
500,000	400,000	60,000	40,000

從表 5－5 中可以看出，假定營業額在 30 萬元到 50 萬元之間變化，固定成本 6 萬元保持不變，在這個條件下，隨著營業額的增長，息稅前利潤以更快的速度增長。

(二) 經營風險

經營風險指企業因經營上的原因而導致利潤變動的風險。影響企業經營風險的因素很多，主要有：

1. 產品需求。
2. 產品售價。產品售價變動不大，經營風險則小；否則經營風險便大。
3. 產品成本。產品成本是收入的抵減，成本不穩定，會導致利潤不穩定，產品成本變動大的，經營風險就大；反之經營風險就小。
4. 調整價格的能力。
5. 固定成本的比重。

(三) 經營槓桿係數及其計算

經營槓桿的大小一般用經營槓桿係數表示，經營槓桿係數（DOL）是指息稅前利潤的變動率相對於銷售量變動率的倍數。其計算公式為：

$$經營槓桿係數（DOL） = \frac{息稅前利潤變動率}{銷售量變動率}$$

$$= \frac{\frac{\Delta EBIT}{EBIT_0}}{\frac{\Delta Q}{Q_0}}$$

式中：

DOL——經營槓桿係數；

$\Delta EBIT$——息稅前利潤變動額；

$EBIT_0$——變動前息前稅前利潤；

ΔQ——銷售量變動額；

Q_0——變動前銷售量。

假定企業的成本、銷量和利潤保持線性關係，可變成本在銷售收入中所占的比例不變，固定成本也保持穩定，經營槓桿係數便可通過銷售額和成本來表示。

公式 1：

$$DOL = \frac{Q(P-V)}{Q(P-V)-F}$$

式中：

DOL——經營槓桿系數；
P——產品單位銷售價格；
V——產品單位變動成本；
F——總固定成本。

式2：

$$DOL = \frac{S - VC}{S - VC - F}$$

式中：
DOL——經營槓桿系數；
S——銷售額；
VC——變動成本總額；
F——固定成本總額。

在實際工作中，公式1可用於計算單一產品的經營槓桿系數；公式2除了用於單一產品外，還可用於計算多種產品的經營槓桿系數。

【例題5-6-1】某企業生產A產品，固定成本為60萬元，變動成本率為40%，當企業的銷售額分別為400萬元、200萬元、100萬元時，經營槓桿系數分別為多少？

解析：

$$DOL = \frac{400 - 400 \times 40\%}{400 - 400 \times 40\% - 60} = 1.33$$

$$DOL = \frac{200 - 200 \times 40\%}{200 - 200 \times 40\% - 60} = 2$$

$$DOL = \frac{100 - 100 \times 40\%}{100 - 100 \times 40\% - 60} = \to +\infty$$

經營槓桿系數的結果表明：

第一，在固定成本不變的情況下，經營槓桿系數說明了銷售額增長（減少）所引起利潤增長（減少）的幅度。

第二，在固定成本不變的情況下，銷售額越大，經營槓桿系數越小，經營風險就越小；反之，銷售額越小，經營槓桿系數越大，經營風險也就越大。

第三，在銷售額處於盈虧臨界點前的階段，經營槓桿系數隨銷售額的增加而遞增；在銷售額處於盈虧臨界點後的階段，經營槓桿系數隨銷售額的增加而遞減；當銷售額達到盈虧臨界點時，經營槓桿系數趨近於無窮大。

企業一般可以通過增加銷售額、降低產品單位變動成本、降低固定成本比重等措施使經營槓桿系數下降，降低經營風險，但這些往往要受到條件的制約。

三、財務槓桿

(一) 財務槓桿概念

財務槓桿是指在資金構成不變的情況下，息稅前利潤的增長會引起普通股每股利潤以更大的幅度增長，這種債務對投資者收益的影響稱為財務槓桿。見表5-6。

表 5-6　　　　　　　　　　　　財務槓桿變動演示表

息稅前利潤	債務利息	所得稅	稅後利潤
20,000	20,000	0	0
24,000	20,000	1,320	2,680
30,000	20,000	3,300	6,700
40,000	20,000	6,600	13,400

從表 5-6 可以看出，在資金結構一定、債務利息保持不變的條件下，隨著息稅前利潤的增長，稅後利潤將以更快的速度增長。

(二) 財務風險

財務風險是指全部資本中債務資本比率的變化帶來的風險。

影響財務風險的因素主要有：①資本供求變化；②利率水準變化；③獲利能力的變化；④資金結構的變化，即財務槓桿利用程度。

(三) 財務槓桿系數

財務槓桿程度是指財務風險的大小及其給企業帶來的槓桿利益程度，即財務槓桿系數來加以衡量。

財務槓桿系數 (DFL) 又稱財務槓桿程度，它是指普通股每股稅後利潤變動率相當於息稅前利潤變動率的倍數，也就是每股利潤的變動對息稅前利潤變動的反應程度。

財務槓桿系數的計算公式為：

$$DFL = \frac{\frac{\Delta EPS}{EPS_0}}{\frac{\Delta EBIT}{EBIT_0}}$$

式中：

DFL——財務槓桿系數；

EPS_0——基期普通股每股收益；

ΔEPS——普通股每股收益變動；

$\Delta EBIT$——息稅前利潤變動額；

$EBIT_0$——基期息稅前利潤。

為了便於計算，常把上述公式簡化為：

$$DFL = \frac{EBIT_0}{EBIT_0 - I}$$

【例題 5-6-2】某企業全部資本為 280 萬元，負債比率為 40%，負債利率為 10%，當銷售額為 200 萬元時，息稅前利潤為 40 萬元，則財務槓桿系數為多少？

解析：

$$DFL = \frac{40}{40 - 280 \times 40\% \times 10\%} = 1.39$$

該計算結果表明：當該企業的息稅前利潤增加 1 倍時，每股利潤將提高 1.39 倍。

企業如果存在優先股，由於優先股股利通常也是固定的，優先股股利在稅後利潤支付，則上述公式調整為：

$$DFL = \frac{EBIT}{EBIT - I - \frac{PD}{1-T}}$$

式中：
EBIT——息稅前利潤；
I——債務利息；
PD——優先股股利；
T——企業所得稅稅率。

從財務槓桿系數的計算公式可知，當資金結構、利率、息稅前利潤等因素發生變化時，財務槓桿系數也會變動，表示不同程度的財務槓桿利益和財務風險。財務槓桿系數越大，對財務槓桿利益的影響就越大，財務風險也就越高。

四、聯合槓桿

（一）聯合槓桿的概念

從企業利潤產生到利潤分配整個過程來看，既存在固定的生產經營成本，又存在固定的財務成本，那麼銷售額稍有變動就會使每股收益產生更大的變動，這便會使得每股利潤的變動率遠遠大於產銷量的變動率，通常把這兩種槓桿的連鎖作用稱為聯合槓桿。聯合槓桿可以從表5-7中得到說明。

表5-7　　　　　　　　聯合槓桿變動演示表　　　　　　　　單位：元

項目	2000年	2001年	2001/2000年（%）
銷售額	10,000	12,000	20
變動成本	6,000	7,200	20
固定成本	2,000	2,000	0
息稅前利潤	2,000	2,800	40
利息	1,000	1,000	0
稅前利潤	1,000	1,800	80
所得稅（稅率33%）	330	594	80
稅後利潤	670	1,206	80
普通股發行在外股數	2,000	2,000	0
每股稅後利潤	0.335	0.603	80

從表5-7可知，在聯合槓桿的作用下，產銷業務量增加20%，每股利潤便增長80%，這是經營槓桿和財務槓桿綜合作用的結果。

（二）聯合槓桿系數

經營槓桿的運用使得銷量變動時，對EBIT的變化有擴大的作用；而財務槓桿的運用使得EBIT變動時，對EPS的變化有擴大的作用。若企業使用聯合槓桿，即同時使用經營槓桿與財務槓桿，則將使銷售量的細微變動引起EPS的大幅波動，這種現象稱為聯合槓桿作用。其作用的大小可以用聯合槓桿系數來衡量。所謂聯合槓桿系數，亦稱總槓桿系數或複合槓桿系數，是指在某一銷量水準下普通股每股收益（EPS）變動率相當於銷售額或銷售量變動率的倍數，用公式表示為：

$$DCL = \frac{\Delta EPS/EPS}{\Delta Q/Q} = \frac{\Delta EPS/EPS}{\Delta EBIT/EBIT} \times \frac{\Delta EBIT/EBIT}{\Delta Q/Q} = DFL \times DOL$$

即

$$DCL = DFL \times DOL$$

【例題 5-6-3】A 公司年銷售額為 100 萬元，變動成本率為40%，固定成本總額 30 萬元，總資本為 100 萬元，其中負債 40 萬元，利率為 15%；優先股 20 萬元，股利率為12%；普通股 40 萬元，4,000 股；所得稅稅率為 40%。計算複合槓桿系數是多少。

解析：

$$DFL_A = \frac{(100 - 100 \times 40\% - 30)}{(100 - 100 \times 40\% - 30) - 40 \times 15\% - \frac{20 \times 12\%}{(1-40\%)}} = \frac{30}{20} = 1.5$$

$$DOL_A = \frac{100 - 100 \times 40\%}{100 - 100 \times 40\% - 30} = \frac{60}{30} = 2$$

$$DCL_A = 2 \times 1.5 = 3$$

這種雙重槓桿的作用是一把「雙刃劍」，在公司經營狀況良好時固然可提高每股收益的期望值，使股東獲得聯合槓桿利益，但同時使風險增大；在公司銷售滑坡時，股東的每股收益率將有大幅度降低。

總之，經營槓桿系數可用來衡量企業的經營風險，財務槓桿系數可用來衡量企業的財務風險，聯合槓桿系數可用來衡量企業的總體風險。聯合槓桿系數越大，企業每股收益隨產量增長而擴張的能力越強，但風險也隨之越大。因此，企業管理人員必須根據其可承受風險的程度來確定合適的經營槓桿系數和財務槓桿系數。

第七節　資金結構與籌資決策

一、資本結構的含義

資本結構是指企業各種長期資金籌集來源的構成及其比例關係。在通常情況下，企業的資本結構由長期債務資本和權益資本構成。

二、影響資本結構的因素

在企業的實踐中，決定資本結構的因素很多，主要有以下因素：
1. 各種籌資方式的資金成本。
2. 企業自身的風險程度。
3. 企業所有者的態度。
4. 貸款銀行和信用評估機構的態度。
5. 企業銷售的穩定性和獲利能力。
6. 企業的現金流量狀況。
7. 企業的行業差別。
8. 稅收因素（企業所得稅稅率越高，借款舉債的好處就越大）。

三、資本結構的優化

資金結構的優化意在尋求最優資金結構，使企業綜合資金成本最低、企業風險最小、企業價值最大。在資本結構的最佳點上，企業的加權平均資金成本達到最低，同時企業的價值達到最大。

資本結構決策的方法通常有以下幾種：

(一) 比較綜合資金成本

當企業選擇不同籌資方案時可以採用比較綜合資金成本的方法選定一個資金結構較優的方案。

【例題 5－7－1】某企業計劃年初的資金結構如表 5－8：

表 5－8　　　　　　　某企業計劃年初的資金結構

資金來源	金額
普通股 4 萬股（籌資費率 2%）	800 萬元
長期債券年利率 10%（籌資費率 2%）	300 萬元
長期借款年利率 9%（無籌資費用）	100 萬元
合計	1,200 萬元

普通股每股面額 200 元，今年期望股息為 20 元，預計以後每年股利率將增加 3%，該企業所得稅率為 40%。

該企業現擬增資 300 萬元，有以下兩個方案可供選擇：

甲方案：發行長期債券 300 萬元，年利率 11%，籌資費率 2%。發行債券增加了財務風險，使普通股市價跌到每股 180 元，每股股息增加到 24 元，以後每年需增加 4%。

乙方案：發行長期債券 150 萬元，年利率 11%，籌資費率 2%，另發行股票 150 萬元，籌資費率 2%，普通股每股股息增加到 24 元，以後每年仍增加 3%，普通股市價上升到每股 220 元。

求：(1) 計算年初綜合資金成本。

(2) 試作出增資決策。

解析：

依上述資料分別計算如下：

(1) 年初：

普通股資金成本 $= \dfrac{20}{20 \times (1-2\%)} + 3\% = 13.20\%$

長期債券資金成本 $= \dfrac{10\% \times (1-40\%)}{1-2\%} = 6.12\%$

長期借款資金成本 $= 9\% \times (1-40\%) = 5.4\%$

綜合資金成本 $= 13.20\% \times \dfrac{800}{1,200} + 6.12\% \times \dfrac{300}{1,200} + 5.4\% \times \dfrac{100}{1,200}$

$\qquad\qquad\quad = 10.78\%$

(2) 甲方案：

新債券資金成本 = $\dfrac{11\% \times (1-40\%)}{1-2\%}$ = 6.73%

普通股資金成本 = $\dfrac{24}{180 \times (1-2\%)}$ + 4% = 17.61%

綜合資金成本 = 17.61% × $\dfrac{800}{1,500}$ + 6.12% × $\dfrac{300}{1,500}$ + 6.73% × $\dfrac{300}{1,500}$ + 5.4% × $\dfrac{100}{1,500}$

= 12.32%

乙方案：

新債券資金成本 = 6.73%

普通股資金成本 = $\dfrac{24}{220 \times (1-2\%)}$ + 3% = 14.13%

綜合資金成本 = 14.13% × $\dfrac{800+150}{1,500}$ + 6.12% × $\dfrac{300}{1,500}$ + 6.73% × $\dfrac{150}{1,500}$ + 5.4% × $\dfrac{100}{1,500}$

= 11.21%

從以上計算結果可知，乙方案的綜合資金成本低於甲方案，所以採用乙方案增資。

採用綜合資金成本這一方法時應注意：

①增資會引起普通股市價等改變，普通股股東認同的投資價值是股票市價，原先的買價是沉沒成本，他們按市價要求投資收益，按風險要求價值補償。

②增資後的資金比重可以用帳面價值確定，需要時也可以用市場價值或目標價值。

③本方法確定的只能是有限備選方案中資金結構最優者，因而只是較優方案，不可能認定這就是最優方案。

(二) 比較普通股每股收益 (EPS)

資本結構合理與否，其一般方法是以分析每股收益的變化來衡量的。能提高每股收益的資本結構是合理的；反之則不夠合理。

【例題 5-7-2】某企業現有權益資金 500 萬元（普通股 100 萬股，每股面值 5 元）。企業擬再籌資 500 萬元，現有三個方案可供選擇，A 方案：發行年利率為 12% 的長期債券；B 方案：發行年股息率為 10% 的優先股；C 方案：增發普通股 100 萬股。預計當年可實現息稅前盈利 200 萬元，所得稅率 30%。A、B、C 方案的每股利潤分別為多少？

解析：

$EPS_A = \dfrac{(200 - 500 \times 12\%) \times (1-30\%)}{100} = 0.98$

$EPS_B = \dfrac{200 \times (1-30\%) - 500 \times 10\%}{100} = 0.90$

$EPS_C = \dfrac{200 \times (1-30\%)}{100+100} = 0.7$

根據計算的結果可知，A 方案的每股利潤最大，應採用 A 方案籌資。

(三) 無差別點分析

從比較每股收益分析可知，每股收益的高低不僅受資本結構（長期負債融資和權益融資構成）的影響，還受到銷售水準的影響，每股收益的無差別點指每股收益不受融資方式影響的銷售水準。根據每股收益無差別點，可以分析判斷在什麼樣的銷售水

準下適合採用何種資本結構。

每股收益無差別點可以通過計算得出。

每股收益 EPS 的計算為：

$$EPS = \frac{(S - VC - F - I)(1 - T)}{N}$$

$$= \frac{(EBIT - I)(1 - T)}{N}$$

式中：

N——發行在外的普通股股數。

在每股收益無差別點上，無論是採用負債融資，還是採用權益融資，每股收益都是相等的。若以 EPS_1 代表負債融資，EPS_2 代表權益融資，則有：

$EPS_1 = EPS_2$

在每股收益無差別點上，則：

$$\frac{(S_1 - VC_1 - F_1 - I_1)(1 - T)}{N_1} = \frac{(S_2 - VC_2 - F_2 - I_2)(1 - T)}{N_2}$$

當 $S_1 = S_2$ 時，一般有 $VC_1 = VC_2$，$F_1 = F_2$

上述公式變為：

$$\frac{(EBIT - I_1)(1 - T)}{N_1} = \frac{(EBIT - I_2)(1 - T)}{N_2}$$

如果，企業有發行的優先股，有固定的優先股股息 PD，則上述公式為：

$$\frac{(EBIT - I_1)(1 - T) - PD}{N_1} = \frac{(EBIT - I_2)(1 - T) - PD}{N_2}$$

能使上述條件公式成立的銷售額（S）為每股收益無差點銷售額。

【例題 5－7－3】某公司原有資本 700 萬元，其中債務資本 200 萬元（每年負擔利息 24 萬元），普通股資本 500 萬元（發行普通股 10 萬股，每股面值 50 元）。由於擴大業務，需追加籌資 300 萬元，其籌資方案是什麼？

解析：

籌資方案有兩種。

方案一：全部發行普通股，增發 6 萬股，每股面值 50 元。

方案二：全部籌借長期債務，債務利率仍為 12%，利息 36 萬元。公司的變動成本率為 60%，固定成本為 180 萬元，所得稅稅率為 33%。

將上述資料中的有關數據代入：

$$\frac{(S - 0.6S - 180 - 24) \times (1 - 33\%)}{10 + 6} = \frac{(S - 0.6S - 180 - 24 - 36)(1 - 33\%)}{10}$$

S = 750（萬元）

此時，每股收益為據此選擇最優資金結構。

$$\frac{(750 - 750 \times 0.6 - 180 - 24) \times (1 - 33\%)}{16} = 4.02（萬元）$$

權益籌資優勢無差別點分析又稱 EBIT－EPS 分析，其分析見圖 5－3。

從圖 5－3 可以看出，當銷售額高於 750 萬元（每股收益無差別點的銷售額）時，運用負債籌資可獲得較高的每股收益；當銷售額低於 750 萬元時，運用權益籌資可獲

EBIT － EPS 分析圖

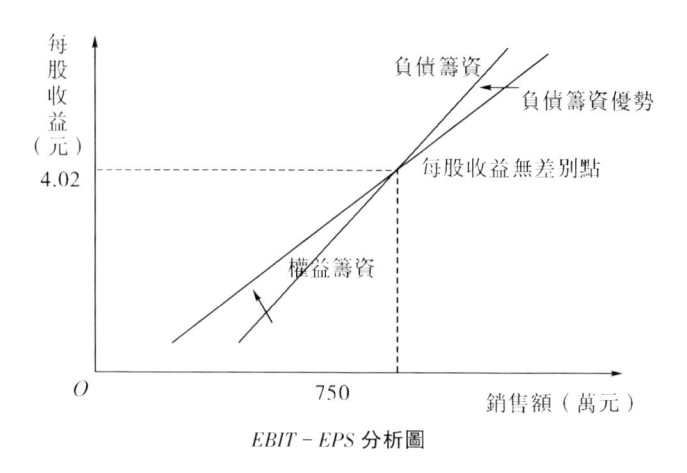

得較高的每股收益。

　　比較綜合資金成本適用於個別資金成本已知或可計算的情況；比較普通股每股利潤適用於息稅前利潤可明確預見的情況；無差別點分析適用於息稅前利潤不能明確預見，但可估測大致範圍的情況。

本章小結

　　募集資金是企業的基本財務活動，籌資管理是企業財務管理的重要內容。只有科學、合理地籌集資金，才能降低籌資成本，減少企業財務風險。本章主要闡述籌資的目的與原則，如何通過不同的籌資渠道與方式進行籌資，有關資金需要量的預測方法及權益資金和負債資金的籌集等有關籌資管理的基本理論和基本方法。

思考與練習

一、簡答題

1. 個別資本成本、加權資本成本如何計算？
2. 如何應用邊際成本選擇投資項目？
3. 企業籌資的方式有哪些？籌資的渠道有哪些？
4. 什麼是商業信用？商業信用包括哪些內容？商業信用對企業有哪些好處？
5. 企業發行普通股籌資與發行債券籌資各有何優缺點？
6. 如何衡量企業的經營風險與槓桿風險？

二、實訓題

1. 某企業 2005 年 12 月 31 日的資產負債表（簡表）如表 5－9 所示。

表 5-9　　　　　　　　　　　資產負債表（簡表）
　　　　　　　　　　　　　　　2005 年 12 月 31 日　　　　　　　　　　單位：萬元

資產	期末數	負債及所有者權益	期末數
貨幣資金	300	應付帳款	300
應收帳款淨額	900	應付票據	600
存貨	1,800	長期借款	2,700
固定資產淨值	2,100	實收資本	1,200
無形資產	300	留存收益	600
資產總計	5,400	負債及所有者權益總計	5,400

　　該企業 2005 年的主營業務收入淨額為 6,000 萬元，主營業務淨利率為 10%，淨利潤的 50% 分配給投資者。預計 2005 年主營業務收入淨額比上年增長 25%，為此需要增加固定資產 200 萬元，增加無形資產 100 萬元，根據有關情況分析，企業流動資產項目和流動負債項目將隨主營業務收入同比例增減。

　　假定該企業 2006 年的主營業務淨利率和利潤分配政策與上年保持一致，該年度長期借款不發生變化；2006 年年末固定資產淨值和無形資產合計為 2,700 萬元。2006 年企業需要增加對外籌集的資金由投資者增加投入解決。

　　要求：
　　(1) 計算 2005 年需要增加的營運資金額。
　　(2) 預測 2005 年需要增加對外籌集的資金額（不考慮計提法定盈餘公積的因素，以前年度的留存收益均已有指定用途）。

　　2. 某公司擬採購一批零件，價值 5,400 元，供應商規定的付款條件如下：
立即付款，付 5,238 元。
第 20 天付款，付 5,292 元。
第 40 天付款，付 5,346 元。
第 60 天付款，付全額。
每年按 360 天計算。

　　要求：
　　(1) 假設銀行短期貸款利率為 15%，計算放棄現金折扣的成本（比率），並確定對該公司最有利的付款日期和價格。
　　(2) 假設目前有一短期投資，其報酬率為 40%，確定對該公司最有利的付款日期和價格。

　　3. 某企業發行五年期的公司債券，債券面值為 1,000 元，票面利率為 6%，利息每年支付一次，試確定三種情況下的債券發行價格：
　　(1) 債券發行時市場利率為 8%。
　　(2) 債券發行時市場利率為 6%。
　　(3) 債券發行時市場利率為 4%。

　　4. 某企業年初資本結構如下：
　　各種資本來源：長期債券 400 萬元、優先股 200 萬元、普通股 800 萬元、留存收益 600 萬元，合計 2,000 萬元。其中長期債券利息率為 9%。優先股股息率為 10%，普通股每股市價 20 元，上年每股股利支出為 2.5 元，股利增長率為 5%，所得稅率為 33%。

該企業擬增資500萬元，現有甲、乙兩個方案可供選擇。

甲方案：增發長期債券300萬元，債券利息率為10%；增發普通股200萬股。由於企業債務增加，財務風險加大，企業普通股股利每股為3元，以後每年增長6%，普通股市價跌至每股18元。

乙方案：增發長期債券200萬元，債券利息率為10%；增發普通股300萬股，每股股息增加到3元，以後每年增長6%，普通股股價將升至每股24元。

要求：

（1）計算年初的綜合資本成本。

（2）分別計算甲、乙兩方案的綜合資本成本，確定最優資本結構。

5. P公司現在已經發了債券300萬元，利率為12%。它打算再籌資400萬元進行業務擴展，有以下兩種方案：①再發行新債券，利率為14%；②發行面值為16元的普通股。公司已有80萬股普通股發行在外，公司的所得稅率為40%。

要求：

（1）如果目前 $EBIT$ 為150萬元，並假定獲利能力不會突然增加，求兩種籌資方式下的EPS各為多少。

（2）計算籌資的無差別點。

（3）在 $EBIT$ 為200萬元時你願意選擇哪一種方式？為什麼？在次優方式成為最好之前，$EBIT$ 需增加多少？

第六章　企業項目投資管理

學習目的：

　　通過學習，學生應掌握企業項目投資決策的現金流量的相關概念，項目現金流量的確定；通過學習，掌握項目投資決策的貼現法和非貼現法評價方法的應用；通過學習，掌握項目投資各種評價方法的應用；通過學習，掌握風險調整貼現法的計算。

重點與難點：

　　掌握項目現金流量的確定淨現值法、內含報酬率法和應用、固定資產更新投資決策、所得稅與折舊對投資的影響、風險調整貼現法和肯定當量法。

關鍵概念：

　　投資　全淨流量　現金流入量　營運現金流量　投資回收期　投資報酬率　現值指數　固定資產更新　內含報酬率　資金限量　淨現值　終結現金流量

　　投資活動是企業整個生產經營活動的中心環節，它不僅對籌資活動提出要求，而且投資成功與否必將影響企業資金的收益與分配。企業籌集到所需的資金後，就要進行投資。投資可以分為項目投資、證券投資、營運資金投資等。本章將重點論述項目投資管理。項目投資有的是固定資產方面的投資，有的是無形資產的投資。項目投資存在資金金額大、投資方向難以改變的特點，因此認真分析各投資項目的可行性，為做出正確的投資決策提供依據是企業財務管理者的主要任務。

第一節　項目投資決策的相關概念

　　投資項目是指對生產性固定資產的投資，不包括對非生產性固定資產的投資。

一、項目投資的程序

　　1. 項目投資的提出

　　規模較大的投資項目一般由最高領導人提出，由各部門專家進行可行性研究。小規模的投資項目一般由中層或基層主管人員制訂。

　　2. 項目投資的決策

　　第一、估算出投資方案的預期現金流量（已知）。

　　第二、估計預期現金流量的概率分佈資料，預計未來現金流量的風險（已知）。

　　第三、確定資本成本的一般水準，即貼現率（已知）。

　　第四、確定投資方案的現金流入量和流出量的總現值，即收入現值（要求自己算

出來)。

第五，通過各投資方案收入現值與所需資本支出的比較，決定選擇或放棄投資方案（要求給出結論）。

估計投資項目的預期現金流量是項目投資決策的首要環節，實際上它也是分析投資方案時最重要、最困難的步驟。

二、項目投資的現金流量

(一) 現金流量的概念

所謂現金流量，在投資決策中是指一個項目引起的企業現金支出和現金收入增加的數量。

現金流量包括現金流出量、現金流入量和現金淨流量。

1. 現金流出量

現金流出量是指由投資項目引起的企業現金支出的增加額，簡稱現金流出。項目投資通常會引起以下現金流出：

(1) 建設投資（含更改投資）

建設投資包括固定資產的購置成本或建造費用，以及運輸成本和安裝成本等；無形資產投資和開辦費用（長期待攤費用）。

(2) 墊支流動資金

墊支流動資金包括用於存貨、應收帳款上的投資。

(3) 付現成本

成本中不需要每年支付現金的部分稱為非付現成本，其中主要是折舊費。所以付現成本可以用當年發生的總成本扣除年折舊額來估計，它是生產經營期內最主要的現金流出量。

付現成本 = 成本 − 折舊

(4) 其他現金流出量

其他現金流出量包括營業稅和所得稅。

2. 現金流入量

現金流入量是指由投資項目所引起的企業現金收入的增加額，主要包括：

(1) 營業現金流入

營業現金流入是指項目投產後每年實現的全部銷售收入或業務收入。營業收入是經營期的主要的現金流入量項目。

(2) 固定資產變價收入

固定資產變價收入是指投資項目的固定資產在終結報廢清理時的殘值收入，或中途出售轉讓處理時所取得的收入。

(3) 回收流動資金

回收流動資金是指投資項目經營期完全終止時因不再發生新的替代投資而回收的原墊付的全部流動資金的投資額。

(4) 其他現金流入量

其他現金流入量是指以上三項指標以外的現金流入量項目。

3. 現金淨流量

現金淨流量指一定期間現金流入量和現金流出量的差額。通常情況下，現金淨流量是指每年的現金淨流量，簡稱現金淨流量（NCF）。現金流入量大於流出量時，淨流

量為正值；反之淨流量為負值。

(1) 建設期年現金淨流量的計算

年現金淨流量 = - 投資額

若建設投資是在建設期一次全部投入的，上式中的投資額即為原始投資總額；若建設投資是在建設期分次投入的，式中的投資額為該年投資額。

(2) 經營期年現金淨流量的計算

年現金淨流量 = 營業收入 - 付現成本
　　　　　　 = 營業收入 - (營業成本 - 折舊)
　　　　　　 = 利潤 + 折舊

如果考慮所得稅的影響，上述公式為：

年現金淨流量 = 營業收入 - 付現成本 - 所得稅
　　　　　　 = 營業收入 - (營業成本 - 折舊) - 所得稅
　　　　　　 = 淨利潤 + 折舊

(二) 現金流量的假設

1. 投資項目的類型假設

假設投資項目只包括單純固定資產投資項目、完整工業投資項目和更新改造投資項目三種類型；並可進一步分為不考慮所得稅因素和考慮所得稅因素的項目，通常情況下都考慮所得稅。

2. 全投資假設

不論是自有資金還是借入資金等具體形式的現金流量，都將其視為自有資金。

3. 建設期投入全部資金假設

項目的原始總投資不論是一次投入還是分次投入，均假設它們是在建設期內投入的。

4. 項目投資的經營期與折舊年限一致假設

假設項目主要固定資產的折舊年限或使用年限與其經營期相同。

5. 時點指標假設

現金流量的具體內容所涉及的價值指標，不論是時點指標還是時期指標，均假設按照年初或年末的時點處理。其中，建設投資在建設期內有關年度的年初發生；墊支的流動資金在建設期的最後一年末即經營期的第一年初發生；經營期內各年的營業收入、付現成本、折舊、利潤、稅金等項目的確認均在年末發生；項目最終報廢或清理均發生在經營期最後一年末，中途出售項目除外。

6. 確定性假設

假設與項目現金流量估算有關的價格、產銷量、成本水準、所得稅率等因素均為已知常數。

(三) 現金流量估計時要注意的問題

為了正確計算投資方案的增量現金流量，需要正確判斷哪些支出會引起企業總現金流量的變動，哪些支出不會引起企業總現金流量的變動。在進行這種判斷時，要注意以下四個問題：

1. 區分相關成本和非相關成本

相關成本是指與特定決策有關的、在分析評價時必須加以考慮的成本。差額成本、

未來成本、重置成本、機會成本都屬於相關成本。

非相關成本是與特定決策無關的、在分析評價時不必加以考慮的成本。沉沒成本、過去成本、帳面成本等往往是非相關成本。

2. 不要忽視機會成本

在投資方案的選擇中，如果選擇了一個投資方案，則必須放棄投資於其他途徑的機會，其他投資機會可能取得的收益是採納本方案的一種代價，被稱為這項投資方案的機會成本。

3. 要考慮投資方案對公司其他部門的影響

考慮投資方案對公司其他部門的影響主要看新項目和原有部門是競爭關係還是互補關係。

4. 對淨營運資金的影響

所謂淨營運資金的需要，指增加的流動資產與增加的流動負債之間的差額。通常，在進行投資分析時，一般假定開始投資時籌措的淨營運資金在項目結束時收回。

(四) 現金流量和利潤

在投資決策中，研究的重點是現金流量，而把利潤的研究放在次要地位，其原因是：

1. 整個投資有效年限內，利潤總計與現金淨流量總計是相等的。所以，現金淨流量可以取代利潤作為評價淨收益的指標。

2. 利潤在各年的分佈受折舊方法等人為因素的影響，而現金流量的分佈不受這些人為因素的影響，可以保證評價的客觀性。

3. 在投資分析中，現金流動狀況比盈虧狀況更重要。

一個項目能否維持下去，不取決於一定期間是否盈利，而取決於有沒有現金用於各種支付。現金一旦支出，不管是否消耗都不能用於別的目的，只有將現金收回後才能用來進行再投資。因此在投資決策中要重視現金流量的分析。

第二節　項目投資淨現金流量的確定

一、單純固定資產投資項目淨現金流量的簡化公式

1. 建設期淨現金流量的簡化計算公式

若單純固定資產投資項目的固定資產投資均在建設期內投入，則建設期淨現金流量可按以下簡化公式計算：

建設期某年的淨現金流量 = － 該年發生的固定資產投資額

2. 經營期淨現金流量的簡化計算公式

簡化公式為：

經營期某年淨現金流量 = 該年因使用該固定資產新增的淨利潤 + 該年因使用該固定資產新增的折舊 + 該年回收的固定資產淨殘值

【例題 6－2－1】已知企業擬購建一項固定資產，需投資 1,000 萬元，按直線法折舊，使用壽命 10 年，期末有 10 萬元淨殘值。在建設起點一次投入借入資金 1,000 萬元，建設期為一年，發生建設期資本化利息 100 萬元。預計投產後每年可獲營業利潤

100 萬元。在經營期的頭 3 年中,每年歸還借款利息 110 萬元(假定營業利潤不變,不考慮所得稅因素)。根據資料計算有關指標。

解析:

(1) 固定資產原值 = 固定資產投資 + 建設期資本化利息
$$= 1,000 + 100$$
$$= 1,100（萬元）$$

(2) 固定資產年折舊額 = $\dfrac{固定資產原值 - 淨殘值}{固定資產使用年限}$
$$= \dfrac{1,100 - 10}{10} = 109（萬元）$$

(3) 項目計算期 = 建設期 + 經營期 = 1 + 10 = 11(年)

(4) 終結點年回收額 = 回收固定資產餘值 + 回收流動資金
$$= 10 + 0 = 10（萬元）$$

(5) 建設期某年淨現金流量 = - 該年發生的原始投資額

$NCF_0 = -100$(萬元)

$NCF_1 = 0$(萬元)

(6) 經營期各年淨現金流量分別為:

$NCF_{2\sim4} = 100 + 109 + 0 + 110 + 0 = 319$(萬元)

$NCF_{5\sim10} = 100 + 109 + 0 + 0 + 0 = 209$(萬元)

$NCF_{11} = 100 + 109 + 0 + 0 + 10 = 219$(萬元)

二、完整工業投資項目淨現金流量的簡化公式

1. 建設期淨現金流量的簡化計算公式

若完整工業投資項目的全部原始投資均在建設期內投入,則建設期淨現金流量可按以下簡化公式計算:

建設期某年的淨現金流量 = - 該年發生的原始投資額

或 $NCF_t = -I_t$; ($t = 0, 1, \cdots, s, s \geq 0$)

式中:

I_t 為第 t 年原始投資額;

s 為建設期年數。

由上式可見,當建設期 s 不為零時,建設期淨現金流量的數量特徵取決於其投資方式是分次投入還是一次投入。

2. 經營期淨現金流量的簡化計算公式

如果項目在經營期內不追加投資,則完整工業投資項目的經營期淨現金流量可按以下簡化公式計算:

經營期某年淨現金流量 = 該年利潤 + 該年折舊 + 該年攤銷 + 該年利息 + 該年攤銷額

或 $NCF_t = P_t + D_t + M_t + C_t + R_t$ ($t = s+1, s+2, \cdots, n$)

式中:

P_t 為第 t 年利潤;

D_t 為第 t 年折舊額；

M_t 為第 t 年攤銷額；

C_t 為第 t 年在財務費用中列支的利息費用；

R_t 為第 t 年回收額。

按中國現行制度規定，確定投資現金流量時，應將所得稅因素作為現金流出項目處理。因此，計算經營淨現金流量的簡化公式中的利潤為淨利潤。

【例題6-2-2】已知某工業項目需要原始投資125萬元，其中固定資產投資100萬元，開辦費投資5萬元，流動資金投資20萬元。建設期為1年，建設期資本化利息10萬元。固定資產投資和開辦費投資於建設起點投入，流動資金於完工時（即第1年末）投入。該項目壽命期10年，固定資產按直線法計提折舊，期滿有10萬元淨殘值；開辦費於投產當年一次攤銷完畢。從經營期第二年起連續4年每年歸還借款利息11萬元；流動資金於終結點一次回收。投產後每年利潤分別為1、11、16、21、26、30、35、40、45和50萬元。根據所給資料計算有關指標。

解析：

（1）項目計算期 = 1 + 10 = 11（年）

（2）固定資產原值 = 100 + 10 = 110（萬元）

（3）固定資產年折舊 = $\frac{110 - 10}{10}$ = 10（萬元）

（4）終結點回收額 = 10 + 20 = 30（萬元）

（5）建設期淨現金流量：

NCF_0 = －（100 + 5）= －105（萬元）

NCF_1 = －20（萬元）

（6）經營期淨現金流量：

NCF_2 = 1 + 10 + 5 + 11 + 0 = 27（萬元）

NCF_3 = 11 + 10 + 0 + 11 + 0 = 32（萬元）

NCF_4 = 16 + 10 + 0 + 11 + 0 = 37（萬元）

NCF_5 = 21 + 10 + 0 + 11 + 0 = 42（萬元）

NCF_6 = 26 + 10 + 0 + 0 + 0 = 36（萬元）

NCF_7 = 30 + 10 + 0 + 0 + 0 = 40（萬元）

NCF_8 = 35 + 10 + 0 + 0 + 0 = 45（萬元）

NCF_9 = 40 + 10 + 0 + 0 + 0 = 50（萬元）

NCF_{10} = 45 + 10 + 0 + 0 + 0 = 55（萬元）

NCF_{11} = 50 + 10 + 0 + 0 + 30 = 90（萬元）

三、更新改造投資項目淨現金流量的簡化公式

1. 建設期淨現金流量的簡化計算公式

如果更新改造投資項目的固定資產投資均在建設期內投入，建設期不為零，且不涉及追加流動資金投資，則建設期的簡化公式為：

建設期某年淨現金流量 = －（該年發生的新固定資產投資 － 舊固定資產變價淨收入）

建設期末的淨現金流量 = 因固定資產提前報廢發生淨損失而抵減的所得稅額

2. 經營期淨現金流量的簡化計算公式

如果建設期為零，則經營期淨現金流量的簡化公式為：

經營期第一年淨現金流量＝該年因更新改造而增加的淨利潤＋該年因更新改造而增加的折舊＋因舊固定資產提前報廢發生淨損失而抵減的所得稅額

經營期其他各年淨現金流量＝該年因更新改造而增加的淨利潤＋該年因更新改造而增加的折舊＋該年回收新固定資產淨殘值超過假定繼續使用的舊固定資產淨殘值之差額

如果建設期不為零，則第一個算式無效，整個經營期淨現金流量均可按第二個算式計算。

【例題6－2－3】某公司擬更新一套尚可使用5年的舊設備，舊設備的帳面淨值為90,151元，其變現淨值為80,000元，新設備的投資總額為180,000元，也可使用5年，5年末使用新設備和繼續使用舊設備的預計淨殘值相等。更新該設備的建設期為零。若使用新設備可使企業在第一年增加營業收入50,000元，增加營業成本25,000元；在2～5年內某年增加營業收入60,000元，增加營業成本30,000元。設備採用直線法計提折舊。企業所得稅率為33%。處理舊設備相關的營業稅金忽略不考慮。計算該公司更新設備項目的項目計算期各年的差量淨現金流量（ΔNCF_t）。

解析：

(1) 更新設備比繼續使用舊設備增加的投資額

　　＝新設備的投資－舊設備的變價淨收入

　　＝180,000－80,000

　　＝100,000（元）

(2) 經營期第1～5年每年因為更新設備而增加的折舊

　　＝100,000÷5

　　＝20,000（元）

(3) 經營期第一年總成本變動額

　　＝該年增加的經營成本＋該年增加的折舊

　　＝25,000＋20,000

　　＝45,000（元）

(4) 經營期2～5年每年營業總成本的變動額

　　＝30,000＋20,000

　　＝50,000（元）

(5) 經營期第一年營業利潤的變動額

　　＝50,000－45,000

　　＝5,000（元）

(6) 經營期第2～5年每年營業利潤的變動

　　＝60,000－50,000

　　＝10,000（元）

(7) 舊設備提前報廢發生的處理固定資產淨損失

　　＝舊設備資產的折餘價值－變價淨收入

　　＝90,151－80,000＝10,151（元）

（8）因更新改造而引起的經營期第一年所得稅的變動額
　　　＝5,000×33％＝1,650（元）
（9）因更新改造而引起的經營期第 2～5 年所得稅的變動
　　　＝10,000×33％
　　　＝3,300（元）
（10）經營期第一年因發生處理固定資產淨損失而抵減的所得稅額
　　　＝10,151×33％
　　　＝3,350（元）
（11）經營期第一年因更新改造而增加的淨利潤
　　　＝5,000－1,650
　　　＝3,350（元）
（12）經營期第 2～5 年因更新改造而增加的淨利潤
　　　＝10,000－3,300
　　　＝6,700（元）
（13）按簡化公式確定的建設期差量淨現金流量 ΔNCF_0
　　　＝－（180,000－80,000）
　　　＝－100,000（元）
（14）按簡化公式確定的經營期差量淨現金流量
$\Delta NCF_1 = 3,350 + 20,000 + 3,350 = 26,700$（元）
$\Delta NCF_{2\sim5} = 6,700 + 20,000 = 26,700$（元）

第三節　項目投資決策評價方法

一、非貼現的分析評價方法

　　非貼現的分析評價方法也稱靜態指標評價方法，是指考慮貨幣時間價值因素的分析評價方法。

　　1. 回收期法（PP）

　　回收期是指投資引起的現金流入累積到與投資額相等所需要的時間。回收年限越短，方案越有利。

　　（1）在原始投資一次支出，每年現金淨流量相等時：

　　　回收期 ＝ $\dfrac{原始投資額}{每年現金淨流量}$

　　（2）如果每年現金淨流量不相等，或原始投資是分幾年投入的，則需計算逐年累計的現金淨流量，然後用插入法計算出投資回收期。

　　【例題 6-3-1】某企業有兩個投資方案，投資總額均為 50 萬元，全部用於購置新的設備。折舊採用直線法，使用期均為 5 年，無殘值，其他有關資料如表 6-1 所示：

表 6-1　　　　　　　　　某企業 A、B 方案相關資料表

項目計算期（年）	A 方案 利潤（萬元）	A 方案 現金淨流量（萬元）	B 方案 利潤（萬元）	B 方案 現金淨流量（萬元）
0		(50)		(50)
1	7.5	17.5	5	15
2	7.5	17.5	7	17
3	7.5	17.5	9	19
4	7.5	17.5	11	21
5	7.5	17.5	13	23
合　計	37.5	37.5	45	45

根據表 6-1 計算 A、B 方案的投資回收期。
解析：
A 方案的投資回收期為：

$$PP = \frac{50}{17.5} = 2.86 \text{（年）}$$

B 方案的投資回收期為：

$$PP = 2 + \frac{50-32}{51-32} = 2.95 \text{（年）}$$

當現金回收期小於企業預定的最短回收期時，這個方案就可通過；否則，就應放棄。

投資回收期法的優點是：

（1）計算簡單，容易為決策人所正確理解。

（2）這種方法強調回收期的長短，因此可作為投資指標，特別是對外國投資，往往涉及政治因素，風險較大，所以常用此法以減少企業投資風險。

（3）強調投資收回，可促使企業為了保持較短的回收期而做出種種努力，以便盡快收回投資的資金。

投資回收期法的缺點是：

（1）沒有考慮資金的時間價值，對回收期長、大型的投資項目，容易造成決策失誤。

（2）忽略回收期後的現金流量，只著重考慮回收的時間，眼光比較短淺，注重短期行為，忽略長期效益。

投資回收期法目前作為輔助方法使用，主要用來測定方案的流動性而非營利性。

2. 會計收益率法（ARR）

會計收益率法又稱投資報酬率，是指項目投資方案的年平均收益額占原投資總額的百分比。會計收益率法的決策標準是：投資項目的會計收益率越高越好，低於無風險投資利潤率的方案為不可行方案。

會計收益率的計算公式為：

$$會計收益率 = \frac{年平均淨收益}{原始投資額} \times 100\%$$

【例題 6-3-2】如上例中，計算 A、B 兩方案的會計收益率。

解析：

A 方案的會計收益率 $= \dfrac{7.5}{50} \times 100\% = 15\%$

B 方案的會計收益率 $= \dfrac{\frac{45}{5}}{50} \times 100\% = 18\%$

從計算的結果看，B 方案的會計收益率大於 A 方案的會計收益率，應選擇 B 方案。

注意：在會計收益率的計算中，有時公式的分母使用平均投資額，這樣計算的結果會提高 1 倍，但不能改變方案的優先次序。

會計收益率法的優點是計算簡單、明了，容易掌握。

缺點是沒有考慮資金的時間價值，沒有考慮折舊的收回，即沒有完整地反應現金流量。

二、貼現的風險評價方法

主要包括淨現值法、淨選擇率法、現值指數法、內含報酬率法等評價指標法。

1. 淨現值法（NPV）

淨現值是指特定方案未來現金流入的現值與未來現金流出的現值之間的差額。

淨現值的計算公式為：

$$NPV = \sum_{n=1}^{n} NCF_t \times (P/S, i, t) - A_0$$

淨現值指標的決策標準是：如果投資方案的淨現值大於或等於零，該方案為可行方案；如果投資方案的淨現值小於零，該方案為不可行方案；如果幾個方案的投資額相同，且淨現值均大於零，那麼淨現值最大的方案為最優方案。

淨現值大於或等於零是項目可行的必要條件。

（1）經營期內各年現金淨流量相等的情況下，其計算公式為：

淨現值 = 年現金淨流量 × 年金現值系數 − 投資現值

【例題 6-3-3】某企業購入設備一臺，價值為 30,000 元，按直線法計提折舊，使用壽命 6 年，期末無殘值。預計投產後每年可獲得利潤 4,000 元，假定投資要求的最低報酬率或資金成本率為 12%，求該項目的淨現值。

解析：

$NCF_0 = -30,000$（元）

$NCF_{1-6} = 4,000 + \dfrac{30,000}{6} = 9,000$（元）

$NPV = 9,000 \times (P/A, 12\%, 6) - 30,000$
$= 9,000 \times 4.111\ 4 - 30,000 = 7,002.6$（元）

（2）經營期內各年現金淨流量不相等的情況下，其計算公式為：

淨現值 =（$\sum$ 年的現金淨流量 × 各年的現值系數）− 投資現值

【例題 6-3-4】假定例題 6-3-1 中，投產後每年可獲得利潤分別為 3,000 元、3,000 元、4,000 元、4,000 元、5,000 元、6,000 元，其餘資料不變，求該項目的淨現值。

解析：

$NCF_0 = 30,000$（元）

年折舊額 = $\frac{30,000}{6}$ = 5,000（元）

$NCF_{1\sim2}$ = 3,000 + 5,000 = 8,000（元）
$NCF_{3\sim4}$ = 4,000 + 5,000 = 9,000（元）
NCF_5 = 5,000 + 5,000 = 10,000（元）
NCF_6 = 5,000 + 6,000 = 11,000（元）
NPV = 8,000 × (P/S, 12%, 1) + 8,000 × (P/S, 12%, 2) + 9,000 × (P/S, 12%, 3) + 9,000 × (P/S, 12%, 4) + 10,000 × (P/S, 12%, 5) + 11,000 × (P/S, 12%, 6) − 30,000

= 8,000 × 0.892,9 + 8,000 × 0.797,2 + 9,000 × 0.711,8 + 9,000 × 0.635,5 + 10,000 × 0.567,4 + 11,000 × 0.506,6 − 30,000

= 6,893.1（元）

【例題6-3-5】某企業擬建一項固定資產，需投資50萬元，按直線法計提折舊，使用壽命10年，期末無殘值。該項工程建設期為一年，建設資金分別於年初、年末各投入25萬元。預計投產後每年可產生10萬元的現金淨流量，假定貼現率為10%，該項目投資的淨現值為多少？

解析：
淨現值 = 10 × [(P/A, 10%, 11) − (P/A, 10%, 1)] − [25 + 25 × (P/S, 10%, 1)] = 10 × (6.495,1 − 0.909,1) − (25 + 25 × 0.909,1)
= 8.132,5（萬元）

淨現值都大於0，即投資方案是可以採納的。

淨現值法的優點：
(1) 考慮資金的時間價值觀念，並且反應了投資方案可以賺得的具體金額。
(2) 考慮了風險，因為資金成本率是隨著風險的大小而調整的（風險大，貼現率就高），所以用資金成本率計算的方案的經濟效果也就包含了投資風險。
(3) 考慮了項目建設期的全部現金淨流量，體現了流動性與收益性的統一。

淨現值法的主要缺點：
(1) 資金成本率（貼現率）不易制訂，尤其在經濟動盪的時期，金融市場的利率每天都有變化。
(2) 說明了未來的盈虧數，但沒有說明單位投資的效率，這樣就會在決策時，傾向於採用投資大、收益大的方案，而忽視了收益總額雖小，但投資更省，經濟效果更好的方案。

2. 淨現值率法（NPVR）與現值指數法（PI）
其計算公式為：

淨現值率 = $\frac{淨選擇(NPV)}{投資現值(A_0)}$

現值指數 = $\frac{\sum_{t=0}^{n}\frac{I_t}{(1+i)^t}}{\sum_{t=0}^{n}\frac{O_t}{(1+i)^t}}$ = 1 + $\frac{NPV}{\sum_{t=0}^{n}\frac{O_t}{(1+i)^t}}$ = 1 + $\frac{NPV}{投資現值(A_0)}$

現值指數 = 淨現值率 + 1

淨現值率大於零,現值指數大於1,表明項目的報酬率高於貼現率,存在額外收益;淨現值率等於零,現值指數等於1,表明項目的報酬率等於貼現率,收益只能抵補資金成本;淨現值率小於零,現值指數小於1,表明項目的報酬率小於貼現率,收益不能抵補資金成本。

【例題6-3-6】根據例題6-3-5的資料,計算淨現值率和現值指數。
解析:
淨現值率 = 7,002.6 ÷ 30,000 = 0.233,4
現值指數 = 37,002.6 ÷ 30,000 = 1.233,4
或:現值指數 = 淨現值率 + 1 = 0.233,4 + 1 = 1.233,4

現值指數大於1,說明其收益超過成本,即投資收益率超過預定的貼現率。如果小於1,說明其報酬沒有達到預定的貼現率。

現值指數法的主要優點是可以進行獨立投資機會獲利能力的比較。

現值指數是一個相對數指標,反應投資的效率;而淨現值指標是絕對數指標,反應投資的效益。

3. 內含報酬率法(IRR)

內含報酬率又稱內部收益率,是指投資項目的預期現金流入量現值等於現金流出量現值的貼現率,或者說是使投資項目的淨現值等於零時的貼現率。即內含報酬率IRR滿足下列等式:

$$\sum_{t=1}^{n} NCF_t(P/S, IRR, t) - A_0 = 0$$

用內含報酬率評價項目可行的必要條件是:內含報酬率大於或等於貼現率(資金成本率或企業要求的最低投資報酬率)。

(1) 經營期內各年現金淨流量相等,且全部投資均於建設起點一次投入,建設期為零,即:

年現金淨流量(NCF)×年金現值系數 - 投資額(A_0) = 0

內含報酬率計算的程序如下:

①計算年金現值系數:

$$年金現值系數 = \frac{投資額}{年現金淨流量}$$

②根據計算出來的年金現值系數與已知的年限n,查年金現值系數表確定內含報酬率的範圍。

③用插入法求出內含報酬率。

【例題6-3-7】根據例題6-3-3的資料,計算內含報酬率。
解析:
(P/A, IRR, 6) = 30,000/9,000 = 3.333,3
查表可知:
貼現率在18%(P/S, 18%, 6)時為3.497,6
貼現率在20%(P/S, 20%, 6)時為3.325,5

$$IRR = 18\% + \frac{3.497,6 - 3.333,3}{3.497,6 - 3.325,5} \times (20\% - 18\%) = 19.91\%$$

（2）經營期內各年現金淨流量不相等

在年現金淨流量不相等的情況下，採用逐次測試的方法，計算能使淨現值等於零的貼現率，即內含報酬率。計算步驟如下：

①估計一個貼現率，用它來計算淨現值。如果淨現值為正數，說明方案的實際內含報酬率大於預計的貼現率，應提高貼現率再進一步測試；如果淨現值為負數，說明方案本身的報酬率小於估計的貼現率，應降低貼現率再進行測算。

②根據上述相鄰的兩個貼現率用插入法求出該方案的內含報酬率。

【例題6-3-8】根據例題6-3-4的資料，計算內含報酬率。

解析：

先按16%估計的貼現率進行測試，其結果淨現值為2,855.8元，是正數；把貼現率提高到18%進行測試，淨現值為1,090.6元，仍為正數；再把貼現率提高到20%重新測試，淨現值為-526.5元，是負數，說明該項目的內含報酬率在18%~20%之間。有關測試計算見表6-2：

表6-2　　　　　　　　　某公司內含報酬率計算表

年份	年現金淨流量	貼現率=16% 現值系數	現值	貼現率=18% 現值系數	現值	貼現率=20% 現值系數	現值
0	(3)	1	(3)	1	(3)	1	(3)
1	0.8	0.862,1	0.689,68	0.847,5	0.678	0.833,3	0.666,64
2	0.8	0.743,2	0.594,56	0.718,2	0.574,56	0.694,4	0.555,52
3	0.9	0.640,7	0.576,63	0.608,6	0.547,74	0.578,7	0.520,83
4	0.9	0.552,3	0.497,07	0.515,8	0.464,22	0.482,3	0.434,07
5	1	0.476,2	0.476,2	0.437,1	0.437,1	0.401,9	0.401,9
6	1.1	0.410,4	0.451,44	0.370,4	0.407,44	0.334,9	0.368,39
淨現值			0.285,58		0.109,06		(0.052,65)

然後用插入法計算內含報酬率：

$$IRR = 18\% + \frac{1,090.6 - 0}{1,090.6 - (-526.5)} \times (20\% - 18\%) = 19.35\%$$

如果這個方案的內含報酬率超過或等於企業的最低利率，這個方案就可以採用，否則就否決。如果n個方案都超過最低利率，應選擇其報酬率最高的方案。

內含報酬率法的優點：

考慮了貨幣的時間價值，能彌補絕對數指標的不足，有利於在投資額不同的投資方案之間進行對比，並為一個主管部門控制企業投資規定了一個本行業適用的衡量標準（內含報酬率）。

內含報酬率法的缺點：

①內含報酬率中包括了一個不現實的假設，即假定這項投資每期收到的款項都可以用來再投資，並且收到的利率和內含報酬率一樣。

②最低內含報酬率不容易制訂。

③內含報酬率是一個相對值，利率大的方案，不一定對企業最有利。

第四節　投資項目評價方法的應用

一、項目投資方案的決策方法

(一) 獨立投資方案的決策

獨立投資方案是指投資方案之間存在著相互依賴的關係，但又不能相互取代的投資方案。在只有一個投資項目可供選擇的條件下，只需評價其經濟上是否可行。

如果評價指標同時滿足以下條件：淨現值>0，淨現值率>0，現值指數>1，內含報酬率>貼現率，則項目是可行的；反之，應放棄該項目投資。而投資回收期與會計收益率可作為輔助指標評價投資項目。

【例6-4-1】某企業購入機器一臺，價值50,000元，預計該機器可使用5年，無殘值。每年可生產銷售產品6,500件，該產品售價為7元，單位變動成本為4元，固定成本總額4,500元（不含折舊），假定貼現率為12%，計算該項目的淨現值、淨現值率、現值指數、內含報酬率，並作出決策。

解析：

$NCF_0 = -50,000$（元）

$NCF_{1\sim5} = 6,500 \times (7-4) - 4,500 = 15,000$（元）

淨現值 $= 15,000 \times (P/A, 12\%, 5) - 50,000$

$\qquad = 15,000 \times 3.604,8 - 50,000$

$\qquad = 4,072$（元）

淨現值率 $= 4,072 \div 50,000 = 0.081,44$

現值指數 $= (50,000 + 4,072) \div 50,000$

$\qquad = 1.081,44$

年金現值係數 $= 50,000 \div 15,000 = 3.333,3$

查年金現值係數表可知：

i 在 15%（P/A, 15%, 5）時為 3.352,2

i 在 16%（P/A, 16%, 5）時為 3.274,3

所以

$IRR = 15\% + \dfrac{(3.352,2 - 3.333,3)}{(3.352,2 - 3.274,3)} \times (16\% - 15\%) = 15.24\%$

由於淨現值為4,072元，大於零，內含報酬率15.24%>貼現率12%，所以該項目是可行。

【例題6-4-2】某企業擬引進一條流水線，投資總額100萬元，分兩年投入。第一年初投入60萬元，第二年初投入40萬元，建設期為兩年，無殘值。折舊採用直線法。該項目可使用10年，每年銷售收入為60萬元，付現成本35萬元，在投產初期投入流動資金20萬元，項目使用期滿仍可回收。假定企業期望的報酬率為10%，計算該項目的淨現值，並判斷該項目是否可行。

解析：

$NCF_0 = -60$（萬元）

$NCF_1 = -40$（萬元）

$NCF_2 = -20$（萬元） $NCF_{3\sim11} = 60 - 35 = 25$（萬元）

$NCF_{12} = 25 + 20 = 45$（萬元）

淨現值 $NPV = 25 \times (P/A, 10\%, 9) \times (P/S, 10\%, 2) + 45 \times (P/S, 10\%, 12) - [60 + 40 \times (P/S, 10\%, 1) + 20 \times (P/S, 10\%, 2)]$

$= 25 \times 5.759 \times 0.826, 4 + 45 \times 0.318, 6 - 60 - 40 \times 0.909, 1 - 20 \times 0.826, 4$

$= 20.425, 9$（萬元）

該投資方案的淨現值為 20.425,9 萬元，大於零，該項目是可行的。

（二）互斥投資方案的決策

項目投資決策中的互斥投資方案（相互排斥方案）是指在決策時涉及的多個相互排斥、不能同時實施的投資方案。

如果對投資額相同且項目使用期相等的互斥投資方案比較決策，可選擇淨現值或內含報酬率大的方案作為最優方案。

如果對投資額不相等而項目使用期相等的互斥投資方案比較決策，可選擇差額淨現值法或差額內含報酬率法來評判方案的好壞。

如果對投資額與項目使用期都不相同的互斥投資方案比較決策，可採用年回收額法，也就是計算年均淨現值，哪個方案年均淨現值大，哪個方案就最優。

【例題6-4-3】某企業現有資金50萬元可用於固定資產項目投資，有A、B、C三個互相排斥的備選方案可供選擇，這三個方案投資額均為50萬元，且都能使用6年，貼現率為10%，求各自的淨現值。

解析：

$NPV_A = 6.125, 3$（萬元）　　　　$IRR_A = 12.3\%$

$NPV_B = 10.25$（萬元）　　　　　$IRR_B = 16.35\%$

$NPV_C = 8.36$（萬元）　　　　　　$IRR_C = 14.11\%$

因為A、B、C三個備選方案的淨現值均大於零，且內含報酬率均大於貼現率。所以A、B、C三個方案均符合項目可行的必要條件。

又因為 $NPV_B > NPV_C > NPV_A$

$IRR_B > IRR_C > IRR_A$

所以B方案最優，C方案次之，最差為A方案。

【例題6-4-4】某企業有甲、乙兩個投資方案可供選擇，甲方案的投資額為100,000元，每年現金淨流量均為30,000元，可使用5年；乙方案的投資額為70,000元，每年現金淨流量分別為10,000元、15,000元、20,000元、25,000元、30,000元，使用年限也為5年，如果貼現率為10%，請對甲、乙方案作出選擇。

解析：

因為兩方案的使用年限相同，但甲方案的投資額與乙方案的投資額不相等，所以應採用差額淨現值法來進行評判，一般以投資額大的方案減投資額小的方案。

$\Delta NCF_0 = -100,000 - (-70,000) = -30,000$（元）

$\Delta NCF_1 = 30,000 - 10,000 = 20,000$（元）

$\Delta NCF_2 = 30,000 - 15,000 = 15,000$（元）

$\Delta NCF_3 = 30,000 - 20,000 = 10,000$（元）

$\Delta NCF_4 = 30,000 - 25,000 = 5,000$（元）

$\Delta NCF_5 = 30,000 - 30,000 = 0$（元）

$\Delta NPV_{(甲-乙)} = 20,000 \times (P/S, 10\%, 1) + 15,000 \times (P/S, 10\%, 2) +$
$\qquad 10,000 \times (P/S, 10\%, 3) + 5,000 \times (P/S, 10\%, 4) -$
$\qquad 30,000 - 20,000 \times 0.909, 1 + 15,000 \times 0.826, 4 + 10,000 \times 0.751, 3 +$
$\qquad 5,000 \times 0.683, 0 - 30,000$
$\qquad = 11,506$（元）

計算表明，差額淨現值為 11,506 元，大於零，所以應選擇甲方案。

【例題 6-4-5】某企業有兩項投資方案，其年現金淨流量見表 6-3：

表 6-3　　　　　　　　　某企業年現金淨流量表

年限	甲方案 年現金淨流量	乙方案 年現金淨流量
0	(20)	(12)
1	12	5.6
2	13.2	5.6
3		5.6

該企業要求的最低報酬率為 12%，請判斷哪個方案較好。

解析：

因為甲、乙兩方案的投資額不相等且使用年限不相同，所以應採用年回收額法來比較不同方案的優劣，其計算步驟為：

(1) 計算各方案的淨現值

$NPV_甲 = 12 \times (P/S, 12\%, 1) + 13.2 \times (P/S, 12\%, 2) - 20$
$\qquad = 12 \times 0.892, 9 + 13.2 \times 0.797, 2 - 20$
$\qquad = 12,378.4$（元）

$NPV_乙 = 5.6 \times (P/A, 12\%, 3) - 12$
$\qquad = 5.6 \times 2.401, 8 - 12$
$\qquad = 14,500.8$（元）

(2) 計算各方案的年回收額即年均淨現值

甲投資方案的年回收額 $= \dfrac{12,378.4}{(P/A, 12\%, 2)} = \dfrac{12,378.4}{1.690, 1}$
$\qquad = 7,324.06$（元）

乙投資方案的年回收額 $= \dfrac{14,500.8}{(P/A, 12\%, 3)} = \dfrac{14,500.8}{2.401, 8}$
$\qquad = 6,037.47$（元）

甲方案的年回收額高於乙方案，即甲方案為最優方案。

(三) 固定資產更新投資決策

1. 更新決策的現金流量分析

更新決策不同於一般的投資決策。一般說來，設備更換並不改變企業的生產能力，

不增加企業的現金流入。更新決策的現金流量，主要是現金流出。即使有少量的殘值變價收入，也屬於支出抵減，而非實質上的流入增加。

【例題6-4-6】某企業有一舊設備，工程技術人員提出了更新要求，有關數據如表6-4所示：

表6-4　　　　　　　　　　某企業設備更新資料表

	舊設備	新設備
原值	2,200	2,400
預計使用年限	10	10
已經使用年限	4	0
最終殘值	200	300
變現價值	600	2,400
年運行成本	700	400

解析：
假設該企業要求的最低報酬率為15%。
由於沒有適當的現金流入，無論哪個方案都不能計算其淨現值和內含報酬率。通常，在收入相同時，我們認為成本較低的方案是好方案。

2. 固定資產的平均年成本

固定資產的平均年成本是指該資產引起的現金流出的年平均值。如果不考慮貨幣的時間價值，它是未來使用年限內現金流出總額與使用年限的比值。如果考慮貨幣的時間價值，它是未來使用年限內現金流出中現值與年金現值因數的比值，即平均每年的現金流出。

【例題6-4-5】的資料如上例，如果考慮貨幣的時間價值，該題可以有兩種計算方法：

(1) 計算現金流出的總現值，然後分攤給每一年：

$$舊設備平均年成本 = \frac{600 + 700 \times (P/A, 15\%, 6) - 200 \times (P/F, 15\%, 6)}{(P/A, 15\%, 6)}$$

$$= \frac{600 + 700 \times 3.784 - 200 \times 0.432}{3.784}$$

$$= 836 （元）$$

$$新設備平均年成本 = \frac{2,400 + 400 \times (P/A, 15\%, 10) - 300 \times (P/F, 15\%, 10)}{(P/A, 15\%, 10)}$$

$$= \frac{2,400 + 400 \times 5.019 - 300 \times 0.247}{5.019}$$

$$= 863 （元）$$

(2) 由於各年已經有相等的運行成本，只有將原始投資和殘值攤銷到每一年，然後求和，即可取得每年平均的現金流出量。

平均年成本 = 投資攤銷 + 運行成本 − 殘值攤銷

$$舊設備平均年成本 = \frac{600}{(P/A, 15\%, 6)} + 700 - \frac{200}{(F/A, 15\%, 6)}$$

$$= \frac{600}{3.784} + 700 - \frac{200}{8.753}$$
$$= 158.56 + 700 - 22.85$$
$$= 836 \text{（元）}$$

新設備平均年成本 $= \dfrac{200}{(P/A, 15\%, 10)} + 400 - \dfrac{300}{(F/A, 15\%, 10)}$

$$= \frac{2,400}{5.019} + 400 - \frac{300}{20.303}$$
$$= 478.18 + 400 - 14.78$$
$$= 863 \text{（元）}$$

通過上述計算可知，使用舊設備的平均年成本較低，不宜進行設備更新。

在使用平均年成本法時要注意以下兩點：

（1）平均年成本法是把繼續使用舊設備和購置新設備看成是兩個互斥的方案，而不是有關更換設備的特定方案。

（2）平均年成本法的假設前提是將來設備再更換時，可以按原來的平均年成本找到可代替的設備。

二、所得稅與折舊對投資的影響

（一）稅後成本和稅後收入

稅後成本 = 實際支付 ×（1 - 所得稅稅率）

稅後收益 = 收入金額 ×（1 - 所得稅稅率）

（二）折舊的抵稅作用

【例題6－4－7】甲、乙兩公司全年銷貨收入、付現成本均相同，所得稅稅率為40%。兩者的區別是甲公司有一項可計提折舊的資產，每年折舊額相同。兩家公司的現金淨流量如表6－5所示：

表6－5　　　　　　　　　　甲、乙兩公司現金淨流量表

項目	甲公司	乙公司
營業收入	20,000	20,000
費用：		
付現營業費用	10,000	10,000
折舊	3,000	0
合計	13,000	10,000
稅前利率	7,000	10,000
所得稅（40%）	2,800	4,000
稅後淨利	4,200	6,000
營業現金流入：		
淨利	4,200	6,000
折舊	3,000	0
合計	7,200	6,000
甲公司比乙公司擁有較多的現金	1,200	

一筆 3,000 元折舊，使企業獲得 1,200 元的現金流入，計算折舊對稅負的影響。
解析：
稅負減少＝折舊額×所得稅稅率
　　　　＝3,000×40％
　　　　＝1,200（元）

（三）稅後現金流量

在加入所得稅因素以後，現金流量的計算有三種方法：
（1）根據現金流量的定義計算
營業現金流量＝營業收入－付現成本－所得稅　　　　　　　　　　　　　①
（2）根據年終營業結果來計算
營業現金流量＝稅後淨利＋折舊　　　　　　　　　　　　　　　　　　　②
即：營業現金流量＝營業收入－付現成本－所得稅
　　　　　　　　＝營業收入－（營業成本－折舊）－所得稅
　　　　　　　　＝營業利潤＋折舊－所得稅
　　　　　　　　＝稅後利潤＋折舊
（3）根據所得稅對收入和折舊的影響計算
稅後成本＝支出金額×（1－所得稅稅率）
稅後收入＝收入金額×（1－所得稅稅率）
稅負減少＝折舊×所得稅稅率
因此，現金流量應當按下式計算：
營業現金流量＝稅後收入－稅後成本＋稅負減少
　　　　　　＝收入×（1－稅率）－付現成本×（1－稅率）＋折舊×所得稅稅率　③
這個公式也可以根據公式②直接推導出來：
營業現金流量＝稅後淨利＋折舊＝收入－成本×（1－稅率）＋折舊
　＝（收入－付現成本－折舊）×（1－稅率）＋折舊
　＝收入×（1－稅率）－付現成本×（1－稅率）－折舊×（1－稅率）＋折舊
　＝收入×（1－稅率）－付現成本×（1－稅率）－折舊＋折舊×稅率＋折舊
　＝收入×（1－稅率）－付現成本×（1－稅率）＋折舊×稅率
上述三個公式，最常用的是③。

第五節　項目投資風險的分析

投資風險分析的常用方法是風險調整貼現率法和肯定當量法。

一、風險調整貼現率法

風險調整貼現率法是將無風險報酬率調整為考慮風險的投資報酬率（即風險調整貼現率），然後根據風險調整貼現率來計算淨現值並據此選擇投資方案的決策方法。
風險調整貼現率＝無風險報酬率＋風險報酬率

= 無風險報酬率 + 風險報酬斜率（tga）×風險程度

假如用 K 表示風險調整貼現率，i 表示無風險報酬率，b 表示風險報酬斜率，Q 表示風險程度，則上式可以表示為：

$K = i + b \cdot Q$

假設 i 為已知，為了確定 K，需要先確定 Q 和 b。

【例題 6-5-1】某企業的無風險貼現率為 6%，現有三個投資方案，有關資料如表 6-8 所示，計算風險程度和風險報酬斜率。

表 6-8　　某企業投資方案示表

T 年	A 方案 稅後現金流量（元）	概率	B 方案 稅後現金流量（元）	概率	C 方案 稅後現金流量（元）	概率
0	(5,000)	1	(2,000)	1	(2,000)	1
1	3,000 2,000 1,000	0.25 0.5 0.25				
2	4,000 3,000 2,000	0.2 0.6 0.2				
3	2,000 2,000 1,500	0.3 0.4 0.3	1,500 4,000 6,500	0.2 0.6 0.2	3,000 4,000 5,000	0.1 0.8 0.1

解析：

1. 風險程度的計算

我們先計算 A 方案，起始投資 5,000 元是確定的，各年現金流入的金額有三種可能，並且已知概率。本例的風險因素全部在現金流入之中。這並不意味著現金流出沒有風險、而只是為了簡化。

(1) 計算投資方案各年現金淨流量的期望值 E。

A 方案：

$E_1 = 3,000 \times 0.25 + 2,000 \times 0.5 + 1,000 \times 0.25 = 2,000$（元）

$E_2 = 4,000 \times 0.20 + 3,000 \times 0.6 + 2,000 \times 0.20 = 3,000$（元）

$E_3 = 2,500 \times 0.30 + 2,000 \times 0.4 + 1,500 \times 0.3 = 2,000$（元）

B 方案：

$E_3 = 1,500 \times 0.20 + 4,000 \times 0.60 + 6,500 \times 0.20 = 4,000$（元）

C 方案：

$E_3 = 3,000 \times 0.10 + 4,000 \times 0.80 + 5,000 \times 0.10 = 4,000$（元）

(2) 計算反應各年現金淨流量離散程度的標準差 d。

A 方案：

$d_1 = $

$\sqrt{(3,000 - 2,000)^2 \times 0.25 + (2,000 - 2,000)^2 \times 0.5 + (1,000 - 2,000)^2 \times 0.25}$

$= 707.10（元）$

$d_2 = \sqrt{(4,000-3,000)^2 \times 0.20 + (3,000-3,000)^2 \times 0.6 + (2,000-3,000)^2 \times 0.20}$

$= 632.50（元）$

$d_3 = \sqrt{(2,500-2,000)^2 \times 0.30 + (2,000-2,000)^2 \times 0.40 + (1,500-2,000)^2 \times 0.30}$

$= 387.30（元）$

B 方案：

$d_3 = \sqrt{(1,500-4,000)^2 \times 0.2 + (4,000-4,000)^2 \times 0.6 + (6,500-4,000)^2 \times 0.2}$

$= 1,581 （元）$

C 方案：

$d_3 = \sqrt{(3,000-4,000)^2 \times 0.1 + (4,000-4,000)^2 \times 0.8 + (5,000-4,000)^2 \times 0.1}$

$= 447 （元）$

標準差越大，說明現金淨流量分佈的離散程度越大，風險就越大；反之，風險程度越小。

$$D = \sqrt{\sum_{t=1}^{n} \frac{d_t^2}{(1+i)^{2t}}}$$

A 方案：

$$D = \sqrt{\frac{(707.10)^2}{1.06^2} + \frac{(632.5)^2}{1.06^4} + \frac{(387.3)^2}{1.06^6}}$$

$= 931.4 （元）$

B 方案：

$$D = \frac{1,581}{(1+6\%)^3}$$

C 方案：

$$D = \frac{447}{(1+6\%)^3}$$

（3）計算綜合標準差系數 Q，其計算公式為：

$$Q = \frac{D}{EPV}$$

A 方案：

$D = 931.4 （元）$

$$EPV = \sum_{t=1}^{n} \frac{E_t}{(1+i)^t}$$

$$= \frac{2,000}{(1+6\%)} + \frac{3,000}{(1+6\%)^2} + \frac{2,000}{(1+6\%)^3}$$

$= 6,236（元）$

$$Q = \frac{D}{EPV} = \frac{931.40}{6,236} = 0.15$$

B 方案：

$$Q = \frac{D}{EPV} = \frac{1,581}{(1+6\%)^3} \div \frac{4,000}{(1+6\%)^3}$$

$$= \frac{1,581}{4,000} = 0.40$$

C 方案：

$$Q = \frac{D}{EPV} = \frac{447}{(1+6\%)^3} \div \frac{4,000}{(1+6\%)^3}$$

$$= \frac{447}{4,000} = 0.11$$

B 和 C 方案只有第三年有現金流入，在計算時，無需進行貼現然後計算標準差系數 Q，分子和分母同時貼現其比值仍然不變。

2. 確定風險報酬斜率 b

風險報酬斜率是直線方程 $K = i + b \cdot Q$ 的系數 b，它的高低反應風險程度變化對風險調整最低報酬率影響的大小。b 值是經驗數據，可根據歷史資料用高低點法或直線迴歸法求出，也可以由企業領導或有關專家根據經驗數據確定。

假設中等風險程度的項目變化系數為 0.5，通常要求的含有風險報酬的最低報酬率為 11%，無風險的最低報酬率 i 為 6%。

則：$b = \dfrac{11\% - 6\%}{0.5} = 0.1$

前面已計算出 A、B、C 方案的綜合變化系數 Q 分別為 0.15、0.4 和 0.11，則 A、B、C 方案的風險調整貼現率為：

$K_{(A)} = 6\% + 0.15 \times 0.1 = 7.5\%$

$K_{(B)} = 6\% + 0.4 \times 0.1 = 10\%$

$K_{(C)} = 6\% + 0.1 \times 0.11 = 7.1\%$

根據不同的風險調整貼現率計算淨現值：

$$NPV_{(A)} = \frac{2,000}{1.075} + \frac{3,000}{(1.075)^2} + \frac{2,000}{(1.075)^3} - 5,000$$

$$= 1,860 + 2,596 + 1,610 - 5,000$$

$$= 1,066 \text{（元）}$$

$$NPV_{(B)} = \frac{4,000}{(1.1)^3} - 2,000$$

$$= 3,005 - 2,000$$

$$= 1,005 \text{（元）}$$

$$NPV_{(C)} = \frac{4,000}{(1.071)^3} - 2,000$$

$$= 3,256 - 2,000$$

$$= 1,256 \text{（元）}$$

三個方案的優先順序為 C ＞ A ＞ B。如果不考慮風險因素，以概率最大的現金流量作為肯定的現金流量，其順序為 B ＝ C ＞ A。

$$NPV_{(A)} = \frac{2,000}{1.06} + \frac{3,000}{(1.06)^2} + \frac{2,000}{(1.06)^3} - 5,000$$
$$= 6,236 - 5,000$$
$$= 1,236 \text{（元）}$$

$$NPV_{(B)} = \frac{4,000}{(1.06)^3} - 2,000$$
$$= 3,358 - 2,000$$
$$= 1,358 \text{（元）}$$

$$NPV_{(C)} = \frac{4,000}{(1.06)^3} - 2,000$$
$$= 3,358 - 2,000$$
$$= 1,358 \text{（元）}$$

不考慮風險價值時，無法區分 B 和 C 的優劣，加入風險因素後，B 方案風險大（變化係數為 0.4），變化很大。

風險調整貼現率法比較符合邏輯，不僅為理論家認可，並且使用廣泛。

二、肯定當量法

肯定當量係數是把有風險的 1 元現金流量相當於確定的也即無風險的現金流量金額的係數。即確定的現金流量與不確定的現金流量期望值之間的比值。其計算公式為：

$$a_t = \frac{\text{肯定的現金流量}}{\text{不肯定的現金流量期望值}}$$

但在實際工作中，肯定當量係數往往是在估計風險程度的基礎上憑藉經驗確定的，所以又可以說它是一個經驗係數。反應風險程度的標準差係數與肯定當量係數之間的經驗關係如表 6-9 所示：

表 6-9　　　　標準差係數與肯定當量係數的經驗關係

標準差係數 q	肯定當量係數 a_t
$0 \leq q \leq 0.07$	1
$0.07 < q \leq 0.15$	0.9
$0.15 < q \leq 0.23$	0.8
$0.23 < q \leq 0.32$	0.7
$0.32 < q \leq 0.42$	0.6
$0.42 < q \leq 0.54$	0.5
$0.54 < q \leq 0.07$	0.4
……	……

依據【例題 6-5-1】的資料，計算 A 方案的各年的標準差係數：

$$q_1 = \frac{d_1}{E_1} = \frac{707.1}{2,000} = 0.35$$

$$q_2 = \frac{d_2}{E_2} = \frac{632.5}{3,000} = 0.21$$

$$q_3 = \frac{d_3}{E_3} = \frac{387.3}{2,000} = 0.19$$

查表可知：$a_1=0.6$，$a_2=0.8$，$a_3=0.8$，A 方案的淨現值為：

$$NPV_{(A)} = \frac{0.6 \times 2,000}{1.06} + \frac{0.8 \times 3,000}{1.06^2} + \frac{0.8 \times 2,000}{1.06^3} - 5,000$$

$$= 1,132 + 2,136 + 1,343 - 5,000$$

$$= -389 \text{（元）}$$

用同樣方法可知：

$$q_B = \frac{d_B}{E_B} = \frac{1,581}{4,000} = 0.40$$

$$q_C = \frac{d_C}{E_C} = \frac{447}{4,000} = 0.11$$

$$a_B = 0.6$$

$$a_C = 0.9$$

$$NPV_{(B)} = \frac{0.6 \times 4,000}{(1.06)^3} - 2,000 = 15 \text{（元）}$$

$$NPV_{(C)} = \frac{0.9 \times 4,000}{(1.06)^3} - 2,000 = 1,022 \text{（元）}$$

方案的優先次序為 C＞B＞A，與風險調整貼現率法不同（C＞A＞B）。主要差別是 A 和 B 互換了位置。其原因是風險調整貼現法對遠期現金流入予以較大的調整，使遠期現金流入量大的 B 方案受到較大的影響。

肯定當量法是用調整淨現值公式中分子的辦法來考慮風險，風險調整貼現率法是用調整淨現值公式分母的辦法來考慮風險，這是兩者的重要區別。

本章小結

　　項目投資是企業投資活動的主要內容，其投資所形成的大量固定資產是企業生產經營發展的重要物質基礎。因此，企業項目投資的管理事關重大，影響深遠。其管理的核心問題是投資決策。投資決策的正確與否，不僅長期影響企業的經營成果和財務的狀況，還直接關係到企業的生存和發展。本章圍繞這一中心主要闡述現金流量的估算，各種評價指標尤其是淨現值法、內含報酬率法的計算評價以及應用，項目投資的風險評價等。

思考與練習

一、問答題

1. 企業如何測算內含報酬率？
2. 分析比較各種投資決策指標的優缺點。
3. 運用淨現值法進行投資決策時，貼現率的確定方法有哪幾種？
4. 敘述企業投資決策中使用現金流量的原因。

二、單項選擇題

1. 下列評價指標中,其數值越小越好的指標是（　　）。
   A. 淨現值率　　　　　　　　　B. 投資回收期
   C. 內部收益率　　　　　　　　D. 投資利潤率
2. 當某方案的淨現值大於零時,其總收益率（　　）。
   A. 可能小於零　　　　　　　　B. 一定等於零
   C. 一定大於設定折現率　　　　D. 可能等於設定折現率

三、多項選擇題

1. 下列項目中,屬於經營期現金流入項目的有（　　）。
   A. 營業收入　　　　　　　　　B. 回收流動資金
   C. 經營成本節約額　　　　　　D. 回收固定資產餘值
2. 下列指標中,屬於動態指標的有（　　）。
   A. 獲利指數　　　　　　　　　B. 淨現值率
   C. 內部收益率　　　　　　　　D. 投資利潤率
3. 當 IRR＞i 時,下列關係式中正確的有（　　）。
   A. 獲利指數 PI ＞1　　　　　　B. 獲利指數 PI ＜1
   C. 淨現值率 NPVR ＞0　　　　 D. 淨現值率 NPVR ＜0

四、計算題

已知某長期投資項目建設期淨現金流量為：$NCF_0 = -500$ 萬元,$NCF_1 = -500$ 萬元,$NCF_2 = 0$；第 3～12 年的經營淨現金流量 $NCF_{3\sim12} = 200$ 萬元,第 12 年末的回收額為 100 萬元,行業基準折現率為 10%。

要求：
(1) 計算原始投資額。
(2) 計算終結點淨現金流量。
(3) 計算該項目的靜態投資回收期①不包括建設期的回收期,②包括建設期的回收期。
(4) 計算淨現值（NPV）。

第七章　企業財務分析

學習目的：

　　通過學習，瞭解企業財務分析的概念、意義，掌握財務分析的方法，掌握企業償債能力分析的方法；瞭解企業盈利能力、資金週轉能力的指標，掌握企業盈利能力、資金週轉狀況、杜邦分析法的具體指標應用。

重點難點：

　　掌握因素分析法、趨勢分析法、流動比率、速動比率等；銷售毛利率、投資報酬率、市盈率、杜邦分析法。

關鍵概念：

　　財務分析　償債能力　營運能力　獲利能力　流動比率　速動比率　現金比率　資產負債率　股東權益比率　權益乘數　已獲利息倍數　產權比率　存貨週轉率　應收帳款週轉率　流動資產週轉率　總資產週轉率　總資產報酬率　資產淨利率　股東權益報酬率　銷售淨利率　每股收益　每股股利　股利發放率　市盈率　杜邦分析法

　　財務分析以企業的財務報告等會計資料為基礎，對企業的財務狀況和經營成果做出分析和評價，反應企業在營運過程中的利弊得失和發展趨勢。財務分析是財務管理的重要方法之一，是對企業一定期間的財務活動的總結，為改進企業財務管理工作和優化經濟決策提供重要的財務信息。財務分析是評價企業財務狀況、衡量經營業績的重要依據，是挖掘潛力、改進工作、實現理財目標的重要手段，是合理實施投資決策的重要步驟。

第一節　財務分析概述

　　企業財務管理人員要做好企業財務管理工作，需要對企業財務的狀況進行瞭解，必須採用一系列財務指標，將企業的財務活動精確地用數量表示出來，這樣才能有的放矢地提出財務管理的對策與措施，使財務管理科學化。財務分析是運用財務報表數據對企業過去的財務狀況和經營成果及未來前景的一種評價。搞好企業財務分析，對強化企業經營管理特別是財務管理工作有重要意義。

一、財務分析的概念

　　財務分析是以企業財務報告及其他相關資料為主要依據，對企業的財務狀況和經營成果進行評價和剖析，為投資者、經營管理者、債權人和社會其他各界的經濟預測

或決策提供依據的一項財務管理活動。

二、財務分析的意義與局限性

1. 財務分析的意義
(1) 財務分析是企業財務管理工作的重要手段。
(2) 通過財務分析可以評價企業管理者的經營業績。
(3) 財務分析可以為經濟決策提供依據。
2. 企業財務分析的局限性表現在：
(1) 財務分析所依據的財務報表數據常常會由於會計處理方法的不同而異。
(2) 會計記錄是以歷史成本為依據的，資產價格的變化有時不反應在財務報表中，當資產的價格發生較大變化時，依據財務報表上的數據所做的財務分析就不能真實地反應企業的財務狀況和經營成果，往往導致企業資產不實、利潤虛假。
(3) 會計以貨幣作為主要的計量手段，一些非貨幣計量因素（如開發研製新產品、發明新技術、提高企業人員素質等）對企業未來的發展有重大影響，可是財務分析對這類因素的評價顯得力不從心。

三、財務分析的基本程序

(一) 明確財務分析的目的

對企業進行財務分析所依據的資料是客觀的，但是不同人員所關心問題的側重點不同，因此進行財務分析的目的也各不相同。綜合起來，主要有以下目的：

1. 評價企業的償債能力

通過對企業的財務報告等會計資料進行分析，可以瞭解企業資產的流動性、負債水準以及償還債務的能力，從而評價企業的財務狀況和經營風險，為企業經營管理者、投資者和債權人提供財務信息。

2. 評價企業的營運能力

企業營運能力反應了企業對資產的利用和管理的能力。企業的生產經營過程就是利用資產取得收益的過程。資產是企業生產經營活動的經濟資源，資產的利用和管理能力直接影響到企業的收益，它體現了企業的整體素質。進行財務分析，可以瞭解企業資產的保值和增值情況，分析企業資產的利用效率、管理水準、資金週轉狀況、現金流量情況等，為評價企業的經營管理水準提供依據。

3. 評價企業的獲利能力

獲取利潤是企業的主要經營目標之一，反應了企業的綜合素質。企業要生存和發展，必須爭取獲得較高的利潤，這樣才能在競爭中立於不敗之地。投資者和債權人都十分關心企業的獲利能力，獲利能力強可以提高企業償還債務的能力，提高企業的信譽。對企業獲利能力的分析不能僅看其獲取利潤的絕對數，還應分析其相對指標，這些都可以通過財務分析來實現。

4. 評價企業的發展趨勢

無論是企業的經營管理者，還是投資者、債權人，都十分關注企業的發展趨勢，這關係到他們的切身利益。通過對企業進行財務分析，可以判斷出企業的發展趨勢，預測企業的經營前景，從而為企業經營管理者和投資者進行經營決策和投資決策提供重要的依據，避免決策失誤給其帶來重大的經濟損失。

（二）搜集有關信息資料

一旦確定了分析目的，需盡快著手搜集有關經濟資料，這是進行財務分析的基礎。分析者要掌握盡量多的資料，包括公司的財務報表以及統計核算、業務核算等方面的資料。

（三）選擇適當的分析方法

財務分析的目的不同，所選用的分析方法也不同。常用的財務分析方法有比較分析法、比率分析法等，這些方法各有特點，在進行財務分析時可以結合使用。局部的財務分析，可以選擇其中的某一種方法；全面的財務分析，則應該綜合運用各種方法，以便進行對比，作出可觀的、全面的評價。利用這些分析方法，比較分析企業的有關財務數據、財務指標，對企業的財務狀況作出評價。

（四）發現財務管理中存在的問題

在佔有充分的財務資料之後，即可運用適當分析方法來比較分析，以反應公司經營中存在的問題，分析問題產生的原因。財務分析的最終目的是進行財務決策，因而，只有分析問題產生的原因並及時將信息反饋給有關部門，方能做出決策或幫助有關部門進行決策。

（五）提出改善財務狀況的具體方案

財務分析的最終目的是為經濟決策提供依據。通過上述的比較與分析，就可以提出各種方案，然後權衡各種方案的利弊得失，從中選出最佳方案，作出經濟決策。這個過程也是一個信息反饋過程，決策者可以通過財務分析總結經驗，吸取教訓，以改進工作。

四、財務分析的方法

企業進行財務分析的方法主要有對比分析法、比率分析法、因素分析法、趨勢分析法等。

（一）對比分析法

對比分析法又稱比較分析法，它是對財務指標進行比較，借以確定差異、分析原因和尋求潛力的一種方法。

指標對比的形式主要有：

①將分析期的實際指標與計劃指標進行對比，以確定實際與計劃的差異，檢查計劃的完成情況。

②將分析期的實際指標與前期數據（或過去的某期數據）進行對比，以確定本期實際與前期（或某期）實際的差異，揭示有關指標的增減變動情況，預測企業未來的發展趨勢。

③本單位的實際指標與同行業相應指標的平均水準或先進水準做比較，以確定本單位與行業平均水準或先進水準的差異，吸收先進經驗，不斷提高企業的管理水準。

（二）比率分析法

比率分析法是指在同一期財務報表的若干不同項目或類別之間，用相對數揭示它們之間的相互關係，據以分析和評價企業的財務狀況和經營成果，找出經營管理中存

在的問題的一種方法。

企業常用的比率有三類：反應企業償債能力的比率、反應企業營運能力的比率以及反應企業盈利能力的比率。

比率分析有一定的局限性：第一，比率分析採用財務報表上的數據都屬於歷史數據，對於未來的預測只有一定的參考價值；第二，在不同企業之間進行比率分析時，由於採用的會計方法不同往往缺乏可比性，使得求出的比率不一定能說明問題。

(三) 因素分析法

因素分析法又稱連環替代法，它是在財務指標對比分析確定差異的基礎上，利用各個因素的順序「替代」，從數值上測定各個相關因素對有關財務指標差異的影響程度的一種方法。

運用因素分析法時應遵循以下原則：

(1) 應根據各個因素對某項指標影響的內在聯繫來確定替代順序，依次進行替代計算。一般把數量指標列在前面。

(2) 在測定某一指標對該因素的影響時，必須假定只有這一個因素發生變動而其他因素不變。

(3) 把替代該因素後的數據與替代該因素前的數據比較，以確定該因素變動對企業造成的影響。

下面舉例說明這種方法的應用。

【例題7-1-1】某公司2008年10月甲材料的計劃數是21,600元，實際發生數是26,832元。原材料費用是由產品產量、單位產品消耗量和材料單價三個因素的乘積組成，有關資料見表7-1。

表7-1　　　　　　　　某公司原材料費用資料表

項目	單位	計劃數	實際數
產品產量	(件)	200	215
單位產品材料消耗量	(公斤/件)	10.8	9.6
材料單價	(元/公斤)	10	13
材料費用總額	(元)	21,600	26,832

要求確定各因素變動對材料費用總額的影響。

解析：

(1) 分解指標體系，確定分析對象

材料費用可分解為產品產量、單位產品材料消耗量與材料單價三個因素，材料費用總額的實際數與計劃數相差5,232元（即：26,832 - 21,600 = 5,232元），這是分析對象。

(2) 連環順序替代

材料費用總額 = 產品產量 × 單位產品材料消耗量 × 材料單價

因素替代如下：

計劃材料費用總額：200 × 10.8 × 10 = 21,600 (元)　　　　　　　　　　①

替代產品產量：215 × 10.8 × 10 = 23,220 (元)　　　　　　　　　　　②

替代單位產品材料消耗量：215×9.6×10＝20,640（元）　　　　　　　③
替代材料單價：215×9.6×13＝26,832（元）　　　　　　　　　　　④
（3）確定各因素的影響程度

增加產品的影響：②－①＝23,220－21,600＝1,620（元）

節約材料的影響：③－②＝20,640－23,220＝2,580（元）

提高材料價格的影響：④－③＝26,832－20,640＝6,192（元）

全部因素的影響：1,620－2,580＋6,192＝5,232（元）

運用因素分析法，取得了各項因素變動對綜合指標的影響，有助於分清經濟責任，更好地評價財務管理工作；同時發現主要問題，有目的、有針對性地加以改善。

（四）趨勢分析法

趨勢分析法是將企業連續幾年的財務報表的有關項目進行比較，用以分析企業財務狀況和經營成果的變化情況及發展趨勢的一種方法。通常採用垂直分析法與水準分析法兩種方法。

1. 垂直分析法

垂直分析法又稱共同基準分析法，它是將財務報表中某一關鍵項目的金額作為100%，其他項目的金額換算成關鍵項目的百分比，從而反應它們之間重要的比率關係。

【例題7－1－2】甲公司2007年與2008年的利潤表及其共同基準分析（垂直分析）如表7－2所示。

在表7－2中，把主營業務收入作為100%，其他每一項目以主營業務收入的百分比來表示。

表7－2　　　　　　　　　　　共同基準分析利潤表

項目	2007年（元）	2008年（元）	共同基準 2,007（%）	共同基準 2,008（%）
一、主營業務收入	7,865,400	9,048,650	100.00	100.00
減：主營業務成本	4,719,240	6,424,060	60.00	70.99
營業費用	591,900	698,440	7.53	7.72
主營業務稅金及附加	432,597	497,670	5.50	5.50
二、主營業務利潤	2,121,663	1,428,480	26.97	15.79
加：其他業務利潤	151,220	164,380	1.92	1.82
減：管理費用	480,650	720,970	6.11	7.97
財務費用	114,370	128,460	1.45	1.42
三、營業利潤	1,677,863	743,430	21.33	8.22
加：投資收益	53,720	88,660	0.68	0.98
營業外收入	14,570	15,450	0.19	0.17
減：營業外支出	32,260	40,100	0.41	0.44
四、利潤總額	1,713,893	807,440	21.79	8.92

2007年與2008年相比，甲企業的主營業務收入增長15.04%，而主營業務利潤卻下降32.67%，其主要原因是主營業務成本增支36.12%，營業費用增支18.00%，都超過了主營業務收入的增長幅度。企業的其他業務利潤在2008年比2007年增加

8.7%，但管理費用與財務費用卻分別增支 50% 與 12.32%，尤其管理費用的絕對發生額比去年增加許多，致使企業 2008 年的營業利潤比 2007 年下降 55.69%，見表 7－3。

表 7－3　　　　　　　　　　　　利潤水準分析表

項目	2007 年（元）	2008 年（元）	增減額（元）	增減百分比（%）
一、主營業務收入	7,865,400	9,048,650	1,183,250	15.04
減：主營業務成本	4,719,240	6,424,060	1,704,820	86.12
營業費用	591,900	698,440	106,540	18.00
主營業務稅金及附加	432,597	497,670	65,073	15.04
二、主營業務利潤	2,121,663	1,428,480	－693,183	－32.67
加：其他業務利潤	151,220	164,380	13,160	8.70
減：管理費用	480,650	720,970	240,320	50.00
財務費用	114,370	128,460	14,090	12.32
三、營業利潤	1,677,863	743,430	－934,433	－55.69
加：調整收益	53,720	88,660	34,940	65.04
營業外收入	14,570	15,450	880	6.04
減：營業外支出	32,260	40,100	7,840	24.30
四、利潤總額	1,713,893	807,440	－906,453	－52.89

為了便於說明，本章各項財務指標的計算將主要使用 M 公司作為實例，該公司的資產負債表、利潤表如表 7－4、表 7－5 所示。

表 7－4　　　　　　　　　　　　M 公司資產負債表

編製單位：M 公司　　　　　　　200×年 12 月 31 日　　　　　　　單位：萬元

資產	年初數	期末數	負債及所有者權益	年初數	期末數
流動資產：			流動負債：		
貨幣資金	25	50	短期借款	45	60
短期投資	12	6	應付票據	4	5
應收票據	11	8	應付帳款	109	100
應收帳款	200	400	預收帳款	4	10
減：壞帳準備	1	2	其他應付款	12	7
應收帳款淨額	109	398	應付工資	1	2
預付帳款	4	22	應付福利費	16	12
其他應收款	22	12	未交稅金	4	5
存貨	326	119	未付利潤	10	28
待攤費用	7	32	其他未交款	1	7
待處理流動資產損失	4	8	預提費用	5	9
一年內到期的			待扣稅金	4	2
長期債券投資	0	45	一年內到期的長期負債	0	50
流動資產合計	610	700	其他流動負債	5	3
長期投資	45	30	流動負債合計		
固定資產			長期負債：	220	300
固定資產原價	1,617	2,000	長期借款		
減：累計折舊	662	762	應付債券	245	450

表7-4(續)

資產	年初數	期末數	負債及所有者權益	年初數	期末數
固定資產淨值	955	1,238	長期應付款	260	240
固定資產清理	12	0	其他長期負債	60	50
在建工程	25	10	長期負債合計	15	20
待處理固定資產損失	10	8	股東權益：	580	760
固定資產合計	1,002	1,256	股本		
無形及遞延資產：			資本公積	100	100
無形資產	8	6	盈餘公積	10	16
遞延資產	15	5	未分配利潤	40	74
其他長期資產	0	3	股東權益合計	730	750
資產總計	1,680	2,000	負債及股東權益總計	880	940
				1,680	2,000

表7-5　　　　　　　　　　　M公司利潤表

編製單位：M公司　　　　　　200×年12月31日　　　　　　單位：萬元

項目	上年實際	本年累計
一、產品銷售收入	2,850	3,000
減：產品銷售成本	2,503	2,644
產品銷售費用	20	22
產品銷售稅金及附加	28	28
二、產品銷售利潤	299	306
加：其他業務利潤	36	20
減：管理費用	40	46
財務費用	96	110
三、營業利潤	199	170
加：投資收益	24	40
營業外收入	17	10
減：營業外支出	5	20
四、利潤總額	235	200
減：所得稅	58.75	50
五、淨利潤	176.25	150

2. 水準分析法

水準分析法，指將反應企業報告期財務狀況的信息（也就是會計報表信息資料）與反應企業前期或歷史某一時期財務狀況的信息進行對比，研究企業各項經營業績或財務狀況的發展變動情況的一種財務分析方法。

第二節　償債能力分析

償債能力是指企業償還各種到期債務的能力。償債能力分析是企業財務分析的一個重要方面，通過這種分析可以揭示企業的財務風險。企業財務管理人員、債權人及投資者都十分重視企業的償債能力分析。評價企業償債能力的指標主要分為短期償債能力分析和長期償債能力分析。

一、短期償債能力分析

短期償債能力是指企業償付流動負債的能力。流動負債是在 1 年內或超過 1 年的一個營業週期內需要償付的債務，這部分負債對企業的財務風險影響較大，如果不能及時償還，就可能使企業面臨倒閉的危險。在資產負債表中，流動負債與流動資產形成一種對應關係。一般來說，流動負債需以流動資產來償付，特別是通常它需要以現金來直接償還。因此，可以通過分析企業流動負債與流動資產之間的關係來判斷企業短期償債能力。通常，評價企業短期償債能力的財務比率主要有流動比率、速動比率、現金比率、現金流動負債比率等。

1. 流動比率

流動比率是企業流動資產與流動負債的比率。用公式可以表示為：

$$流動比率 = \frac{流動資產}{流動負債}$$

我們可以用表 7-4 資產負債表中的數據，來計算該公司的流動比率。該公司 200×年年末的流動資產為 700 萬元，流動負債為 300 萬元，依上述公式計算流動比率為：

$$流動比率 = \frac{700}{300} = 2.33$$

這表明該公司每有 1 元的流動負債，就有 2.33 元的流動資產做保障。流動比率是衡量企業短期償債能力的一個重要財務指標，這個比率越高，說明企業償還流動負債的能力越強，流動負債得到償還的保障越大。但是，過高的流動比率也並非好現象，因為流動比率過高，可能是企業滯留在流動資產上的資金過多，未能有效地加以利用，可能會影響企業的獲利能力。

根據西方的經驗，流動比率在 2.0 比較合適。這是因為流動資產中變現能力最差的存貨金額約占流動資產總額的一半，剩下的流動性較大的流動資產至少要等於流動負債，企業的短期償債能力才會有保證。人們長期以來的這種認識因未能從理論上證明，還不能成為一個統一的標準。

2. 速動比率

速動比率能夠較準確地反應企業的償債能力。企業流動資產中扣除存貨後的資產叫做速動資產。速動比率是速動資產與流動負債的比值。用公式可以表示為：

$$速動比率 = \frac{速動資產}{流動負債} = \frac{流動資產 - 存貨}{流動負債}$$

我們仍然採用表 7-4 資產負債表中的數據計算速動比率，由於表中 200×年年末存貨為 119 萬元，則其速動比率為：

$$速動比率 = \frac{700-119}{300} = 1.94$$

通常認為正常的速動比率為1，低於1的速動比率被認為是企業短期償債能力偏低。這僅是一般的看法，因為行業不同，速動比率會有很大差別，沒有統一標準的速動比率。例如，採用大量現金銷售的商店，幾乎沒有應收帳款，大大低於1的速動比率則是很正常的。相反，一些應收帳款較多的企業，速動比率可能要大於1。

影響速動比率可信性的重要因素是應收帳款的變現能力。帳面上的應收帳款不一定都能變成現金，實際壞帳可能比計提的準備要多；季節性的變化可能使報表的應收帳款數額不能反應平均水準。這些情況，外部使用人不易瞭解，而財務人員卻有可能作出估計。

需要說明的是，用流動資產扣除存貨來計算速動資產只是一種粗略的計算，嚴格地講，不僅要扣除存貨，還應扣除待攤費用、預付帳款、待處理流動資產損失等其他變現能力較差的項目。

3. 現金比率

現金比率是企業的現金類資產與流動負債的比率。現金類資產包括企業的庫存現金、隨時可以用於支付的存款和現金等價物，即現金流量表中所反應的現金。其計算公式為：

$$現金比率 = \frac{現金 + 現金等價物}{流動負債}$$

根據表7-4 M公司的有關數據，假定該公司的現金及現金等價物為150萬元，該公司200×年末的現金比率為：

$$現金比率 = \frac{150}{300} = 0.5$$

現金比率可以反應企業的直接支付能力，因為現金是企業償還債務的最終手段，如果企業現金缺乏，就可能發生支付困難，將面臨財務危機，因而現金比率高，說明企業有較好的支付能力，對償付債務是有保障的。但是，如果這個比率過高，可能意味著企業擁有過多的獲利能力較低的現金類資產，企業的資產未能得到有效運用。

4. 現金流動負債比率

現金流動負債比率是企業一定時期的經營現金淨流量同流動負債的比率，它可以從現金流量角度來反應企業當期償付短期負債的能力。其計算公式為：

$$現金流動負債比率 = \frac{經營活動現金淨流量}{流動負債}$$

其中，經營現金淨流量是指一定時期內，企業經營活動所產生的現金及現金等價物流入量與流出量的差額。

現金流動負債比率從現金流入和流出的動態角度對企業的實際償債能力進行考察。由於有利潤的年份不一定有足夠的現金（含現金等價物）來償還債務，所以利用以收付實現制為基礎計量的現金流動負債比率指標，能充分體現企業經營活動所產生的現金淨流量可以在多大程度上保證當期流動負債的償還，直觀地反應出企業償還流動負債的實際能力。用該指標評價企業償債能力應更加謹慎。該指標越大，表明企業經營活動產生的現金淨流量越多，越能保障企業按期償還到期債務，但也並不是越大越好，該指標過大則表明企業流動資金利用不充分，獲利能力不強。

根據表7-4資料，同時假設M公司200×年度的經營活動產生的現金淨流量為

350萬元（經營活動產生的現金淨流量數據可以根據M公司的現金流量表獲得），則該公司200×年度的現金流動負債比率分別為：

$$現金流動負債比率 = \frac{350}{300} = 1.17$$

需要說明的是，經營活動所產生的現金流量是過去一個會計年度的經營結果，而流動負債則是未來一個會計年度需要償還的債務，二者的會計期間不同。因此，這個指標是建立在以過去一年的現金流量來估計未來一年現金流量的假設基礎之上的。使用這一財務比率時，需要考慮未來一個會計年度影響經營活動的現金流量變動的因素。

二、長期償債能力分析

長期償債能力是指企業償還長期負債的能力，企業的長期負債主要有長期借款、應付長期債券、長期應付款等。對於企業的長期債權人和所有者來說，不僅關心企業短期償債能力，更關心企業長期償債能力。因此，在對企業進行短期償債能力分析的同時，還需分析企業的長期償債能力，以便債權人和投資者全面瞭解企業的償債能力及財務風險。反應企業長期償債能力的財務比率指標主要有資產負債率、股東權益比率與權益乘數、產權比率、償債保障比率、已獲利息倍數等，現分述如下：

1. 資產負債率

資產負債率又稱負債比率，是企業負債總額除以資產總額的比率。用公式表示為：

$$資產負債率 = \frac{負債總額}{資產總額} \times 100\%$$

例如，M公司200×年年末負債總額為1,060萬元，資產總額為2,000萬元。依上式計算資產負債率為：

$$資產負債率 = \frac{1,060}{2,000} \times 100\% = 53\%$$

不同的人對負債比率的要求不盡相同。債權人關心的是貸給企業款項的安全程度，如果負債比率較高，則企業的風險將主要由債權人承擔，其貸款的安全也缺乏可靠的保障，這對債權人是不利的。而產權擁有者卻希望負債經營，以提高資金利潤率。如果企業負債所支付的利率低於資產報酬率，就可以利用舉債經營取得更多的投資收益。因此，股東所關心的往往是全部資產報酬率是否超過了借款的利率。企業股東可以通過舉債經營的方式，以有限的資本、付出有限的代價而取得對企業的控制權，並且可以得到舉債經營的槓桿利益。在財務分析中，資產負債率也因此被人們稱為財務槓桿。對企業經營者來說，他們既要考慮企業的盈利，也要顧及企業所承擔的財務風險。資產負債率作為財務槓桿，不僅反應了企業的長期財務狀況，也反應了企業管理當局的進取精神。如果企業不利用舉債經營或者負債比率很小，則說明企業比較保守，對前途信心不足，利用債權人資本進行經營活動的能力較差。但是，負債也必須有一定限度，負債比率過高，企業的財務風險將增大，一旦資產負債率超過1，則說明企業資不抵債，有瀕臨倒閉的危險。

至於資產負債率為多少才是合理的，並沒有一個確定的標準。不同的行業、不同類型的企業都是有較大差異的。一般而言，處於高速成長時期的企業，其負債比率可能會高一些，這樣所有者會得到更多的槓桿利益。但是，財務管理者在確定企業的負債比率時，一定要審時度勢，充分考慮企業內部各種因素和企業外部的市場環境，在收益與風險之間權衡利弊得失，然後才能做出正確的財務決策。

2. 股東權益比率與權益乘數

股東權益比率是股東權益與資產總額的比率，該比率反應企業資產中有多少是所有者投入的。其計算公式為：

$$股東權益比率 = \frac{股東權益總額}{資產總額} \times 100\%$$

從上述公式可知，股東權益比率與負債比率之和等於 1，這兩個比率是從不同的側面來反應企業長期財務狀況的，股東權益比率越大，負債比率就越小，企業的財務風險也越小，償還長期債務的能力就越強。根據表 7－4 的有關數據，M 公司 200×年末的股東權益比率為：

$$股東權益比率 = \frac{940}{2,000} \times 100\% = 47\%$$

股東權益比率的倒數稱為權益乘數，即資產總額是股東權益的多少倍。該乘數越大，說明股東投入的資本在資產中所占比重越小。其計算公式為：

$$權益乘數 = \frac{資產總額}{股東權益總額}$$

根據表 7－4 的有關數據，M 公司 200×年末的權益乘數為：

$$權益乘數 = \frac{2,000}{940} = 2.13$$

權益乘數也可以用來衡量企業的財務風險，這個乘數或倍數越高，企業的財務風險就越大。公式中的資產總額與股東權益數也可以採用平均總額計算：

$$權益乘數 = \frac{資產平均總額}{股東權益平均總額}$$

根據表 7－4 的有關數據，M 公司 200×年末的權益乘數為：

$$權益乘數 = \frac{(1,680 + 2,000)/2}{(880 + 940)/2} = 2.02$$

3. 產權比率

產權比率是負債總額與股東權益總額的比率，也稱負債股權比率。其計算公式為：

$$產權比率 = \frac{負債總額}{股東權益總額}$$

從公式中可以看出，這個比率實際上是負債比率的另一種表現形式，它反應了債權人提供的資金與股東提供資金的對比關係，因此它可以揭示企業的財務風險以及股東權益對債務的保障程度。該比率越低，說明企業長期財務狀況越好，債權人貸款的安全越有保障，企業財務風險越小。根據表 7－4 的有關數據，M 公司 200×年末的產權比率為：

$$產權比率 = \frac{1,060}{350} = 1.13$$

4. 償債保障比率

償債保障比率是負債總額與經營活動現金淨流量的比率。其計算公式為：

$$償債保障比率 = \frac{負債總額}{經營活動現金淨流量}$$

從公式中可以看出，償債保障比率反應了用企業經營活動產生的現金淨流量償還全部債務所需的時間，所以該比率亦被稱為債務償還期。一般認為，經營活動產生的

現金流量是企業長期資金的主要來源，而投資活動和籌資活動所獲得的現金流量雖然在必要時也可用於償還債務，但不能將其視為經常性的現金流量。因此，用償債保障比率就可以衡量企業通過經營活動所獲得的現金償還債務的能力。一般認為，該比率越低，企業償還債務的能力越強。

根據表 7－4 有關數據，M 公司 200×年度的經營活動產生的現金淨流量為 350 萬元，則該公司 200×年度的償債保障比率為：

$$償債保障比率 = \frac{1,060}{350} = 3.03$$

5. 已獲利息倍數

已獲利息倍數也稱利息保障倍數，是稅前利潤加利息費用之和與利息費用的比率。其計算公式為：

$$已獲利息倍數 = \frac{息稅前利潤總額}{利息費用}$$

其中，息稅前利潤總額 = 稅前利潤 + 利息費用
　　　　　　　　　　= 淨利潤 + 所得稅 + 利息支出

根據表 7－5 的有關數據（假定該公司的財務費用都是利息費用，並且固定資產成本中不含資本化利息），M 公司 200×年末的已獲利息倍數為：

$$已獲利息倍數 = \frac{200 + 110}{110} = 2.82$$

公式中的稅前利潤是指繳納所得稅之前的利潤總額，利息費用不僅包括財務費用中的利息費用，還包括計入固定資產成本的資本化利息。已獲利息倍數反應了企業的經營所得支付債務利息的能力。如果這個比率太低，說明企業難以保證用經營所得來按時、按量支付債務利息，這會引起債權人的擔心。一般來說，企業的已獲利息倍數至少要大於 1，否則，就難以償付債務及利息，若長此以往，甚至會導致企業破產倒閉。

但是，利用已獲利息倍數這一指標必須注意，因為會計採用權責發生制來核算費用，所以本期的利息費用不一定就是本期的實際利息支出，而本期發生的實際利息支出也並非全部是本期的利息費用；同時，本期的息稅前利潤也並非本期的經營活動所獲得的現金。這樣，利用上述財務指標來衡量經營所得支付債務利息的能力就存在一定的片面性，不能清楚地反應實際支付利息的能力。

該財務指標究竟是多少才能說明企業償付利息的能力強，並沒有一個確定的標準，通常要根據歷年的經驗和行業特點來判斷。

第三節　營運能力分析

營運能力是用來衡量企業在資產管理方面效率的財務指標。對此進行分析，可以瞭解企業的營業狀況及經營管理水準。資金週轉狀況好，說明企業的經營管理水準高，資金利用效率高。企業的資金週轉狀況與供、產、銷各個經營環節密切相關，任何一個環節出現問題，都會影響企業資金的正常週轉。評價企業營運能力的常用指標主要有營業週期、應收帳款週轉率、存貨週轉率、流動資產週轉率和總資產週轉率等。

1. 營業週期

營業週期是指從取得存貨開始到銷售存貨並收回現金為止的這段時間。營業週期的長短取決於存貨週轉天數和應收帳款週轉天數。營業週期的計算公式如下：

營業週期＝存貨週轉天數＋應收帳款週轉天數

把存貨週轉天數和應收帳款週轉天數加在一起計算出來的營業週期，指的是需要多長時間能將期末存貨全部變為現金。一般情況下，營業週期短，說明資金週轉速度快；營業週期長，說明資金週轉速度慢。

2. 應收帳款週轉率

應收帳款在流動資產中有著舉足輕重的地位。及時收回應收帳款，不僅可以增強企業的短期償債能力，也反應出企業管理應收帳款方面的效率。

反應應收帳款週轉速度的指標是應收帳款週轉率，也就是年度內應收帳款轉為現金的平均次數，它說明應收帳款流動的速度。用時間表示的週轉速度是應收帳款週轉天數，也叫平均應收帳款回收期或平均收現期，它表示企業從取得應收帳款的權利到收回款項、轉換為現金所需要的時間。其計算公式為：

$$應收帳款週轉率 = \frac{銷售收入}{平均應收帳款}$$

其中，平均應收帳款＝（期初應收帳款餘額＋期末應收帳款餘額）／2

公式中的銷售收入數據來自利潤表，是扣除折扣和折讓後的銷售淨額。以後的計算也是如此，除非特別指明銷售收入均指銷售淨額。平均應收帳款是指未扣除壞帳準備的應收帳款金額，它是資產負債表中期初應收帳款餘額與期末應收帳款餘額的平均數。有人認為，銷售淨額應扣除現金銷售部分，即是用賒銷淨額來計算。從道理上看，這樣可以保持比率計算分母和分子口徑的一致性。但是，不僅財務報表的外部使用人無法取得這項數據，而且財務報表的內部使用人也未必容易取得該數據，因此，把現金銷售視為收帳時間為零的賒銷也是可以的，只要保持一貫性，使用銷售淨額來計算該指標一般不影響其分析和利用價值。因此，在實務上多採用銷售淨額來計算應收帳款週轉率。

【例題7-3-1】M公司200×年度銷售收入為3,000萬元，年初應收帳款餘額為200萬元，年末應收帳款餘額為400萬元。則應收帳款週轉率為多少？

解析：

$$應收帳款週轉率 = \frac{3,000}{(200+400)/2} = 10（次）$$

在市場經濟條件下，商業信用被廣泛應用，應收帳款成為一項重要的流動資產。應收帳款週轉率是評價應收帳款流動性大小的一個重要財務比率，它反應了企業在一個會計年度內應收帳款的週轉次數，可以用來分析企業應收帳款的變現速度和管理效率。這一比率越高，說明企業催收帳款的速度越快，可以減少壞帳損失，而且資產的流動性強，企業的短期償債能力也會增強，在一定程度上可以彌補流動比率低的不利影響。但是，如果應收帳款週轉率過高，可能是企業奉行了比較嚴格的信用政策、信用標準和付款條件過於苛刻的結果。這樣會限制企業銷售量的擴大，從而會影響企業的盈利水準。這種情況往往表現為存貨週轉率同時偏低。如果企業的應收帳款週轉率過低，則說明企業的營運資金會過多地呆滯在應收帳款上，企業催收帳款的效率太低，或者信用政策十分寬鬆，這樣會影響企業資金利用率和資金的正常週轉。

用應收帳款週轉次數來反應應收帳款的週轉情況是比較常見的，如上面計算的 M 公司 200×年度應收帳款週轉率為 10，表明該公司 1 年內應收帳款週轉次數為 10 次。但是，也可以用應收帳款週轉天數來反應應收帳款的週轉情況。其計算公式為：

$$應收帳款週轉天數 = \frac{360}{應收帳款週轉率}$$

應收帳款週轉天數表示應收帳款週轉一次所需天數。週轉天數越短，說明企業的應收帳款週轉速度越快。根據 M 公司的應收帳款週轉率，計算應收帳款週轉天數為：

$$應收帳款週轉天數 = \frac{360}{10} = 36（天）$$

M 公司的應收帳款週轉天數為 36 天，說明 M 公司從賒銷產品到收回帳款的平均天數為 36 天。應收帳款週轉天數與應收帳款週轉率成反比例變化，對該指標的分析是制定企業信用政策的一個重要依據。

3. 存貨週轉率

在流動資產中，存貨所占的比重較大。存貨的流動性將直接影響企業的流動比率，因此必須特別重視對存貨的分析。存貨的流動性一般用存貨的週轉速度指標來反應，即存貨週轉率或存貨週轉天數。

存貨週轉率是衡量和評價企業購入存貨、投入生產、銷售收回等各環節管理狀況的綜合性指標。它是銷售成本被平均存貨所除而得到的比率，或叫存貨的週轉次數，用時間表示的存貨週轉率就是存貨週轉天數。計算公式為：

$$存貨週轉率 = \frac{銷售成本}{平均存貨}$$

其中，

$$平均存貨 = \frac{期初存貨 + 期末存貨}{2}$$

$$存貨週轉天數 = \frac{360}{存貨週轉率}$$

公式中的銷售成本可以從利潤表中得知，平均存貨是期初存貨餘額與期末存貨餘額的平均數，可以根據資產負債表計算得出。如果企業生產經營活動具有很強的季節性，則年度內各季度的銷售成本與存貨都會有較大幅度的波動，因此，平均存貨應該按季度或月份餘額來計算，先計算出各月份或各季度的平均存貨，然後再計算全年的平均存貨。存貨週轉天數表示存貨週轉一次所需要的時間，天數越短說明存貨週轉得越快。

【例題 7-3-2】M 公司 200×年度產品銷售成本為 2,644 萬元，期初存貨為 326 萬元，期末存貨為 119 萬元。該公司存貨週轉率為多少？

解析：

$$存貨週轉率 = \frac{2,644}{(326 + 119)/2} = 11.88（次）$$

$$存貨週轉天數 = \frac{360}{11.88} \approx 30（天）$$

存貨週轉率說明了一定時期內企業存貨週轉的次數，可以用來測定企業存貨的變現速度，衡量企業的銷售能力及存貨是否過量。存貨週轉率反應了企業的銷售效率和存貨使用效率。在正常情況下，如果企業經營順利，存貨週轉率越高，說明存貨週轉

得越快，企業的銷售能力越強，營運資金占用在存貨上的金額也會越少。但是，存貨週轉率過高，也可能說明企業管理方面存在一些問題，如存貨水準太低，甚至經常缺貨，或者採購次數過於頻繁，批量太小等。存貨週轉率過低，常常是由庫存管理不力，銷售狀況不好造成存貨積壓所致，說明企業在產品銷售方面存在一定的問題，應當採取積極的銷售策略，但也可能是企業調整了經營方針，因某種原因增大庫存的結果，因此，對存貨週轉率的分析，要深入調查企業庫存的構成，結合實際情況作出判斷。

4. 流動資產週轉率

流動資產週轉率是銷售收入與全部流動資產平均餘額的比值。它反應的是全部流動資產的利用效率。其計算公式為：

$$流動資產週轉率 = \frac{銷售收入}{全部流動資產平均餘額}$$

其中，

$$平均流動資產 = \frac{年初流動資產 + 年末流動資產}{2}$$

【例題7-3-3】M公司年初流動資產為610萬元，年末流動資產為700萬元。計算流動資產週轉率為多少？

解析：

$$流動資產週轉率 = \frac{3,000}{(610+700)/2} = 4.58（次）$$

流動資產週轉率是分析流動資產週轉情況的一個綜合指標，流動資產週轉快，可以節約流動資金，提高資金的利用效率。延緩週轉速度，需要補充流動資產參加週轉，形成資金浪費，降低企業盈利能力。但是，究竟流動資產週轉率為多少才算好，並沒有一個確定的標準。通常分析流動資產週轉率應比較企業歷年的數據並結合行業特點。

5. 總資產週轉率

總資產週轉率是企業銷售收入與平均資產總額的比率。其計算公式為：

$$總資產週轉率 = \frac{銷售收入}{平均資產總額}$$

其中，

$$平均資產總額 = \frac{年初資產總額 + 年末資產總額}{2}$$

公式中的銷售收入一般用銷售收入淨額，即扣除銷售退回、銷售折扣和折讓後的淨額。總資產週轉率可用來分析企業全部資產的使用效率。如果這個比率較低，說明企業利用其資產進行經營的效率較差，會影響企業的獲利能力，企業應該採取措施提高銷售收入或處置資產，以提高總資產利用率。

續前例，M公司總資產週轉率為：

$$總資產週轉率 = \frac{3,000}{(1,680+2,000)/2} = 1.63（次）$$

該項指標反應資產總額的週轉速度。週轉越快說明銷售能力越強。企業可以通過薄利多銷的辦法，加速資產的週轉，帶來利潤絕對額的增加。

第四節　獲利能力分析

獲利能力是指企業賺取利潤的能力，通常體現為企業收益數額的大小與水準的高低，投資者及公司經營者都關心這一能力。衡量獲利能力的指標有總資產報酬率與資產淨利率、股東權益報酬率、資本收益率、銷售毛利率、銷售淨利率、成本費用淨利率、每股收益、每股股利、股利發放率、每股淨資產、市盈率等。

1. 總資產報酬率與資產淨利率

總資產報酬率是一定時期內獲得的報酬總額與資產平均餘額的比率。用以衡量企業使用全部資產獲取利潤的能力，也是衡量企業利用債權人和股東權益總額取得盈利的重要指標。總資產報酬率的計算公式為：

$$總資產報酬率 = \frac{總稅前利潤}{資產平均餘額} \times 100\%$$

其中，

息稅前利潤 = 利潤總額 + 利息支出
　　　　　 = 淨利潤 + 所得稅 + 利息支出

$$資產淨利率 = \frac{淨利潤}{資產平均餘額}$$

根據表7-4和表7-5資料，M公司200×年年末利潤總額為200萬元，假設表中財務費用全部為利息支出，資產總額期初為1,680萬元，期末為2,000萬元，計算總資產報酬率與資產淨利率：

$$總資產報酬率 = \frac{200 + 110}{(1,680 + 2,000)/2} \times 100\% = 16.8\%$$

$$資產淨利率 = \frac{150}{(1,680 + 2,000)/2} \times 100\% = 8\%$$

總資產報酬率與資產淨利率綜合反應了企業全部資產的營運效果，企業所有者和債權人對該指標非常關心。在資本結構相同的情況下，該比率越高，說明企業利用有限資產獲取利潤的能力越強，經營管理水準越高。在實際運用中，行業間的資產報酬率會趨於平衡。這是因為資產作為一種資源，會從低報酬率行業向高報酬率行業轉移，直至每個行業獲得平均利潤率。

2. 股東權益報酬率

股東權益報酬率也稱淨資產收益率，是淨利潤與股東權益平均總額的比率。它是反應股東權益資金投資收益水準的指標，是企業獲利能力指標的核心。公式表示為：

$$股東權益報酬率 = \frac{淨利率}{平均淨資產} \times 100\%$$

依前例，M公司200×股東權益報酬率為：

$$股東權益報酬率 = \frac{150}{(880 + 940)/2} \times 100\% = 16.48\%$$

股東權益報酬率反應了企業資產利用效果和利用財務槓桿的能力。股東權益報酬率是評價企業股東權益資本及其累積獲取報酬水準的最具綜合性與代表性的指標，反應企業資本營運的綜合效益。該指標通用性強，適應範圍廣，不受行業局限，在國際

上的企業綜合評價中使用率非常高。通過對該指標的綜合對比分析，可以看出企業獲利能力在同行業中所處的地位以及與同類企業的差異水準。一般認為，股東權益報酬率越高，企業股東權益資本獲取收益的能力越強，營運效益越好，對企業投資人和債權人權益的保證程度越高。

3. 資本收益率

資本收益率是企業一定時期淨利潤與平均資本（即資本性投入及資本溢價）的比率，反應企業實際獲得投資額的回報水準。其計算公式如下：

$$資本收益率 = \frac{淨利潤}{平均資本} \times 100\%$$

其中，

$$平均資本 = \frac{(股本年初數 + 資本攻擊公積年初數) + (股本年末數 + 資本公積年末數)}{2}$$

需要說明的是，企業股東權益的來源包括股東投入的股本、直接計入股東權益的利得和損益、留存收益等。其中，股東投入的股本，反應在股本（或實收資本）和資本公積（資本溢價或股本溢價）中；直接計入股東權益的利得和損益反應在資本公積（或其他資本公積）中；留存收益則包括未分配利潤和盈餘公積。換句話說，並非資本公積中的所有金額都屬於股東投入的股本，只有其中的股本溢價（或資本溢價）屬於資本性投入。

根據表 7-4 和表 7-5 資料，同時假定該公司 200× 年度的年末股本為 100 萬元，資本公積 16 萬元，該公司 200× 年度資本收益率的計算如下所示：

$$平均資本 = \frac{(100+10) + (100+16)}{2} = 113$$

$$資本收益率 = \frac{淨利潤}{平均資本} = \frac{150}{113} = 132.7\%$$

4. 銷售毛利率

銷售毛利率也稱毛利率，是企業的銷售毛利與銷售收入淨額的比率。其計算公式為：

$$銷售毛利率 = \frac{銷售毛利}{銷售收入淨額} \times 100\%$$

$$= \frac{銷售收入淨額 - 銷售成本}{銷售收入淨額} 100\%$$

銷售毛利是企業銷售收入淨額與銷售成本的差額，銷售收入淨額是指產品銷售收入扣除銷售退回、銷售折扣與折讓後的淨額。銷售毛利率反應了企業的銷售成本與銷售收入淨額的比例關係，毛利率越大，說明在銷售收入淨額中銷售成本所占比重越小，企業通過銷售獲取利潤的能力越強。根據表 7-5 的有關數據，M 公司 200× 年的銷售毛利率為：

$$銷售毛利率 = \frac{3,000 - 2,644}{3,000} \times 100\% = 11.87\%$$

從計算可知，M 公司 200× 年產品的銷售毛利率為 11.87%，說明每 100 元的銷售收入可以為公司提供 11.87 元的毛利。

5. 銷售淨利率

銷售淨利率是企業淨利潤與銷售收入淨額的比率。其計算公式為：

$$銷售淨利率 = \frac{淨利潤}{銷售收入淨額} \times 100\%$$

銷售淨利率說明了企業淨利潤占銷售收入的比例，它可以評價企業通過銷售賺取利潤的能力。銷售淨利率表明企業每 100 元銷售淨收入可實現的淨利潤是多少。該比率越高，企業通過擴大銷售獲取收益的能力越強。根據表 7－5 的有關數據，M 公司 200×年的銷售淨利率為：

$$銷售淨利率 = \frac{150}{3,000} \times 100\% = 5\%$$

從計算可知，M 公司的銷售淨利率僅為 5%，說明每 100 元的銷售收入可為公司提供 5 元的淨利潤。評價企業的銷售淨利率時，應比較企業歷年的指標，從而判斷企業銷售淨利率的變化趨勢。銷售淨利率受行業特點影響較大，因此還應該結合不同行業的具體情況進行分析。

6. 成本費用淨利率

成本費用淨利率是企業淨利潤與成本費用總額的比率，它反應了企業生產經營過程中發生的耗費與獲得的收益之間的關係。其計算公式為：

$$成本費用淨利率 = \frac{淨利潤}{成本費用總額} \times 100\%$$

公式中，成本費用是企業為了取得利潤而付出的代價，主要包括銷售成本、銷售費用、銷售稅金、管理費用、財務費用和所得稅等。這一比率越高，說明企業為獲取收益而付出的代價越小，企業的獲利能力越強。因此，通過這個比率不僅可以評價企業獲利能力的高低，也可以評價企業對成本費用的控制能力和經營管理水準。根據表 7－5 的有關數據，M 公司 200×年的成本費用總額為 2,900 萬元（2,644＋22＋28＋46＋110＋50），則 M 公司 200×年的成本費用淨利率為：

$$成本費用淨利率 = \frac{150}{2,900} \times 100\% = 5.17\%$$

M 公司的成本費用淨利率為 5.17%，說明該公司每耗費 100 元，可以獲取 5.17 元的淨利潤。

7. 每股收益

每股收益也稱每股利潤或每股盈餘，是股份公司稅後利潤分析的一個重要指標，主要是針對普通股而言的。每股收益是稅後淨利潤扣除優先股股利後的餘額，除以發行在外的普通股平均股數。其計算公式為：

$$每股收益 = \frac{淨利潤 - 優先股股利}{發行在外的普通股平均股數}$$

每股收益是股份公司發行在外的普通股每股所取得的利潤，它可以反應股份公司獲利能力的大小。每股收益越高，說明股份公司的獲利能力越強。根據表 7－5 的資料，假定發行在外的普通股平均股數為 100 萬股，並且沒有優先股，則 M 公司 200×年的普通股每股收益為：

$$每股收益 = \frac{150}{100} = 1.5（元）$$

雖然每股收益可以很直觀地反應股份公司的獲利能力以及股東的報酬，但是它是一個絕對指標，在分析每股收益時，還應結合流通在外的股數。如果某一股份公司採用股本擴張的政策，大量配股或以股票股利的形式分配股利，這樣必然攤薄每股利潤，

使每股利潤減少。同時，分析者還應注意到每股股價的高低，如兩個公司的每股收益都是 1.5 元，但是一個公司股價為 25 元，另一公司的股價為 16 元，則投資於兩個公司的風險和報酬很顯然是不同的。因此，投資者不能片面地分析每股收益，最好結合股東權益報酬率來分析公司的獲利能力。

在計算每股收益時，公式中的分母用公司年末普通股平均股數。如果年度內普通股的股數未發生變化，則發行在外的普通股平均股數就是年末普通股總數；如果年度內普通股的股數發生了變化，則發行在外的普通股平均股數應當使用按月計算的加權平均發行在外的普通股股數。

8. 每股股利

每股股利是普通股分配的股利總額除以年末普通股股數，它反應了普通股獲得的股利的多少。其計算公式為：

$$每股股利 = \frac{普通股股利總額}{年末普通股股數}$$

根據表 7-5 的資料，假定 200× 年年末發行在外的普通股股數為 100 萬股，公司決定發放現金股利 60 萬元，則 M 公司 200× 年普通股每股股利為：

$$每股股利 = \frac{60}{100} = 0.6（元/股）$$

每股股利的高低，不僅取決於公司獲利能力的強弱，還取決於公司的股利政策和現金是否充裕。傾向於分配現金股利的投資者，應當比較分析公司歷年的每股股利，從而瞭解公司的股利政策。

9. 股利發放率

股利發放率也稱股利支付率，是普通股每股股利與每股收益的比率。它表明股份公司的淨收益中有多少用於股利的分派。其計算公式為：

$$股利發放率 = \frac{每股股利}{每股收益} \times 100\%$$

依上例，則 M 公司 200× 年的股利發放率為：

$$股利發放率 = \frac{0.6}{1.5} \times 100\% = 40\%$$

M 公司的股利發放率為 40%，說明 M 公司將淨利潤的 40% 用於支付普通股股利。股利發放率主要取決於公司的股利政策，沒有一個具體的標準來判斷股利發放率是大好還是小好。一般而言，如果一家公司的現金量比較充裕，並且目前沒有更好的投資項目，則可能會傾向於發放現金股利；如果公司有較好的投資項目，則可能會少發股利，而將資金用於投資。

10. 每股淨資產

每股淨資產也稱每股帳面價值，是年末股東權益總額除以年末普通股股數。其計算公式為：

$$每股淨資產 = \frac{年末股東權益總額}{年末普通股股數}$$

根據表 7-4 的有關數據，M 公司 200× 年年末的每股淨資產為：

$$每股淨資產 = \frac{940}{100} = 9.4（元）$$

評價每股淨資產並沒有一個確定的標準，但是投資者可以通過比較分析公司歷年

的每股淨資產的變動趨勢來瞭解公司的發展趨勢和獲利能力。

11. 市盈率

市盈率也稱價格盈餘比率或價格與收益比率，是指普通股每股市價與每股收益的比率。其計算公式為：

$$市盈率 = \frac{每股市價}{每股收益}$$

市盈率是反應股份公司獲利能力的一個重要財務比率，投資者對這個比率十分重視，是投資者作出投資決策的重要參考因素之一。一般來說，市盈率高，說明投資者對該公司的發展前景看好，願意出較高的價格購買該公司的股票，所以一些成長性較好的高科技公司股票的市盈率通常要高一些。但是，也應注意，如果某一種股票的市盈率過高，則也意味著這種股票具有較高的投資風險。

假定 M 公司 200×年末股票的價格為每股 16 元，則其市盈率為：

$$市盈率 = \frac{16}{1.5} = 10.67$$

第五節　綜合財務分析

財務分析的最終目的在於全方位地瞭解企業經營理財的狀況，並對企業經濟效益的優劣作出系統的、合理的評價。單獨分析任何一項財務指標，都難以全面評價企業的財務狀況和經營成果，要想對企業財務狀況和經營成果有一個總的評價，就必須進行相互關聯的分析，採用適當的標準進行綜合性的評價。所謂綜合指標分析就是將營運能力、償債能力、獲利能力指標等諸方面納入一個有機的整體之中，全面地對企業經營狀況、財務狀況進行揭示與披露，從而對企業經濟效益的優劣作出準確的評價與判斷。綜合指標分析的方法很多，其中應用比較廣泛的有財務比率綜合評分法和杜邦財務分析法。

1. 財務比率綜合評分法

財務比率綜合評分法最早是在 20 世紀初，由亞歷山大·沃爾選擇七項財務比率對企業的信用水準進行評分所使用的方法，所以也稱為沃爾評分法。這種方法是通過對選定的幾項財務比率進行評分，然後計算出綜合得分，並據此評價企業的綜合財務狀況。

（1）企業財務狀況比較分析

企業財務狀況的比較分析主要有兩種：

①將企業本期的財務報表或財務比率同過去幾個會計期間的財務報表或財務比率進行比較，這是縱向比較，可以分析企業的發展趨勢，也就是趨勢分析法。

②將本企業的財務比率與同行業平均財務比率或同行業先進的財務比率相比較，這是橫向比較，可以瞭解到企業在同行業中所處的水準，以便綜合評價企業的財務狀況。

橫向比較分析法儘管在企業的綜合財務分析中也是經常使用的，但是它存在以下兩項缺點：第一，它需要企業找到同行業的平均財務比率或同行業先進的財務比率等資料作為參考標準，但在實際工作中，這些資料有時可能難以找到；第二，這種比較分析只能定性地描述企業的財務狀況，如比同行業平均水準略好、與同行業平均水準相當或略差，而不能用定量的方式來評價企業的財務狀況究竟處於何種程度。因此，

為了克服這兩個缺點，可以採用財務比率綜合評分法。

（2）財務狀況綜合分析程序

採用財務比率綜合評分法進行企業財務狀況的綜合分析，一般要遵循如下程序。

①選定財務比率指標。財務比率指標要全面，反應企業的償債能力、營運能力和獲利能力的三大類財務比率都應當包括在內。財務比率指標要具有代表性，選擇能夠說明問題的重要的財務比率。

②確定各項財務比率的標準評分值。各項財務比率的標準評分值之和應等於100分。各項財務比率評分值的確定是財務比率綜合評分法的一個重要問題，它直接影響到對企業財務狀況的評分。對各項財務比率的重要程度，不同的分析者會有截然不同的態度，但一般來說，應根據企業的經營活動的性質、企業的生產經營規模、市場形象和分析者的分析目的等因素來確定。

③規定各項財務比率評分值的上限和下限，即最高評分值和最低評分值。這主要是為了避免個別財務比率的異常給總分造成影響。

④確定各項財務比率的標準值。財務比率的標準值是指各項財務比率在企業現時條件下最理想的數值，亦即最優值。財務比率的標準值通常可以參照同行業的平均水準，並經過調整後確定。

⑤計算出企業在一定時期各項財務比率的實際值。

⑥計算出各項財務比率實際值與標準值的比率，即關係比率。關係比率等於財務比率的實際值除以標準值。

⑦計算出各項財務比率的實際得分。各項財務比率的實際得分是關係比率和標準評分值的乘積，每項財務比率的得分都不得超過上限或下限，各項財務比率實際得分的合計數就是企業財務狀況的綜合得分。企業財務狀況的綜合得分反應了企業綜合財務狀況是否良好。如果綜合得分等於或接近100分，說明企業的財務狀況是良好的，達到了預先確定的標準；如果綜合得分遠低於100分，就說明企業的財務狀況較差，應當採取適當的措施加以改善；如果綜合得分超過100分很多，就說明企業的財務狀況很理想。

下面採用財務比率綜合評分法對M公司200×年的財務狀況進行綜合評價，詳見表7-6。

表7-6　　　　　　　　M公司200×年財務比率綜合評分表

財務比率	評分值 (1)	上限/下限 (2)	標準值 (3)	實際值 (4)	關係比率 (5) = (4)/(3)	得分 (6) = (1)×(5)
流動比率	10	20/5	2	2.33	1.17	11.70
速動比率	10	20/5	1.2	1.94	1.62	16.20
資產/負債	12	20/5	2.1	1.89	0.90	10.80
存貨週轉率	10	20/5	6.5	11.88	1.83	18.30
應收帳款週轉率	8	20/4	13	10	0.77	6.16
總資產週轉率	10	20/5	2.1	1.63	0.78	7.80
資產報酬率	15	30/7	31.5%	16.8%	0.53	7.95
股權報酬率	15	30/7	58.33%	16.48%	0.28	4.20
銷售淨利率	10	20/5	15%	5%	0.33	3.30
合計	100					86.41

根據表 7-6 的財務比率綜合評分，M 公司財務狀況的綜合得分為 86.41 分，說明該公司的財務狀況是優良的，與選定的標準基本是一致的。

2. 杜邦財務分析法

杜邦財務分析法（簡稱杜邦分析法）是利用各財務指標間的內在關係，對企業綜合經營理財及經濟效益進行系統分析評價的方法。因其最初由美國杜邦公司創立並成功運用而得名。該體系以淨資產收益率為核心，將其分解為若干財務指標，通過分析各分解指標的變動對淨資產收益率的影響來揭示企業獲利能力及其變動原因。

杜邦體系各主要指標之間的關係如下：

股東權益報酬率＝資產淨利率×權益乘數＝銷售淨利率×總資產週轉率×權益乘數

這一等式被稱為杜邦等式。

其中，

$$銷售淨利率 = \frac{淨利潤}{銷售收入}$$

$$總資產週轉率 = \frac{銷售收入}{平均資產總額}$$

$$權益乘數 = \frac{資產總額}{股東權益總額} = \frac{1}{1 - 資產負債率}$$

利用前面介紹的財務比率綜合評分法，雖然可以比較全面地分析企業的綜合財務狀況，但是不能反應企業各方面財務狀況之間的關係，無法揭示企業各種財務比率之間的相互關係。實際上，企業的財務狀況是一個完整的系統，內部各種因素都是相互依存、相互作用的，任何一個因素的變動都會引起企業整體財務狀況的改變，必須深入瞭解企業財務狀況內部的各項因素及其相互之間的關係，這樣才能比較全面地揭示企業財務狀況的全貌。杜邦分析法正是這樣的一種分析方法，一般用杜邦系統圖來表示。圖 7-1 就是 M 公司 200×年的杜邦分析系統圖。

需要說明的是，股東權益報酬率、資產淨利率、銷售淨利率和總資產週轉率都是時期指標，而權益乘數和資產負債率是時點指標，為了使這些指標具有可比性，上圖中的權益乘數和資產負債率均採用 200×年度期初和期末的平均值。

上述指標之間的關係如下：

（1）股東權益報酬率是一個綜合性最強的財務比率，是杜邦體系的核心。其他各項指標都是圍繞這一核心，通過研究彼此間的依存制約關係，揭示企業的獲利能力及其前因後果。財務管理的目標是使股東財富最大化，股東權益報酬率反應股東投入資金的獲利能力，反應企業籌資、投資、資產營運等活動的效率，提高股東權益報酬率是實現財務管理目標的基本保證。該指標的高低取決於銷售淨利率、總資產週轉率與權益乘數。

（2）銷售淨利率反應了企業淨利潤與銷售收入的關係。提高銷售淨利率是提高企業盈利的關鍵，主要有兩個途徑：一是擴大銷售收入，二是降低成本費用。

（3）總資產週轉率揭示企業資產總額實現銷售收入的綜合能力。企業應當聯繫銷售收入分析企業資產的使用是否合理，資產總額中流動資產和非流動資產的結構安排是否適當。此外，還必須對資產的內部結構以及影響資產週轉率的各具體因素進行分析。

（4）權益乘數反應股東權益與總資產的關係。權益乘數越大，說明企業負債程度較高，能給企業帶來較大的財務槓桿利益，但同時也帶來了較大的償債風險。因此，

```
                    ┌─────────────────────┐
                    │  股東權益報酬率16.4%  │
                    └──────────┬──────────┘
              ┌────────────────┴────────────────┐
   ┌──────────────────┐                ┌──────────────────┐
   │ 資產淨利論8.15%   │                │ 權益乘數 2.021,8 │
   └─────────┬────────┘                └─────────┬────────┘
   ┌──────────────────────┐            ┌──────────────────────┐
   │ 銷售淨利率×總資產周轉率│           │ 1÷（1-資產負債率）    │
   │   5%         1.63    │            │       50.54%         │
   └──────────┬───────────┘            └──────────┬───────────┘
       ┌─────┴─────┐                              │
┌──────────────┐ ┌──────────────┐  ┌──────────────────────────┐
│淨利潤÷銷售收入│ │銷售收入÷資產  │  │負債平均餘額÷資產平均餘額  │
│ 150    3,000 │ │平均餘額       │  │   930        1,840       │
│              │ │3,000   1,840 │  │                          │
└──────┬───────┘ └──────────────┘  └──────────────────────────┘
```

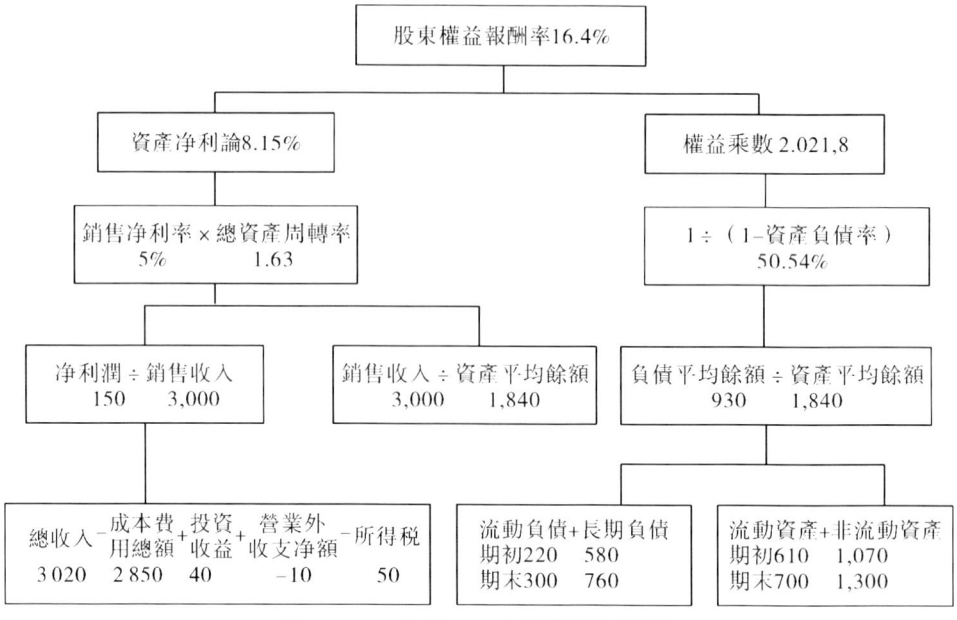

圖7-1　M公司200×年杜邦分析系統圖

企業既要合理使用全部資產，又要妥善安排資本結構。

　　通過杜邦體系自上而下的分析，不僅可以揭示出企業各項財務指標間的結構關係，查明各項主要指標變動的影響因素，而且為決策者優化經營理財狀況，提高企業經營效益提供了思路。提高主權資本淨利率的根本在於擴大銷售、節約成本、合理投資配置、加速資金週轉、優化資本結構、確立風險意識等。

　　杜邦分析方法的指標設計也具有一定的局限性，它更偏重於企業股東的利益。從杜邦指標體系來看，在其他因素不變的情況下，資產負債率越高，淨資產收益率就越高。這是由利用較多負債，從而利用財務槓桿作用的結果，但是沒有考慮財務風險的因素，負債越多，財務風險越大，償債壓力越大。因此，還要結合其他指標進行綜合分析。

　　總之，從杜邦分析系統可以看出，企業的獲利能力涉及生產經營活動的方方面面。股東權益報酬率與企業的籌資結構、銷售規模、成本水準、資產管理等因素密切相關，這些因素構成一個完整的系統，系統內部各因素之間相互作用。只有協調好系統內部各個因素之間的關係，才能使股東權益報酬率得到提高，從而實現股東財富最大化的理財目標。

本章小結

　　本章主要講述了財務分析的基本理論和方法，包括償債能力分析、營運能力分析、獲利能力分析和綜合財務分析等有關內容。

　　(1) 財務分析是以企業財務報告等會計資料為基礎，對企業的財務狀況和經營成果進行分析和評價的一種方法。主要目的是評價企業的償債能力、營運能力、獲利能力和發展趨勢。

（2）企業償債能力分析主要包括短期償債能力分析和長期償債能力分析。反應短期償債能力的財務比率指標有流動比率、速動比率、現金比率、現金流動負債比率；反應企業長期償債能力的財務比率指標主要有資產負債率、股東權益比率、權益乘數、產權比率、償債保障比率、已獲利息倍數。

（3）企業營運能力反應了企業資金週轉狀況，通過對營運能力進行分析，可以瞭解企業的營運狀況和經營管理水準。反應企業營運能力的財務比率指標主要有營業週期、存貨週轉率、應收帳款週轉率、流動資產週轉率和總資產週轉率。

（4）企業獲利能力是企業獲取利潤的能力。反應企業獲利能力的財務比率指標有總資產報酬率、資產淨利率、股東權益報酬率、資本收益率、銷售毛利率、銷售淨利率、成本費用淨利率、每股收益、每股股利、股利發放率、每股淨資產、市盈率等。

（5）通過企業財務狀況的綜合分析可以全面分析和評價企業各方面的財務狀況和經營能力。財務狀況綜合分析的方法主要有財務比率綜合評分法和杜邦分析法。

思考與練習

一、簡答題

1. 企業為什麼要進行財務分析？
2. 簡述財務分析的主要內容。
3. 反應企業償債能力的指標有哪些？如何計算和分析？
4. 反應企業營運能力的指標有哪些？如何計算和分析？
5. 反應企業獲利能力的指標有哪些？如何計算和分析？
6. 運用杜邦財務分析體系，如何進行綜合財務分析？
7. 如何運用財務比率綜合評分法，進行企業財務狀況的綜合分析？

二、計算題

1. 某公司 2006 年度銷售收入為 3,000 萬元，年初收帳款餘額為 200 萬元，年末應收帳款餘額為 400 萬元；年初應收票據餘額為 12 萬元，年末應收票據餘額為 8 萬元。則應收帳款週轉率為多少？

2. 某企業 2006 年稅後利潤 200 萬元，所得稅稅率為 25%，利息費用為 40 萬元，則該企業 2006 年已獲利息倍數為多少？

3. 某企業流動資產為 2,500 萬元，其中原材料 24 萬元，產成品 50 萬元，低值易耗品 6 萬元，流動負債 1,800 萬元，其中 1 年內到期的長期借款為 10 萬元。則該企業的速動比率為多少？

4. 某公司年初存貨為 3 萬元，年初應收帳款為 2.54 元，年末流動比率為 2，速動比率為 1.5，存貨週轉率為 4 次，流動資產合計為 5.4 萬元。要求：計算公司本年銷貨成本。若公司本年銷售淨收入為 40 萬元，除應收帳款外，其他速動資產忽略不計，則應收帳款週轉次數是多少？

5. 某公司股東權益報酬率為 40%，銷售淨利率為 10%，平均資產為 1,000 萬元，總資產週轉率為 2 次，期初資產為 800 萬元，期初資產負債率為 50%，則期末資產負債率為多少？

第八章　市場營銷原理

學習目的：

　　通過本章學習，瞭解什麼是市場營銷、市場營銷的核心概念；瞭解和掌握顧客價值、顧客滿意及顧客忠誠，知悉如何保持和吸引顧客；清楚企業的市場營銷活動是在一定環境條件下進行的；瞭解和掌握消費者市場的需求、購買行為特點以及影響購買行為的主要因素；掌握市場細分的一般原理和方法、懂得如何在市場細分的基礎上選擇目標市場，運用目標營銷戰略和實行市場定位。

重點與難點：

　　掌握市場營銷的核心概念及市場營銷觀念，顧客滿意與顧客忠誠的關係，營銷環境對營銷的影響，消費者市場的特點，市場細分的一般原理與方法，目標市場策略的選擇以及市場定位的含義與策略。

關鍵概念：

　　市場　市場營銷　市場營銷觀念　顧客價值　顧客忠誠　營銷環境　消費者市場　市場細分　目標市場　市場定位

第一節　市場營銷概述

一、市場營銷及核心概念

　　在市場經濟循序發展和市場競爭日益激烈的今天，作為一門應用學科，甚或一門藝術，市場營銷已經成為企業生產經營的關鍵，同時，也越來越多地引起商界人士的高度重視。我們在學習市場營銷之前，先來瞭解什麼是市場？

（一）市場的界定

　　1. 市場是買賣的場所，是商品交換的場所，是一個時間、空間的概念。
　　2. 市場是對某種商品或勞務的具有支付能力的需求。
　　3. 對某項商品或勞務具有需求的所有現實和潛在的購買者，指的是個人消費者和組織，不是場所。

　　綜上所述，市場是由人口、購買力和購買動機（慾望）有機組成的總和。可用公式表述：現實有效的市場 = 人口 + 購買力 + 購買慾望（市場的三要素）

（二）市場營銷的界定

　　市場營銷於20世紀初產生自美國，隨著生產力的發展而不斷完善。20世紀50年代，市場營銷有了比較成形的理論體系。60年代末，定位理論的提出，標誌著傳統市

場營銷理論體系的完善。90年代以來，全球性的環境惡化帶來可持續發展的觀念，這一觀念在市場營銷上的反應是社會營銷觀的提出，市場營銷正在醞釀重大變化。

企業的生產經營活動包括採購、生產和銷售三個基本環節。很顯然任何一個環節出現問題都會導致企業經營活動的中斷。隨著買方市場的形成，多數產品處於供過於求的狀態，這時，企業不得不把眼光更多地轉向銷售系統，希望銷售系統除了將生產出來的產品銷售出去以外，還能對企業的經營決策提出建議，銷售系統逐步演變為營銷系統。這時，企業市場活動的重點從生產後轉移到生產前，市場營銷不僅要把已經生產出來的產品銷售出去，更要關注並決定企業應該生產什麼、生產多少以及什麼時候生產。從這個意義上看，銷售只是市場營銷的邏輯結果，推銷或促銷只是市場營銷的後期活動，既不是核心活動，也不是主要活動，更非全部活動。從理想的角度看，市場營銷不僅不是推銷或促銷，而且反而使推銷成為多餘，使顧客自覺購買本企業的產品。管理學大師彼得·德魯克有這樣一段話很好地道出了市場營銷的實質，他說：「營銷的目的是使推銷成為不必要。營銷的目的在於很好地瞭解顧客，使產品或服務適合顧客的需要而能自行銷售。」

為了實現市場營銷的上述理想，市場營銷必須做到以下幾點：

第一，要研究人們需要什麼。

第二，要研究如何比競爭對手更好地滿足消費者的需要，這是顧客面臨多層次、多種選擇的必然結果。

第三，要告訴目標顧客，你的產品定位——即優勢是什麼，同時讓顧客能方便、放心地買到你的產品。「酒香不怕巷子深」是產品貧乏和市場狹小時的產物，在產品豐富化、市場全球化和信息滿天飛的情況下，通過合適的途徑和方式與目標顧客進行溝通是非常必要的。

著名營銷學家菲利普·科特勒教授的定義是：市場營銷是個人和群體通過創造並同他人交換產品和價值以滿足需求和慾望的一種社會和管理過程。據此，可以將市場營銷概念具體歸納為下列要點：

1. 市場營銷的最終目標是滿足需求和慾望。
2. 交換是市場營銷的核心，交換過程是一個主動、積極尋找機會、滿足雙方需求和慾望的社會過程和管理過程。
3. 交換過程能否順利進行，取決於營銷者創造的產品和價值滿足顧客需求的程度和交換過程管理的水準。

(三) 市場營銷的幾個核心概念

1. 需要、慾望和需求

(1) 需要（Need）

構成市場營銷基礎的最基本的概念就是人類需要這個概念。它是指人們沒有得到某些滿足的感受狀態，人們在生活中需要空氣、食品、衣服、住所、安全、感情以及其他一些東西，這些需要都不是社會和企業所能創造的，而是人類自身本能的基本組成部分。

(2) 慾望（Want）

它是指人們想得到這些基本需要的具體滿足物或方式的願望。一個人需要食品，想要得到一個麵條；需要被人尊重，想要得到一份體面的工作。

(3) 需求（Demand）

它是指人們有能力購買並且願意購買某種商品或服務的慾望。人們的慾望幾乎沒

165

有止境，但資源卻有限。因此，人們想用有限的金錢選擇那些價值和滿意程度最大的商品或服務，當有購買力做後盾時，慾望就變成了需求。

企業並不創造需要，需要早就存在於營銷活動出現之前，企業以及社會上的其他因素只是影響了人們的慾望，他們向消費者建議一個什麼樣的商品可以滿足消費者哪些方面的要求，如一套豪華住宅可以滿足消費者對居住與社會地位的需要。優秀的企業總是力圖通過使商品富有吸引力、適應消費者的支付能力和容易得到來影響需求。

2. 產品

產品是滿足顧客需求和慾望的任何東西。最終產品的價值不在於擁有它，而是衡量它給人們帶來的對需求和慾望的滿足程度。產品是獲得需求滿足的載體。這種載體可以是物，也可以是服務。

3. 效用和費用

效用是顧客對產品滿足其需要的整體能力的評價。通常根據對產品價值的主觀判斷和需支付的費用做出評價。

4. 交換與交易

需要和慾望只是市場營銷活動的序幕，只有通過交換，營銷活動才真正發生。交換（Exchange）是提供某種東西作為回報而與他人換取所需東西的行為，它需要滿足以下五個條件：

第一，至少要有兩方。

第二，每一方都要有對方所需要的有價值的東西。

第三，每一方都要有溝通信息和傳遞信息的能力。

第四，每一方都可以自由地接受或拒絕對方的交換條件。

第五，每一方都認為同對方的交換是稱心如意的。

如果存在上述條件，交換就有可能實現，市場營銷的中心任務就是促成交換。交換的最後一個條件是非常重要的，它是現代市場營銷的一種境界，即通過創造性的市場營銷，交換雙方達到雙贏。

交易（Transaction）是交換的基本單元，是當事人雙方的價值交換。或有說，如果交換成功，就有了交易。怎樣達成交易是營銷界長期關注的焦點，各種各樣的營銷課題理論實際上都可還原為對這一問題的不同看法。

二、市場營銷觀念

市場營銷觀念也稱市場營銷哲學，它是指營銷者對市場活動的基本態度。營銷觀念的演變有其客觀必然性。市場上商品和服務的供求狀況的變化是導致企業更新營銷觀念的直接原因；而一定時期內社會兩個文明水準的不斷提高是推動企業營銷觀念演變的根本原因。西方企業的市場營銷觀念經歷了一個漫長的演變過程，可分為：生產觀念、產品觀念、推銷觀念、市場營銷觀念和社會營銷觀念五種不同的觀念。

（一）生產觀念

生產觀念也稱為生產中心論，是一種最古老的經營思想。這種指導思想認為，消費者或用戶歡迎的是那些買得到而且買得起的產品。因此，企業應組織自身所有資源、集中一切力量提高生產效率和分銷效率，擴大生產，降低成本以拓展市場。顯然，生產觀念是一種重生產、輕市場營銷的企業經營思想。

生產觀念的產生背景是 20 世紀 20 年代以前，整個西方國家的國民收入還很低，生

產落後，許多商品的供應還不能充分滿足需要，生產企業在市場中占主導地位的賣方市場狀態。

20世紀初，亨利‧福特（Hennery Ford）在開發汽車市場時所創立的「擴大生產、降低價格」的經營思想，就是一種生產觀念。福特汽車公司從1914年開始生產T型汽車，福特將其全部精力與才華都用於改進大規模汽車生產線，使T型車的產量達到非常理想的規模，大幅度地降低了成本，使更多的美國人買得起T型汽車。他不注重汽車的外觀，曾開玩笑地說，福特公司可供應消費者任何顏色的汽車，只要他要的是黑色汽車。這種只求產品價廉而不講究花色式樣的經營方式無疑是生產觀念的典型表現。

中國在改革開放前，由於產品供不應求，生產觀念在企業中盛行，主要表現是生產部門埋頭生產，不問市場，商業企業將主要力量集中在抓貨源上，工業部門生產什麼，商品部門就收購什麼，根本不問及消費者的需要。

生產觀念是一種「以產定銷」的經營指導思想，它在以下兩種情況下仍顯得有效：

第一，市場商品需求超過供給，賣方競爭較弱，買方爭購，選擇餘地不大。

第二，產品成本和售價太高，只要提高效率，降低成本，從而降低售價，才能擴大銷路。

正因為如此，時至今日，一些現代公司也時而奉行這種觀念，如美國得州儀器公司（Texas Instruments）一個時期以來為擴大市場，就一直盡其全力擴大產量、改進技術以降低成本，然後利用它的低成本優勢來降低售價，擴大市場規模。該公司以這種經營思想贏得了美國便攜式計算器市場的主要份額。今天的許多日本企業也是把這種市場取向作為重要的策略。

但是，在這種經營思想指導下運作的企業也面臨一大風險，即過分狹隘地注重自己的生產經營，忽視顧客真正所需要的東西，會使公司面臨困境。例如，得州儀器公司在電子表市場也採用了這一戰略，便遭到了失敗。儘管公司的電子表定價很低，但對顧客並沒有多少吸引力。在其不顧一切降低價格的衝動中，該公司忽視了顧客想要的其他一些東西，即不僅僅要價廉，而且還要物美。

（二）產品觀念

產品觀念認為，消費者會歡迎質量最優、性能最好、特點最多的產品，因此企業應把精力集中在創造最優良的產品上，並不斷精益求精。

產品觀念是在這樣的背景產生的，相比於上一階段，社會生活水準已有了較大幅度的提高，消費者已不再僅僅滿足於產品的基本功能，而是開始追求產品在功能、質量和特點等方面的差異性。因此，如何比其他競爭對手在上述方面為消費者提供更優質的產品就成了企業的當務之急。在產品供給不太緊張或稍微寬裕的情況下，這種觀念常常成為一些企業經營的指導思想。在20世紀30年代以前，不少西方企業廣泛奉行這一觀念。

傳統上中國有不少企業奉行產品理念，「酒好不怕巷子深」、「一招鮮，吃遍天」等說法都是產品觀念的反應。目前，中國還有很多企業不同程度地奉行產品觀念，它們把提高產品功能與質量作為企業首要任務，提出了「企業競爭就是質量競爭」、「質量是企業的生命線」等口號，這無疑有助於推動中國企業產品的升級換代，縮短與國外同類產品的差距，一些企業也由此取得了較好的經濟效益。

然而，這種觀念也容易導致公司在設計產品時過分相信自己的工程師知道怎樣設計和改進產品，它們很少深入市場研究，不瞭解顧客的需求意願，不考察競爭者的產

品情況。他們假設購買者會喜歡精心製作的產品，能夠鑑別產品的質量和功能，並且願意付出更多的錢來購買質量上乘的產品。正如科特勒所言：某些企業的管理者深深迷戀上了自己的產品，以至於沒有意識到其在市場上可能並不那麼迎合時尚，甚至市場正朝著不同的方向發展。企業抱怨自己的服裝、洗衣機或其他高級家用電器本來是質量最好的，但奇怪的是，市場為何並不欣賞。某一辦公室文件櫃製造商總是認為他的產品一定好銷，因為它們是世界上最好的。他說：「這文件櫃從四層樓扔下去仍能完好無損。」不過令人遺憾的是，沒有人會在購買文件櫃後，先把文件櫃從四樓上扔下去再開始使用。而為了保證這種過分的產品堅固性，必然會增加產品的成本，消費者也不願意為這些額外又無多大意義的品質付更多的錢。

案例8-1　愛爾琴手錶公司的失敗

自1864年創立以來，愛爾琴手錶公司一直享有全美國最佳手錶製造商的聲譽。愛爾琴公司一直把重點放在保持其優質產品的形象，並通過由首飾店和百貨公司組成的巨大分銷網進行推銷，銷售量持續上升，但是到1958年以後，其銷售量和市場份額開始走下坡路。是什麼原因使得愛爾琴公司的優勢地位受到損害呢？

根本原因是，愛爾琴公司的管理局太醉心於優質而式樣陳舊的手錶，以至於根本沒有注意到手錶消費市場上所發生的重大變化。許多消費者對手錶必須走時十分精確、必須是名牌、必須保用一輩子的觀念正在失去興趣。他們期望的手錶是走時準確、造型優美、價格適中。越來越多的消費者追求方便性（各種自動手錶）、耐用性（防水、防震手錶）和經濟性（刻度指針表）。從銷售渠道的結構來看，大量的手錶通過大眾化分銷點和折扣商店出售。不少美國人都想避開當地珠寶店的高利潤，而且，在看見便宜表時常會發生衝動性購買。從競爭者這方面說，許多同行都在生產線中增設了低價手錶，並開始通過大眾化分銷渠道出售手錶。愛爾琴公司的「毛病」就出在它把全部注意力都集中在產品身上，而忽視了隨時掌握變化著的需求並對此做出相應的反應。

這種產品觀念還會引起美國營銷學專家西奧多・李維特（Theodore Leavitt）教授所講的「營銷近視症」（Market Myopia）的現象。即不適當地把注意力放在產品上，而不放在需要上。鐵路管理部門認為用戶需要的是火車本身，而不是為了解決交通運輸，於是忽略了飛機、公共汽車、貨車和小汽車日益增長的競爭；計算尺製造商認為工程師需要的是計算尺本身而不是計算能力，以至忽略了袖珍計算器的挑戰。

（三）推銷觀念

這是一種以推銷為中心內容的經營指導思想。它強調企業要將主要精力用於抓推銷工作，企業只要努力推銷，消費者或用戶就會更多地購買。這一觀念認為，消費者通常表現出一種購買惰性或者抵觸心理，故需用好話去勸說他們多買一些，企業可以利用一系列有效的推銷和促銷工具去刺激他們大量購買。在這種觀念指導下，企業十分注重運用推銷術和廣告術，大量雇傭推銷人員，向現實和潛在買主大肆兜售產品，以期壓倒競爭者，提高市場佔有率，取得更多的利潤。

推銷觀念產生於從賣方市場向買方市場轉變的時期。從1920年到1945年，西方國家社會從生產不足開始進入了生產過剩，企業之間的競爭日益激烈。特別是1929年所爆發的嚴重經濟危機，大量商品賣不出去，許多工商企業和銀行倒閉，大量工人失業，市場蕭條。殘酷的事實使許多企業家認為即使物美價廉的產品，也未必能賣出去，必須重視和加強商品銷售工作。

自從產品供過於求，賣方市場轉變為買方市場以後，推銷觀念就被企業普遍採用，尤其是生產能力過剩和產品大量積壓時期，企業常常本能地採納這種理念。前些年，在中國幾乎被奉為成功之路的「全員推銷」典型地代表了這種理念。

應當說，推銷觀念有其合理的地方，一般而言，消費者購買是有惰性的，尤其是在產品豐富和銷售網點健全的情況下，人們已不再需要儲存大量產品，也沒有必要擔心商品漲價。買商品只求夠用就行已成為主導性的消費觀念，另外，在買方市場條件下，過多的產品追逐過少的消費者也是事實。因此，加強推銷工作以擴大本企業的產品信息，勸說消費者選擇購買本企業產品，都是非常必要的。

然而，推銷觀念注重的仍然是企業的產品和利潤，不注重市場需求的研究和滿足，不注重消費者利益和社會利益。強行推銷不僅會引起消費者的反感，而且還可能使消費者在不自願的情況下購買了不需要的商品，嚴重損害了消費者利益，這樣，反過來又給企業造成不良的後果。正如科特勒教授所指出，感到不滿意的顧客不會再次購買該產品，更糟糕的情況是，感到滿意的普通顧客僅會告訴其他三個人有關其美好的購物經歷，而感到不滿意的普通顧客會將其糟糕的經歷告訴其他十個人。

(四) 市場營銷觀念

20世紀50年代以後，資本主義發達國家的市場已經變得名副其實的供過於求，賣主間競爭激烈，買主處於主導地位的買方市場。同時，科學技術發展，社會生產力得到了迅速的提高，人們的收入水準和物質文化生活水準也在不斷提高，消費者的需求向多樣化發展並且變化頻繁。在這種背景下，企業意識到傳統的經營觀念已不能有效地指導新的形勢下的企業營銷管理工作，於是市場營銷觀念形成了。

在這種觀念的指導下，「顧客至上」、「顧客是上帝」、「顧客永遠是正確的」、「愛你的顧客而非產品」、「顧客才是企業的真正主人」等說法成為企業家的口號和座右銘。營銷觀念的形成，不僅從形式上，更從本質上改變了企業營銷活動的指導原則，使企業經營指導思想從以產定銷轉變為以銷定產，第一次擺正了企業與顧客的位置，所以是市場觀念的一次重大革命，其意義可與工業革命相提並論。

市場營銷觀念符合「生產是為了消費」的基本原理，既能較好地滿足市場需要，同時也提高了企業的環境適應能力和生存發展能力，因而自從被提出後便引起了廣泛的注意，為眾多企業所追捧，並成為當代市場營銷學研究的主體。

(五) 社會營銷觀念

社會營銷觀念產生於20世紀70年代。進入20世紀60年代以後，市場營銷理念在美國等西方國家受到質疑。

首先，不少企業為了最大限度地獲取利潤，迎合消費者，採用各種方式擴大生產和經營，而不顧對消費者以及社會整體利益的損害。只顧生產而忽視環境保護，致使環境惡化、資源短缺等問題變得相當突出。如清潔劑工業滿足了人們洗滌衣服的需要，但同時卻嚴重污染了江河，大量殺傷魚類，危機生態平衡。

其次，某些標榜自己奉行市場營銷理念的企業以次充好、大搞虛假廣告、牟取暴利，損害了消費者的權益。

最後，某些企業只注重消費者眼前需要，而不考慮長遠需要。如化妝品，雖然短期內能美容，但有害元素含量過高；漢堡、炸雞等快餐食品雖然快捷、方便、可口，但由於脂肪與食糖含量過高而不利於顧客的長期健康。

這些質疑導致了人們從不同角度對市場營銷理念進行補充，如理智消費者的營銷觀念、生態營銷觀念、人道營銷觀念等均屬於社會營銷觀念之列。

社會市場營銷觀念要求企業在確定營銷決策時要權衡三方面的利益：即企業利潤、消費者需要的滿足和社會利益。具體來說，社會市場營銷觀念希望擺正企業、顧客和社會三者之間的利益關係，使企業既發揮特長，在滿足消費者需求的基礎上獲取經濟效益，又能符合社會利益，從而使企業具有強大的生命力。許多公司通過採用和實踐社會營銷觀念，已獲得了引人注目的銷售業績，如美國的安利、強生等大公司就是其中的例子。

應當說，社會市場營銷觀念只是市場營銷的進一步擴展，在本質上並沒有多大的突破。但是，許多企業主動採納它，主要原因是把它看做為改善企業名聲、提升品牌知名度、增加顧客忠誠度、提高企業產品銷售額以及增加新聞報導的一個機會。它們認為，隨著環境與資源保護、健康意識的深入人心，顧客將逐漸地尋找在提供理性和情感利益上具有良好形象的企業。

案例 8-2　本田方案

日本橫濱本田汽車公司別出心裁地推出了一個通過銷售汽車而綠化街道的本田方案，每賣一輛車，就在街道兩側分別種一棵紀念樹，以減輕越來越多的汽車尾氣對城市環境的污染。該方案實施後，汽車一輛輛開出廠門，街道上樹木一棵棵栽上，綠化地帶也就一塊塊鋪開。綠化街道真實地記載著本田不俗的銷售業績，同時，又美化環境，減少污染，使公眾倍感溫馨。

案例 8-3

巴西博迪商店製造和銷售以自然成分為主的純天然化妝品，從開業之初至今，一直將「有原則獲利」鎖定為其經營哲學，也是該品牌的靈魂。這一產品包裝簡單而富有吸引力，且可再回收，其主要成分都是來自於發展中國家的植物，以此來促進這些國家的經濟發展，該公司每年都會向社會機構捐助一定比例的利潤，例如動物保護協會、流浪者之家、雨林保護組織等。在印度，該公司贊助了一個為孤兒設立的「兒童城」工程；在新加坡，它為改善老人的生活發起了一項社區活動，為保護婦女發起了一項反暴力運動。因為該公司廣泛參與這些社會活動，其價值觀也與消費者高度契合，許多消費者都願意購買它的產品。

第二節　顧客價值與顧客滿意

1955 年，52 歲的克勞克以 270 萬美元買下了理查兄弟經營的 7 家麥當勞快餐連鎖店及其店名。1986 年，其年銷售額就已高達 124 億美元，年盈利 4.8 億美元。

麥當勞公司是怎樣取得如此矚目的成就的呢？這歸功於公司的市場營銷觀念。公司知道一個好的企業國際形象將給企業市場營銷帶來的巨大作用。創始人克勞克在一方面努力樹立起企業產品形象的同時，另一方面著重於樹立起良好的企業形象，樹立起「M」標誌的金色形象。當時市場上可買到的漢堡包比較多，但是絕大多數的漢堡包質量較差，供應顧客的速度很慢，服務態度不好，衛生條件差，餐廳的氣氛嘈雜，

消費者很是不滿。針對這種情況，麥當勞公司提出了著名的「Q」、「S」、「C」和「V」經管理念，Q 代表產品質量「Quality」，S 代表服務「Service」、C 代表清潔「Cleanness」、V 代表價值「Value」。他們知道向顧客提供適當的產品和服務，並不斷滿足不時變化的顧客需要，是樹立企業良好形象的重要途徑。

同時由於到麥當勞快餐店就餐的顧客來自不同的階層，具有不同的年齡、性別和愛好，因此，漢堡包的口味及快餐的菜譜、佐料也迎合不同的口味和要求。這些措施使得公司的產品博得了人們的讚嘆並經久不衰，樹立了良好的企業產品形象，而良好的企業產品形象又為樹立良好的企業國際形象打下了堅實的基礎。

麥當勞快餐店總是在人們需要就餐的地方出現，特別是在高速公路兩旁立有指示牌，上面寫著：「10 米遠就有麥當勞快餐服務」，並標明醒目的食品名稱和價格；有的地方還裝有通話器，顧客只要在通話器裡報上食品的名稱和數量，待車開到分店時，就能一手交貨，一手付錢，馬上驅車趕路。由顧客帶走在車上吃的食品，不但事先包裝妥當，不會在車上溢出，而且還備有塑料刀、叉、匙、吸管和餐巾紙等，飲料杯蓋則預先代為劃十字口，以便顧客插入吸管。如此周詳的服務，更為公司形象加了多彩的一筆。

企業的產品和服務能被顧客所承認、接受，這個企業才能在市場上站住腳，因此企業全部經營活動的出發點和歸宿，就是千方百計使顧客對其產品和服務感到滿意。想顧客之所想，急顧客之所急，而且想得要更加周全、細緻。

請同學們分析一下麥當勞的成長過程，為什麼一種速食品牌能成為大眾文化的象徵呢？其中原因很多，如方便上口的名稱、清潔幽雅的就餐環境、良好的食品質量等等，每一個原因都是一條營銷策略的認真貫徹、實施。

自 20 世紀 70 年代以來，營銷學者和企業經理一直在不斷探求順應形勢變化的市場營銷新方法，從最初以產品為中心單純注重產品質量，到以「顧客為導向」爭取「顧客滿意」與「顧客忠誠」，直到 20 世紀 90 年代，顧客價值概念的提出，將市場營銷理念推向了一個全新的高度。

一、顧客價值

(一) 顧客總價值

顧客總價值指顧客從產品或服務中所獲得的利益，這種利益既可以是物質的也可以是精神的，也可以二者兼而有之。

1. 產品價值：由產品的功能、特性、品質、品種與式樣所產生的價值。
2. 服務價值：伴隨著產品實體的出售，企業向顧客提供的各種附加服務，包括產品介紹、送貨、安裝、調試、維修、技術培訓、產品保證等所產生的價值。

隨著現代科學技術的發展與應用，產品技術含量越來越高、越來越複雜，消費者為正確選擇和使用產品所需要接受的教育越來越多。所以，企業向顧客提供的附加服務越來越完備，產品的附加價值越大，顧客從中獲得的實際利益就越大。

3. 人員價值：企業員工的經營思想知識水準、業務能力、工作質量。
4. 形象價值：企業及產品在社會公眾中形成的總體形象所產生的價值。形象價值與產品價值、服務價值、人員價值密切相關，在很大程度上是上述三個方面價值的綜合反應和結果。

案例 8-4　凱迪拉克的符號意義

毫無疑問，在轎車還遠未普及的情況下，對高檔豪華轎車的追捧已經一浪高過一浪，凱迪拉克、寶馬、林肯、賓利、勞斯萊斯、邁巴赫都已擁有自己的市場。這與許多人急於證明自己的成功和成就的想法，及高檔豪華轎車的符號意義是分不開的。

當第二次世界大戰剛剛結束時，美國人回到了和平年代，勝利的光榮和對未來的憧憬激盪著美國國民。通用公司天才的設計總監哈利·厄爾從閃電式戰鬥機身上獲得了靈感，於 1948 年設計出車尾帶鰭狀裝飾的新凱迪拉克，這一裝載了當時最先進技術和最豪華配置的轎車變成了表現「美國世紀」的完美道具。

第二次世界大戰後，作為唯一一個本土沒有遭受戰爭洗禮的大國，美國獲得了無可爭議的全球霸主地位。作為一種思想意識，「美國世紀」承載了一些模糊的傾向性的概念，比如自信、活力、享受、對財富的追求、創新的渴望以及對美國式民主生活的贊美等。

使公眾理解和接受凱迪拉克所代表的「美國世紀」含義的是好萊塢影片和廣告所表現的凱迪拉克生活：耀眼的明星駕駛著凱迪拉克敞篷車奔馳在一望無際的高速公路上，廣袤、飄逸、信心、進取一覽無遺。更不用說現實中，瑪麗蓮·夢露和艾森豪威爾並駕其上，而貓王則一生買過不下於 100 輛凱迪拉克，有一次竟一下購買了 33 輛送給親朋好友，甚至其中一輛送給了在公共汽車站等車的陌生人。名人、明星的行為為這一品牌平添了奢華、富貴、成功之氣，閃電式戰鬥機的戰功和驕傲得到了商業的詮釋。

以今天的中國人對照半個多世紀前的美國人，躊躇滿志、志得意滿也有異曲同工。也許凱迪拉克及其他高檔商品的真正意義就在這裡。

(二) 顧客購買總成本

顧客購買總成本是為顧客購買某一產品所耗費的時間、精神、體力以及所支付的貨幣資源。主要包括以下幾方面：

1. 貨幣成本：顧客購買產品或服務所耗費的貨幣。
2. 時間成本：購買商品所耗費的時間（有關商品信息收集購買所需要的時間）。
3. 體力成本：顧客購物時在體力方面的耗費與支出。
4. 精神成本：顧客購物時在心理方面的精神負擔與耗費。

案例 8-5　創造方便就是創造財富

北京的麥當勞食品有限公司曾經推出一項舉措，在所屬 57 家麥當勞餐廳內代售公交月票。麥當勞在對北京發售月票網點的調查後知曉，當時北京有 600 多萬人使用月票乘公交車，而發售月票的網點只有 88 處，乘客深感不便。於是他們便「拾遺補缺」干起了「代售月票」的營生，為廣大乘客創造便利條件。此舉一推出就吸引了大批食客絡繹而來。

其實，這種「好人好事」麥當勞做了不少並且一直在做。早在此前的高考前夕，在麥當勞寬敞明亮的餐廳裡就坐著不少手拿書本只要一杯飲料就呆上好幾個小時的考生，面對此景，麥當勞不但未趕他們走，反而特意為這些學子延長了營業時間。

一提起麥當勞，人們就會想到漢堡包、想到炸薯條。熟悉它的人，還會聯想到遍布全球 115 個國家的 2.5 萬多家連鎖店，聯想到地球上每天都有 1% 的人正在品嘗著一模一

樣的漢堡包、炸薯條和蘋果派。然而，此時此刻，有誰會想到，擁有如此高知名度和雄厚家底的餐飲業「巨無霸」卻要無償地為學子學習延長營業時間，為普通公眾代售公交月票，兩則案例都是麥當勞自找麻煩，如此做法，不能不讓人由衷地感嘆贊賞，其實這正是麥當勞與眾不同的高明之處。在別人看來，拒之唯恐不及，麥當勞卻將其視為己任，這就是一個跨國企業在中國「講述」的一系列平凡而可貴的經典商業故事。

事實上，麥當勞公司這一做法給我們的啟示就是：任何一個企業都可以憑藉方便顧客而創造優勢，這種方便，可以涉及從公眾購買到使用、到售後服務的方方面面上。越是細小之處，越是容易凸顯一個優秀企業的個性，也越容易打動公眾的心。從而使顧客滿意，增加顧客的忠誠。

(三) 顧客讓渡價值

概念：顧客讓渡價值是顧客總價值與顧客購買總成本之間的差額，見圖8-1。

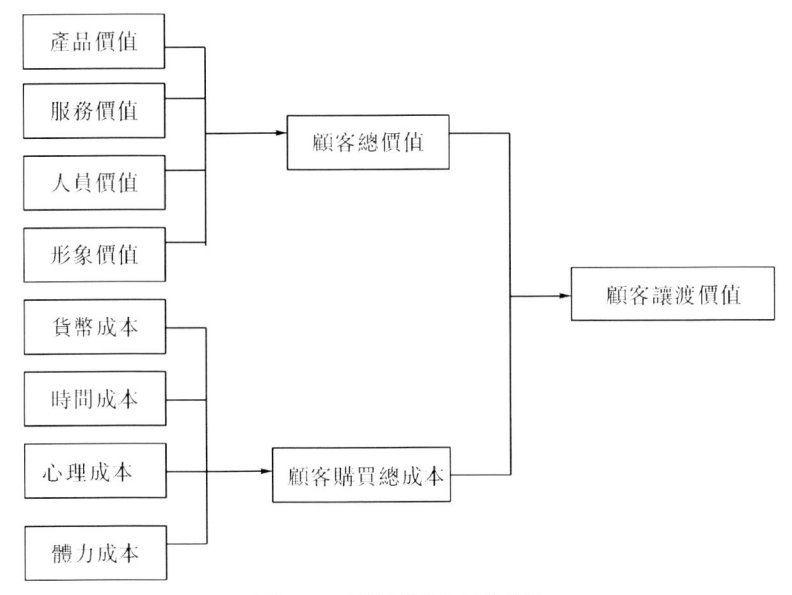

圖8-1 顧客讓渡價值構成圖

對於顧客來說，需要所獲得的價值高，而付出的成本低才好。

二、顧客滿意和顧客忠誠

1. 顧客滿意（CS，Customer Satisfaction）的含義

顧客滿意是指顧客對其期望已被滿足程度的感覺。

顧客滿意與否，取決於顧客接受產品或服務後的感知同顧客在接受之前的期望相比較後的體驗。通常情況下，顧客的這種比較會出現三種感受（如圖8-2所示）。

（1）當感知低於期望時，顧客會感到不滿意，甚至會產生抱怨或投訴，如果對顧客的抱怨採取積極的措施妥善解決，就有可能使顧客的不滿意轉為滿意，甚至成為忠誠的顧客。

（2）當感知接近期望時，顧客就感到滿意。

（3）當感知遠遠超過期望時，顧客就會從滿意產生忠誠。

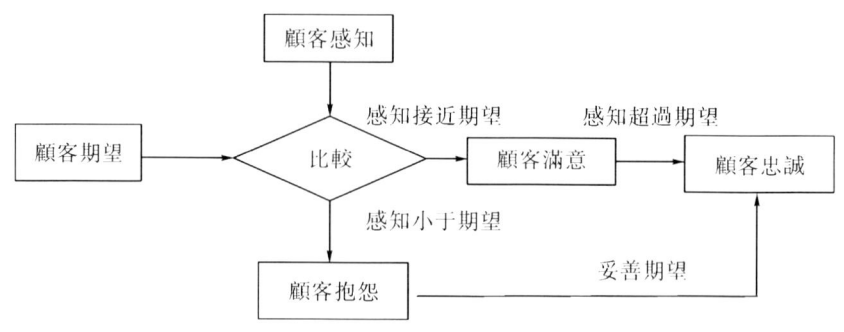

```
        ┌──────────┐
        │ 顧客感知 │
        └────┬─────┘
             │   感知接近期望          感知超過期望
┌────────┐   ▼    ┌──────────┐        ┌──────────┐
│ 顧客期望│──▶ 比較 ────────▶│ 顧客滿意 │───────▶│ 顧客忠誠 │
└────────┘        └────┬─────┘        └──────────┘
                       │  感知小于期望          ▲
                       ▼                        │  妥善期望
                  ┌──────────┐                  │
                  │ 顧客抱怨 │──────────────────┘
                  └──────────┘
```

圖 8-2　顧客滿意期望與顧客感知比較後的感受

2. 如何使顧客滿意

　　一般而言，顧客滿意是顧客對企業和員工提供的產品和服務的直接性綜合評價，是顧客對企業、產品、服務和員工的認可。顧客根據他們的價值判斷來評價產品和服務質量。美國維持化學品公司總裁威廉姆·泰勒認為：「我們的興趣不僅僅在於讓顧客獲得滿意感，我們要挖掘那些被顧客認為能增進我們之間關係的有價值的東西。」在企業與顧客建立長期的夥伴關係的過程中，企業向顧客提供超過其期望的顧客價值，使顧客在每一次的購買過程和購後體驗中都能獲得滿意。每一次的滿意都會增強顧客對企業的信任，從而使企業能夠獲得長期的盈利與發展。當感知質量超過顧客期望時，顧客會感到物超所值，則非常滿意，很可能成為忠誠顧客或常客。所有以贏利為目的的企業和公司都應該明白滿足顧客的需要和期望是保持經營的最低要求。

　　看看下面這個例子是如何做到讓顧客滿意的：

　　琴鳥品牌的所有產品都擁有國家有關部門的質量合格證書，達到了 ISO 9000 質量標準，對所售的任一產品將給予完全的品質保證。然而，琴鳥公司不僅僅只給予品質上的保證，更有其完美的服務。

　　售前服務：客戶一進入琴鳥世界，就會被琴鳥人的真誠和熱情所吸引。琴鳥服務人員會為客戶細緻地介紹產品，並提供某一系列產品均以生產成本加 8% 的工程服務費作為最後定價，免費進行工程管理，監控整個計劃實施，根據不同地區的氣候、溫差，精心選擇耐用材料，提高多項管理指標。

　　售中服務：琴鳥公司不僅把品質優良的產品交給客戶，還附送詳細的使用說明書，每一款產品均送貨上門並仔細安裝。

　　售後服務：客戶只需打一個電話，所有的售後問題均可得到解決。琴鳥產品質量保證期為 5 年，在質量保證期內出現的正常使用下的任何破損，客戶都可以與琴鳥銷售部聯繫，3 小時內便可得到琴鳥專業維修人員的上門服務，一切均由琴鳥負責修理或更換。質量保證期內，如果客戶發生人事調動、組織結構的變動，將會得到琴鳥免費提供的再次調試、安裝服務。在產品質量保證期內，琴鳥每年進行 1~2 次免費上門保養回訪。

　　從上面的例子我們可以看出讓顧客滿意並不是用語言就能實現的。要行動，要用實際行動來滿足顧客的一切需求，這樣才能成功地留住現有顧客，挖掘潛在顧客，實現企業的長遠發展目標。

3. 顧客忠誠

　　顧客滿意是感性評價指標。而顧客忠誠是顧客滿意不斷強化的結果，理性分析的

結果。

顧客滿意僅僅只是邁上了顧客忠誠的第一個臺階，不斷強化的顧客滿意才是顧客忠誠的基礎。同時，需要明確的是，顧客滿意並不一定可以發展致顧客忠誠，在從顧客滿意到顧客忠誠的過程中，企業還要做許許多多的事情。只有使顧客驚喜，才能最終達成顧客忠誠。

在促進顧客忠誠的因素中，個性化的產品和及時性服務是兩個決定性因素。個性化的產品能增強顧客的認知體驗，從而培養顧客的認知信任；個性化的產品和及時性服務能使顧客產生依賴，進而培養情感信任；只有個性化的產品和及時性服務都能適應顧客的需求變化時，顧客才會產生信賴；顧客不可能自發地忠誠，顧客信任需要企業以實際行動來培養。

案例 8-6　德士高——「俱樂部卡」贏得顧客忠誠

德士高超市連鎖集團（Tesco）在 1995 年前實施了忠誠計劃——「俱樂部卡」計劃，它幫助公司將市場份額從 1995 年的 16% 上升到了 2003 年的 27%，成為了英國最大的連鎖超市集團。德士高的「俱樂部卡」計劃被很多海外商業媒體評價為「最善於使用顧客數據庫的忠誠計劃」和「最健康、最有價值的忠誠計劃」。

在英國，有 35% 的家庭加入了「俱樂部卡」計劃，註冊會員達到了 1,300 多萬。據統計，有 400 萬家庭每隔三個月就會查看一次他們的「俱樂部卡」積分，然後衝到超市，像過聖誕節一樣瘋狂採購一番。

德士高「俱樂部卡」計劃的設計者之一、倫敦市場諮詢公司主席克萊夫·哈姆比（Clive Humby）非常驕傲地說：「俱樂部卡的大部分會員都是在忠誠計劃推出伊始就成為了我們的忠誠顧客，並且從一而終，他們已經和我們保持了 9 年的關係。」

哈姆比介紹說，「俱樂部卡」計劃設計之初就不僅僅將自己定位為簡單的積分計劃，它是德士高的營銷戰略，是德士高整合營銷策略的基礎。

在設計「俱樂部卡」計劃時，德士高的營銷人員注意到，很多積分計劃章程非常繁瑣、積分規則很複雜，消費者往往是花很長時間也不明白具體積分方法。還有很多企業推出的忠誠計劃獎勵非常不實惠，看上去獎金數額很高，但是卻很難兌換。這些情況造成了消費者根本不清楚自己的積分狀態，也不熱衷於累計和兌換，成為了忠誠計劃的「死用戶」。

因此，「俱樂部卡」計劃的積分規則十分簡單易懂，顧客可以從他們在德士高消費的數額中得到 1% 的獎勵，每隔一段時間，德士高就會將顧客累積到的獎金換成消費代金券，郵寄到消費者家中。這種方便實惠的積分卡吸引了很多家庭的興趣，據德士高自己的統計，「俱樂部卡」計劃推出的頭 6 個月，在沒有任何廣告宣傳的情況下，就取得了 17% 左右的顧客自發使用率。

德士高通過顧客在付款時出示「俱樂部卡」，掌握了大量翔實的顧客購買習慣數據，瞭解了每個顧客每次採購的總量、主要偏愛哪類產品、產品使用的頻率等。哈姆比說：「我敢說，德士高擁有英國最好、最準確的消費者數據庫，我們知道有多少英國家庭每個星期花 12 英鎊買水果，知道哪個家庭喜歡香蕉、哪個家庭愛吃菠蘿。」

通過軟件分析，德士高將這些顧客劃分成了十多個不同的利基俱樂部（Niche-Club），比如單身男人的足球俱樂部、年輕母親的媽媽俱樂部等。「俱樂部卡」的營銷人員為這十幾個分類俱樂部製作了不同版本的俱樂部卡雜誌，刊登最吸引他們的促銷

信息和其他一些他們關注的話題。一些本地的德士高連鎖店甚至還在當地為不同俱樂部的成員組織了各種活動。現在，利基俱樂部已經成為了一個個社區，大大提高了顧客的情感轉換成本（其中包括個人情感和品牌情感），成為了德士高有效的競爭壁壘。

第三節　市場營銷環境

　　1997年的亞洲金融危機波及整個世界經濟，國際貨幣基金組織將1998年世界經濟增長率由原來計劃的4.25%下調到3%以下。日本貿易振興會發表的《1998年貿易白皮書》認為，1998年東亞地區的貿易進一步下降。在1996年的世界貿易分佈中，歐盟占38.5%，東亞地區占17.8%，美國占12.6%，日本占7.7%，東亞地區一直是世界貿易的火車頭，1985年以後一直持續保持兩位數的增幅。但1997年金融危機後，東亞地區貿易迅速萎縮，1997年出口增長6.9%，低於1996年。1998年起，貿易增長速度持續放慢。

　　東亞地區貿易的停滯對世界貿易產生了不利影響。1998年，世界貿易出現15年來的第一次負增長。

　　受亞洲金融危機影響，世界上許多大型商家企業均損失慘重。比如美國銷售額最大的40家企業之一的摩托羅拉公司，僅1998年第二季度的損失就達13億美元，1998年上半年銷售額139億美元，比1997年同期下降2%；1998年第二季度銷售額70億美元，比1997年同期下降7%。其董事長羅伯特·格朗內伊在1998年底指出：受亞洲有關國家經濟衰退和全球市場價格壓力持續擴大的影響，摩托羅拉的信息產品市場還將進一步萎縮。

　　由此可見，企業的市場營銷活動是在一定的外界條件下進行的，為了實現營銷目標，企業必須瞭解、分析和研究市場營銷環境，並努力謀求企業外部環境與內部條件與營銷策略間的動態平衡。

　　市場營銷環境：與企業市場營銷有關係的，影響企業產品的供給與需求的各種外部條件與因素的綜合。

　　企業的市場營銷環境可分為微觀環境和宏觀環境兩大類。

　　市場營銷環境的特點：
　　①客觀性。
　　②差異性。
　　③相關性。
　　④動態性。
　　⑤不可控性。

一、微觀環境要素

　　企業的微觀營銷環境主要由供應商、企業、營銷中間商、市場、競爭對手、社會公眾以及企業內部參與營銷決策的各部門組成。而其中，顧客與競爭者又居於核心的地位。

（一）供應商

　　供應商是指向企業及其競爭對手提供生產經營所需資源的企業或個人。供應商對企業市場營銷的影響主要是供應商能否及時提供低成本的原材料。提高價格和降低原

材料質量是供應商向行業內相互競爭的企業施加影響力的潛在方式。企業會因為供應商提高價格的行為而使自己的利潤降低或因供應商降低原材料質量的行為而使企業的信譽受損。

案例 8-7　2,999 元聯想電腦的意義

　　2004 年 8 月 3 日，聯想——中國乃至亞洲最大的個人電腦（PC, Personal Computer）廠家宣布將其旗下的家悅系列家用電腦全線大降價，最低的一款甚至降至 2,999 元，比普通的組裝機的價格還便宜，開品牌電腦價格低於 3,000 元的先河。聯想方面對此次降價的解釋是「為了推行鄉鎮電腦普及計劃」，占領中小城市和鄉鎮的潛在市場，以低價 PC 撬開電腦消費的「凍土層」。事實上，搶占鄉鎮市場只是聯想這次行動的市場目標，背後的目標則是和供應商之間的競合。

　　眾所周知，中央處理器（CPU, Central Proceing Unit）既是電腦的核心部件，也是其中最昂貴的部件。在 CPU 行業中長期占據壟斷地位的是英特爾公司的奔騰系列 CPU，從奔騰 1 到奔騰 5，英特爾以飛快的速度推出更快的 CPU，推動了電腦市場的一次又一次飛躍。作為下游的 PC 生產商，誰能跟上它的步伐，與其建立夥伴關係，最先獲得新一代的奔騰芯片供應權，就意味著在市場上占據先機，其利益也就滾滾而來。由此，英特爾憑藉其在 CPU 市場的壟斷地位制定壟斷價格，攫取了 PC 製造業的大部分利潤，一般整機生產商根本沒有與其討價還價的話語權。

　　聯想作為中國乃至亞洲 PC 廠商的龍頭老大，自然不想處處受制於英特爾，希望享受更優惠的 CPU 供應價格。在自己後向一體化進入 CPU 生產領域不具優勢的情況下，聯想選擇了與英特爾的競爭對手——超微半導體公司（AMD）合作。

　　AMD 在 CPU 技術上雖然不遜於英特爾，但始終不能形成對英特爾的有效挑戰，市場份額更是遠不及英特爾，它也渴望能跟聯想這樣的大型廠商合作，擴大自己在 CPU 市場的知名度和市場份額。

　　2004 年 6 月初，聯想和 AMD 合作，開始試探性地在其「鋒行」系列家用電腦上安裝 AMD 的 CPU，以觀英特爾的反應，然而英特爾對此並沒有什麼表示，不肯降低對聯想的 CPU 的供貨價格。

　　於是聯想決定放手一搏，採用 AMD 的新的 64 位的 CPU，大幅度降低售價，希望能夠大幅度擴大市場份額，利用其規模優勢獲得在向 AMD 採購中更大的折扣。聯想希望自己的這一策略能夠迫使英特爾為保住聯想這個大客戶不被 AMD 獨占，會在未採用 AMD 的 CPU 的其他聯想電腦上給予更好的政策。

（二）企業

　　每一個企業都有其生產經營目標，有其具體明確的生產經營任務。為了實現其目標或完成其工作任務，必須依據企業生產經營條件和市場需求開展某些業務活動。企業內部的因素包括企業生產部門、採購部門、研究與開發部門、財務部門、市場營銷部門等。

（三）營銷中間商

　　營銷中間商是指協助企業促銷、銷售和配銷其產品給最終購買者的企業或個人。主要包括以下幾方面：

　　1. 經銷中間商（批發商、零售商等，對商品有所有權）。

2. 代理中間商（經紀人、代理商，對商品沒有所有權）。
3. 實體分配機構（倉儲公司和運輸公司）。
4. 營銷服務機構和財務中間機構（提供促銷服務的各類調研公司、廣告公司、傳媒公司；提供信貸和資金融通的各類金融仲介機構，銀行、保險公司、信託投資公司）。

（四）市場

市場是企業產品購買者的總稱。主要包括以下幾方面：
1. 消費者市場：指個人或家庭為了生活消費而購買或租用商品或勞務的市場。
2. 生產者市場：指生產者為了進行再生產而購買產品的市場。
3. 社會集團市場：指政府機關、社會團體、部隊、企業事業及各種集體組織等用國家經費或集體資金購買公用消費品的市場。
4. 中間商市場：指批發商、零售商等市場。
5. 國際市場：指把產品賣給國外消費者、生產者、中間商、政府等形成的國際性市場。

（五）競爭對手

任何企業在市場上的銷售量和佔有率不僅取決於自身產品的適銷程度，還取決於競爭企業的產品和替代產品的適銷程度。因此，企業應當對主要競爭者充分瞭解，制定針對性的營銷對策。

從對企業營銷的影響力來看，企業一般面臨來自不同層次的四類競爭者。
1. 願望競爭者。指提供不同產品以滿足不同需求的競爭者，這是爭奪顧客「錢袋子」的競爭。
2. 一般競爭者。提供不同產品以滿足同一需求的競爭者，通常取決於顧客的購買力或個人興趣偏好。如轎車、自行車是代步工具之間的競爭，看書、看電影、看電視是休閒形式之間的競爭
3. 產品形式競爭者。提供同一產品不同規格的競爭者，通常取決於顧客的購買能力和環境。如高、中、低檔轎車的競爭。
4. 品牌競爭者。提供同一產品同一規格的不同品牌的競爭者。只是產品在走向成熟後的品牌間的全面對抗，贏家是質量上乘、價格合理、服務優良者。通常，大多數同行競爭最後都會走到這一步。

顯而易見，競爭的程度由上至下趨於激烈，願望競爭者是不同行業的競爭者，是爭取顧客需求的競爭，其餘三者是同行競爭，是爭奪顧客產品興趣的競爭。

案例8-8　真正的競爭者

納愛斯、奇強等清潔劑製造商對超聲波洗衣機的研究惶恐不安。如果此研究成功的話，該類洗衣機洗衣服無需清潔劑。可見，對清潔劑行業而言，更大的威脅可能是來自於超聲波洗衣機。

柯達公司在膠卷業務上一直擔心崛起的競爭者——日本富士公司。但柯達面臨的更大威脅是當前廣泛使用的數碼照相機。由佳能和索尼公司銷售的數碼照相機能在電視上展現畫面，可轉錄入軟盤。可見，對膠卷業而言，更大的威脅是來自於數碼相機。

(六) 社會公眾

社會公眾指的是對本組織實現其營銷目標的能力具有實際的或潛在的興趣或影響的任何團體。

1. 融資公眾。其指影響企業融資能力的金融機構。
2. 媒介公眾。主要是報紙、雜誌、廣播電臺和電視臺等大眾傳播媒體。
3. 政府公眾。其指負責管理企業營銷業務的有關政府機構。
4. 社團公眾。包括保護消費者權益的組織、環境組織及其他群眾團體等。
5. 社區公眾。其指企業所在地鄰近的居民和社區組織。
6. 一般公眾。其指上述各種關係公眾之外的社會公眾。
7. 內部公眾。其是指企業的員工，包括高層管理人員和一般職工。

二、宏觀環境

宏觀環境主要可分為：人口環境、經濟環境、政治法律環境、自然生態環境、科學技術環境和社會文化環境這六大環境。

(一) 人口環境

人口環境是市場營銷的最基礎因素。

1. 人口總量與自然增長狀況

在收入不變的情況下，人口越多，則對食物、衣著、日用品等生活必需品的需求量也就越大；反之，需求量則小。

2. 人口結構

目前，中國人口結構變化對企業營銷產生較明顯影響的主要有以下三個方面：

(1) 人口結構老齡化，「銀色市場」成規模。
(2) 兒童及少年人口比重下降，消費檔次不斷提高。
(3) 女性消費市場巨大，將成為消費熱點之一。

3. 家庭組成

家庭組成指一個以家庭為代表的家庭生活的全過程，也稱家庭生命週期，按年齡、婚姻、子女等狀況，可以分為七個階段：①未婚期。年輕的單身者。②新婚期。年輕夫妻，沒有孩子。③滿巢期一。年輕夫妻，有六歲以下的幼童。④滿巢期二。年輕夫妻，有六歲以上的幼童。⑤滿巢期三。年紀大的夫妻，有已能自立的子女。⑥空巢期。身邊沒有孩子的老年夫妻。⑦孤獨期。單身老人獨居。

一個市場擁有家庭單位和家庭平均成員的多少，以及家庭組成狀況等，對市場消費需求的潛量和需求的結構，都有十分重要的影響。

4. 人口的文化教育結構

一個國家或地區的教育發展水準的高低，直接影響國民素質差異，影響著人們對產品價值、功能及款式的評價與選擇，從而影響著企業的營銷活動。

5. 人口的地理分佈狀況

人口的地理分佈狀況對企業營銷的影響主要表現在以下三個方面：

(1) 不同的地理環境、地理位置，人口分佈是不同的。
(2) 人們往往會因其所處的地理位置、氣候條件的差異而產生消費需求和購買行為的明顯差異。比如在山區，由於道路崎嶇，人們對自行車的需求就比較少；在中國

昆明，四季如春，當地居民家中很少裝空調；寒冷地區的人們愛喝酒；等等。

(3) 人口分佈的動態變化對企業的營銷活動也會產生一定的影響。

(二) 經濟環境

經濟環境是指企業市場營銷活動所面臨的經濟條件，它是企業開展市場營銷活動的基礎。

對經濟環境的研究主要包括以下幾方面：

1. 經濟制度和產業結構
2. 收入狀況

收入狀況的分析主要可以從分析統計指標入手：

(1) 年人均國民收入指標，它大體反應了一個國家和地區的經濟發展水準。

(2) 居民的年人均收入指標，它反應了居民的平均購買力水準，年人均收入的高低，很大程度上決定了居民對生活必需品的需求質量。

(3) 可任意支配收入指標，是指消費者個人收入中扣除生活必要支出、儲蓄和稅金的餘額，這部分收入對需求彈性較大的消費有很大影響。

3. 居民儲蓄狀況

在收入水準一定的情況下，儲蓄額越大，相對而言，現實購買力會減少，這會對企業的營銷活動產生一定影響，但居民儲蓄實質是居民的潛在購買力，最終還是用於消費的。

一般來說，居民儲蓄額的增加，對高檔耐用消費品的需求以及其他中長期消費會產生有利影響。

4. 消費結構狀況

消費結構是指消費者各種消費支出的比例關係。分析消費結構變化最常用的方法是「恩格爾定律」。

(三) 政治法律環境

1. 政局的穩定與否
2. 國家的有關方針政策
3. 國家的有關法規法令
4. 公眾利益組織及團體

案例 8-9　政治風雲導致「米沙」的失敗

1977 年，洛杉磯的斯坦福‧布魯姆以 25 萬美元買下西半球公司的一項專利，生產一種名叫「米沙」的小玩具熊，用做 1980 年莫斯科奧運會的吉祥物。此後的兩年裡，布魯姆先生和他的伊美治體育用品公司致力於「米沙」的推銷工作，並把「米沙」的商標使用權出讓給 58 家公司。成千上萬的「米沙」被生產出來，分銷到美國各地的玩具商店和百貨商店，十幾家雜誌上出現了這種帶四種色彩的小熊形象。開始，「米沙」的銷路很好，布魯姆預計這項業務的營業收入可達 0.5 億到 1 億美元。不料在奧運會開幕前，由於蘇聯拒絕從阿富汗撤軍，美國總統宣布不參加在莫斯科舉行的奧運會。驟然間，「米沙」成了人們深惡痛絕的象徵，布魯姆的盈利計劃成為泡影。

(四) 自然生態環境

自然環境主要指營銷者所需要或受營銷活動所影響的自然資源因素。

在生態環境不斷遭到破壞，自然資源日益枯竭，環境污染問題日趨嚴重的今天，自然環境已成為涉及各個國家、各個領域的重大問題，環保呼聲越來越高。

從營銷學的角度看，自然環境的發展變化給企業帶來了一定的威脅，同時也給企業創造了機會。

目前看，自然環境有以下四個方面的發展趨勢：

1. 原料的短缺或即將短缺

各種資源，特別是不可再生類資源已經出現供不應求的狀況（如石油、礦藏等）對許多企業造成了較大威脅，但給致力於開發和勘探新資源、研究新材料及如何節約資源的企業又帶來了巨大的市場機會。

2. 能源短缺導致的成本增加

能源的短缺給汽車及其他許多行業的發展造成了巨大困難，但無疑為開發研究如何利用風能、太陽能、原子能等新能源及研究如何節能的企業提供了有利的營銷機會。

3. 污染日益嚴重

空氣、海水及河水源污、土壤及植物中有害物質的增加，隨處可見的塑料等包裝廢物以及污染層面日益升級的趨勢，使那些製造了污染的行業、企業成為眾矢之的；而那些致力於控制污染，研究開發不會造成污染的產品及其包裝物的企業，能夠最大限度降低環境污染程度的行業及企業，則有著大好的市場機會。

4. 政府對自然資源加大管理及干預力度

各國政府從長遠利益及整體利益出發，對自然資源的管理逐步加強。許多限制性的法律法規的出抬，給企業造成了巨大的威脅及壓力，同時也給許多企業創造了發展良機。

作為營銷者的營銷活動，既受自然環境的制約與影響，也要對自然環境的變化負起責任。既要保證企業可獲利發展，又要保護環境與資源，企業只有實施可持續發展戰略，才能做到與社會、自然協調發展。

當前社會上流行的綠色產業，綠色消費乃至綠色營銷以及生態營銷的蓬勃發展，應當說就是順應了時代要求而產生的。

案例8－10　麥當勞的綠色營銷

麥當勞通過使用可回收利用材料制成的包裝物，使其產生的污染物每年減少60%。

所有麥當勞快餐店中使用的餐巾及杯子、盤子的襯墊均是紙製品，甚至包括其總部使用的所有文具也是紙製品。

據報導，通過與製造商合作研究，使其飲料管減少塑料用量，減輕了其重量的20%，僅此一項，麥當勞每年便少製造幾百萬磅的塑料廢棄物。

目前，除了在其產品上運用綠色營銷外，它還開始利用可回收利用材料改造和新建它的餐廳，並敦促它的供應商們使用可回收利用的成品及材料。

成功地運用綠色營銷，使麥當勞公司的「關心人類共同環境」的形象不僅得到了消費者的認同，也使其獲得了額外的銷售量。

（五）科學技術環境

1. 科學技術發展對企業生存與發展有著重要影響。
2. 科學技術發展對企業營銷管理有著重要影響。
3. 科學技術發展對對企業營銷內容、方式及手段有著重要影響。

(六) 社會文化環境

社會文化環境是指人們在一定的社會環境中成長和生活，久而久之所形成的某種信仰、價值觀、審美觀和生活準則。它制約和影響著人們的消費動機、消費行為、消費方式以及對商品價值的理解、對企業營銷活動的反饋。

社會亞文化群可分為：
1. 民族亞文化群
2. 宗教亞文化群
3. 種族亞文化群
4. 地理亞文化群

企業應注意處於以上四個不同亞文化群的顧客其需求有較大差異。

三、環境分析與企業對策

(一) 環境威脅與市場機會

市場營銷環境通過對企業構成威脅或提供機會而影響營銷活動。

1. 環境威脅

環境威脅是指環境中不利於企業營銷的因素的發展趨勢，對企業形成挑戰，對企業的市場地位構成威脅。這種挑戰可能來自於國際經濟形勢的變化，也可能來自於社會文化環境的變化。

2. 市場機會

市場機會指對企業營銷活動富有吸引力的領域，在這些領域，企業擁有競爭優勢。環境機會對不同企業有不同的影響力，企業在每一特定的市場機會中成功的概率，取決於其業務實力是否與該行業所需要的成功條件相符合。

案例 8-11　商業奇才亞默爾

美國具傳奇色彩的商業人物——罐頭大王亞默爾在 1875 年的某一天，偶然從報紙上看到一則新聞，說是墨西哥畜群中發現了病畜，有專家懷疑是某種傳染性較強的瘟疫所致。

亞默爾立刻想到，毗鄰墨西哥的美國加州、得州是全國肉類供應基地，如有瘟疫，政府將必然禁止該地區的牲畜進入市場，將造成全國肉類供應緊張，價格必然上漲。於是，在派專業人員進行調查核實消息後，果斷決策，傾其所有，迅速從加、得兩州大量採購活畜及豬、牛肉，運往美國東部地區，結果淨賺 900 萬美元。

(二) 威脅與機會的分析、評價

在分析環境威脅與市場機會時，通常運用「環境威脅矩陣圖」和「市場機會矩陣圖」。

1. 環境威脅矩陣圖

營銷者對環境威脅的分析主要結合兩方面來考慮：一是環境威脅對企業的影響程度；二是環境威脅出現的概率大小，如圖 8-3 所示。

圖 8-3 的 4 個象限中，象限 1 是企業必須高度重視的，因為其危害程度高，出現的概率大，是企業必須嚴密監視和預測其變化發展趨勢，並及時制定措施應對的環境因素；象限 2 和象限 3 也是企業應當密切關注其發展趨勢的環境因素。因為象限 2 上的

出現概率

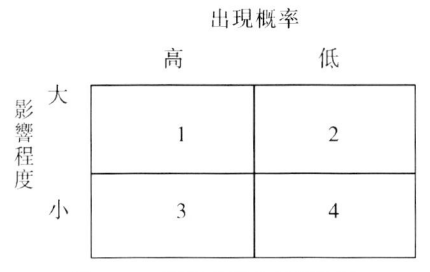

	高	低
影響程度 大	1	2
小	3	4

圖8-3　環境威脅分析矩陣圖

因素雖然出現概率低，一旦出現卻會給企業營銷帶來極大的危害，象限3上的因素雖然對企業影響不大，但出現的概率卻很大，因此也應當給予關注，隨時準備應有的應對措施；象限4上的因素影響程度及出現概率均低，對其只需進行必要的追蹤觀察以監測其是否有向其他象限因素變化發展的可能。

2. 市場機會矩陣圖

有效地捕捉和利用市場機會，是企業營銷成功和發展的前提。只要企業能夠密切關注營銷環境變化帶來的市場機會，適時地做出恰當的評價，並結合企業自身的資源和能力，及時將市場機會轉化為企業機會，就能夠開拓市場、擴大銷售，提高企業的市場佔有率。

分析評價市場機會主要考慮兩個方面：一是市場機會的潛在吸引力大小；二是市場機會帶來的成功可能性大小，如圖8-4所示。

成功的可能性

	大	小
潛在的吸引力 大	1	2
小	3	4

圖8-4　市場機會分析矩陣圖

圖8-4中的4個象限中，第1象限是企業特別應當重視的市場條件，因為其潛在吸引力與成功可能性都較大，是企業應當把握並全力發展的機會；第2、第3象限同樣也是企業不可忽視的市場條件，第2象限上的機會雖然成功可能性較低，一旦把握住卻可以為企業帶來巨大的潛在利益，第3象限上的機會雖然潛在利益不大，但出現的概率卻很大，因此需要企業的充分關注，並制定相應的營銷措施與對策；第4象限上的市場條件，潛在吸引力與成功可能性都較低，對企業來說，主要是密切觀察其發展變化，積極改善自身條件，審慎地開展營銷活動。

3. 綜合環境分析

綜合上述兩個分析矩陣，不同水準的環境威脅、市場機會與企業共同作用，又可產生四種情況，形成圖8-5所示的環境分析綜合評價圖。

```
                    威脅水平
                  低         高
        ┌─────────────┬─────────────┐
    高   │  (1) 理想業務 │  (2) 冒險業務 │
機會     ├─────────────┼─────────────┤
水平     │             │             │
    低   │  (3) 成熟業務 │  (4) 困難業務 │
        └─────────────┴─────────────┘
```

圖 8-5　環境分析綜合評價圖

註：(1) 理想業務即高機會和低威脅業務。(2) 冒險業務即高機會和高威脅業務。(3) 成熟業務即低機會和高威脅業務。(4) 困難業務即低機會和高威脅業務。

(三) 企業對策

企業對所面臨的主要威脅有三種可能選擇的對策：
1. 反抗即試圖限制或扭轉不利因素的發展。
2. 減輕即通過調整市場營銷組合等來改善環境，以減輕環境威脅的嚴重性。
3. 轉移即決定轉移到其他盈利更多的行業或市場。

第四節　消費者市場

市場營銷的核心是研究消費者的需求及購買行為。因此只有先瞭解消費者才能制定有效的營銷方案。

什麼是消費者市場？

消費者市場是由那些為滿足自身及家庭成員的生活消費者需要而購買的顧客組成的。它是組織市場乃至整個經濟活動為之服務的最終市場，也是為個人提供最後的直接消費品的市場（也稱為最終產品市場）。

消費者市場是現代市場營銷理論研究的主要對象。成功的市場營銷者是那些能夠有效地提供對消費者有價值的產品，並運用富有吸引力和說服力的方法將產品有效地呈現給消費者的企業和個人。因而，研究影響消費者購買行為的主要因素及其購買決策過程，對於開展有效的市場營銷活動至關重要。

一、消費者市場的特點

(一) 消費者需求的特點

1. 需求的差異性及層次性。
2. 需求的變化性及發展性。

案例 8-12　需求本質的異化

20世紀60年代初，在一家大型鐘表製造商的瑞士產品展示會上，一家倫敦國際廣告代理商的高級董事發表了一席言論，他說：「歸根究柢，一個人之所以買手錶，是為了知道時間。」然而公司總裁卻說：「不完全是，對大多數人來說，手錶是個很好的裝

飾品、一件手飾、一種美的表現物，報時的功能倒是其次。」

應該說，對於手錶的需求本質是準確計時。然而社會的發展使得對許多東西的需求本質異化了。手錶即使典型的一例，它的重要性和魅力已遠不止計時，它還代表著最時尚的工業設計和美學創意。

(二) 消費者購買行為特點

消費者購買行為是指消費者購買產品或服務以滿足需求所產生的一系列活動。比如：信息收集、購買、購後反應等。其特點主要包括：
1. 購買的非營利性與利益的一致性。
2. 購買的非專家性與伸縮性。
3. 購買的小型性與重複性。

(三) 消費者市場營銷特點

消費者市場營銷特點主要包括：
1. 重視消費者教育。
2. 重視消費者心理與情感。
3. 重視品牌效應。
4. 避免急功近利。

二、影響消費者購買行為的基本因素

影響消費者行為的文化和社會因素有：文化，亞文化，社會階層，參照群體和角色因素。影響消費者行為的個人與心理因素是：人口統計因素，生活方式，自我概念與人格特徵，知覺因素，學習與記憶，動機、個性與情緒，態度。這些因素不僅在某種程度上決定消費者的決策行為，而且它們對外部環境與營銷刺激的影響起放大或抑制作用。

(一) 文化因素

1. 文化

文化有廣義與狹義之分。廣義文化是指人類創造的一切物質財富和精神財富的總和；狹義文化是指人類精神活動所創造的成果，如哲學、宗教、科學、藝術、道德等。在消費者行為研究中，由於研究者主要關心文化對消費者行為的影響，所以我們將文化定義為一定社會經過學習獲得的、用以指導消費者行為的信念、價值觀和習慣的總和。文化具有習得性、動態性、群體性、社會性和無形性的特點。

文化通過對個體行為進行規範和界定進而影響家庭等社會組織。文化本身也隨著價值觀、環境的變化或隨著重大事件的發生而變化。價值觀是關於理想的最終狀態和行為方式的持久信念。它代表著一個社會或群體對理想的最終狀態和行為方式的某種共同看法。文化價值觀為社會成員提供了關於什麼是重要的、什麼是正確的以及人們應追求一個什麼最終狀態的共同信念。它是人們用於指導其行為、態度和判斷的標準，而人們對於特定事物的態度一般也是反應和支持他的價值觀的。

文化價值觀可分為三類：有關社會成員間關係的價值觀，有關環境的價值觀，以及有關自我的價值觀。這些價值觀對於消費者行為具有重要影響，並最終影響著企業營銷策略的選擇及其成敗得失。

有關社會成員之間關係的價值觀反應的是一個社會關於該社會中個體與群體、個

體之間以及群體之間適當關係的看法，其中包括個人與集體、成人與孩子、青年與老年、男人與婦女、競爭與協作等方面。

有關環境的價值觀反應的是一個社會關於該社會與其自然、經濟以及技術等環境之間關係的看法，其中包括自然界、個人成就與出身、風險與安全、樂觀與悲觀等方面。

有關自我的價值觀反應的是社會各成員的理想生活目標及其實現途徑，其中包括動與靜、物質與非物質主義、工作與休閒、現在與未來、慾望與節制、幽默與嚴肅等方面。

不同國家、地區或不同群體之間，語言上的差異是比較容易察覺的。但是易於為人們所忽視的往往是那些影響非語言溝通的文化因素，包括時間、空間、禮儀、象徵、契約和友誼等。這些因素上的差異往往也是難以察覺、理解和處理的。對一定社會各種文化因素的瞭解將有助於營銷者提高消費者對其產品的接受程度。

案例8-13　名片的意義

「名片是你的臉面。」
「名片在這裡是必需的，是絕對必不可少的。」
「在日本一個沒有名片的人是沒有身分的。」

在一個社交禮節十分考究的國度裡，名片的交換是一種最基本的社交禮節。它強化了人際之接觸，而人際接觸對一個人的成功至關重要。交換名片折射出很深的社會寓意。一旦完成這樣一種看似細小的禮節，雙方都能瞭解對方在公司或政府機關的位置，從而較準確地把握彼此之間的交往尺度。

兩人彼此交換名片，這在美國是十分普遍、簡單的活動，而在日本則是一種不可缺少的複雜社會交往。

2. 亞文化

亞文化是一個不同於文化類型的概念。所謂亞文化，是指某一文化群體所屬次級群體的成員共有的獨特信念、價值觀和生活習慣。每一亞文化都會堅持其所在的更大社會群體中大多數主要的文化信念、價值觀和行為模式。同時，每一文化都包含著能為其成員提供更為具體的認同感和社會化的較小的亞文化。目前，國內外營銷學者普遍接受的是按民族、宗教、種族、地理劃分亞文化的分類方法。

(1) 民族亞文化。幾乎每個國家都是由不同民族所構成的。不同的民族都各有其獨特的風俗習慣和文化傳統。中國有56個民族，民族亞文化對消費者行為的影響是巨大的。

(2) 宗教亞文化。不同的宗教群體具有不同的文化傾向、習俗和禁忌。如中國有不同的宗教，這些宗教的信仰者都有各自的信仰、生活方式和消費習慣。宗教能影響人們行為，也能影響人們的價值觀。

(3) 種族亞文化。白種人、黃種人、黑種人都各有其獨特的文化傳統、文化風格和態度。即使他們生活在同一國家甚至同一城市，也會有自己特殊的需求、愛好和購買習慣。

(4) 地理亞文化。地理環境上的差異也會導致人們在消費習俗和消費特點上的不同。長期形成的地域習慣一般比較穩定。自然地理環境不僅決定著一個地區的產業和貿易發展格局，而且間接影響著一個地區消費者的生活方式、生活水準、購買力的大

小和消費結構，從而在不同的地域可能形成不同的商業文化。

不同的亞文化會形成不同的消費亞文化。消費亞文化是一個獨特的社會群體，這個群體以產品、品牌或消費方式為基礎，形成獨特的模式。這些亞文化具有一些共有的內容，比如：一種確定的社會等級結構；一套共有的信仰或價值觀；獨特的用語、儀式和有象徵意義的表達方式等。消費亞文化對營銷者比較重要，因為有時一種產品就是構成亞文化的基礎，是亞文化成員身分的象徵，如高級轎車，同時符合某種亞文化的產品會受到其他社會成員的喜愛。

3. 社會階層

社會階層（Social Class）是由具有相同或類似社會地位的社會成員組成的相對持久的群體。每一個體都會在社會中占據一定的位置，使社會成員分成高低有序的層次或階層。社會階層是一種普遍存在的社會現象。導致社會階層的終極原因是社會分工和財產的個人所有。

消費者行為學中討論社會階層，可以瞭解不同階層的消費者在購買、消費、溝通、個人偏好等方面具有哪些獨特性，哪些行為是各社會階層成員所共有的。

吉爾伯特（Jilbert）和卡爾（Kahl）將決定社會階層的因素分為3類：經濟變量、社會互動變量和政治變量。經濟變量包括職業、收入和教育；社會互動變量包括個人聲望、社會聯繫和社會化；政治變量則包括權力、階層意識和流動性。

聲望（Prestige）表明群體其他成員對某人是否尊重，尊重程度如何。聯繫（Association）涉及個體與其他成員的日常交往，他與哪些人在一起，與哪些人相處得好。社會化（Socialization）則是個體習得技能、態度和習慣的過程。家庭、學校、朋友對個體的社會化具有決定性影響。階層意識是指某一社會階層的人，意識到自己屬於一個具有共同的政治和經濟利益的獨特群體的程度。人們越具有階層或群體意識，就越可能組織政治團體、工會來推進和維護其利益。

不同社會階層消費者的行為在很多方面存在差異，比如：支出模式上的差異、休閒活動上的差異、信息接收和處理上的差異、購物方式上的差異，等等。對於某些產品，社會階層提供了一種合適的細分依據或細分基礎，依據社會階層可以制定相應的市場營銷戰略。具體步驟如下：首先，決定企業的產品及其消費過程在哪些方面受社會階層的影響，然後將相關的階層變量與產品消費聯繫起來。為此，除了運用相關變量對社會階層分層以外，還要搜集消費者在產品使用、購買動機、產品的社會含義等方面的數據。其次，確定應以哪一社會階層的消費者為目標市場。這既要考慮不同社會階層作為市場的吸引力，也要考慮企業自身的優勢和特點。再次，根據目標消費者的需要與特點，為產品定位。最後，制定市場營銷組合策略，以達到定位目的。

需要注意的是，不同社會階層的消費者由於在職業、收入、教育等方面存在明顯差異，因此即使購買同一產品，其趣味、偏好和動機也會不同。比如同樣是買牛仔褲，勞動階層的消費者可能看中的是它的耐用性和經濟性，而上層社會的消費者可能注重的是它流行程度和自我表現力。事實上，對於市場上的現有產品和品牌，消費者會自覺或不自覺地將它們納入適合或不適合哪一階層的人消費。例如，在中國汽車市場，消費者認為寶馬和奔馳更適合上層社會消費，而捷達則更適合中下層社會的人消費。這些都表明了產品定位的重要性。

另外，處於某一社會階層的消費者會試圖模仿或追求更高層次的生活方式。因此，以中層消費者為目標市場的品牌，根據中上層生活方式定位可能更為合適。

(二) 社會因素

1. 參照群體

參照群體是與消費者密切相關的社會群體，它與隸屬群體相對應。社會群體是指通過一定的社會關係結合起來進行共同活動而產生相互作用的集體。與消費者密切相關的有五種基本的參照群體：①家庭；②朋友；③正式的社會群體；④購物群體；⑤工作群體。

參照群體具有規範和比較兩大功能。參照群體對其成員的影響程度取決於多方面的因素，主要有以下幾個方面：①產品使用時的可見性；②產品的必需程度；③產品與群體的相關性；④產品的生命週期；⑤個體對群體的忠誠程度；⑥個體在購買中的自信程度。

參照群體概念在營銷中的運用如下：

(1) 名人效應

對很多人來說，名人代表了一種理想化的生活模式。正因為如此，企業花巨額費用聘請名人來促銷其產品。研究發現，用名人作支持的廣告較不用名人的廣告評價更正面和積極，這一點在青少年群體上體現得更為明顯。運用名人效應的方式多種多樣。如可以用名人作為產品或公司代言人；也可以用名人作證詞廣告，即在廣告中引述廣告產品或服務的優點和長處，或介紹其使用該產品或服務的體驗；還可以採用將名人的名字使用於產品或包裝上等作法。

(2) 專家效應

專家是指在某一專業領域受過專門訓練、具有專門知識、經驗和特長的人。醫生、律師、營養學家等均是各自領域的專家。專家所具有的豐富知識和經驗，使其在介紹、推薦產品與服務時較一般人更具權威性，從而產生專家所特有的公信力和影響力。當然，在運用專家效應時，一方面應注意法律的限制，如有的國家不允許醫生為藥品作證詞廣告；另一方面，應避免公眾對專家的公正性、客觀性產生質疑。

(3) 普通人效應

運用滿意顧客的證詞來宣傳企業的產品，是廣告中常用的方法之一。由於出現在熒屏上或畫面上的代言人是和潛在顧客一樣的普通消費者，使受眾感到親近，從而廣告訴求更容易引起共鳴。比如北京大寶化妝品公司就曾運用過普通人證詞廣告。還有一些公司在電視廣告中展示普通消費者或普通家庭如何用廣告中的產品解決其遇到的問題，如何從產品的消費中獲得樂趣等等，也是普通人效應的運用。

(4) 經理型代言人

自20世紀70年代以來，越來越多的企業在廣告中用公司總裁或總經理做代言人。例如，中國廣西三金藥業集團公司，在其生產的桂林西瓜霜上使用公司總經理和產品發明人鄒節明的名字和圖像，就是經理型代言人的運用。

2. 角色因素

(1) 角色概述

角色是個體在特定社會或群體中佔有的位置和被社會或群體所規定的行為模式。對於特定的角色，無論是由誰來承擔，人們對其行為都有相同或類似的期待。

雖然承擔某一具體角色的所有人都被期待展現某些行為，但每個人實現這些期待的方式卻各不相同。期望角色與實踐角色之間的差距被稱為角色差距，適度的角色差距是允許的，但這種差距不能太大。否則意味著角色扮演的不稱職，社會或群體的懲罰也就不可避免。因此，大多數人都力求使自己的行為與群體對特定角色的期待相

一致。

（2）幾個重要概念

①角色關聯產品集

角色關聯產品集是承擔某一角色所需要的一系列產品。這些產品或者有助於角色扮演，或者具有重要的象徵意義。例如，靴子與牛仔角色相聯繫。角色關聯產品集規定了哪些產品適合某一角色。營銷者的主要任務就是確保其產品能滿足目標角色的實用或象徵需要，從而使人們認為其產品適用於該角色。計算制度造商強調筆記本電腦為商人所必需，保險公司強調人壽保險對於扮演父母角色的重要性，這些公司實際上都是力圖使自己的產品進入某類角色關聯產品集。

②角色超載和角色衝突

角色超載是指個體超越了時間、金錢和精力所允許的限度而承擔太多的角色或承擔對個體具有太多要求的角色。比如，一位教師既面臨教學、科研、家務的多重壓力，同時又擔任很多的社會職務或在外兼職。此時，由於其角色集過於龐大，他會感到顧此失彼和出現角色超載。角色超載的直接後果是個體的緊張、壓力和角色扮演的不稱職。

角色衝突是指不同的角色由於在某些方面不相容，或人們對同一角色的期待和理解的不同而導致的矛盾和抵觸。角色衝突有兩種基本類型，一種是角色間的衝突，一種是角色內的衝突。很多現代女性所體驗到的那種既要成為事業上的強者又要當賢妻良母的衝突，就是角色間的衝突。

③角色演化

角色演化是指人們對某種角色行為的期待隨著時代和社會的發展而發生變化。角色演化既給營銷者帶來機會也提出挑戰。例如，婦女在職業領域的廣泛參與，改變了她們的購物方式，許多零售商也因此調整其地理位置和營業時間，以適應這種變化。研究發現，全職家庭主婦視購物為主婦角色的重要組成部分，而承擔大部分家庭購物活動的職業女性對此並不認同。顯然，在宣傳產品和對產品定位的過程中，零售商需要認識到基於角色認同而產生的購物動機上的差別。

④角色獲取與轉化

在人的一生中，個人所承擔的角色並不是固定不變的。隨著生活的變遷和環境的變化，個體會放棄原有的一些角色、獲得新的角色和學會從一種角色轉換成另外的角色。在此過程中，個體的角色集相應地發生了改變，由此也會引起他對與角色相關的行為和產品需求的變化。

(三) 個人因素

1. 人口統計因素

人口統計是根據人口規模、分佈和結構對人口環境進行的描述。人口規模指的是人口的數量。人口分佈說明人口的地理分佈，即多少人生活在農村、城市和郊區。而人口結構反應人口在年齡、收入、教育和職業方面的狀況。上述每個因素都影響消費者的行為，並對不同產品和服務的總需求產生影響。

（1）人口規模和分佈

人口增長是許多行業是否盈利甚至能否生存的關鍵性決定因素。例如，有些快速消費品可能人均消費量隨著時間的變化而呈遞減趨勢，但由於人口規模的增加則可以使這種消費品的總銷售額保持不變。中國是人口大國，從某種程度上也促進了中國消

費者市場的繁榮。

除了人口增長率，瞭解這些人口增長發生的地方也是很重要的。因為一個國家的不同地區代表了不同的亞文化，每一亞文化下的人有著獨特的情趣、態度和偏好，瞭解人口快速增長出現在哪些地區以及這些地區的消費者有何種需要可以使企業更好地開拓市場。

（2）年齡

年齡對於我們購物的地點、使用產品的方式和我們對營銷活動的態度有重要影響。目前包括中國在內的世界上的大多數國家都面臨著人口老齡化的問題。根據預測，中國65歲以上的老年人口在總人口中的比重在2025年左右將達到14%，這必然會導致更多新的針對老年人的細分市場出現。

（3）職業

由於所從事的職業不同，人們的價值觀念、消費習慣和行為方式存在著較大的差異。職業的差別使人們在衣、食、住、行等方面有著顯著的不同。譬如，通常不同職業的消費者在衣著的款式、檔次上會做出不同的選擇，以符合自己的職業特點和社會身分。

（4）教育

受教育的程度越來越成為影響家庭收入高低的重要因素。傳統上，製造業中的一些高薪職位並不要求很高的受教育程度，但現在不同了。如今，製造業和服務業的許多高薪工作需要專業技能、抽象思維能力以及快速閱讀和掌握新技巧的能力。這些能力往往通過受教育才能獲得。受教育的程度部分地決定了人們的收入和職業，進而影響著人們的購買行為。同時它也影響著人們的思維方式、決策方式以及與他人交往的方式，從而極大地影響著人們的消費品位和消費偏好。

（5）收入

家庭收入水準和家庭財產共同決定了家庭的購買力。很多購買行為是以分期付款的方式進行的，而人們分期付款的能力最終是由人們目前的收入和過去的收入決定的。

由以上五個方面的因素可以看到，人口統計因素既能直接地影響消費行為，同時又能通過影響人們的其他特徵，如個人價值觀、決策方式等間接影響消費者的行為。綜合運用人口統計資料可以幫助企業界定其主要的目標市場，並規劃相應的營銷策略。

2. 生活方式

生活方式是個體在成長過程中，在與社會因素相互作用下表現出來的活動、興趣和態度模式。生活方式包括個人和家庭兩個方面，兩者相互影響。

生活方式與個性既有聯繫又有區別。一方面，生活方式很大程度上受個性的影響。一個具有保守、拘謹性格的消費者，其生活方式不大可能太多地涉及諸如攀岩、跳傘、蹦極之類的活動。另一方面，生活方式關心的是人們如何生活，如何花費，如何消磨時間等外在行為，而個性則側重從內部來描述個體，它更多地反應個體思維、情感和知覺特徵。可以說，兩者是從不同的層面來刻畫個體。區分個性和生活方式在營銷上具有重要的意義。一些研究人員認為，在市場細分過程中過早以個性區分市場，會使目標市場過於狹窄。因此，他們建議，營銷者應先根據生活方式細分市場，然後再分析每一細分市場內消費者在個性上的差異。如此，可使營銷者識別出具有相似生活方式的大量消費者。

研究消費者生活方式通常有兩種途徑。一種途徑是直接研究人們的生活方式，另

一種途徑是通過具體的消費活動進行研究。生活方式對消費者購買決策的影響往往是隱性的。例如，在購買登山鞋、野營帳篷等產品時，很少有消費者想到這是為了保持其生活方式。然而，對於那些喜歡戶外活動的人來說這種影響是客觀存在的。

3. 自我概念與人格特徵

（1）自我概念的含義與類型

自我概念是個體對自身一切的知覺、瞭解和感受的總和。自我概念回答的是「我是誰？」和「我是什麼樣的人？」諸如此類的問題，它是個體自身體驗和外部環境綜合作用的結果。一般來說，消費者將選擇那些與其自我概念相一致的產品與服務，避免選擇與其自我概念相抵觸的產品和服務。所以，研究消費者的自我概念對企業特別重要。

消費者不只有一種自我概念，而是擁有多種類型的自我概念：①實際的自我概念；②理想的自我概念；③社會的自我概念；④期待的自我。期待的自我即消費者期待在將來如何看待自己，它是介於實際的自我與理想的自我之間的一種形式。由於期待的自我折射出個體改變「自我」的現實機會，對營銷者來說它也許較理想的自我和現實的自我更有價值。

（2）自我概念與產品的象徵性

在很多情況下，消費者購買產品不僅僅是為了獲得產品所提供的功能效用，而是要獲得產品所代表的象徵價值。對於購買勞斯萊斯、寶馬產品的消費者來說，顯然不是購買一種單純的交通工具。一些學者認為，某些產品對擁有者而言具有特別具體的含義，它們能夠向別人傳遞關於自我的很重要的信息。從某種意義上，消費者是什麼樣的人是由其使用的產品來界定的。如果喪失了某些關鍵擁有物，那麼，他或她就成為了不同於現在的個體。

一般來說，能夠成為表現自我概念的象徵品應具有 3 個方面的特徵。首先，應具有使用時的易見性，即這些產品的購買、使用和處置能夠很容易被人看到。其次，應具有差異性，即某些消費者有能力購買，而另一些消費者無力購買。如果每人都可擁有一輛奔馳車，那麼這一產品的象徵價值就所剩無幾了。最後，應具有擬人化性質，即能在某種程度上體現使用者的特別形象。比如汽車、珠寶等產品均具有上述特徵，因此，它們很自然地被人們作為傳遞自我概念的象徵品。

（四）心理因素

1. 知覺因素

所謂知覺，是人腦對刺激物各種屬性和各個部分的整體反應，它是對感覺信息加工和解釋的過程。產品、廣告等營銷刺激只有被消費者知覺才會對其行為產生影響。消費者形成何種知覺，既取決於知覺對象，又與知覺時的情境和消費者先前的知識與經驗密切相關。

消費者的知覺過程包括三個相互聯繫的階段，即展露、注意和理解。這三個階段也是消費者處理信息的過程。在信息處理過程中，如果一則信息不能依次在這幾個階段生存下來，它就很難貯存到消費者的記憶中，從而也無法有效地對消費者行為產生影響。

（1）刺激物的展露

展露（Exposure）或刺激物的展露是指將刺激物展現在消費者的感覺神經範圍內，使其感官有機會被激活的過程。展露只需把刺激對象置於個人相關環境之內，並不一

定要求個人接收到刺激信息。比如，電視裡正在播放一則廣告，而你正在和家人或朋友聊天而沒有注意到，但廣告展露在你面前則是事實。

對於消費者來說，展露並不完全是一種被動的行為，很多情況下是主動選擇的結果。很多情況下，消費者往往根據刺激物所展露出來的各種物理因素而進行商品挑選。這些因素有強度、對比度、大小、顏色、運動狀態、位置、隔離、格式及信息數量等。

(2) 注意

注意是指個體對展露於其感覺神經系統面前的刺激物進行進一步加工和處理的行為，它實際上是對刺激物分配某種處理能力。注意具有選擇性的特點，這要求企業認真分析影響注意的各種因素，並在此基礎上設計出能引起消費者注意的廣告、包裝、品牌等營銷刺激物。需要注意的是，消費者對某一節目或某一版面內容的關心程度或介入程度，會影響他對插入其中的廣告的注意程度。

(3) 理解

知覺的最後一個階段，是個體對刺激物的理解，它是個體賦予刺激物以某種含義或意義的過程。理解涉及個體依據現有知識對刺激物進行組織、分類和描述，它受到個體因素、刺激物因素和情境因素的制約和影響。

(4) 營銷啟示

通過對消費者知覺過程的認識，企業應針對自己的產品或服務展開調查，以瞭解消費者主要依據哪些線索做出質量判斷，並據此制定營銷策略。如果某些產品特徵被消費者作為質量認知線索，那麼，它就具有雙重的重要性：一方面作為產品的一個部分具有相應的功能和效用；另一方面對消費者具有信息傳遞作用。後一作用在企業制定廣告等促銷策略時具有重要的參照作用。把不構成認知線索的產品特徵或特性大加宣傳，將很難收到預期的營銷效果。

另外，企業還應充分重視形成質量認知的外在因素。這些因素有價格、商標知名度、出售場所等，企業應瞭解這些因素對消費者的相對重要程度，以及不同消費者在這些評價因素上存在的差異，並據此採取措施。比如，高品質的產品應有相應的價格、包裝與之相符合，分銷渠道的選擇上應避免過於大眾化，短期促銷活動也應格外慎重。

2. 學習與記憶

(1) 學習的含義

所謂學習，是指人在生活過程中，因經驗而產生的行為或能力的比較持久的變化。學習是因經驗而生的，同時伴有行為或能力的改變。此外，學習所引起的行為或能力的變化是相對持久的。

(2) 學習的分類

根據學習材料與學習者原有知識結構的關係，學習可分為機械學習與意義學習。機械學習是指將符號所代表的新知識與消費者認知結構中已有的知識建立人為的聯繫。消費者對一些拗口的外國品牌的記憶，很多就屬於這種類型。意義學習是將符號所代表的知識與消費者認知結構中已經存在的某些觀念建立自然的和合乎邏輯的聯繫。比如，用「健力寶」作為飲料商標，消費者自然會產生強身健體之類的聯想，這就屬於意義學習的範疇。

機械學習通過兩種作用表現出來：①經典性條件反射，即借助於某種刺激與某一反應之間的已有聯繫，經過練習建立起另一種刺激與這種反應之間的聯繫。經典性條件反射理論已經被廣泛地運用到市場營銷實踐中。比如，在一則沙發廣告中，一只可

愛的波斯貓坐在柔軟的沙發上，悠閒自得地欣賞著美妙的音樂，似乎在訴說著沙發的舒適和生活的美好。很顯然，該廣告試圖通過營造一種美好的氛圍，激發受眾的遐想，使之與畫面中的沙發相聯繫，從而增加人們對該沙發的興趣與好感。②操作性條件反射，即通過強化作用來增強刺激與反應之間的聯結。所以，企業要想與顧客保持長期的交換關係，還需採取一些經常性的強化手段。這也說明了為什麼產品或品牌形象難以改變，因為品牌形象是消費者在長期的消費體驗中，經過點滴的累積逐步形成的。

（3）記憶的含義

消費者的學習與記憶是緊密聯繫在一起的，沒有記憶，學習是無法進行的。

記憶是以前的經驗在人腦中的反應。記憶是一個複雜的心理過程，它包括識記、保持、回憶三個基本環節。從信息加工的觀點看，記憶就是對輸入信息的編碼、貯存和提取的過程。雖然從理論上講，消費者的記憶容量很大，對信息保持的時間也可以很長，但在現代市場條件下，消費者接觸的信息實在太多，能夠進入其記憶並被長期保持的實際上只有很小的一部分。正因為如此，企業才需要對消費者的記憶予以特別的重視。一方面，企業應瞭解消費者的記憶機制，即信息是如何進入消費者的長期記憶的，有哪些因素影響消費者的記憶，進入消費者記憶中的信息是如何被存儲和被提取的；另一方面，企業應瞭解已經進入消費者長期記憶的信息為什麼被遺忘和在什麼條件下被遺忘，企業在防止或阻止消費者遺忘方面能否有所作為。

（4）遺忘及其影響因素

遺忘與記憶相對應，是對識記過的內容不能正確地回憶和再認識。從信息加工的角度看，遺忘就是信息提取不出來，或提取出現錯誤。除了時間以外，識記材料的意義、性質、數量、順序位置、學習程度、學習情緒等均會對遺忘的程度產生影響。

3. 動機、個性與情緒

（1）消費者的動機

動機指引起、維持、促使某種活動向某一目標進行的內在作用。消費者具體的購買動機有：求值動機、求新動機、求美動機、求名動機、求廉動機、從眾動機、喜好動機等。以上購買動機是相互交錯、相互制約的。

（2）消費者的個性

個性是在個體生理素質的基礎上，經過外界環境的作用逐步形成的行為特點。個性的形成既受遺傳和生理因素的影響，又與後天的社會環境尤其是童年時的經驗有直接關係。

消費者的個性對品牌的選擇和新產品的接受程度有很大影響。由於個性的不同，消費者對某一品牌會自然地判斷出是否適合自己。個性不僅使某一品牌與其他品牌相區別，而且使這種品牌具有激發情緒，為消費者提供潛在滿足的作用。另外，有些人對幾乎所有新生事物持開放和樂於接受的態度，有些人則相反；有些人是新產品的率先採用者，有些人則是落後採用者。瞭解率先採用者和落後採用者有哪些區別，有助於消費者市場的細分。

（3）消費者的情緒

情緒是一種相對來說難以控制且影響消費者行為的強烈情感。每個人都有一系列的情緒，所以每個人對情緒的描述和分類也千差萬別。普拉契克（Plutchik）認為情緒有8種基本類型：恐懼、憤怒、喜悅、悲哀、接受、厭惡、期待和驚奇。其他任何情緒都是這些類型的組合。例如，欣喜是驚奇和喜悅的組合，輕蔑是厭惡和憤怒的組合。

很多產品把激發消費者的某種情緒作為重要的產品價值，比較常見的有電影、書籍和音樂。其他如長途電話、軟飲料、汽車等也是經常被定位於激發情緒的產品。此外，許多商品被定位於防止或緩解不愉快的情緒。例如，鮮花被宣傳為能夠消除悲哀；減肥產品和其他有助自我完善的產品也常以緩解憂慮和消除厭惡感等來定位。

4. 態度

（1）消費者態度的含義

態度是由情感、認知和行為構成的綜合體。態度有助於消費者更加有效地適應動態的購買環境，使之不必對每一新事物或新的產品、新的營銷手段都以新的方式做出解釋和反應。

（2）消費者態度與行為

消費者態度對購買行為有重要影響。態度影響消費者的學習興趣與學習效果，並將影響消費者對產品、商標的判斷與評價，進而影響購買行為。

態度一般通過購買意向來影響消費者購買行為。但是態度與行為之間在很多情況下並不一致。造成不一致的原因，除了主觀規範、意外事件以外，還有很多其他的因素，如購買動機、購買能力、情境因素，等等。

（3）消費者態度的改變

消費者態度的改變包括兩層含義：一是指態度強度的改變，二是指態度方向的改變。消費者態度的改變一般是在某一信息或意見的影響下發生的。在某種程度上，態度改變的過程也就是勸說或說服的過程。

①消費者態度改變的影響因素

消費者態度改變主要受到三個因素的影響，即信息源、傳播方式與情境。信息源是指持有某種見解並力圖使別人也接受這種見解的個人或組織。傳播方式是指以何種方式把一種觀點或見解傳遞給信息的接收者。情境是指對傳播活動和信息接收者有相應影響的周圍環境。

②信息源對消費者態度改變的影響。一般來說，影響說服效果的信息源特徵主要有四個，即信息傳遞者的權威性、可靠性、外表的吸引力和受眾對傳遞者的喜愛程度。

③傳播方式對消費者態度改變的影響。傳播方式主要包括：信息傳遞者發出的態度信息與消費者原有態度的差異；恐懼的喚起；一面與雙面表述。多項研究發現，中等態度差異引起的態度變化量大；當差異度超過中等差異之後再進一步增大，態度改變則會越來越困難。恐懼喚起是廣告宣傳中常常運用的一種說服手段，如訴說頭皮屑帶來的煩惱，就是用恐懼訴求來勸說消費者。雙面表述即同時陳述正、反兩方面意見與論據。情境因素對於雙面表述能否達到效果有著重要的影響。

出於趨利避害的考慮，消費者更傾向於接納那些與其態度相一致的信息。當消費者對某種產品有好感時，與此相關的信息更容易被注意，反之則會出現相反的結果。因此，態度是進行市場細分和制定新產品開發策略的基礎。

（五）情境因素

情境因素既包括環境中獨立於中心刺激物的那些成分，又包括暫時的個人特徵，如個體當時的身體狀況等。一個十分忙碌的人較一個空閒的人可能更少注意到呈現在其面前的刺激物。處於不安或不愉快情境中的消費者，注意不到很多展露在他面前的信息，因為他可能想盡快地從目前的情境中逃脫。

一些情境因素，如饑餓、孤獨、匆忙等暫時的個人特徵，以及氣溫、在場人數、

外界干擾等外部環境特徵，均會影響個體如何理解信息。可口可樂公司和通用食品公司均不在新聞節目之後播放其食品廣告，他們認為新聞中的「壞消息」可能會影響受眾對其廣告與食品的反應。可口可樂公司負責廣告的副總經理夏普（Sharp）指出：「不在新聞節目中做廣告是可口可樂公司的一貫政策，因為新聞中有時會有不好的消息，而可口可樂是一種助興和娛樂飲料。」夏普所說的這段話，實際上反應了企業對「背景引發效果」的關切。背景引發效果（Contextual Priming Effects）是指與廣告相伴隨的物質環境對消費者理解廣告內容所產生的影響。廣告的前後背景通常是穿插該廣告的電視節目、廣播節目或報紙雜誌。雖然目前有關背景引發效果的實證資料十分有限，但初步研究表明，出現在正面節目中的廣告獲得的評價更加正面和積極。

三、消費者購買行為模式

(一) 購買者角色

在購買決策中，人們可能會扮演下列一種角色或幾種角色：
1. 發起者：首先提出或有意購買某一產品或服務的人。
2. 影響者：其看法或者建議對最終購買決策具有一定影響的人。
3. 決定者：在是否購買、為何買、哪裡買等方面做出部分或全部決定的人。
4. 購買者：實際購買產品或服務的人。
5. 使用者：實際消費或使用產品、服務的人。

(二) 消費者購買行為類型

1. 複雜的購買行為

產品價格較昂貴，消費者不經常購買，不同品牌的產品間存在明顯的差異，對產品又不甚瞭解，這時候購買的風險性較高。消費者需要花費大量時間與精力，收集有關產品的信息，瞭解其性能，經過反覆探索、詢問、比較，形成一定的信息和態度後，才做出購買決策。

2. 尋求心理平衡的購買行為

雖然購買的產品價格昂貴，又不經常購買，但消費者認為不同品牌間沒有太大的區別，因此，只要價格能接受，購買方便，消費者很快會做出選擇。但購買後，聽到對其他品牌的議論或宣傳，往往會感到不稱心。對此，試圖搜集更多的信息，以證實購買的準確性，達到心理上的平衡。

3. 習慣性的購買行為

對於價格低廉、經常購買的商品，比如日常生活用品，品牌間差別不大，消費者不願意或不需要花費時間和精力進行比較與選擇，往往到就近商店任意購買。這種購買行為較為簡單，不經過搜集信息，比較品牌及購後評價的過程，消費者對品牌的選擇主要是出於習慣。

4. 多變的購買行為

對於不同品牌間存在明顯差異的商品，消費者為了滿足自己的求新心理，喜歡經常更換品牌。在購買新產品時，未進行深入細緻的選擇。比如，消費者看到某種品牌餅干，想嘗嘗其口味，會毫不猶豫購買。這種消費行為的目的是為了尋求品牌的多樣化，並非對原有的品牌不滿意。

(三) 消費者購買決策過程

在購買時，消費者要經過一個決策過程，包括認識需求、收集信息、選擇評價、購買決策和購後感受。營銷者應該瞭解每一個階段中的消費者行為，以及哪些因素在起影響作用。這樣就可以制定針對目標市場的行之有效的營銷方案。

1. 認識需求

需求可能由內部刺激引起；也可能由外部刺激引起。這時消費者可能會察覺到他目前的實際狀況與理想狀況的差異，會認識到需求。

2. 收集信息

消費者最終的購買行為一般需要相關信息的支持。認識到需要的消費者，如果目標清晰、動機強烈、購買對象符合要求、購買條件允許，又能買到，消費者一般會立即採取購買行動。在許多場合，認識到的需要不能馬上滿足，只能留存記憶當中。隨後，消費者對這種需要進一步收集信息。

消費者信息的來源

(1) 個人來源：家庭、朋友、鄰居、熟人等。
(2) 商業來源：廣告、銷售人員、經銷商、包裝、陳列、展銷會等。
(3) 公共來源：大眾媒介、消費者權益保護機構等。
(4) 經驗來源：接觸、檢查及使用某產品等。

3. 選擇評價

消費者在獲得全面信息後就會根據這些信息和一定的評價方法對同類產品的不同品牌加以評價並決定選擇。一般而言，消費者根據以下幾個因素評價：

(1) 產品屬性。
(2) 重要性程度。
(3) 品牌信念。
(4) 效用要求。

4. 購買決策

在評價選擇階段，消費者會在選擇的各種品牌之間形成一種偏好；也可能形成某種購買意圖而偏向購買他們喜愛的品牌。但是，在購買意圖與購買決策之間，有兩種因素還會產生影響作用。第一種因素是其他人的態度，第二種因素是未預期到的情況。這兩種因素若對購買意圖有強化作用，則購買決策會順利實現；反之，則購買決策受阻。

5. 購後感受

消費者購買以後，往往通過使用或消費購買所得，檢驗自己的購買決策；重新衡量購買是否正確；確認滿意程度；作為今後購買的決策參考。

第五節　目標市場營銷戰略

海爾洗衣機廠依靠雄厚的技術力量，有針對性地研製開發了多品種、多規格的洗衣機產品，以滿足不同的需求，使海爾洗衣機成為中國洗衣機行業跨度最大、規格最全、品種最多的企業。

海爾能同時規模生產亞洲波輪式、歐洲滾筒式、美洲攪拌式洗衣機，使中國消費

者可以得到不同風格的洗衣機享受。

海爾的洗衣機，大到一家人一週所有的衣服，小到孩子的一雙襪子，每隔0.2千克就有一款海爾洗衣機滿足消費者的洗衣需要。

海爾的洗衣機，從雙桶半自動、全自動到洗衣、脫水、烘干三合一，應有盡有。

海爾根據目前國內許多家庭居住面積小，沒有足夠的洗衣機空間的情況，設計了中國第一臺「極限設計，全塑外殼」的「小神童」系列洗衣機。海爾瞭解到一部分用戶在使用全自動洗衣機時，往往不是一次性將洗衣、脫水、程序完成，而是希望將不同的衣服分開洗滌，然後一起脫水的願望，於是第一臺電腦後置，仿生設計的「小神童」全自動洗衣機問世。

海爾在市場調研、分析中發現：消費者在使用洗衣機時，最煩惱的是同一臺洗衣機只有一個洗滌速度（約150轉/分鐘）、一個甩干速度（約800轉/分鐘），使有的衣物因洗滌、甩干轉速過高容易磨損，又費電；有些衣物則因轉速過低，洗不淨，甩不干。海爾開發出最少耗電、最低磨損、最佳洗滌效果的變速洗衣機。

海爾洗衣機推到農村市場後，發現洗衣機在農村不是用來洗衣服，而是用來洗蔬菜、洗紅薯的，日子一長，排水管內自然淤積了大量的油污和泥沙。於是海爾開發出命名為「大地瓜」的功率更為強勁，能專門用於蔬菜洗滌的洗衣機。

請分析海爾集團為什麼要開發品種齊全的洗衣機系列產品？它的洗衣機產品是根據什麼來分類的？

在買方市場條件下，除了極個別的產品外，大多數產品對顧客而言，都有很多種的選擇。同時，任何企業也不可能滿足一種產品的所有市場需求，而只能滿足其中一部分消費者的需要。企業怎樣把「這一部分顧客」篩選出來，確定為自己的主攻市場即目標市場，並充分利用企業的資源，發揮企業優勢，樹立企業的特色，制定出有針對性的市場營銷策略。這即是本節所講的內容。即市場細分和目標市場的選擇。

一、市場細分

(一) 市場細分的概念和作用

1. 概念

市場細分是根據消費者對產品不同的慾望與需求，不同的購買行為與購買習慣，把整個市場劃分為若干個由相似需求的消費者組成的消費群體，即小市場群。市場細分的基礎和依據是消費需求的異質性理論，即同類產品的消費需求是有差異的。

同質市場：需求大致相同的市場，其競爭的焦點在於價格，如：鹽。

異質市場：需求不盡相同的市場，競爭的焦點在於定位。

同質市場可以向異質市場演化，如水→純淨水、礦泉水……

2. 作用

(1) 有利於發現新的市場營銷機會，實現市場開拓創新。

市場細分是一個以調查研究為基礎的分析判斷過程。經過細分的市場，目標顧客集中，容易發現未被滿足（或未被充分滿足）的消費需求，從而為企業提供新的市場營銷機會，開闢新的市場經營渠道。

(2) 有利於中小企業開拓市場。

中小企業財力有限，在整體市場或較大的細分市場上，難以同大企業抗衡，為了求得生存和發展，中小企業可採用「見縫插針」或「鑽空子」的辦法，細分出幾個分

市場，占領為大企業所忽視的市場空隙。

(3) 有利於發揮本企業的優勢，提高企業競爭能力和應變能力。

在每個細分市場上，競爭者的優勢與弱點能明顯地暴露出來，企業只要看準時機，針對競爭對手的弱點，利用本企業的資源優勢，推出更適合消費者需要的產品，就能用較少的資源把競爭對手的原有顧客和潛在顧客轉變為本企業產品的購買者。

(4) 有利於企業發掘隱性的市場營銷機會，及時調整營銷策略。

市場需求是瞬息萬變的，在整體市場中各個細分市場的變化又是不同的，通過市場細分，企業就能較好地掌握每個細分市場的變化特點，及時調整市場營銷策略，使企業有較強的應變能力。

(二) 市場細分的要求

企業在進行市場細分時，一般來說，應把握住下面四個要求：

1. 要有明顯特徵

市場細分應使企業營銷人員能夠識別有相似需求的顧客群體，這些群體應有企業能分析的明顯的特徵和行為。

2. 企業可以接受

要根據企業的實力，量力而行。在進行細分時，企業應考慮劃分出來的細分市場，必須是企業有足夠的能力去占領的子市場，在這個子市場上，能充分發揮企業的資源優勢。

3. 企業有適當的盈利

在市場細分中，被企業選中的子市場還必須有一定的規模，即有充足的需求量，能夠使企業有利可圖，並實現預期利潤目標。如果細分市場的規模過大，企業「吃不了無法消化」，在競爭中處於弱勢；如果規模過小，企業又「吃不飽」，現有的資源得不到最佳利用，利潤都難於確保。因此，細分出的市場規模必須恰當，才能使企業得到合理的利潤。

4. 市場要有發展潛力

市場細分應有相對的穩定性，因為如果細分市場一旦被企業選定為目標市場，它應給企業帶來的利益不僅是目前的，還必須能夠給企業帶來較長遠的利益。所以企業在進行細分時必須考慮市場未來發展是否有潛力。

(三) 市場細分的標準

1. 消費者市場細分標準

消費者市場細分可以按照地理環境因素、人口因素、心理因素、行為因素等進行細分。

(1) 地理環境因素

不同地理環境下的顧客，由於氣候、生活習慣、經濟水準等不同，對同一類產品往往會有不同的需求和偏好，以至於對企業的產品、價格、銷售渠道及廣告等營銷措施的反應也常常存在差別。

①消費者居住的地區。如中國的茶葉市場，南方消費者喜歡紅茶和綠茶，華北、華東地區消費者喜歡花茶，而少數民族地區的消費者喜歡磚茶。如食品，不同地區有不同的口味，所謂「東甜南辣西酸北鹹」；南方以米飯為主食，北方以面粉為主食。

②地形氣候。地形可分為山區、平原、丘陵；氣溫可分為熱帶、溫帶、寒帶；濕

度可分為干旱地區、多雨地區。如風扇市場，熱帶地區一室多扇，而寒帶地區則可以常年不需風扇。洗衣機市場，多雨地區濕度大，顧客喜歡有脫水、烘干的功能。

（2）人口因素

不同的年齡、性別、收入、職業、教育、宗教、種族或國籍的顧客，會有不同的價值觀念、生活情趣、審美觀念和消費方式，因而對同一類產品，必定會產生不同的消費需求。

①年齡。人們在不同的年齡階段，由於生理、心理等因素的不同，對商品的需求和慾望有著很大的區別。如玩具市場，因年齡的不同，應有啓蒙、智力、科技、消遣、裝飾等功能不同的玩具。

②性別。男性和女性，在不少商品的使用上存在很大的區別。如服裝市場、化妝品市場，一般可以按照性別的不同，分為女性市場和男性市場。

③收入。收入水準不同的顧客，在購買時對商品的要求也不同。高收入的顧客對產品比較注重質的需求，購物場所習慣到百貨公司和專賣店；低收入的顧客，則側重量的需求，通常喜歡到廉價的貨倉商場、超市及普通商店。但若以收入作為細分標準，不應忽視低收入群由於「補償」心理，也會購買高質量、高價格的產品。

④文化程度和職業。不同文化程度的人的價值觀、信念、習慣等存在較大的差異；不同職業的特點也會使人們有很多購買上的差異。如工人、農民、教師、藝術家、幹部、學生，對報紙、書刊的消費有明顯的不同。

⑤民族。中國有56個民族，絕大多數民族都有自己特殊的消費習慣和愛好。

（3）心理因素

以上地理因素、人口因素相同或相近的顧客，對同一產品的愛好和態度也會截然不同，這主要是心理因素的影響。

①生活方式。生活方式是人們生活的格局和格調，表現人們對活動、興趣和思想的見解上，人們形成的生活方式不同，消費傾向也不一樣。如深圳的高級白領就很少去東門一帶購物，這和他們的生活格調相關；婦女服裝可根據顧客的不同生活方式，分別設計出樸素型、時髦型、新潮型、保守型、有男子氣型。

②購買動機。是指顧客購買行為的直接原因。有些人為實用而購買，有些人為價格便宜而購買，有些人為追趕時髦而購買。

③性格。內向與外向；追求獨特與願意依賴；樂觀與悲觀。不同性格的顧客對產品的要求不同。如對產品的色彩，內向的人比較喜歡冷色調，外向的人卻喜歡暖色調；對產品的款式，追求獨特的人喜歡標新立異，依賴的人卻愛跟隨眾人。

（4）行為因素

行為因素是按照顧客購買過程中對產品的認知、態度、使用來進行細分的。

①購買時機。

將顧客對產品的需要、購買、使用的時機的認知作為市場細分的標準。如旅行社可為每年的幾個公眾長假提供專門的旅遊線路和品種，為中小學生每年的寒暑假提供專門的旅遊服務。公共汽車公司根據上下班高峰期和非高峰期這一標準，把乘客市場一分為二，分別採取不同的營銷策略。如在上下班高峰期加派客車，非高峰期減少客車，以降低成本，提高效益。

②追求利益

這是根據顧客對產品的購買所追求的不同利益來細分市場的一種有效的依據。如

鐘表市場，購買手錶的消費者追求的利益大致可以分為三類：一是追求價格低廉；二是側重耐用性和產品的質量；三是注重產品品牌的聲望。因此，生產鐘表的企業如果用追求的利益來細分市場，就必須瞭解消費者在購買某種產品時所尋求的主要利益是什麼；瞭解尋求某種利益的消費者主要是哪些人；還要瞭解市場上滿足這種利益的有哪些品牌；哪種利益還沒有得到滿足。然後確定自己的產品應突出哪種特性。最大限度吸引某一個消費者群。美國學者 Haley 曾運用利益對牙膏市場進行細分而獲得成功。他把牙膏需求者尋求的利益分為經濟實惠、防治牙病、潔齒美容、口味清爽四種。

③使用情況

許多產品可以按照消費者對產品的使用情況進行分類。使用情況可以分為：從未使用過、曾經使用過、準備使用、初次使用、經常使用等五種類型。對於不同的使用者情況，企業所施用的策略是不相同。一般而言，資力雄厚、市場佔有率高的企業，特別注重吸引潛在購買者，通過他們的營銷策略，把潛在使用者變為實際使用者。一些中、小型的企業，主要是吸引現有的使用者，提高他們對產品的使用率和對品牌的信賴和忠誠；或讓使用者從競爭者的品牌轉向本企業的品牌。

2. 生產者市場細分標準

生產者市場的細分標準，有些與消費者市場的細分標準相同。如追求利益、使用者情況、地理因素等，但還有一些不同的標準。

（1）最終用戶。不同的最終用戶對同一產品的市場營銷組合往往有不同的要求。

（2）用戶規模。很多企業也根據用戶規模的大小來細分市場。

（3）用戶的地理位置。用戶的地理位置對於企業的營銷工作，特別是產品的上門推銷、運輸、倉儲等活動有非常大的影響。

（四）市場細分的程序

市場細分是企業決定目標市場和設計市場營銷組合的重要前提。參照美國學者伊・杰・麥卡錫（E Jerome Mccarthy）的市場細分程序，可分為 7 個步驟：

1. 依據需求選定產品市場範圍。
2. 列舉潛在顧客的基本需求。
3. 分析潛在顧客的不同需求。
4. 移去潛在顧客的共同需求。
5. 為分市場暫時取名。
6. 進一步認識各分市場的特點。
7. 測量各細分市場的大小。

二、目標市場

（一）目標市場的概念

目標市場是指通過市場細分，被企業所選定的、準備以相應的產品和服務去滿足現實的或潛在的消費需求的一個或幾個細分市場。工商企業在市場細分的基礎上，總要選擇某一個或幾個細分市場作為自己的目標市場。

（二）確定目標市場

確定目標市場的步驟如圖 8-6 所示。

細分市場 → 評價細分市場 → 確定目標市場 → 制訂目標市場策略

圖 8-6　確定目標市場的步驟

(三) 評價細分市場

評價細分市場必須確定一套具體的評價標準，評價標準主要可從細分市場本身的特性、市場結構的吸引力、企業的目標及資源優勢這些方面來考慮。

1. 細分市場本身的特性

(1) 市場有沒有適當的規模

適當的規模是個相對的概念，大企業一般重視銷售量大的細分市場，小企業卻經常會選擇一些小的細分市場，但總的來說，根據企業自身的條件，衡量細分市場的規模是否值得去開發，即：開發這樣的市場是否會由於規模過於小而不能給企業帶來所期望的銷售額和利潤。

(2) 市場有沒有預期的發展前景

一個細分市場是否值得開發，除了應具備規模這個因素外，還要考察市場有沒有相應的發展前景。發展前景通常是一種期望值，因為企業總是希望銷售額和利潤能不斷上升。但要注意，競爭對手會迅速地搶占正在發展的細分市場，從而抑制本企業的盈利水準。

2. 市場結構的吸引力

有些細分市場雖然具備了企業所期望的規模和發展前景，但可能缺乏盈利能力。邁克爾‧波特提出決定某一細分市場長期利潤吸引力的五種因素，見表 8-1。

表 8-1　決定某一細分市場長期利潤吸引力的五種因素

◆ 該市場同行競爭者的數量和實力
◆ 該市場進入的難易程度及潛在競爭的實力
◆ 該市場有無現實或潛在的替代產品
◆ 該市場購買者的議價能力高低，如購買者有無組織支持
◆ 該市場供應商的議價能力的高低，如該市場的產品生產是否要嚴重依賴某種由供應商提供的零配件或原材料

3. 企業的目標和資源優勢

某細分市場具有適合企業的規模、良好的發展前景和富有吸引力的結構，能否做為企業的目標市場，企業仍需結合自己的目標和資源進行考慮。

企業有時會放棄一些有吸引力的細分市場，因為它們不符合企業的長遠目標。當細分市場符合企業的目標時，企業還必須考慮自己是否擁有足夠的資源，能保證在細分市場上取得成功。即使具備了必要的能力，公司還需要發展自己的獨特優勢。只有當企業能夠提供具有高價值的產品和服務時，才可以進入這個目標市場。

(四) 目標市場範圍選擇策略

企業可採用的市場進入模式有 5 種，見圖 8-7：

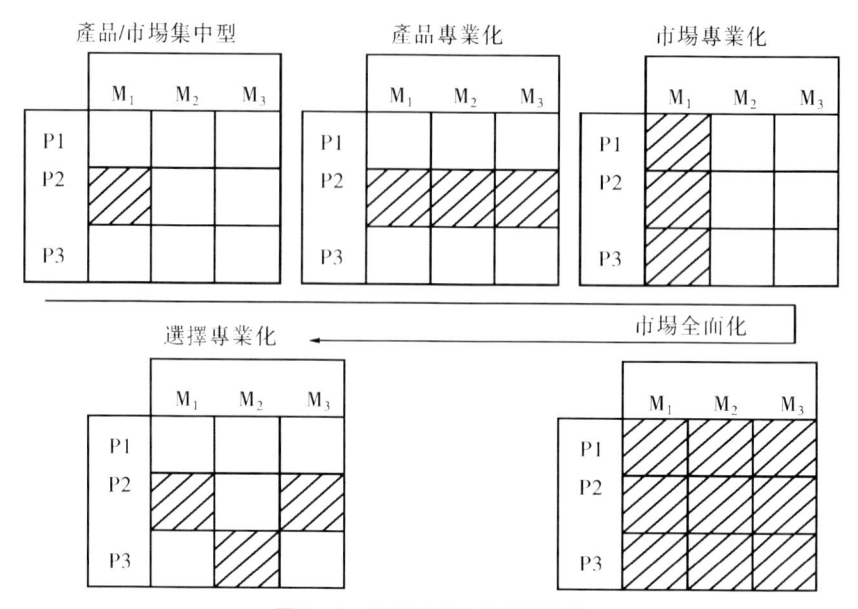

圖 8-7　五種目標市場選擇類型
註：M 表示市場，P 表示產品。

1. 產品/市場集中型

　　企業選擇一個細分市場作為目標市場，企業只生產一種產品來滿足這一市場消費者的需求。

　　這種策略的優點主要是能集中企業的有限資源，通過生產、銷售和促銷等專業化分工，提高經濟效益。一般適應實力較弱的小企業，與其在大（多）市場裡平庸無奇，倒不如在小（少）市場裡有一席之地。但存在著較大的潛在風險，如消費者的愛好突然發生變化，或有強大的競爭對手進入這個細分市場，企業很容易受到損害。

2. 產品專業化

　　企業選擇幾個細分市場作為目標市場，企業只生產一種產品來分別滿足不同目標市場消費者的需求。這種策略可使企業在某個產品樹立起很高的聲譽，擴大產品的銷售，但如果這種產品被全新技術產品所取代，其銷量就會大幅下降。

3. 市場專業化

　　企業選擇一個細分市場作為目標市場，並生產多種產品來滿足這一市場消費者的需求。企業提供一系列產品專門為這個目標市場服務，容易獲得這些消費者的信賴，產生良好的聲譽，打開產品的銷路。但如果這個消費群體的購買力下降，就會減少購買產品的數量，企業就會產生滑坡的危險。

4. 選擇專業化

　　企業選擇若干個互不相關的細分市場作為目標市場，並根據每個目標市場消費者的需求，向其提供相應的產品。這種策略的前提就是每個市場必須是最有前景、最具經濟效益的市場。

5. 市場全面化

　　企業把所有細分市場都作為目標市場，並生產不同的產品滿足各種不同的目標市

場消費者的需求。只有大企業才能選用這種策略。

(五) 目標市場營銷策略

1. 無差異性目標市場營銷策略

無差異性目標市場營銷策略是指將整體市場作為企業的目標市場，推出一種商品、實施一種營銷組合，以滿足整體市場的共同需要。在無差異性目標市場營銷策略下，企業把市場作為一個整體，認為所有消費者對某種商品有共同的需求，因而不考慮他們實際存在的需求差異，所以這種營銷策略只適用於少數大家都有共同需要、差異性不大的商品。

2. 差異性目標市場營銷策略

差異性目標市場營銷策略是指企業針對各細分市場中的需求差異，設計生產出不同目標顧客需要的多種產品，並制訂相應的營銷策略，去滿足整個市場中不同顧客的需要。這種營銷策略的立論基礎是：根據消費者需求的差異性，捕捉更多的市場營銷機遇。

優點：①體現了以消費者為中心的經營思想，通過滿足不同消費者需要以擴大市場銷售額；②企業可能在幾個細分市場上占優勢，提高企業聲譽，樹立良好形象，提高市場佔有率。

缺點：①企業資源分散於各細分市場，不易贏得競爭優勢；②產品生產成本和經營成本較高，促銷費用提高，對爭取顧客不利。

3. 集中性目標市場營銷策略

集中性目標市場營銷策略也稱密集性市場營銷策略，它與前兩種策略的不同之處就是不把整個市場作為自己的服務對象，而只是以一個或少數幾個細分市場或一個細分市場中的部分作為目標市場，集中企業營銷力量，實行專門化生產和營銷。採取這種目標市場營銷策略的企業，追求的不是在較大市場上佔有較少的份額，而是在較小的市場上佔有較大的份額。

(六) 確定目標市場策略應考慮的因素

前面所述的三種目標市場策略各有其長處和不足，企業應根據具體的情況加以選擇。企業在確定採用何種目標市場策略時應考慮如下因素：

1. 企業資源

企業的資源包括企業的人力、物力、財力、信息、技術等方面。當企業資源多，實力雄厚時，可運用無差異性或差異性市場營銷策略；當企業資源少，實力不足時，最好採用集中性目標市場營銷策略。

2. 產品的同質性

生產同質性高的產品的企業，如大米、食鹽等，由於其差異較少，企業可用無差異性市場策略；生產同質性低的產品，如衣服、照相機、化妝品、汽車等，對於這類產品，消費者認為產品各個方面的差別較大，在購買時需要挑選比較，企業適宜採用差異性市場策略去滿足不同消費者的需求。

3. 產品所處的生命週期階段

產品處於生命週期不同的階段，由於市場的環境發生變化，企業應採用不同的市場策略。在產品的投入期和成長期前期，由於沒有或很少有競爭對手，一般應採用無差異性市場策略；在成長期後期、成熟期，由於競爭對手多，企業應採取差異性市

策略，開拓新的市場。在衰退期，則可用密集性的市場策略，集中企業有限的資源。

  4. 市場的同質性

  如果各個細分市場的消費者對某種產品的需求和偏好基本一致，對市場營銷刺激的反應也相似，則說明這市場是同質或相似的，這一產品的目標市場策略最好採用無差異性市場策略。如中國的電力，無論是北方市場或南方市場、城市市場或農村市場、沿海地區市場或是內陸地區市場，其需求是一致的，都需要 220V、50Hz 的照明電，電力應採用無差異市場策略。如果各個細分市場的消費者對同種產品需求的差異性大，則這種產品的市場同質性低，應採用差異性市場策略。如洗衣機市場，城市消費者與農村消費者的需求不同，南方消費者與北方消費者的需求不同，高收入層與低收入層的需求也會不同。

  5. 競爭狀況

  首先應考慮競爭對手的數量。如果競爭對手的數目多，應採用差異性市場策略，發揮自己優勢，提高競爭力，如果競爭對手少，則採用無差異性市場策略，去占領整體市場，增加產品的銷售量。其次應考慮競爭對手採取的策略。如果競爭對手已積極進行市場細分，並已選用差異性市場策略時，企業應採用更有效的市場細分，並採用差異性市場策略或密集性市場策略，尋找新的市場機會。如果競爭對手採用無差異性市場策略，企業可用差異性市場策略或密集性市場策略與之抗衡，如果競爭對手較弱，企業也可以實行無差異性市場策略。

三、市場定位

  企業進行市場細分，確定目標市場之後，緊接著應考慮目標市場各個方位的競爭情況。因為在企業準備進入的目標市場中往往存在一些捷足先登的競爭者，有些競爭者在市場中已佔有一席之地，並樹立了獨特的形象。新進入的企業如何使自己的產品與現存的競爭者產品在市場形象上相區別，這就是市場定位的問題。

（一）市場定位的概念

  市場定位是為了適應消費者心目中某一特定的看法而設計的企業、產品、服務及營銷組合的行為。市場定位根據不同定位的對象不同，一般有企業（公司）定位、品牌定位、產品定位三個層面。

（二）市場定位的作用

  （1）定位能創造差異，有利於塑造企業特有的形象

  通過定位向消費者傳達定位的信息，使差異性清楚呈現在消費者面前，從而引起消費者注意該品牌，並使其產生聯想。若定位與消費者的需求吻合，品牌就可以留駐消費者心中。比如：在有眾多品牌的洗髮水市場上，海飛絲洗髮水定位為去頭屑的洗髮水，這在當時獨樹一幟，因而海飛絲一推出就立即引起消費者的注意，並認定它不是普通的洗髮水，而是具有去頭屑功能的洗髮水，當消費者需要解決頭屑煩惱時，便自然第一個想到它。

案例 8-14　力士的美容定位

  力士是國際上風行的老品牌。70 多年來它在世界 79 個國家用統一策略進行廣告宣傳，並始終維護其定位的一致性、持續性，因而確定了它國際知名品牌的形象。力士

香皂的定位不是清潔、殺菌,而是美容。相較清潔和殺菌,美容是更高層次需求和心理滿足,這一定位巧妙抓住人們的愛美之心。如何表現這一定位,與消費者進行溝通?力士打的是明星牌。通過國際影星推薦,力士很快獲得全球的認知。同時,用影星來表述「美容」,把握了人們偶像崇拜以及希望像心中偶像那樣被人喜愛的微妙心理。

(2) 適應細分市場消費者或顧客的特定要求,以更好地滿足消費者的需求

每一產品不可能滿足所有消費者的要求,每一個企業只有以市場上的部分特定顧客為其服務對象,才能發揮其優勢,提供更有效的服務。因而明智的企業會根據消費者需求的差別將市場細分化,並從中選出有一定規模和發展前景並符合企業的目標和能力的細分市場作為目標市場。但只是確定了目標消費者是遠遠不夠的,因為這時企業還是處於「一廂情願」的階段,令目標消費者也同樣以你的產品作為他們的購買目標才更為關鍵。為此企業需要將產品定位在目標市場消費者所偏愛的位置上,並通過一系列的營銷活動向目標消費者傳達這一定位信息,讓消費者注意到這一品牌並感覺到它就是他們所需的,這才能真正占據消費者的心,使你所選定的目標市場真正成為你的市場。

(3) 定位能形成競爭優勢

如「可口可樂才是真正的可樂」,這一廣告在消費者心目中確立了「可口可樂是唯一真正的可樂」這一獨特的地位,於是,其他可樂在消費者心目中只是可口可樂的模仿品而已,儘管在品質或價格等方面幾乎不存在差異。

(三) 市場定位的步驟

市場定位的關鍵是企業要設法在自己的產品上找到比競爭者更具競爭優勢的特性。競爭優勢一般有兩種基本類型:一是價格競爭優勢,二是偏好競爭優勢。

1. 確認本企業的競爭優勢是什麼。
2. 準確選擇相對競爭優勢。所謂相對競爭優勢表明企業能夠勝過競爭者的能力。
3. 明確顯示獨特的競爭優勢。在這一步驟,企業要通過一系列宣傳促銷活動,將其獨特競爭優勢準確傳達給潛在顧客,並在顧客心目中留下深刻印象。

案例 8-15 香港銀行如何利用定位謀取市場

香港金融業非常發達,占其產業的1/4。在這一彈丸之地,各類銀行多達幾千家,競爭非常激烈。如何在這個狹小的市場找到自身的生存空間?他們的做法是:利用定位策略,突出各自優勢。

匯豐——定位於分行最多,全港最大的銀行。這是以自我為中心實力展示式的訴求。20世紀90年代以來,為拉近與顧客之間的距離,匯豐改變了定位策略。新的定位立足於「患難與共,伴同成長」,旨在與顧客建立同舟共濟,共謀發展的親密朋友關係。

恒生——定位於充滿人情味的、服務態度最佳的銀行。通過走感性路線贏得顧客的心。突出服務這一賣點,也使它有別於其他銀行。

渣打——定位於歷史悠久,安全可靠的英資銀行。這一定位樹立了渣打可信賴的「老大哥」形象,傳達了讓顧客放心的信息。

中國銀行——定位於強大後盾的中資銀行。直接針對有民族情結、信賴中資的目標顧客群,同時暗示它提供更多更新的服務。

廖創興——定位於助你創業興家的銀行。以中小工商業者為目標對象,為他們排

205

憂解難，贏得事業的成功。香港中小工商業者有很大的潛在市場。廖創興敏銳地洞察到這一點，並切準他們的心理：想出人頭地，大展宏圖。據此，廖創興將自身定位在專為這一目標顧客群服務，給予他們在其他大銀行和專業銀行所不能得到的支持和幫助，從而牢牢佔有了這一市場。

本章小結

　　本章主要講述了是市場營銷、市場營銷的核心概念以及市場營銷觀念的一些內容；講解了顧客價值、顧客滿意及顧客忠誠的相關內容；講述了市場營銷環境包括宏觀環境、微觀環境，宏觀環境和微觀環境直接或間接對市場營銷活動產生影響；對消費者市場的需求、購買行為特點以及影響購買行為的主要因素和購買決策過程也進行了探討；探討了市場細分的一般原理和方法，及如何在市場細分的基礎上選擇目標市場，運用目標營銷戰略和實行市場定位等知識。

思考與練習

1. 什麼是市場？什麼是市場營銷？
2. 市場營銷學的研究對象是什麼？
3. 企業營銷觀念的演變經歷了哪幾個階段？為什麼說推銷觀念不是現代營銷觀念？
4. 顧客滿意和顧客忠誠的關係是什麼？
5. 簡述宏觀環境要素和微觀環境要素有哪些？
6. 什麼是消費者市場？影響消費者購買行為的基本因素有哪些？
7. 消費者購買行為類型有哪些？
8. 什麼是市場細分？市場細分的步驟是什麼？
9. 什麼是目標市場？目標市場的營銷策略有哪些？
10. 為什麼要進行市場定位？市場定位的步驟有哪些？

第九章　產品策略

學習目的：

　　瞭解產品整體概念的含義及意義；瞭解產品生命週期的含義及判斷；掌握產品生命週期各階段的營銷策略；掌握產品組合的分析方法；掌握 BCG 矩陣圖的理解和運用；掌握產品組合策略的要點及運用。掌握良好的企業形象和品牌形象功能；瞭解企業形象評價指標體系及構成；瞭解營銷創新的重要性及內容；瞭解企業文化的內容及作用；掌握 CIS 系統的內容及創作要點。

重點難點：

　　掌握產品生命週期策略、品牌決策與管理新產品開發。

關鍵概念：

　　產品生命週期　產品組合　產品線　產品項目　產品組合的寬度　產品組合的長度　產品組合的密度　產品組合策略　企業形象和品牌形象

　　市場營銷以滿足市場需要為中心，而市場需要的滿足只能通過提供某種產品或服務來實現。因此，產品是市場營銷的基礎，其他的各種市場營銷策略，如價格策略、分銷策略、促銷策略、權力營銷、公共關係等，都是以產品策略為核心展開的。

　　產品的生產不僅僅是個生產過程，更是一個經營過程。在現代市場經濟條件下，每一個企業都應致力於產品整體概念的開發和產品組合結構的優化，並隨著產品生命週期的演化，及時開發新產品，以更好地滿足市場需要，提高產品競爭力，取得更好的經濟效益。

第一節　產品整體概念

　　菲利普·科特勒認為：「產品是指為留意、獲取、使用或消費以滿足某種慾望和需要而提供給市場的一切東西。」因而從營銷學的意義上講，產品的本質是一種滿足消費者需求的載體，或是一種能使消費者需求得以滿足的手段。由消費者需求滿足方式的多樣性所決定，產品由實體和服務構成，即產品 ＝ 實體 ＋ 服務。

一、產品整體概念的內容

　　在現代市場營銷學中，產品概念是指提供給市場，能夠滿足消費者或用戶某一需求和慾望的任何有形產品和無形服務。有形產品包括產品實體及其品質、特色、式樣、品牌和包裝等，無形服務包括可以給買主帶來附加利益的心理滿足感和信任感的服務、

保證、形象和聲譽等。

1. 核心產品（Core Product）。核心產品是向顧客提供的產品的基本效用或利益。
2. 形式產品（Basic Product）。形式產品也稱為基本產品，是指核心產品借以實現的形式或目標市場對某一需求的特定滿足形式。因為核心產品只是一個抽象的概念，產品設計者必須把它轉化為具體形式的產品。形式產品由五個特徵所構成，即品質、式樣、特色、商標及包裝。由於產品的基本效用必須通過特定形式才能實現，因而市場營銷人員在著眼於對顧客能產生核心利益的基礎上，還應努力尋求更加完善的外在形式以滿足顧客的需要。
3. 期望產品（Expected Product）。指購買者在購買該產品時期望得到的與產品密切相關的一整套屬性和條件。
4. 延伸產品（Augmented Product）。指顧客購買形式產品和期望產品時所提供的產品說明書、保證、安裝、維修、送貨、技術培訓等。
5. 潛在產品（Potential Product）。指現有產品在未來的可能演變趨勢和前景。

產品整體概念的五個層次，十分清晰地體現了以顧客為中心的現代營銷觀念。這一概念的內涵和處延都是以消費者需求為標準的，由消費者的需求來決定的。

產品整體構成見圖9-1。

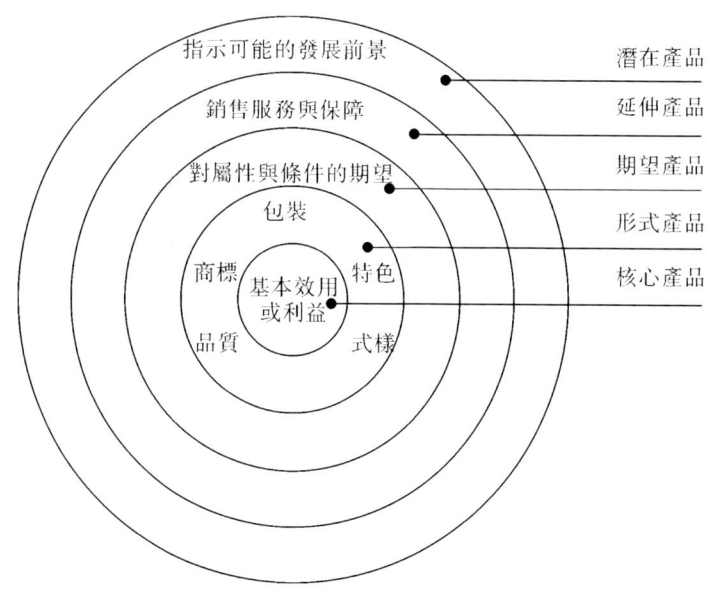

圖9-1　產品整體構成

案例9-1　奔馳汽車公司的整體產品

奔馳汽車公司意識到提供給顧客的產品不僅是一個交通工具，還應包括汽車的質量、造型、功能與維修服務等，以整體產品來滿足顧客的系統要求，不斷創新，從小轎車到255噸的大型載重車共160種，3,700多個型號，以創新求發展是公司的一句流行口號，推銷網與服務站遍布全國各個大中城市。

二、產品整體概念的意義

產品整體概念是市場經營思想的重大發展，它對企業經營有著重大意義。

1. 指明了產品是有形特徵和無形特徵構成的綜合體（見表 9-1）。

表 9-1　　　　　　　　　產品的有形和無形特徵

有形特徵		無形特徵	
物質因素	具有化學成分、物理性能	信譽因素	知名度、偏愛度
經濟因素	效率、維修保養、使用效果	保證因素	「三包」和交貨期
時間因素	耐用性、使用壽命	服務因素	運送、安裝、維修、培訓
操作因素	靈活性、安全可靠		
外觀因素	體積、重量、色澤、包裝、結構		

為此，一方面企業在產品設計、開發過程中，應有針對性地提供不同功能，以滿足消費者的不同需要，同時還要保證產品的可靠性和經濟性。另一方面，對於產品的無形特徵也應充分重視，因為它也是體現產品競爭能力的重要因素。

產品的無形特徵和有形特徵的關係是相輔相成的，無形特徵包含在有形特徵之中，並以有形特徵為後盾；而有形特徵又需要通過無形特徵來強化。

2. 產品整體概念是一個動態的概念。隨著市場消費需求水準和層次的提高，市場競爭焦點不斷轉移，對企業產品提出更高要求。為適應這樣的市場態勢，產品整體概念的外延處在不斷再外延的趨勢之中。當產品整體概念的外延再外延一個層次時，市場競爭又將在一個新領域展開。

3. 對產品整體概念的理解必須以市場需求為中心。產品整體概念的四個層次，清晰地體現了一切以市場要求為中心的現代營銷觀念。一個產品的價值是由顧客決定的，而不是由生產者決定的。

4. 產品的差異性和特色是市場競爭的重要內容，而產品整體概念四個層次中的任何一個要素都可能形成與眾不同的特點。企業在產品的效用、包裝、款式、安裝、指導、維修、品牌、形象等每一個方面都應該按照市場需要進行創新設計。

5. 把握產品的核心內容可以衍生出一系列有形產品。一般地說，有形產品是核心產品的載體，是核心產品的轉化形式。這兩者的關係給我們這樣的啟示：把握產品的核心產品層次，產品的款式、包裝、特色等完全可以突破原有的框架，由此開發出一系列新產品。以旅遊為例，如果說旅遊產品的核心層次是「滿足旅遊者身心需要的短期性生活方式」，那麼，旅遊形式產品不能僅僅理解為組織旅遊者去名山大川遊玩。其實，現在旅遊產品已經延伸到商務旅遊、購物旅遊、現代工業旅遊、現代農業旅遊、都市旅遊、學外語旅遊，等等。

三、產品分類

在市場營銷中要根據不同的產品制定不同的營銷策略，要制定科學有效的營銷策略，就必須對產品進行分類。

1. 按產品的用途劃分

可劃分為消費品和工業品兩大類，見圖9-2、圖9-3。

消費品是直接用於滿足最終消費者生活需要的產品，工業品則由企業或組織購買後用於生產其他產品。消費品與工業品兩者在購買目的、購買方式及購買數量等方面均有較大的差異。因此，對於這兩類不同的產品，企業的營銷策略必須進行區別對待。

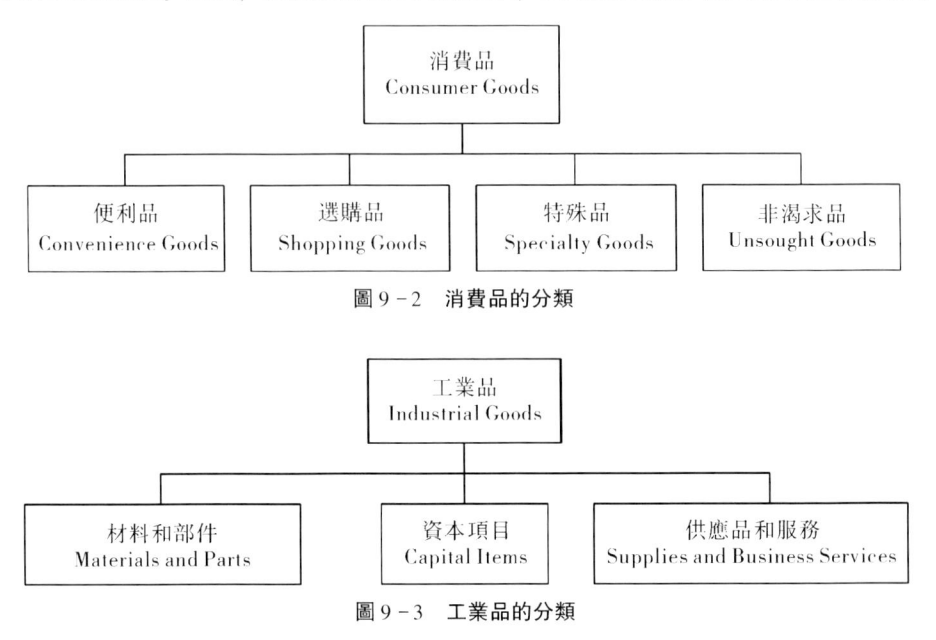

```
                    消費品
                Consumer Goods
         ┌──────────┬──────────┬──────────┐
       便利品      選購品      特殊品     非渴求品
  Convenience   Shopping    Specialty   Unsought
     Goods       Goods        Goods       Goods
```

圖9-2　消費品的分類

```
                      工業品
                 Industrial Goods
         ┌────────────┬────────────┐
     材料和部件     資本項目    供應品和服務
   Materials and   Capital    Supplies and
       Parts        Items   Business Services
```

圖9-3　工業品的分類

2. 按消費品的使用時間長短劃分（見圖9-4）

(1) 耐用品。該類產品的最大特點在於使用時間長，且價格比較昂貴或者體積較大。所以，消費者在購買時都很謹慎，重視產品的質量以及品牌，對產品的附加利益要求較高。企業在生產此類產品時，應注重產品的質量、銷售服務和銷售保證等方面，同時選擇信譽較好的有名大型零售商進行產品的銷售。

(2) 半耐用品。如大部分紡織品、服裝、鞋帽，一般家具等。這類產品的特點在於能使用一段時間，因此，消費者不需經常購買，但購買時，對產品的適用性、樣式、色彩、質量、價格等基本方面會進行有針對性的比較、挑選。

(3) 非耐用品。其特點是一次性消耗或使用時間很短，因此，消費者需要經常購買且希望能方便及時地購買。企業應在人群集中，交通方便的地區設置零售網點。

3. 按產品之間的銷售關係劃分

(1) 獨立產品。即產品的銷售不受其他產品銷售的影響。比如鋼筆與手錶、電視機與電冰箱等都互為獨立產品。

(2) 互補產品。即產品與相關產品的銷售相互依存相互補充。一種產品銷售的增加（或減少）就會引起相關產品銷售的增加（或減少）。

(3) 替代產品。即兩種產品之間銷售存在著競爭關係。也就是說一種產品銷售量的增加會減少另外一種產品潛在的銷售量。

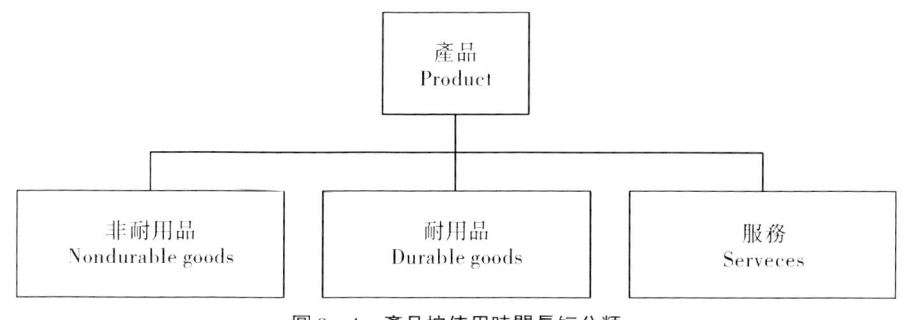

```
                    ┌─────────────┐
                    │   產品       │
                    │  Product    │
                    └──────┬──────┘
           ┌───────────────┼───────────────┐
    ┌──────┴──────┐ ┌──────┴──────┐ ┌──────┴──────┐
    │   非耐用品    │ │   耐用品     │ │   服務       │
    │ Nondurable  │ │  Durable    │ │  Serveces   │
    │   goods     │ │   goods     │ │             │
    └─────────────┘ └─────────────┘ └─────────────┘
```

圖 9－4　產品按使用時間長短分類

四、產品組合

（一）相關基本概念

1. 產品組合指企業生產或銷售的全部產品的大類產品項目組合。產品組合不恰當可能造成產品的滯銷積壓，甚至引起企業虧損。

2. 產品線指同一產品種類中具有密切關係的一組產品。他們以類似的方式起作用，或通過相同的銷售網點銷售，或者滿足消費者相同的需要。

3. 產品項目指一類產品中品牌、規格、式樣、價格所不同的每一個具體產品。

4. 產品組合的寬度指產品組合所包含產品大類的多少。

5. 產品組合的深度指每個產品所包含花色、式樣、規格的多少。

6. 產品組合的長度指產品組合中所包含產品項目的總和。

7. 產品組合的關聯性指一個企業的各個產品線在最終使用、生產條件、分銷渠道和其他方面相互關聯的程度。

一般情況下，企業增加產品組合寬度，有利於擴大經營範圍，發揮企業特長，提高經濟效益，分散經營風險；增加產品組合的深度，可占領更多細分市場，滿足消費者廣泛的需求和愛好，吸引更多的消費者；增加產品組合的長度，可以滿足消費者不同的需求，增加企業經濟效益；而增加產品組合關聯性，則可以使企業在某一特定領域內加強競爭力和獲得良好聲譽。

（二）產品組合策略

產品好比人一樣，都有其由成長到衰退的過程。因此，企業不能僅僅經營單一的產品，世界上很多企業經營的產品往往種類繁多，如美國光學公司生產的產品超過 3 萬種，美國通用電氣公司經營的產品多達 25 萬種。當然，並不是經營的產品越多越好，企業應該生產和經營哪些產品才是有利的？這些產品之間應該有些什麼配合關係？這就是產品組合問題。

（三）產品組合實質

所謂產品組合是指一個企業生產或經營的全部產品線、產品項目的組合方式，它包括四個變數：寬度、長度、深度和一致性。例如美國寶潔公司的眾多產品線中，有一條牙膏產品線，生產格利、克雷絲、登奎爾三種品牌的牙膏，所以該產品線有三個產品項目。其中克雷絲牙膏有三種規格和兩種配方，則克雷絲牙膏的深度就是 6。如果

我們能計算每一產品項目的品種數目，就可以計算出該產品組合的平均深度。

企業在進行產品組合時，涉及三個層次的問題需要做出抉擇，即：
①是否增加、修改或剔除產品項目。
②是否擴展、填充和刪除產品線。
③哪些產品線需要增設、加強、簡化或淘汰——以此來確定最佳的產品組合。

三個層次問題的抉擇應該遵循既有利於促進銷售、又有利於增加企業的總利潤這個基本原則。

產品組合的四個因素和促進銷售、增加利潤都有密切的關係。一般來說，拓寬、增加產品線有利於發揮企業的潛力、開拓新的市場；延長或加深產品線可以適合更多的特殊需要；加強產品線之間的一致性，可以增強企業的市場地位，發揮和提高企業在有關專業上的能力。

(四) 產品組合的評價方法

三維分析圖是一種分析產品組合是否健全、平衡的方法。在三維空間坐標上，以 X、Y、Z 三個坐標軸分別表示市場佔有率、銷售成長率以及利潤率，每一個坐標軸又為高、低兩段，這樣就能得到八種可能的位置。如三維分析圖 9-5 所示：

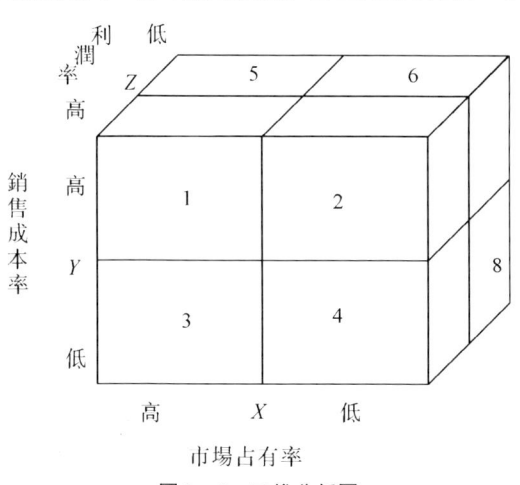

圖 9-5 三維分析圖

如果企業的大多數產品項目或產品線處於 1、2、3、4 號位置上，就可以認為產品組合已達到最佳狀態。因為任何一個產品項目或產品線的利潤率、成長率和佔有率都有一個由低到高又轉為低的變化過程，不能要求所有的產品項目同時達到最好的狀態，即使同時達到也是不能持久的。因此企業所能要求的最佳產品組合，必然包括：目前雖不能獲利但有良好發展前途、預期成為未來主要產品的新產品；目前已達到高利潤率、高成長率和高佔有率的主要產品；目前雖仍有較高利潤率而銷售成長率已趨降低的維持性產品；以及已決定淘汰、逐步收縮其投資以減少企業損失的衰退產品。

根據以上產品線分析，針對市場的變化，調整現有產品結構，從而尋求和保持產品結構最優化，這就是產品組合策略，其中包括如下策略：
①產品線擴散策略：包括向下策略、向上策略、雙向策略和產品線填補策略。
②產品線削減策略。

③產品線現代化策略：在迅速變化的高技術時代，產品現代化是必不可少的。

（五）產品組合的動態平衡

由於市場需求和競爭形勢的變化，產品組合中的每個項目必然會在變化的市場環境下發生分化，一部分產品獲得較快的成長，一部分產品繼續取得較高的利潤，另有一部分產品則趨於衰落。企業如果不重視新產品的開發和衰退產品的剔除，則必將逐漸出現不健全的、不平衡的產品組合。為此，企業需要經常分析產品組合中各個產品項目或產品線的銷售成長率、利潤率和市場佔有率，判斷各產品項目或產品線銷售成長上的潛力或發展趨勢，以確定企業資金的運用方向，做出開發新產品和剔除衰退產品的決策，以調整其產品組合。所以，所謂產品組合的動態平衡是指企業根據市場環境和資源條件變動的前景，適時增加應開發的新產品和淘汰應退出的衰退產品，從而隨著時間的推移，企業仍能維持住最大利潤的產品組合。可見，及時調整產品組合是保持產品組合動態平衡的條件。動態平衡的產品組合亦稱最佳產品組合。

產品組合的動態平衡實際上是產品組合動態優化的問題，只能通過不斷開發新產品和淘汰衰退產品來實現。產品組合動態平衡的形成需要綜合性地研究企業資源和市場環境可能發生的變化，各產品項目或產品線的成長率、利潤率、市場佔有率將會發生的變化，以及這些變化對企業總利潤率所起的影響。對一個產品項目或產品線眾多的企業來說，這是一個非常複雜的問題，目前系統分析方法和電子計算機的應用已為解決產品組合最佳化問題提供了良好的前景。

第二節　產品生命週期

一、產品生命週期的含義及各階段特徵

（一）產品生命週期的概念

產品市場生命週期是指產品從投放市場到被淘汰出市場的全過程，產品在市場上的存在時間長短受消費者需求變化，產品更新換代的速度等多種因素的影響。產品市場生命與產品的使用壽命概念不同，市場營銷學所研究的是產品市場生命週期。

（二）產品生命週期階段劃分

產品市場生命由於受到市場諸多因素的影響，生命週期內其銷售量和利潤額並非是一條直線，不同的時期或階段有著不同的銷量和利潤；因此，產品市場生命週期各個時期或階段一般是以銷售量和利潤額的變化來衡量和區分的，如圖9-6所示。

（三）產品生命週期特徵

典型的產品市場生命週期包括四個階段，即導入期，成長期，成熟期和衰退期。其生命週期表現為一條「S」型的曲線，對於各階段則體現出不同的特點。

1. 導入期，又稱介紹期，試銷期，一般指產品從發明投產到投入市場試銷的階段。其主要特點：①生產批量小，試製費用大，製造成本高；②由於消費者對產品不熟悉，廣告促銷費較高；③產品售價常常偏高，這是由於生產量小、成本高、廣告促銷費較高所致；④銷售量增長緩慢，利潤少，甚至發生虧損。

2. 成長期，又稱暢銷期。指產品通過試銷階段以後，轉入成批生產和擴大市場銷

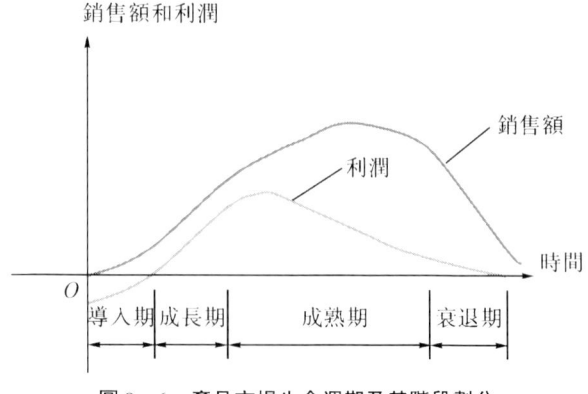

圖9-6　產品市場生命週期及其階段劃分

售的階段。其主要特徵如下：①銷售額迅速增長；②生產成本大幅度下降，產品設計和工藝定型，可以大批量生產；③利潤迅速增長；④由於同類產品，仿製品和代用品開始出現，使市場競爭日趨激烈。

3. 成熟期，又稱飽和期，產品在市場上銷售已經達到飽和狀態的階段。其主要特徵如下：①銷售額雖然仍在增長，但速度趨於緩慢；②市場需求趨向飽和，銷售量和利潤達到最高點，後期兩者增長緩慢，甚至趨於零或負增長；③競爭最為激烈。

4. 衰退期，又稱滯銷期，產品不能適應市場需求，逐步被市場淘汰或更新換代的階段。其主要特點體現如下：①產品需求量、銷售量和利潤迅速下降；②新產品進入市場，競爭突出表現為價格競爭，且價格壓到極低的水準。

二、產品生命週期的常見形態

事實上，各種產品生命週期的曲線形狀是有差異的。有的產品一進入市場就快速成長，迅速跳過介紹期；有的產品則可能越過成長期而直接進入成熟期；還有的產品可能經歷了成熟期以後，進入第二個快速成長期，見圖9-7。

產品生命週期與產品定義的範圍有直接關係。產品定義範圍不同，所表現出來的生命週期曲線形狀就不同。根據定義範圍的大小，可分為種類、形式和品牌三種。

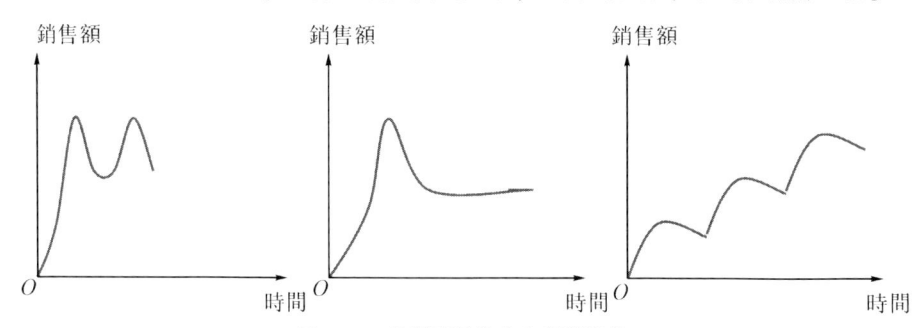

圖9-7　常見產品的生命週期形態

三、產品生命週期各階段的判斷

在產品生命週期的變化過程中，正確分析、判斷出各階段的臨界點，確定產品正處在生命週期的什麼階段，是企業進行正確決策的基礎，對市場營銷工作意義重大。同時，這又是一件較困難的事，因為產品生命週期各階段的劃分並無一定的標準，帶有較大的隨意性。而要完整、準確地描繪某類產品生命週期曲線，理應到產品完全被淘汰以後，再根據資料繪製，但對這類產品的市場營銷又失去了現實意義。

產品生命週期各階段的判斷，一般採取以下方法：

(一) 銷售趨勢分析法

銷售趨勢分析法是用各個時期實際銷售增長率的數據（$\frac{\Delta Y}{\Delta X}$）的動態分佈曲線來劃分各階段。

其中：

ΔY 表示縱坐標上的銷售量的增加量；

ΔX 表示橫坐標上的時間的增加量。

當（$\frac{\Delta Y}{\Delta X}$）之值大於 10%，該產品處在成長期；

當（$\frac{\Delta Y}{\Delta X}$）之值在 0.1%～10% 之間，該產品處在成熟期；

當（$\frac{\Delta Y}{\Delta X}$）之值小於 0 成為負數時，該產品處於衰退期。

(二) 產品普及率分析法

產品普及率分析法即按人口平均普及率來分析產品市場生命週期所處的階段。

$$人口平均普及率 = \frac{社會擁有量}{人口總數} = \frac{社會擁有量}{家庭戶數}$$

人口普及率 15% 以下為導入期，15%～50% 為成長期，50%～80% 為成熟期，超過 80% 為衰退期。

(三) 同類產品類比法

同類產品類比法一般用於新產品的壽命週期判斷。對於一些新產品，由於沒有銷售資料，很難進行分析判斷。此時，可以運用類似產品的歷史資料進行比照分析。

(四) 因素分析法

由於產品生命週期不同階段的有關因素呈現不同特徵，因而可以從各因素的特徵來判斷產品處在哪一個階段（見表 9-2）。

表 9-2　　　　　生命週期不同階段各因素不同特徵

因素	成長期	成熟期	衰退期
企業銷售情況	遞增	暢銷	遞減
競爭對手銷售情況	穩定暢銷	上升	減少
企業經營管理綜合工作質量	上升	穩定	下降
比較同類產品的技術經濟指標	近似或稍好	近似	落後

四、產品生命週期各階段的營銷策略

由於產品生命週期各階段的特點不同，企業在各階段做出的經營決策的內容也不同。

(一) 導入期的市場特點與營銷策略

1. 市場特點

(1) 消費者對該產品不瞭解，大部分顧客不願放棄或改變自己以往的消費行為，銷售量小，相應地增加了單位產品成本；
(2) 尚未建立理想的營銷渠道和高效率的分配模式；
(3) 價格決策難以確立，高價可能限制了購買，低價可能難以收回成本；
(4) 廣告費用和其他營銷費用開支較大；
(5) 產品技術、性能還不夠完善；
(6) 利潤較少，甚至出現經營虧損，企業承擔的市場風險最大。
(7) 市場競爭者較少

2. 市場營銷策略

這一階段新產品剛投入市場銷售，由於銷售量少而且銷售費用高，企業往往無利可圖或者獲利甚微，企業營銷重點主要集中在「促銷—價格」策略方面（見圖9-8）。

	促銷水平 高	促銷水平 低
價格水平 高	快速取脂策略	緩慢取脂策略
價格水平 低	快速滲透策略	緩慢滲透策略

圖9-8　導入期「促銷—價格」策略組合

(1) 快速取脂策略

即以「高價格—高促銷水準」策略推出新產品，迅速擴大銷售量來加速對市場的滲透，以圖在競爭者還沒有反應過來時，先聲奪人，把本錢撈回來。「健妮健身鞋」就是採取這一策略。

採用這一策略的市場條件是：絕大部分的消費者還沒有意識到該產品的潛在市場；顧客瞭解該產品後願意支付高價；產品十分新穎，具有老產品所不具備的特色；企業面臨著潛在競爭。

(2) 緩慢取脂策略

即以「高價格—低促銷費用」策略推出新產品，高價可以迅速收回成本撤取最大利潤，低促銷費用又是減少營銷成本的保證。高檔進口化妝品大都採取這樣的策略。

採用這一策略的市場條件是：市場規模有限；消費者大多已知曉這種產品；購買者願意支付高價；市場競爭威脅不大。

（3）快速滲透策略

即以「低價格—高促銷費用」策略，花費大量的廣告費，以低價格爭取更多消費者的認可，獲取最大的市場份額。

採取這一策略的市場條件是：市場規模大；消費者對該產品知曉甚少；大多數購買者對價格敏感；競爭對手多，且市場競爭激烈。

（4）緩慢滲透策略

即以「低價格—低促銷費用」策略降低營銷成本，並有效地阻止競爭對手介入。

採取這一策略的市場條件是：市場容量大；市場上該產品的知名度較高；市場對該產品價格相對敏感；有相當的競爭對手。

（二）成長期的市場特點與營銷策略

1. 市場特點
（1）消費者對新產品已經熟悉，銷售量增長很快。
（2）大規模的生產和豐厚的利潤機會，吸引大批競爭者加入，市場競爭加劇。
（3）產品已定型，技術工藝比較成熟。
（4）建立了比較理想的營銷渠道。
（5）市場價格趨於下降。
（6）為了適應競爭和市場擴張的需要，企業的促銷費用水準基本穩定或略有提高，但占銷售額的比率下降。
（7）由於促銷費用分攤到更多銷量上，單位生產成本的下降快於價格下降，因此，企業利潤將逐步抵達最高峰。

2. 市場營銷策略

成長期的主要標誌是銷售迅速增長。這是因為已有越來越多的消費者喜歡這種產品，大批量生產能力已形成，分銷渠道也已疏通，新的競爭者開始進入，但還未形成有力的對手。在這一階段企業營銷應盡力發展銷售能力，緊緊把握取得較大成就的機會。

（1）改進產品質量和增加產品的特色、款式等

在產品成長期，企業要對產品的質量、性能、式樣、包裝等方面努力加以改進，以對抗競爭產品。

（2）開闢新市場

通過市場細分尋找新的目標市場，以擴大銷售額。在新市場要著力建立新的分銷網絡，擴大銷售網點，並建立好經銷制度。

（3）改變廣告內容

隨著產品市場逐步被打開，該類產品已被市場接受，同類產品的各種品牌都開始走俏。此時，企業廣告的側重點要突出品牌，力爭把上升的市場需求集中到本企業的品牌上來。

（4）適當降價

在擴大生產規模、降低生產成本的基礎上，選擇適當時機降價，適應多數消費者的承受力，並限制競爭者加入。

（三）成熟期的市場特點與營銷策略

1. 市場特點
（1）成長中的成熟期：各銷售渠道基本呈飽和狀態，增長率開始下降，還有少數

後續的購買者繼續進入市場。

（2）穩定中的成熟期：由於市場飽和，消費水準平穩，銷售增長率一般只與購買者人數成比例。

（3）衰退中的成熟期：銷售水準顯著下降，原有用戶的興趣已開始轉向其他產品和替代品；全行業產品出現過剩，競爭加劇，銷售增長率下降，一些缺乏競爭能力的企業將漸漸被淘汰；競爭者之間各有自己特定的目標顧客，市場份額變動不大，突破比較困難。

2. 市場營銷策略

成熟期的主要特徵：「二大一長」，即在這一階段產品生產量大、銷售量大、階段持續時間長。同時，此時市場競爭異常激烈。為此，企業總的營銷策略要防止消極防禦，採取積極進攻的策略，主要包括以下三方面：

（1）市場改進策略

通過擴大顧客隊伍和提高單個顧客使用率來提高銷售量。例如，強生嬰兒潤膚露是專為嬰兒設計的，而如今「寶寶用好，您用也好」的宣傳，使該產品的目標市場擴展到了成年人，從而擴大了目標市場範圍，進入了新的細分市場。

（2）產品改進策略

通過改進現行產品的特性，以吸引新用戶或增加新用戶使用量。如吉列剃鬚刀從「安全剃鬚刀」、「不銹鋼剃鬚刀」到「雙層剃鬚刀」、「三層剃鬚刀」，不斷改進產品，使其生命週期得以不斷延長。

（3）營銷組合改進策略

通過改變營銷組織中各要素的先後次序和輕重緩急，來延長產品成熟期。

（四）衰退期營銷策略

1. 市場特點

（1）產品銷售量由緩慢下降變為迅速下降，消費者的興趣已完全轉移。

（2）價格已下降到最低水準。

（3）多數企業無利可圖，被迫退出市場。

（4）留在市場上的企業，被迫逐漸減少產品附帶服務，削減促銷預算等，以維持最低水準的經營。

2. 市場營銷策略

產品進入衰退期，銷售量每況愈下；消費者已在期待新產品的出現或已轉向；有些競爭者已退出市場，留下來的企業可能會減少產品的附帶服務；企業經常調低價格，處理存貨，不僅利潤下降，而且有損於企業聲譽。因此，在衰退期的營銷策略有以下內容：

（1）收縮策略

把企業的資源集中使用在最有利的細分市場、最有效的銷售渠道和最易銷售的品種上，力爭在最有利的局部市場贏得盡可能多的利潤。

（2）榨取策略

大幅度降低銷售費用，也降低價格，以盡可能增加眼前利潤。這是由於再繼續經營市場下降趨勢已明確的產品，大多得不償失；而且不下決心淘汰疲軟產品，還會延誤尋找替代產品的工作，使產品組合失去平衡，削弱了企業在未來的根基。

上述內容可用表 9-3 來概括：

表 9-3　　　　　　　產品市場生命週期各階段的特點與營銷目標

	導入期	成長期	成熟期	衰退期
銷售量	低	劇增	最大	衰退
銷售速度	緩慢	快速	減慢	負增長
成本	高	一般	低	回升
價格	高	回落	穩定	回升
利潤	虧損	提升	最大	減少
顧客	創新者	早期使用者	中間多數	落伍者
競爭	很少	增多	穩中有降	減少
營銷目標	建立知名度，鼓勵試用	最大限度地佔有市場	保護市場，爭取最大利潤	壓縮開支，榨取最後價值

第三節　產品組合

一、產品結構組合分析

　　分析一個企業的產品結構是否合理，這是進行產品結構調整的基礎。分析的工具之一是市場增長率──相對市場份額矩陣圖分析法（BCG, Boston Consulting Group Growth-Share Matrix）。BCG矩陣圖，即「市場成長—市場份額」矩陣圖，是美國波士頓諮詢公司首創的決策諮詢方法和工具。

（一）BCG矩陣圖特徵

　　BCG矩陣圖是從二維角度來分析產品結構是否合理的，二維指標是市場增長率和相對市場佔有率（見圖9-9）。

　　圖9-9中橫坐標表示相對市場佔有率，以對數尺度表示，指某企業各個產品的市場佔有率與同行業中最大競爭對手的市場佔有率之比。圖中⑥號產品的相對市場佔有率為4x，表明該產品是市場領先者，它的市場佔有率為名列第二位產品市場佔有率的4倍。凡大於1x的產品都是市場領先者，小於1x的產品則是市場佔有率較小者。

　　縱坐標表示市場增長率，①、②、③、④、⑤產品都處在高市場增長位置，而⑥、⑦、⑧產品則處在低市場增長率區域。

　　BCG矩陣圖有以下特徵：

　　1. 始終把企業的產品放在一個開放的環境中去研究、去把握。判斷一個企業的產品結構是否合理，關起門來研究無法抓住問題的實質。因為所謂產品結構合理就是指企業生產或經營的全部產品線、產品項目的配備和組合具有市場優勢，離開市場也就無所謂優勢和劣勢，也失去了評價和調整的基礎。

　　2. 科學地選擇評價指標。BCG矩陣圖並沒有採用利潤、銷售額等絕對值指標來判斷產品的市場競爭力，而是選用了市場增長率指標和相對市場佔有率指標。前者說明的是企業產品所處市場的發展性質，即該產品正處在生命週期的哪一個階段，是導入

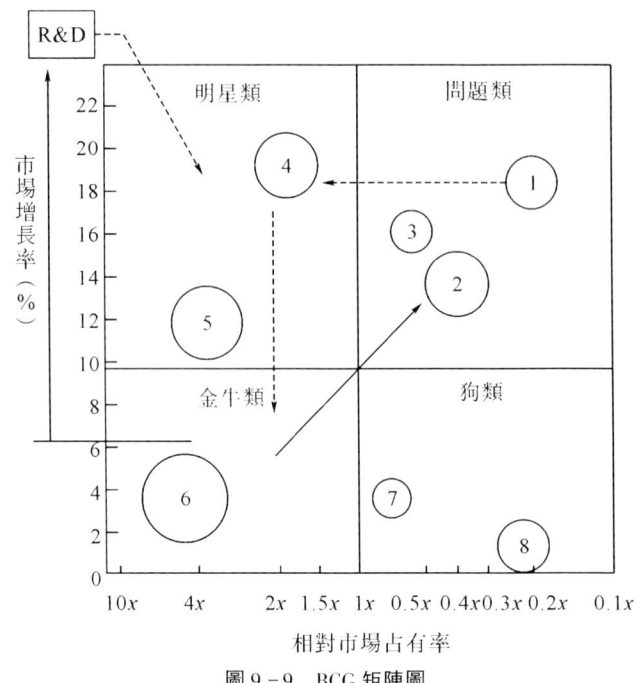

圖 9-9　BCG 矩陣圖

期、成長期、成熟期，還是衰退期。後者則表明企業產品在某一市場中的地位，是領先者、挑戰者、追隨者，還是補缺者。值得指出的是，利潤額、銷售額指標並不能準確反應企業的經營業績和市場地位，相對市場佔有率這一相對指標卻能客觀地反應這一點。例如，某企業一產品的利潤今年比去年增加50%，但市場佔有率卻下降5%，這一態勢表明該產品整體有較大發展，但該企業的業績卻在大幅度下滑。

3. 根據二維指標形成的四個象限，把產品分別歸類研究。二維指標構成的矩陣形成了問題類、明星類、金牛類和狗類四個象限。BCG 矩陣圖正是根據不同象限產品的不同特點來分析某一企業產品結構是否合理的。

4. 指標簡潔，可操作性強。由通用電氣公司（GE）首創的 GE 矩陣法為了對產品線組合進行評估分析，採用了行業吸引力和產品線實力兩大指標。其中，行業吸引力主要根據該行業的市場規模、市場增長率、歷史毛利率、競爭強度、技術要求、通貨膨脹、能源要求、環境影響以及社會、政治、法律因素等加權評分得出，分為高、中、低三檔。產品線實力主要根據企業產品線的市場份額、市場增長率、產品質量、品牌信譽、分銷網、促銷效率、生產能力與效率、單位成本、物資供應、研究與開發實績、管理人員等加權評分得出，分為強、中、弱三檔。GE 矩陣法較之 BCG 矩陣圖綜合考慮更多因素、更顯全面。然而，過於繁復的評價內容反而使評估分析工作的可操作性大大降低。

（二）BCG 矩陣圖的運用

BCG 矩陣圖作為決策諮詢的工具，適用於以下領域和方面：

1. 判斷企業產品組合是否合理。把企業產品在矩陣圖上定位以後，就可以明確地判斷企業產品組合的合理與否。一般來說，不合理的產品組合就是有太多的狗類或問

題類產品，以及太少的明星類和金牛類產品。由於歷史等原因，一些傳統企業生產的產品大都是傳統產品，且市場份額都不大，幾乎所有產品都擠在狗類。應該指出，上述情況在傳統型國有企業中具有一定的代表性；反之，外資、合資企業卻往往從市場增長率高的問題類產品做起，憑藉實力和合理經營，逐步進入明星類和金牛類，當產品接近狗類時則果斷淘汰之，使其產品結構始終處在優化的狀態。

2. 針對不同產品確定發展目標。由於企業不同產品的市場增長率和相對市場佔有率不同，因而它們對企業經濟效益的貢獻或是大，或是小；或是正，或是負。為此，應為每一個產品確定一個目標。結合 BCG 矩陣和 GE 矩陣，可以形成圖 9–10。對此圖所形成的 9 個象限，分別給予不同的發展目標定位，分別進行管理。

	2x	1x	0.5x
15	保持領先	不斷強化	加速發展或撤退
6	爭取領先	密切關注	分期撤退
0	資金回收	分期撤退	不再投資

市場增長率（%）／相對市場占有率

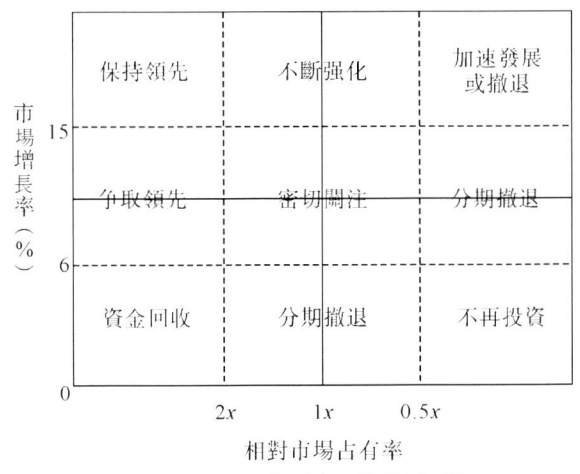

圖 9–10　不同類型產品的發展目標

3. 分析企業產品的走勢。由於相對市場份額指標能比較客觀、準確地反應企業的經營業績，市場增長率指標又能反應某一產品市場的發展態勢，所以某一產品歷年在 BCG 矩陣圖中的位置變化，又能動態地反應出該產品的走勢。

4. 分析加入世界貿易組織（WTO）的影響。中國加入 WTO 後，某些行業將會受到一定的衝擊。其衝擊程度用 BCG 矩陣圖來表示更顯直觀。例如，某產品原來處在高相對市場佔有率的位置（即明星類和金牛類），可是，當有強大的競爭對手進入目標市場，同時競爭對手成為市場領先者時，原領先者的市場位置將由明星類或金牛類右移至問題類或狗類，競爭對手實力越強，原領先者的右移程度也越大。這意味著原來盈利產品成為微利產品或者虧損產品。當然，這一研究思路也適合分析企業面臨其他強大對手挑戰時所受的影響。

5. 多元化經營利弊分析。當一個企業的資源分散於許多個產品，每個產品實力都很弱時，該企業產品沒有一個處在明星類和金牛類，其結構呈現極不合理的格局，經濟效益一般較差，這即為「多元化陷阱」。對於這類企業應相對集中資源培育核心產品，或者實現「有限相關多元化」，使企業的核心能力得以累積和壯大。

6. 追蹤和分析某大類商品的結構變化和發展趨勢研究。

(三) BCG 矩陣圖缺陷

實踐證明，BCG 矩陣圖是一個很有用的分析工具。可是，這一工具存在以下問題：

1. 在選擇評價指標時，BCG 矩陣圖有其特色，但是，市場增長率指標不僅要取正值，而且也應包括負值，這樣更符合實際。在中國，有不少商品的市場增長率處在負增長區域，如糧食、蔬菜、豬肉、牛羊肉、食糖等。這些產品雖然市場增長率下降，但仍是社會不可缺少的，其絕對量仍是一個巨大的市場，因而仍會吸引一大批企業生產和經營，而這樣的產品在 BCG 矩陣圖中找不到位置。為此，BCG 矩陣圖擬可以擴展為 7 個象限（見圖 9-11）。

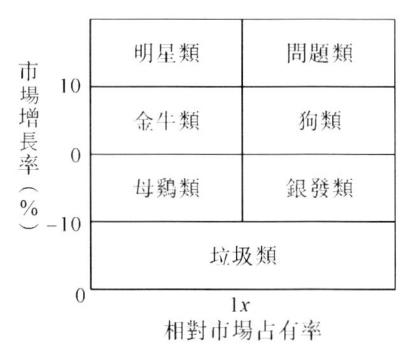

圖 9-11　BCG 矩陣圖的擴展

　　凡處在市場負增長幅度較小而相對市場佔有率高的產品，我們且稱之為母雞類產品。這一類產品由於市場負增長，企業不必再投入大量資金，又因為是領先者，所以能取得一定的規模效益。銀髮類產品市場負增長且相對市場佔有率低，這類產品如果沒有特色、定位不準確，其經營將很困難。垃圾類產品是指該類商品銷量急遽下降，已經處在淘汰期，垃圾類產品相對份額越大，給企業造成的損失也越大。

　　2. 明星類產品是處在高市場增長率和高相對市場佔有率的產品，它往往是市場領先者。BCG 矩陣圖的理論認為，由於明星類產品必須投入大量現金來維持相對市場佔有率來擊退競爭對手，同時還必須維持一個高的市場增長率，所以明星類產品往往是現金消耗者而非現金生產者。

　　這一論斷在一些企業未能得到支持，一些明星類產品並非是資金消耗者，反而是企業利潤的主要供應者。造成這種有悖 BCG 理論的原因是多方面因素促成的：其一，某類產品市場增長態勢相對減緩，為此，企業不用投入大量資金以應付市場增長趨勢；其二，該類產品的市場領先者實力很強，其競爭對手不足以對領先者造成威脅。為此，領先者不用花費資金去防禦競爭對手。此時明星類產品也可能是現金提供者。

　　3. UCG 矩陣圖指出，成功戰略業務單位有其生產週期，即它們往往從問題類轉向明星類，然後是金牛類，最後成為狗類，從而走向其生命的終點。但是在實踐中，由於主客觀的種種原因，使某類產品的銷量止跌回升，處在狗類的產品有可能重新進入問題類，金牛類產品也可能進入明星類。由於市場競爭格局的變化，狗類產品也有可能進入金牛類。

案例 9-2

　　｛正面案例｝
　　20 世紀 80 年代初期榮事達原本是名不見傳的生產普通單雙缸洗衣機企業。經過十多年拼搏，90 年代初生產的「水仙牌」洗衣機暢銷全國，年產量達 50 萬臺，銷售額榮

登同行榜首，洗衣機生產成為榮事達（當時廠名合肥洗衣機總廠）一頭巨大的「金牛」。但該廠管理者並沒有躺在「金牛」身上，而是於1992年果斷地用「金牛」獲得的資金與香港豐事達投資公司、安徽省技術進出口公司合資組建「合肥榮事達電氣有限公司」。1993年自行研製開發問號業務3.8kg全自動洗衣機，大額投資促其成為明星業務，當年公司躋身全國500家最佳經濟效益和500家利稅大戶行列，「明星」轉變為「金牛」。榮事達人並不滿足於此，1994年3月又與日本三洋電機株式會社、三洋貿易株式會社、豐田通商株式會社、長城貿易株式會社組建合資公司——合肥三洋洗衣機有限公司，生產具有國際一流水準人工智能模糊控制全自動洗衣機，在國內市場獨占鰲頭。1995年8月榮事達管理者又從「金牛」身上取資與港臺企業合資興建「榮事達橡塑製品有限公司」、「榮事達日用電器有限公司」等，不斷開發「問題」業務，培育「明星」業務，不僅實現了公司資產保值增值，而且使組織機體始終處於良性循環之中。1997年末榮事達集團產值、銷售收入、利潤分別比上年增長31%、13%和18.8%，集團資產增長到26.2億元，比上年增長21.69%。誠然，榮事達成功的原因是多方面的，但成功運用BCG矩陣進行戰略業務管理應該是最重要的原因之一。

|負面案例|

Y公司曾是一家生產系列電風扇的大企業，20世紀80年代末期，該公司生產的系列電風扇所占市場份額名列前茅。公司領導層決定擴大生產規模、擴建廠房、購進機械設備、再裝備三倍於現規模的電風扇生產流水線。由於當時電風扇生產廠家劇增，特別是沿海一帶鄉鎮企業生產的電風扇大舉進攻內地市場，電風扇市場迅速飽和，結果未等到公司新生產流水線全部正式投產運作，公司產品囤積劇增，大量產品找不到銷路。結果既沒有及時地培育「明星」業務，又導致一頭好端端的「金牛」過早脹死。

二、產品組合策略

（一）擴展策略

擴展策略包括擴展產品組合的寬度和長度。前者是在原產品組合中增加一條或幾條產品線，擴大企業的經營範圍；後者是在原有產品線內增加新的產品項目，發展系列產品。

一般當企業預測現有產品線的銷售額和盈利率在未來幾年要下降時，往往就會考慮這一策略。這一策略可以充分利用企業的人力等各項資源，深挖潛力，分散風險，增強競爭能力。當然，擴展策略也往往會分散經營者的精力，增加管理困難，有時會使邊際成本加大，甚至由於新產品的質量、功能等問題，而影響企業原有產品的信譽。

（二）縮減策略

縮減策略是企業從產品組合中剔除那些獲利小的產品線或產品項目，集中經營那些獲利最多的產品線和產品項目。

縮減策略可使企業集中精力對少數產品改進品質，降低成本，刪除得不償失的產品，提高經濟效益。當然，企業失去了部分市場，也會增加企業的風險。

（三）產品延伸策略

每一個企業的產品都有其特定的市場定位，如中國的轎車市場，「別克」、「奧迪」、「帕薩特」等定位於中偏高檔汽車市場，「桑塔納」定位於中檔市場，「夏利」、「奧拓」等則定位於低檔市場。產品延伸策略是指全部或部分地改變公司原有產品的市

場定位。具體做法有向下延伸、向上延伸、雙向延伸。

1. 向下延伸

向下延伸是企業原來生產高檔產品，以後增加低檔產品。向下延伸策略的採取主要是因為高檔產品在市場上受到競爭者的威脅，本企業產品在該市場的銷售增長速度趨於緩慢，企業向下延伸尋找經濟新的增長點。同時，某些企業也出於填補產品線的空缺，防止新的競爭者加入的考慮，也實施這一策略。

向下延伸策略的優勢是顯而易見的，即可以節約新品牌的推廣費用，又可使新產品搭乘原品牌的聲譽便車，很快得到消費者承認。同時，企業又可以充分利用各項資源。

案例9-3

五糧液是中國著名的白酒品牌，以優良品質、卓著聲譽、獨特口味蜚聲國內外。

五糧液集團十分注意品牌延伸工作，當五糧液牌在高檔白酒市場站穩腳跟後，便採取縱橫延伸策略。縱向延伸是生產「五糧春」、「五糧醇」、「尖莊」等品牌，分別進入中偏高白酒市場，中檔白酒市場和低檔白酒市場。橫向延伸策略是五糧液集團先後和幾十家地方酒廠聯合開發具有地方特色的系列白酒，在這些產品中均註明「五糧液集團榮譽產品」。五糧液集團借這些延伸策略，有效地實施低成本擴張，使其市場份額不斷擴大。但是必須指出，向下延伸策略並不是一方靈丹妙藥，處理不好也可能弄巧成拙，陷入困境。因為推出低檔產品會使企業在原高檔市場的投入相對減少，使該市場相對萎縮；由於向下延伸，侵犯了低檔市場競爭者的利益，可能刺激新競爭對手的種種反擊；經銷商可能不願意經營低檔次商品，以規避經營風險等。

案例9-4

把高檔產品往下延伸是一把「雙刃劍」，即可能低成本拓展業務，也可能陷入陷阱。最大的陷阱是損害原品牌的高品質形象。早年，美國派克鋼筆質優價貴，是身分和體面的標誌，許多社會上層人物都以帶一支派克筆為榮。然而，1982年新總經理詹姆斯·彼特森上任後，盲目延伸品牌，把派克品牌用於每支售價3美元的低檔筆。結果，派克在消費者心目中的高貴形象被毀壞，競爭對手則趁機侵入高檔筆市場，使派克公司幾乎瀕臨破產。派克公司歐洲主管馬克利認為，派克公司犯了致命錯誤，沒有以己之長攻人之短。鑒於此，馬克利籌集巨資買下派克公司，並立即著手重塑派克形象，從一般大眾化市場抽身出來，竭力弘揚其作為高社會地位象徵的特點。

2. 向上延伸策略

向上延伸指企業原來生產低檔產品，後來決定增加高檔產品。企業採取這一策略的原因是：市場對高檔產品需求增加，高檔產品銷路廣，利潤豐；欲使自己生產經營產品的檔次更全、佔領更多市場；抬高產品的市場形象。

向上延伸也有可能帶來風險：一是可能引起原來生產高檔產品的競爭者採取向下延伸策略，從而增加自己的競爭壓力。二是市場可能對該企業生產高檔產品的能力缺乏信任。三是原來的生產、銷售等環節沒有這方面足夠的技能和經驗。

3. 雙向延伸策略

原來生產經營中檔產品，現在同時向高檔和低檔產品延伸，一方面增加高檔產品，一方面增加低檔產品，擴大市場陣地。

案例 9-5

美國得州公司進入計算器市場之中，該市場基本上被鮑瑪公司低價低質計算器和惠普公司高質高價計算器所支配。得州儀器公司以中等價格和中等質量推出第一批計算器。然後，它推出價格與鮑瑪公司一樣，但質量較好的計算器，擊敗了鮑瑪公司；它又設計了一種價格低於惠普公司但質量上乘的計算器，奪走了惠普公司的份額。雙向延伸戰略致使得州公司占據了袖珍計算器市場的領導地位。

第四節　新產品開發

一、新產品的概念

(一) 新產品的含義

　　市場營銷意義上的新產品涵義很廣，除包含因科學技術在某一領域的重大發現所產生的科技新產品外，還有在生產銷售方面，只要在功能或形態上比老產品有明顯改進，或者是採用新技術原理、新設計構思，從而顯著提高產品性能或擴大使用功能的產品，甚至只是產品從原有市場進入新的市場，都可視為新產品。

　　現代市場營銷觀念下的新產品概念是指凡是在產品整體概念中的任何一個部分有所創新、改革和改變，是能夠給消費者帶來新的利益和滿足的產品，都是新產品。

(二) 新產品的分類

　　按不同的劃分標準，新產品可以分為不同的種類。

1. 按產品研究開發過程劃分

（1）全新產品。指應用新原理、新技術、新材料製造出前所未有，能滿足消費者的一種新需求的產品。它占新產品的比例為10%左右。

（2）改進型產品。指在原有產品的基礎上進行改進，使產品在結構、品質、功能、款式、花色及包裝上具有新的特點和新的突破的產品。改進產品有利於提高原有產品的質量或產品多樣化，滿足消費者對產品更高要求，或者滿足不同消費者的不同需求。它占新產品的比例為26%左右。

（3）模仿型產品。指企業對國內外市場上已有的產品進行模仿生產，形成本企業的新產品。這類產品占新產品的比例為20%左右。

（4）形成系列產品。在現有產品大類中開發出新的品種、花色、規格等，從而與原有產品形成系列，擴大產品的目標市場。它占新產品的比例為26%左右。

（5）降低成本型產品。批企業通過新科技手段，削減原產品的成本，但保持原有功能不變的新產品。這類產品占新產品的比例為11%左右。

（6）重新定位型產品。指企業的老產品進入新的市場而被該市場稱為新產品。該類產品占新產品的比例為7%左右。

2. 按地區、範圍來劃分

（1）世界性新產品。指世界上第一次試製成功，並生產和銷售的產品。

（2）全國性新產品。指國內試製生產並投入市場的產品。

（3）地區性新產品。指在其他地區已投入生產，但本企業所在地區是首次試製成

功並投入市場的產品。

（4）企業新產品。指企業採用引進或仿製的方法首次生產和銷售的產品。

二、新產品的發展趨勢

隨著市場經濟的不斷發展，消費者的需求水準不斷地提高，消費領域也不斷地擴大，因而新產品的生產也必須注重發展趨勢。

（一）新產品的科技含量不斷提高

企業必須在新產品開發中投入更多的科研力量，使之轉化成更多的知識經濟技術成果，確保新產品更加完美，更具有市場競爭力。

（二）新產品多樣化

由於消費者的需求層次不同，喜好也不同，而且複雜多變，因而新產品開發應做到多樣化，適應市場的發展趨勢，以滿足消費者多層次的需求。

（三）產品更美觀，更舒適，更適用

消費者的物質文化生活水準不斷提高，使得對產品的要求朝著舒適性、藝術性、功能更齊全的方面發展。

（四）「綠色產品」的發展

隨著社會公眾優化環境意識的提高，「綠色」消費迅速普及，因此，開發新產品時，除嚴格做到無污染外，還要注意保護環境，維護生態平衡。

三、新產品的開發程序

一個新產品從獨立構思到開發研製成功，其過程主要經歷 8 個階段：創意產生、創意的篩選、概念發展和試製、試驗與鑒定、市場分析、產品開發、市場試銷和商品化，見圖 9－12。

（一）創意產生

即提出新產品的設想方案，產生一個好的新產品構思或創意是新產品成功的關鍵。企業通常可以從企業內部和企業外尋找新產品創意的來源。而尋求創意的主要方法有以下幾種：

1. 產品屬性列舉法。指將現有產品的屬性一一列出，尋求改良這種產品的方法。

2. 強行關係法。指列出多個不同的產品或物品，然後考慮他們彼此之間的關係，從中啟發更多的創意。

3. 調查法。即向消費者調查使用某種產品時出現的問題或值得改進的地方，然後整理意見，轉化為創意。

4. 頭腦風暴法。即選擇專長各異的人員進行座談，集思廣益，以發現新的創意。

（二）創意的篩選

採用適當的評價系統及科學的評價方法對各種創意進行分析比較，選出最佳創意的過程。在這過程中，力求做到除去虧損最大和必定虧損的新產品構思，選出潛在盈利大的新產品創意。

（三）概念發展和試製

新產品概念是企業從消費者的角度對產品創意進行的詳盡描述，即創意具體化，描述出產品的性能、具體用途、形狀、優點、價格、提供給消費者的利益等。同時將篩選出的創意發展成更具體、明確的產品概念，試製轉變成真正的產品，而試製一般包括樣品試製和小批量試製。

（四）試驗與鑒定

新產品試製後，須進行全面鑒定，對新產品從技術和經濟上做出評價。鑒定的內容主要包括：設計文件的完整性和樣品是否符合已批准的技術文件；樣品精度與外觀質量是否符合設計要求，並進行有關試驗；對質量、工藝、經濟性評價、改進意見、編寫鑒定書。新產品只有通過鑒定合格，才可進行定型、正式生產產品。

（五）市場分析

對新產品估計的銷售量、成本和利潤等財務情況，以及消費者滿足程度、市場佔有率等情況進行綜合分析，判斷該產品是否滿足企業開發的目標。

（六）產品開發

主要解決產品構思能否轉化為在技術上和商業上可行的產品。它通過對新產品的設計、試製、測試和鑒定來完成。

（七）市場試銷

將正式產品投放到有代表性的小範圍市場上進行試銷，旨在檢查該產品的市場效應，然後決定是否大批量生產。通過試銷可為新產品能否全面上市提供全面、系統的決策依據，也為新產品的改進和市場營銷策略的完善提供啟示，有許多產品是通過試銷改進後才取得成功，但並非所有的新產品都要經過試銷，可根據新產品的特點及試銷對新產品的利弊分析來決定。如果試銷市場呈現高試用率和高再購率，表明該產品可以繼續發展下去；如果市場呈現高試用率和低再購率，表明消費者不滿足，必須重新設計或放棄該產品；如果市場呈現低試用率和高再購率，表明該產品很有前途；如果試用率和再購率都很低，表明該產品應當放棄。

（八）商品化

新產品試銷成功後，就可以正式批量生產，全面推向市場。而企業在此階段應在以下幾方面作好決策：

1. 何時推出新產品。即在什麼時候將產品推入市場最適宜，針對競爭者而言，可以做三種選擇：首先進入、平行進入和後期進入。

2. 何地推出新產品。企業如何推出新產品，必須制定詳細的上市計劃，如營銷組合策略、營銷預算、營銷活動組的組織和控制等。

3. 向誰推出新產品。企業把分銷和促銷目標面向最理想的消費者，利用他們帶動其他消費者。

4. 如何推出新產品。即企業制定較為完善的營銷綜合方案，有計劃地進行營銷活動。

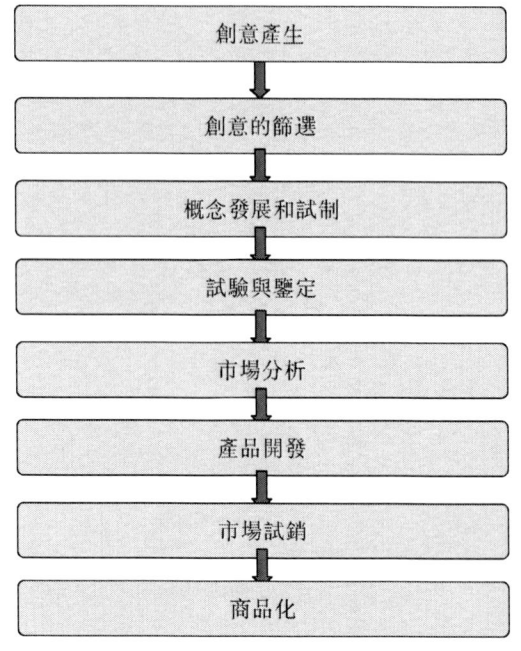

```
┌─────────────┐
│  創意產生    │
└──────┬──────┘
       ▼
┌─────────────┐
│  創意的篩選  │
└──────┬──────┘
       ▼
┌─────────────┐
│概念發展和試制│
└──────┬──────┘
       ▼
┌─────────────┐
│  試驗與鑒定  │
└──────┬──────┘
       ▼
┌─────────────┐
│  市場分析    │
└──────┬──────┘
       ▼
┌─────────────┐
│  產品開發    │
└──────┬──────┘
       ▼
┌─────────────┐
│  市場試銷    │
└──────┬──────┘
       ▼
┌─────────────┐
│   商品化     │
└─────────────┘
```

圖 9-12　新產品開發的程序

四、新產品的推廣

（一）新產品的推廣策略

　　人們對新產品的接受過程，存在一定的規律性，西方學者總結歸為五個階段，即「認識→說服→決策→實施→證實」。根據這些階段的特點，在推廣新產品時可以採取以下幾種策略。

　　1. 市場導向策略

　　新產品投放市場，促銷活動重點應該是向消費者宣傳和介紹產品的用途、性能、質量，其主要手段可採用報紙、雜誌、廣告、新聞媒體等，引導和說服消費者購買新產品。

　　2. 技術領先型策略

　　企業以掌握的先進技術，生產出具有科技含量較高的新產品，推入市場時著重展示產品的技術含量。

　　3. 競爭性模仿策略

　　新產品進入市場時可以採納或模仿成功品牌經驗。如外形、色彩、營銷策略等。

　　4. 綜合型策略

　　新產品投入市場可採用市場導向、技術導向、競爭性模仿等策略相結合起來使用。

（二）對新產品的反應差異的顧客群體

　　在新產品的市場擴散過程中，由於社會地位、消費心理、產品價值觀、個人性格等多種因素的影響制約，不同顧客對新產品的反應具有很大的差異，可將顧客分為 5

種不同的群體:

1. 創新採用者（Innovators）。通常富有個性，受過高等教育，勇於革新冒險，性格活躍，消費行為很少聽取他人意見，經濟寬裕，社會地位較高。廣告等促銷手段對他們有很大的影響力。這類消費者是企業投放新產品時的極好目標。

2. 早期採用者（Early Adopters）。一般也接受過較高的教育，年輕富於探索，對新事物比較敏感，並且有較強的適應性，經濟狀況良好，他們對早期採用新產品具有自豪感。這類消費者對廣告及其他渠道傳播的新產品信息很少有成見，促銷媒體對他們有較大的影響力。但與創新者比較，他們一般持較為謹慎的態度。這類顧客是企業推廣新產品極好的目標。

3. 早期大眾（Early Majority）。一般較少保守思想，接受過一定的教育，有較好的工作環境和固定的收入；對社會中有影響的人物、特別是自己所崇拜的「輿論領袖」的消費行為具有較強的模仿心理；他們不甘落後於潮流，但由於他們特定的經濟地位所限，在購買高檔產品時，一般持非常謹慎的態度。他們經常是在徵詢了早期採用者的意見之後才採納新產品。但早期大眾和晚期大眾構成了產品的大部分市場。因此，研究他們的心理狀態、消費習慣，對提高產品的市場份額具有很大的意義。

4. 晚期大眾（Late Majority）。較晚跟上消費潮流的人，其工作崗位，受教育水準及收入狀況往往比早期大眾略差；他們對新事物、新環境多持懷疑態度，對周圍的一切變化抱觀望態度；他們的購買行為往往發生在產品成熟階段。

5. 落伍者（Laggards）。這些人受傳統思想束縛很深，思想非常保守，懷疑任何變化，對新事物、新變化多持反對態度，固守傳統消費行為方式。因此，他們在產品進入成熟期後期以至衰退期才能接受。

激光唱機（CD Player）的擴散過程（羅傑斯模式）能夠很好地描述各類顧客群體的分佈，見圖9-13。

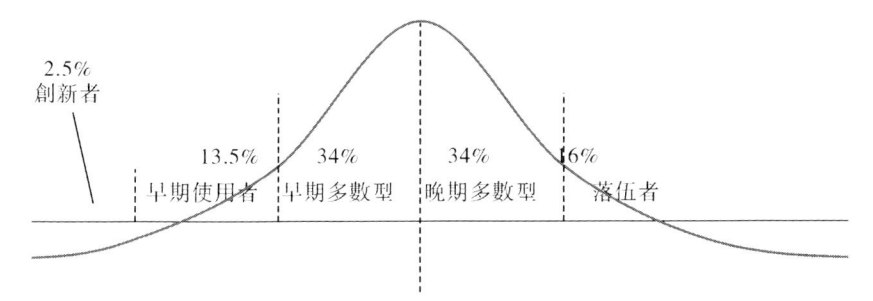

圖9-13 激光唱機（CD Player）的擴散採用過程（羅傑斯模式）

本章小結

產品是指人們通過購買而獲得能夠滿足某種需求和慾望的物品，它是核心產品、有形產品、附加產品和心理產品的總和。認識產品整體概念對於企業經營具有重要意義。

產品一般都有自己導入市場和被市場淘汰的生命週期，處在產品生命週期不同階

段要採取不同的營銷策略。為此，判斷產品正處在哪一階段就變得十分重要。

　　判斷企業產品結構是否合理，是產品策略的重要內容，BCG 矩陣圖是分析產品結構的重要工具，研究市場營銷應當充分掌握、運用這一工具，並對其缺陷進行必要的修正。根據產品結構現狀，採取擴展策略、縮減策略、延伸策略等都是必需的。企業形象和品牌戰略是當代市場營銷的重要內容，是企業無法迴避的課題，良好的形象可以為企業帶來信譽功能、識別功能、凝聚功能、優先功能和促銷功能。

思考與練習

1. 簡述產品整體概念的含義。
2. 產品組合有哪幾種主要策略？
3. 簡述成熟期的市場特點及營銷策略。
4. 簡述新產品開發的主要組織形式。
5. 簡述新產品開發的主要管理程序。

第十章　分銷策略

學習目的：

　　瞭解分銷渠道對企業市場營銷的作用和意義；掌握分銷渠道的含義、類型及影響渠道選擇因素分析；瞭解分析渠道評估的標準；瞭解中間商的選擇、渠道衝突、中間商激勵、評估及調整等內容；掌握鬆散型模式、公司型模式、管理型模式、特許型模式的特徵及評價。

重點難點：

　　分銷渠道的模式、分銷渠道的基本策略、分銷渠道的選擇

關鍵概念：

　　分銷渠道　商流　物流　貨幣流　信息流　促銷流

案例 10－1

　　當國內企業還在策劃如何爭得廣告「標王」時，可口可樂、百事可樂、寶潔公司等外資企業卻在考慮如何爭取更多的貨位、更大的陳列排面和更好的陳列空間。當國內企業正在為新聞炒作操心勞力時，外資企業卻在悄悄地拜訪中間商、出貨、理貨、陳列、給終端送去POP廣告和禮品，提升客情關係。當國內企業一個個「標王」倒下時，可口可樂、百事可樂、寶潔公司產品卻在終端市場牢牢占據有利的位置。

　　人們開始醒悟：強調廣告拉動作用，不重視鋪市與終端促銷，結果是廣告在電視上天天見，但消費者在終端市場難覓其產品蹤影，這是一種資源浪費。於是：

　　當健力寶公司發現其產品的鋪市率不足16%時，深感自己花大力做公關形象宣傳是失策。於是「百車、千人、萬家店」計劃出抬，配備百臺送貨車、數千名終端服務和促銷人員，建立數萬家零售終端。

　　TCL總裁李東生認為營銷通路是可以不計成本的，只計較是否比競爭對手更多、更快地把產品放在消費者面前。公司組建龐大的銷售隊伍，配人、配車、配倉庫，深入城鄉每一個角落，在每一個商店裡都能看到TCL的產品。

　　柯達公司1999—2000年推出「9萬9當老板計劃」，2001年又推出「輕輕鬆鬆當老板」終端推廣計劃。這不僅迎合了下崗工人強烈要求，也實現了柯達對通道的占領和控制。這一舉動是對富士公司一個強有力的打擊。

　　銷渠道是市場營銷組合策略中的四個基本要素之一，如果產品是企業的立身之基，分銷渠道網絡則是企業的生存之本。建立一個有效的分銷渠道網絡，是企業在激烈的市場競爭中脫穎而出，並持續、穩定發展的關鍵因素之一。研究分銷渠道策略的目的在於：企業如何通過銷售網絡建設與管理，採取有效的渠道競爭策略，把商品適時、適

地、方便、經濟地提供給消費者，實現企業的經營目標。

第一節　分銷渠道含義及類型

一、分銷渠道含義

分銷渠道是指某種貨物和勞務從生產者向消費者轉移時取得這種貨物和勞務的所有權或幫助轉移其所有權的所有企業和個人。生產企業和消費者分別處於分銷渠道的兩個端點，作為商品的提供者和接收者。

理解分銷渠道的含義，要把握以下要點：

（一）分銷渠道是一個網絡

分銷渠道往往不是由單一渠道所構成的，而是由若干條相互補充、配合的渠道所共同形成的系統，即企業針對多個細分市場和地域市場的不同要求和特點，根據批量、等待時間、空間的便利性、商品多樣性；服務支持等需要，從點的佈局、線的聯結、面的廣度上形成一個網絡。

（二）分銷渠道由一系列成員構成

案例 10-2

南京的蘇寧電器股份有限公司（簡稱蘇寧）是中國著名的家用電器分銷商。近些年蘇寧發展迅速，已成為中國三大家用電器分銷商。蘇寧在通路擴張時，按照城市人口、面積、人均國內生產總值等標準，把全國市場劃分為 A、B、C、D、E 五類，不同市場採取不同的進入方式和分銷渠道（見表 10-1）。

分銷渠道的起點是製造商，終點是最終消費者，中間環節是與商品所有權轉移有關的各種類型的機構。由於商品在轉移過程中是「五流合一」的過程，即商流、物流、信息流、資金流、促銷流統一的過程。因而，分銷渠道四大流程見圖 10-1。

商流　企業 → 中間商 → 消費者
所有權流程

物流　企業 → 儲運商 → 中間商 → 消費者
實體流程

資金流　企業 → 中間商 → 消費者
貸款流程

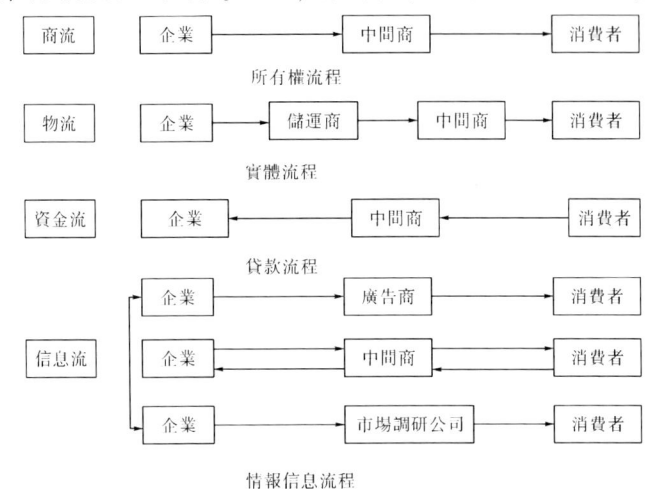

信息流　企業 → 廣告商 → 消費者
　　　　企業 ↔ 中間商 ↔ 消費者
　　　　企業 → 市場調研公司 → 消費者
情報信息流程

圖 10-1　分銷渠道的四大流程示意圖

圖 10-1 表明，製造商、中間商、消費者是分銷渠道的主要成員，這是「五流」聚焦所在。物流企業、銀行、廣告代理商等也是分銷網絡不可缺少的成員，沒有他們的參與，「五流」不可能順利展開。

表 10-1

分類標準	一、城市人口；二、城市面積；三、人均國內生產總值；四、電器市場容量；五、競爭狀況						
分類市場進入策略	市場分類	包括城市	市場特徵	進入方式	經營門類	連鎖數量	單位面積
	A	北京、上海、廣州	家電消費能力強，但擁有量也高；消費者購買心理成熟，強調品牌、功能、服務、價格以及產品個性；家電的消費已由初次購買逐步轉向更新換代；經銷商實力較強，競爭經驗豐富，有著較強的品牌意識。	直營連鎖	綜合家電	3家左右	1,500~3,000m²
	B	11個重要省會城市及直轄市	需求增長快，消費檔次多；廠商可以在一定的程度上引導消費需求；經銷商競爭的能力較強，有一定的品牌意識，在多年的發展中累積了一定的經驗和資本，但還難以打破地域的限制。	直營連鎖或控股合資合作	綜合家電	1~2家	1,500~3,000m²
	C	21個經濟發達省的中心地級市及不發達省份的省會城市	雖然電器容量比不上B類市場，但發展的速度快，廠商重視與否可以明顯地影響該類市場的佔有情況；經銷個體實力不強，相互競爭激烈，都還難以凸現。	不控股合資合作	綜合家電或品類專營	—	500m²
	D	70餘個地級市	數量眾多，地區間發展不平衡；電器需求一般處於上升階段；城市內的商家個體實力較弱，缺乏與廠家直接談判的能力和引導市場消費的能力，在經營方式的選擇上跟風心理較強。	特許加盟，不控股合資合作	綜合家電或品類專營	—	—
	E	全國有進入價值的1,000餘個縣	城市規模小，人口少，經濟不發達；電器需求有限；經銷商規模小，資金能力弱，完全不具備引導消費的能力，大多只能跟著產品自身的品牌拉力。	特許加盟，不控股合資合作	綜合家電或品類專營	—	—

（三）分銷渠道正常運作需要建立一定的機制

　　分銷渠道網絡為什麼能形成？生產者如何選擇和構造分銷渠道？中間商為什麼樂於經銷某一產品？為什麼有的產品渠道又長又寬？有的產品渠道則又短又窄？制約這一切的根本原因在於經濟利益，因而經濟利益也就成為流通渠道建立、發展和調整的動力。

233

二、分銷渠道類型

分銷渠道可以按不同的標準進行劃分。

(一) 直接渠道和間接渠道

生產者在與消費者聯繫過程中，按是否有中間商參加，可將分銷渠道分為直接渠道和間接渠道。

1. 直接渠道

直接渠道指製造商直接把商品銷售給消費者，而不通過任何中間環節的銷售渠道。直接渠道的形式主要有：定制、銷售人員上門推銷、通過設立門市部銷售等。

直接渠道的優點主要有：

（1）瞭解市場。生產者通過與用戶直接接觸，能及時、具體、全面地瞭解消費者的需求和市場變化情況，從而能及時地調整生產經營決策。

（2）減少費用。銷售環節少，商品可以很快地到達消費者手中，從而縮短了商品流通時間，減少流通費用，提高了經濟效益。

（3）加強推銷。針對技術含量較高的商品，生產者可以對推銷員進行訓練，有利於擴大銷售。較之中間商，消費者往往更信賴生產者直銷的商品。

（4）控制價格。一般情況下，分銷渠道越長，生產者對產品價格控制的能力越差；分銷渠道越短，對價格控制能力也越強。

（5）提供服務。生產者能夠直接給用戶提供良好的服務，增強企業競爭力，促進產品銷售。

直接渠道也存在缺點：

（1）生產者增設銷售機構、銷售設施和銷售人員，這就相應增加了銷售費用，同時也分散生產者的精力。

（2）生產者自有的銷售機構總有限，致使產品市場覆蓋面過窄，易失去部分市場。

（3）由於生產者要自備一定的商品庫存，這就相應減緩了資金的週轉速度，從而減少了對生產資金的投入。

（4）商品全部集中在生產者手中，一旦市場發生什麼變化，生產者要承擔全部損失。

案例 10-3

1977 年，北京市包裝機械研究所首創 SH-1 型羊肉自動切片機，產品讓北京 4 個貿易商店委託銷售。該所派人去調查，發現機器雖製作精致，但與普通炊具放在一起，滿是灰塵。食品所決定改變銷售策略，選擇北京東來順飯店為銷售點，借助飯店舉行展銷活動，邀請全市各飯店負責人參加。在展銷會上大家目睹了機器的表演，東來順飯店的廚師又講解羊肉切片機的性能和特色，引起了各大飯店的強烈興趣，當場便訂購了 12 臺。食品所又將展銷會情況錄製成廣告播放，當年銷量達 50 臺。食品所用這種方法推廣至全國，取得巨大成功。

2. 間接渠道

間接渠道指生產者通過中間商來銷售商品。絕大部分生活消費品和部分生產資料都是採取這種分銷渠道的。

間接渠道的優點是：

（1）中間商具有龐大的銷售網絡，利用這樣的網絡能使生產商的產品具有最大的市場覆蓋面。

（2）充分利用中間商的倉儲、運輸、保管作用，減少了資金佔用和耗費，並可以利用中間商的銷售經驗，進一步擴大產品銷售。

（3）對生產者來說減少了花費在銷售上的精力、人力、物力、財力。

間接渠道也存在一定的缺點：

（1）流通環節多，銷售費用增多，也增加了流通時間。

（2）生產者獲得市場信息不及時、不直接。

（3）中間商對消費者提供的售前售後服務，往往由於不掌握技術等原因而不能使消費者滿意。

（二）長渠道和短渠道

分銷渠道的長短一般是按通過流通環節的多少來劃分，具體包括四層，見圖10-2：

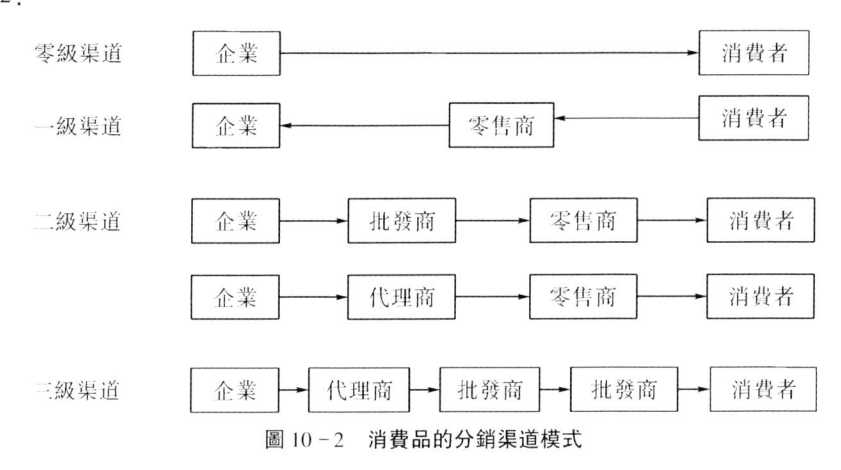

```
零級渠道   企業 ─────────────────────────→ 消費者

一級渠道   企業 ──────────→ 零售商 ──────→ 消費者

二級渠道   企業 ──→ 批發商 ──→ 零售商 ──→ 消費者
           企業 ──→ 代理商 ──→ 零售商 ──→ 消費者

三級渠道   企業 ──→ 代理商 ──→ 批發商 ──→ 批發商 ──→ 消費者
```

圖10-2　消費品的分銷渠道模式

可見，零級渠道最短，三級渠道最長。長渠道是指產品分銷過程中經過兩個或兩個以上的中間環節；短渠道策略是指企業僅採用一個中間環節或直接銷售產品。兩種策略各有利弊，必須認真分析和選擇。

長渠道由於渠道長、分佈密，能有效覆蓋市場，從而擴大商品銷售範圍和規模。缺點則主要表現為：銷售環節多，流通費用會相應增加，使商品價格提高，價格策略選擇餘地變小；信息反饋慢，且失真率高，不利於企業正確決策；需要更好地協調渠道成員間的關係。

短渠道可以減少流通環節，節約流通費用，縮短流通時間；使信息反饋迅速、準確；有利於開展銷售服務工作，提高企業信譽；有利於密切生產者與中間商及消費者的關係。缺點是難於向市場大範圍擴張，市場覆蓋面較小；渠道分擔風險的能力下降，加大了生產者的風險。

（三）寬渠道和窄渠道

當企業將產品銷向一個目標市場時，按使用中間商的多少，可將分銷渠道劃分為寬渠道和窄渠道。分銷渠道的寬度是指在分銷渠道的每個環節或層次中，使用相對類

型的中間商的數量，同一層次或環節使用的中間商越多，渠道就越寬；反之，渠道就越窄。根據分銷渠道寬窄的不同選擇，可以形成以下三個策略：

　　1. 密集分銷策略

　　密集分銷策略指盡可能通過較多的中間商來分銷商品，以擴大市場覆蓋面或快速進入一個新市場，使更多的消費者可以買到這些產品。但是，這一策略生產者付出的銷售成本較高，中間商積極性較低。

　　2. 獨家分銷策略

　　獨家分銷策略指企業在一定時間、一定地區只選擇一家中間商分銷商品。生產者採取這一策略可以得到中間商最大限度的支持，如價格控制、廣告宣傳、信息反饋、庫存等。其不足之處是市場覆蓋面有限，而且當生產者過分信賴中間商時，就會加大中間商的砍價能力。

　　3. 選擇分銷策略

　　選擇分銷策略指在一個目標市場上，依據一定的標準選擇少數中間商銷售其產品。選擇分銷策略可以兼有密集分銷策略和獨家分銷策略的優點，避開兩個策略的缺點（見表10－2）。

表 10－2　　　　　　　　　　　分銷渠道寬度三策略比較

	密集分銷策略	選擇分銷策略	獨家分銷策略
渠道的長度、寬度	長而寬	較短而窄	短而窄
中間商數量	盡可能多的中間商	有限中間商	一個地區一個中間商
銷售成本	高	較低	較低
宣傳任務承擔者	生產者	生產者、中間商	生產者、中間商
商品類別	便利品、消費品	選購品、特殊品	高價品、特色商品

第二節　分銷渠道的設計和管理

一、影響分銷渠道設計的因素

　　影響分銷渠道設計的因素很多，其中主要因素有以下幾種：

（一）產品因素

　　產品的特性不同，對分銷渠道的要求也不同。

　　1. 價值大小

　　一般而言，商品單價越小，分銷渠道一般寬又長，以追求規模效益。反之，單價越高，路線越短，渠道越窄。

　　2. 體積與重量

　　體積龐大、重量較大的產品，如建材、大型機器設備等，要求採取運輸路線最短、搬運過程中搬運次數最少的渠道，這樣可以節省物流費用。

3. 變異性

易腐爛、保質期短的產品，如新鮮蔬菜、水果、肉類等，一般要求較直接的分銷方式，因為時間拖延和重複搬運會造成巨大損失。同樣，對式樣、款式變化快的時尚商品，也應採取短而寬的渠道，避免不必要的損失。

4. 標準化程度

產品的標準化程度越高，採用中間商的可能性越大。例如，毛巾、洗衣粉等日用品，以及標準工具等，單價低、毛利低，往往通過批發商轉手。而對於一些技術性較強或是一些定制產品，企業要根據顧客要求進行生產，一般由生產者自己派員直接銷售。

5. 技術性

產品的技術含量越高，渠道就越短，常常是直接向工業用戶銷售，因為技術性產品，一般需要提供各種售前、售後服務。消費品市場上，技術性產品的分銷是一個難題，因為生產者不可能直接面對眾多的消費者，生產者通常直接向零售商推銷，通過零售商提供各種技術服務。

(二) 市場因素

市場是分銷渠道設計時最重要的影響因素之一，影響渠道的市場特徵主要包括如下方面：

1. 市場類型

不同類型的市場要求不同的渠道與之相適應。例如，生產消費品的最終消費者購買行為與生產資料用戶的購買行為不同，所以就需要有不同的分銷渠道。

2. 市場規模

一個產品的潛在顧客比較少，企業可以自己派銷售人員進行推銷；如果市場面大，分銷渠道就應該更長、寬。

3. 顧客集中度

在顧客數量一定的條件下，如果顧客集中在某一地區，則可由企業派人直接銷售；如果顧客比較分散，則必須通過中間商才能將產品轉移到顧客手中。

4. 用戶購買數量

如果用戶每次購買的數量大，購買頻率低，可採用直接分銷渠道；如果用戶每次購買數量小、購買頻率高，則宜採用長而寬的渠道。一家食品生產企業會向一家大型超市直接銷售，因為其訂購數量龐大。但是，同樣是這家企業會通過批發商向小型食品店供貨，因為這些小商店的訂購量太小，不宜採取過短的渠道。

5. 競爭者的分銷渠道

在選擇分銷渠道時，應考慮競爭者的分銷渠道。如果自己的產品比競爭者有優勢，可選擇同樣的渠道；反之，則應盡量避開。

(三) 企業自身因素

企業自身因素是分銷渠道選擇和設計的根本立足點。

1. 企業的規模、實力和聲譽

企業規模大、實力強，往往有能力擔負起部分商業職能，如倉儲、運輸、設立銷售機構等，有條件採取短渠道。而規模小、實力弱的企業無力銷售自己的產品，只能採用長渠道。聲譽好的企業，希望為之推銷產品的中間商就多，生產者容易找到理想

的中間商進行合作；反之則不然。

  2. 產品組合

　　企業產品組合的寬度越寬，越傾向於採用較短渠道；產品組合的深度越大，則宜採取短渠道。反之，如果生產者產品組合的寬度和深度都較小，生產者只能通過批發商、零售商來轉賣商品，其渠道應長而寬。產品組合的關聯性越強，則越應使用性質相同或相似的渠道。

  3. 企業的營銷管理能力和經驗

　　管理能力和經驗較強的企業往往可以選擇較短的渠道，甚至直銷；而管理能力和經驗較差的企業一般將產品的分銷工作交給中間商去完成，自己則專心於產品的生產。

  4. 對分銷渠道的控制能力

　　生產者為了實現其戰略目標，往往要求對分銷渠道實行不同程度的控制。如果這種願望強，就會採取短渠道；反之，渠道可適當長些。

（四）環境因素

　　影響分銷渠道設計的環境因素既繁多又複雜。如科學技術發展可能為某些產品創造新的分銷渠道，食品保鮮技術的發展，使水果、蔬菜等的銷售渠道有可能從短渠道變為長渠道。又如經濟蕭條時迫使企業縮短渠道。

（五）中間商因素

　　不同類型的中間商在執行分銷任務時各自有其優勢和劣勢，分銷渠道設計應充分考慮不同中間商的特徵。一些技術性較強的產品，一般要選擇具備相應技術能力或設備的中間商進行銷售。有些產品需要一定的儲備（如冷藏產品、季節性產品等），需要尋找擁有相應儲備能力的中間商進行經營。零售商的實力較強，經營規模較大，企業可直接通過零售商經銷產品；零售商實力較弱，規模較小，企業只能通過批發商進行分銷。

二、分銷渠道評估

　　分銷渠道評估的實質是從那些看起來似乎合理但又相互排斥的方案中選擇最能滿足企業長期目標的方案。分銷渠道方案確定後，生產廠家就要根據各種備選方案進行評價，找出最優的渠道路線，通常渠道評估的標準有三個：經濟性、可控性和適應性，其中最重要的是經濟性。

  1. 經濟性標準評估

　　主要是比較每個方案可能達到的銷售額及費用水準。①比較由本企業推銷人員直接推銷與使用銷售代理商哪種方式銷售額水準更高。②比較由本企業設立銷售網點直接銷售所花費用與使用銷售代理商所花費用，看哪種方式支出的費用大，企業對上述情況進行權衡，從中選擇最佳分銷方式。

  2. 可控性標準評估

　　企業對分銷渠道的選擇不應僅考慮短期經濟效益，還應考慮分銷渠道的可控性。因為分銷渠道穩定與否對企業能否維持並擴大其市場份額、實現長遠目標關係重大。企業自銷對渠道的控制能力最強，但由於人員推銷費用較高，市場覆蓋面較窄，因此不可能完全自銷。利用中間商分銷就應充分考慮渠道的可控性，一般說來，建立特約經銷或特約代理關係的中間商較容易控制，但在這種情況下，中間商的銷售能力對企

業的影響又很大，因此應慎重決策。

3. 適應性標準評估

每一分銷渠道的建立都意味著渠道成員之間的關係將持續一定時間，不能隨意更改和調整，而市場卻是不斷發展變化的。因此，企業在選擇分銷渠道時就必須充分考慮其對市場的適應性。首先是地區的適應性，在某一特定的地區建立商品的分銷渠道，應與該地區的市場環境、消費水準、生活習慣等相適應；其次是時間的適應性。根據不同時間商品的銷售狀況，應能採取不同的分銷渠道與之相適應。

案例 10-4

製造商分銷模式個案

個案 1　三株模式：聯絡處＋分公司＋子公司＋工作站

三株公司在 1997 年達到鼎盛時期，業績為 40 多億元人民幣，其主要依靠分銷模式。三株公司在各中心城市成立了省級聯絡處，聯絡處管轄 200 個地市級分公司，分公司管轄 1,980 個縣級子公司，子公司管轄 6,890 個鄉鎮一級的工作站。20 多萬銷售大軍分佈在全國各個市場，尤其是深入到農村。

除三株模式外，當年的紅桃 K、蓮花味精、505 腰帶都是相似模式。其特點是：不依靠中間商、自己控制渠道、鋪市率高、覆蓋面廣、採取免費戶外廣告和傳單戰，軍事化管理，人稱「準傳銷模式」。問題是管理難度大，人員成本高。

個案 2　匯仁模式：三株模式＋廣告

匯仁公司這幾年來的銷售業績倍增，其拳頭產品匯仁腎寶和烏雞白鳳丸在全國擁有很高的市場佔有率。匯仁分銷模式實質上還是三株模式，它擁有 3,000 多個銷售人員，是生產人員的 3 倍。為了克服原三株模式的缺陷，匯仁進行了分銷渠道改進，一是加強了廣告宣傳，二是強化對銷售人員的培訓和管理，尤其是對回收款的控制。

個案 3　TCL 模式：分公司模式

TCL 的總裁李東生說：「分銷渠道不計成本利潤，只計較是否比競爭對手更多更快地把產品賣給消費者。」所以，TCL 就擺脫家電銷售大戶的控制，自己建立各地的分公司，組建自己的推銷隊伍、車隊和週轉倉庫，把產品送到城鄉每一個商店，牢牢控制零售終端，當鄉下的農民幾乎可以在每一個商店都看到 TCL 產品時，他們的首選自然是 TCL 了。

TCL 模式優點是：完全控制渠道掌握了主動權、支配權，利於多品牌、多品種的市場推進。缺點是投資大，渠道運作成本高，營銷網絡不是利潤中心。

個案 4　美的模式：分公司銷售平臺＋直線經銷商網絡

美的公司 1997—1998 年將產品分類成立各自為利潤中心的事業部制分公司，總公司以 5 億～10 億元的代價成立專業物流公司，在總部、銷售分公司和售後服務中心之間建立廣域網，依靠一批直線經銷商占領市場。2000 年已形成 3,000 多營銷人員、5,000 多家商場、1,000 多個服務網點的體系。

個案 5　華帝模式：代理制＋分公司＋專賣店

華帝公司幾年來發展迅速，其主幹產品爐具全國銷量第一。它的分銷模式是以代理制為主，分公司為輔，只在重點市場建立分公司，並逐漸建立自己控制的專賣店。分銷工作主要是強化終端，實行專業設計，培訓促銷人員。

個案6　長城模式：1+1通路

河北保定長城集團公司在低檔皮卡汽車市場中擁有60%的佔有率。早在1997年長城集團便開始新型的1+1通路模式，即每一位經銷商由廠家配備一名駐店業務員，同吃、同住、同工作。這一模式的優點是廠家對經銷商提供貼身服務，從接貨、入庫、展場擺放、信息反饋到現場促銷，駐店業務員都承擔一定業務，為返回貨款提供監督作用。

三、分銷渠道管理

分銷渠道管理的實質就是要解決分銷渠道中存在的矛盾衝突，提高分銷渠道成員的滿意度和積極性，促進渠道的協調性，提高分銷的效率。

（一）選擇分銷渠道成員

如果企業確定了間接分銷渠道，下一步就應作出選擇中間商的決策。如果選擇得當，能有效地提高分銷效率。選擇中間商首先要廣泛搜集有關中間商的業務經營、資信、市場範圍、服務水準等方面的信息。其次，要確定審核和比較的標準。再次，要說服中間商接受各種條件。

1. 中間商類型

中間商是指產品從生產者轉移到消費者的過程中，專門從事商品流通的企業。

（1）按中間商在流通過程中所起的作用劃分，可分為批發商和零售商。批發商指將商品大批量購進，又以較小批量轉售給生產者或其他商業企業的商業組織。批發商又可以按不同標準分為不同類型，按商品性質劃分，可分為生活資料批發商和生產資料批發商；按業務範圍劃分，可分為專業批發商和綜合批發商；按其在流通領域的位置劃分，可分為生產地批發商、中轉地批發商和銷售地批發商。

零售商指直接向最終消費者出售商品的商業組織。零售商的類型最多，有店鋪零售（百貨商店、專業商店、超級市場、大賣場等）；無店鋪零售（郵購、自動售貨、網上購物等）。

（2）按產品流通過程中有無所有權轉移，中間商可以分為經銷商和代理商。經銷商是指自己進貨，取得商品所有權後再出售的商業企業。代理商是指促成產品買賣活動得以實現的商業組織，它不取得產品的所有權，只是通過與買賣雙方的商洽來完成買賣活動。

2. 選擇中間商條件

生產者為自己的產品選擇中間商時，常處於兩種極端情況之間：一是生產者可以毫不費力找到分銷商並使之加入分銷系統，例如一些暢銷著名品牌很容易吸引經銷商銷售它的產品。另一個極端是生產者必須通過種種努力才能使經銷商加入到渠道系統中來。但不管是哪一種情況，選擇中間商都必須考慮以下條件：

（1）中間商的市場範圍。市場範圍是選擇中間商最關鍵的因素，選擇中間商首先要考慮預定的中間商的經營範圍與產品預定的目標市場是否一致，這是最根本的條件。

（2）中間商的產品政策。中間商承銷的產品種類及其組合情況是中間商產品政策的具體體現。選擇時一要看中間商的產品線，二要看各種經銷產品的組合關係，是競爭產品還是促銷產品。

（3）中間商的地理區位優勢。區位優勢即位置優勢。選擇零售商最理想的區位應該是顧客流量較大的地點，批發商的選擇則要考慮其所處位置是否有利於產品的儲存

與運輸。

（4）中間商的產品知識。許多中間商被具有名牌產品的企業選中，往往是因為他們對銷售某種產品有專門的經驗和知識。選擇對產品銷售有專門經驗的中間商就能很快地打開銷路。

（5）預期合作程度。中間商與生產企業合作得好會積極主動地推銷企業的產品，這對生產者和中間商都很重要。有些中間商希望生產企業能參與促銷，生產企業應根據具體情況確定與中間商合作的具體方式。

（6）中間商的財務狀況及管理水準。中間商能否按時結算，這對生產企業業務正常有序運作極為重要，而這一點取決於中間商的財務狀況及企業管理的規範、高效。

（7）中間商的促銷政策和技術。採用何種方式推銷商品及運用什麼樣的促銷技術，這將直接影響到中間商的銷售規模和銷售速度。在促銷方面，有些產品廣告促銷較合適，有些產品則適合人員銷售，有些產品需要有一定的儲存，有些則應快速運輸。選擇中間商時應該考慮中間商是否願意承擔一定的促銷費用以及有沒有必要的物質、技術基礎和相應人才。

（8）中間商的綜合服務能力。現代商業經營服務項目甚多，選擇中間商要看其綜合服務能力如何，如售後服務、技術指導、財務援助、倉儲等。合適的中間商所提供的服務項目與能力應與企業產品銷售要求一致（見表10-3）。

表10-3　　　　　　　　　選擇中間商條件一覽表

銷售和市場方面的因素	產品和服務的因素	風險和不穩定因素
・市場專業知識 ・對客戶的瞭解 ・和客戶的關係 ・市場範圍 ・地理位置	・產業知識 ・綜合服務能力 ・市場信息反饋 ・經營產品類別	・對工作熱情 ・財務實力及管理水準 ・預期合作程度 ・工作業績

（二）渠道衝突與管理

由於分銷渠道是由不同的獨立利益企業組合而成的，出於對各自物質利益的追求，相互間的衝突是經常的。渠道衝突必須正視，並採取切實措施來協調各方面關係。

1. 渠道衝突的類型

渠道衝突有兩種：橫向衝突和縱向衝突。

（1）橫向衝突。橫向衝突是指存在於渠道同一層次的渠道成員之間的衝突。如某產品在某一市場採取密集型分銷策略，其分銷商有超市、便利店、大賣場等，由於各家公司的進貨數量、進貨環節不同引起進貨成本的差異，加上各企業不同的促銷政策，同一產品在不同類型零售企業中會有不同的零售價。為此，這些商業企業之間有可能發生衝突。

（2）縱向衝突。縱向衝突指分銷渠道不同層次類型成員之間的衝突，如生產者與批發商之間的衝突，生產者與零售商之間的衝突等。生產者要以高價出售，並傾向於現金交易，而中間商則願意支付低價，並要求優惠的商業信用；生產者希望中間商只銷售自己的產品，中間商只要有銷路就不關心銷售哪一種產品；生產者希望中間商將折扣讓給買方，而中間商卻寧肯將折扣讓給自己；生產者希望中間商為他的產品商標

做廣告,中間商則要求生產者付出代價。同時,每一成員都希望對方多保持一些庫存,等等。

2. 處理渠道衝突原則

網絡衝突是一種營銷管理的推動力量,它能迫使管理階層不斷檢討和改善管理。處理渠道衝突的原則有如下內容:

(1) 促進渠道成員合作。分銷渠道的管理者及其成員必須認識到網絡是一個體系,一個成員的行動常常會對增進或阻礙其他成員達到目標產生很大影響。處理矛盾及促進合作的行動,要從管理者意識到網絡中的潛在矛盾開始。生產者必須發現中間商與自己不同的立場,例如中間商希望經營幾個生產者的各種產品,而不希望只經營一個生產者的有限品種。因為實際上中間商只有作為買方的採購代表來經營,才會獲得成功。

(2) 密切註視網絡衝突。在分銷渠道網絡中經常會發生拖欠貨款、相互抱怨、推遲完成訂貨計劃等線索,渠道管理者應關注實際問題或潛在問題所在,並及時收集真正的原因。

(3) 設計解決衝突的策略。第一種是從增進渠道成員的滿意程度出發,採取分享管理權的策略,接受其他成員的建議。第二種是在權力平衡的情況下,採取說服和協商的方法。第三種是使用權利,用獎勵或懲罰的辦法,促使渠道成員服從自己的意見。

(4) 渠道管理者發揮關鍵作用。合作是處理衝突的根本途徑,但要達到目標,渠道管理者應主動地走出第一步,並帶頭做出合作的努力。

(5) 渠道成員調整。單純地注意衝突和增進合作並不一定能保證完成渠道分銷任務,有時有些渠道成員確實缺乏必要的條件,如規模太小、銷售員不足、專業知識不足、財務狀況不良等。此時,就應果斷作出調整和改組的決策。

(三) 激勵渠道成員

中間商需要激勵以盡其職,雖然使他們加入渠道網絡的因素和條件已構成部分的激勵,但還需生產者不斷地督導和鼓勵。

對中間商的激勵主要有以下幾點:

1. 瞭解中間商的特徵

激勵中間商並使其有良好表現,必須從瞭解中間商的特徵開始。

(1) 中間商並非受雇於生產者,而是一個獨立的經營者。經過一定的實踐後,他會安於某種經營方式,執行自己目標所必需的手段,自由制定經營政策。

(2) 中間商經常以顧客的採購代理人為主,而以供應商的銷售代理人為輔,任何有銷路的產品他都有興趣經營。

(3) 中間商試圖把所有商品組成產品組合出售。

(4) 中間商一般不願保留某些品牌的銷售信息,以及反饋消費者對產品的使用意見。

認識中間商的這些特徵,就可以認識某些生產者的「刺激—反應」的思考是多麼可笑。這些生產者設計出一些激勵因子,如果這些未能發生作用,他們就改用懲罰的辦法。這些負面辦法的根本問題是生產者沒有認真研究中間商的需求和特徵。而把握中間商上述特徵,正是生產者設計激勵措施的基礎和核心。

2. 提供優質產品

為使雙方合作朝著健康方向發展,生產者應不斷提高產品質量,擴大生產規模,

不斷滿足中間商的要求。唯有如此，雙方之間的關係才會長久，才會取得良好的效益。企業的產品優質、暢銷，是對中間商最好的激勵。

3. 對重要中間商以特殊政策

重要的中間商指生產者的主要分銷商，他們的分銷積極性至關重要。對於這些分銷商應採取必要的政策傾斜：

（1）互相投資、控股。生產者和中間商通過相互投資，成為緊密利益統一體，從經濟利益機制上保證雙方合作得更一致、更愉快。

（2）給予獨家經銷權和獨家代理權。在某一時段、某一地區只選擇一家重要中間商來分銷商品，有利於充分調動其積極性。

（3）建立分銷委員會。吸收重要中間商參加分銷委員會，共同商量決定商品分銷的政策，協調行動，統一思想。

4. 共同促銷

生產者需要不斷地進行廣告宣傳來增強或維持產品的知名度和美譽度，否則中間商可能拒絕經銷。同時，生產者也希望中間商也承擔一定的廣告宣傳工作。另外，生產者還應經常派人前往一些主要中間商處，協調安排商品陳列，舉辦產品展覽等。

5. 人員培訓

隨著產品科學技術含量越來越大，對中間商的培訓也越來越重要，生產者應經常向中間商提供這種服務，尤其對銷售人員和維修人員的培訓更重要。

6. 協助市場調查

任何中間商都希望得到充分的商業情報。因此，生產者應協助中間商做好市場分析和市場調查。這包括寄發業務通訊及期刊等，並保持良好的溝通狀態，尤其在銷售困難的情況下，中間商特別希望生產者能協助進行市場分析，以利推銷。實踐表明，生產廠家只有與中間商保持經常的密切聯繫，才能減少彼此之間的矛盾。

7. 銷售競賽

除了銷售利潤外，生產者還給予銷售成績優秀者一定的獎勵。獎勵可以是獎金，還可以是獎品，也包括免費旅遊或精神獎勵，如在公司的刊物或當地報紙上公布於眾。

8. 物質利益保證

為進入市場，擴大市場份額和爭取中間商，往往需要給中間商一個具有競爭力的銷售量邊際利潤，這是一種最簡單而直接的手段。如果中間商經銷產品的利潤不高，他就會缺少積極性。有的生產者為鼓勵重要中間商全心全意地經銷本企業產品，承諾只要認真經銷本產品，保證不虧本。有的企業為了獲取中間商的全面合作，建立起報酬制度。如一家企業不直接給付25%的銷售佣金，而是按下列標準支付：

保持適度的存貨，付5%；
滿足銷售配額的要求，付5%；
有效地服務顧客，付5%；
及時通報顧客的意見及建議，付5%；
正確管理應收帳款，付5%。

案例 10-5

（1）杜邦公司建立了一個分銷商指導委員會，定期討論銷售的有關問題。
（2）天瓊公司是生產滾珠軸承的廠商，定期分派專人對中間商進行多層次的訪問。

（3）施奎亞公司是生產斷路器和配電盤的廠商，要求其銷售代表每月用一天時間與每一分銷商一起站櫃臺，以便瞭解分銷商的經營情況。

　　（4）戴伊可公司實行每年一次為期一週的休養周制度，由20個本公司高級管理人員和20名中間商的管理人員參加，以便通過交流研討有關問題，加強聯繫。

　　（5）派克·漢尼芬公司主要提供液壓動力產品，每年一次發出郵寄調查表，要求其中間商對公司的工作進行評估。該公司還用錄像帶、業務通訊向中間商通報有關新產品情況，並建議中間商如何改進他們的銷售。

（四）分銷渠道評估

　　生產者除了選擇和激勵分銷渠道成員外，還必須定期評估他們的績效。如果某一網絡成員的績效過分低於既定標準，則須找出主要原因，並考慮可能的彌補辦法。

　　1. 評估方法

　　測量中間商的績效，主要有兩種辦法可供使用：

　　（1）將每一中間商的銷售績效與上期的績效進行比較；並以整個群體的升降百分比作為評價標準。對低於該群體平均水準的中間商，必須加強評估與激勵措施。如果對後進中間商的環境因素加以調查，可能會發現一些不可控因素，如當地經濟衰退等、主力推銷員退休等。對此，生產商就不應對中間商採取懲罰措施。

　　（2）將各中間商的績效與該地區的銷售潛量分析所設立的計劃相比較，即在銷售期過後，根據中間商實際銷售額與其潛在銷售額的比率，將各中間商按先後名次進行排列。這樣，企業的調查與激勵措施可以集中於那些未達到既定比率的中間商。

　　2. 評估的內容

　　對中間商的評估並不僅僅著眼於銷售量的分析，一般比較全面的評估應包括以下內容：

　　（1）檢查中間商的銷售量及其變化趨勢。
　　（2）檢查中間商的銷售利潤及其發展趨勢。
　　（3）檢查中間商對推銷本公司產品的態度是積極的、一般的，還是較差的。
　　（4）檢查中間商同時經銷有幾種與本企業產品相競爭的產品，其狀況如何。
　　（5）檢查中間商能否及時發出訂貨單，計算中間商每個訂單的平均訂貨單。
　　（6）檢查中間商對用戶的服務能力和態度，是否能保證滿足用戶的需要。
　　（7）檢查中間商信用的好壞。
　　（8）檢查中間商收集市場情報與提供反饋的能力。

（五）分銷渠道成員的調整

　　對分銷渠道成員調整，即對成員的加強、削弱、取舍或更換。

　　1. 調整的條件

　　對分銷渠道成員的調整一般是在以下情況下進行的：

　　（1）合同到期。合同到期是一個重要的時刻，是續簽，還是變更合同，或者中斷合作？一般地說，在沒有找到合適的替代者之時，生產者不應該草率終止合作，而是更盡力地指導中間商。

　　（2）合同變更和解除。合同的變更指合同沒有履行或沒有完全履行前，按照法定條件和程序，由當事人雙方協商或由享有變更權的一方當事人對原合同條款進行修改或補充。合同的解除是指在合同沒有履行或沒有完全履行前，按照法定條件和程序，

由當事人雙方協商或由享有解除權的一方當事人提前終止合同效力。

（3）營銷環境發生變化。生產者在市場環境發生變化時，可能會發現自己原來所建立起的分銷渠道網絡有缺陷，這時必須對成員進行調整。

案例 10－6

聯想公司分銷渠道構造經歷了兩個階段。

第一階段，聯想在20世紀90年代中期實行代理制，即在全國建有幾千家分銷代理商，由分銷商（批發性質）再到零售商。此模式廣泛利用社會資源，產品鋪市率也較高。但管理混亂，經常失控，尤其是隨著聯想產品長度和寬度發展，原有渠道達不到共享的作用。

第二階段，1998年8月，聯想開始了渠道重築，其特點是：

（1）實行「1＋1」特許專賣渠道模式。通過加盟專賣店來塑造聯想形象，並強化控制。

（2）後分銷模式。聯想實行二級渠道模式，一級渠道是分佈在全國29個省會城市的70餘家授權代理商，二級渠道是1,100餘家面向最終用戶的零售商。聯想後分銷模式實行「一級渠道有限發展，二級渠道有效指導、支持」的策略。所有二級渠道均需與一級渠道和廠家簽署三方協議，嚴格執行廠商的銷售計劃。廠家則通過一級渠道向二級渠道提供支持和培訓。

（3）保留直接面向行業及集團用戶的行業代理商。

2. 調整的內容

為了適應多變的市場需求，確保渠道的暢通和高效率，進行渠道必要的調整是必需的，其主要內容是：

（1）增減個別中間商。企業在考慮增加或剔除個別中間商時，既要考慮這些中間商對企業產品銷量和利益的影響，還要考慮可能對企業整個銷售渠道將會產生什麼影響。

（2）增減某個分銷渠道。在增加或剔除個別分銷渠道時，首要的問題是對不同的銷售渠道的運作效益和滿足企業要求的程度進行評價，然後比較不同分銷渠道的優劣，以剔除運行效果不佳的分銷渠道，增加更有效的分銷渠道。

（3）改進整個分銷渠道網絡系統。生產者對原有的分銷體系、制度進行通盤調整。這是企業分銷渠道改進中難度最大、風險最大的一項決策。因此，在採取這一策略時應進行詳細的調研論證，使可能帶來的風險損失降到最小。

第三節　分銷渠道模式

企業營銷渠道的建立，通常要受到社會、政治、文化和法律等多種因素的影響，因此，具體的分銷渠道形態可能是多種多樣的。但是，在多種多樣分銷渠道形態的背後，仍然可以抽象出不同的基本類型和基本特徵，即形成幾種基本模式。這些模式各具特性，但是它們最基本的區別在於渠道成員的相關關係和協作的密切程度，以及為達到這種協作程度的組織方式。

一、鬆散型分銷模式

鬆散型分銷模式是一種傳統的市場營銷模式，它在市場經濟不甚發達，大量生產體制尚未形成規模時極為盛行。在當今較為發達的市場經濟國家，這樣的模式仍然存在。農產品由於其生產的分散性和季節性，需要通過各種銷售組織使其產品進入市場；眾多中小企業由於其財力和銷售力量有限，也必須依靠市場和各種銷售組織來推銷產品；某些特定行業由於其行業產品特點和傳統，仍沿襲鬆散型分銷模式。

（一）鬆散型分銷模式特徵

1. 成員由產權和管理上的獨立企業構成

在鬆散型分銷模式裡，其成員由一個個獨立的生產者、批發商和零售商組成，每一個成員都作為一個獨立的企業實體來追求自己利益的最大化。

2. 網絡之間缺乏信任感，且有不穩定性

在這種模式中，每個成員都以自我為中心進行決策，決策中也只考慮自身的成本、規模、投資效率等。整個渠道缺乏統一目標，決策權分散在每一位成員或每一級渠道上，各成員之間並沒有形成確切的分工結構。

3. 成員間靠談判和討價還價建立聯繫

在這種模式中，每一個成員關心的是商品能否進入下一個分銷環節，很少考慮渠道的整體利益。為此，各成員之間聯繫是通過談判和討價還價建立的。由於成員之間缺乏信任感，渠道進出極其隨意，除了交易關係外不存在其他相互聯繫和約束，所以網絡成員之間的關係是鬆散的。

（二）鬆散型分銷模式的優缺點

鬆散型分銷模式具有一定的優點和缺點。

優點是，企業必須時刻保持對市場的關注，不斷改進產品改善管理以降低價格，保持產品的競爭力和對中間商、消費者的吸引力，這種壓力會督促生產者持續努力。另外，由於中間商的獨立地位，他們往往更能代表顧客的利益和要求，他們對產品的挑剔和選擇會在市場規律的作用下淘汰許多不合格企業，從而擴大了行業優秀企業的市場份額。

缺點是，由於中間商注重短期效應，生產者無法貫徹和執行長期市場戰略，因而可能損失長遠利益。由於網絡成員缺乏合作，生產者無法從中間商處得到各種反饋意見。網絡的不穩定性造成銷售的不穩定，生產者建立和保障大規模專業化生產體系的正常運作要冒很大的市場風險。

中國改革開放以來，大量的企業由計劃體制轉向找市場、跑銷路，很快繁榮了市場。但隨著競爭局勢、經濟發展、新的法律頒布、技術進步等，不確定的短期的分銷模式就會阻礙生產穩定運行。中國的企業應把握機遇，創造條件對分銷渠道模式進行變革。

二、公司型分銷模式

公司型分銷模式是指一家公司擁有和控制若干生產機構、批發機構、零售機構等，控制著分銷的若干渠道乃至全部渠道，綜合經營和統一管理商品的生產、批發和零售業務。

(一) 公司型分銷模式的特徵

1. 產權、管理一體化

分銷渠道成員的聯繫是建立在產權統一基礎上的相互分工協作關係，通過企業組織內部的管理組織及其管理制度和方法，各部門或機構間保持長期而穩定的層級結構，緊密連接著從生產到消費的各個環節。它們統一按照公司的計劃目標和管理要求進行著內部的商品交換和轉移，完成整個公司系統的生產和商品分銷過程。

2. 建立途徑是投資和兼併

公司型的分銷模式形成途徑主要是兩個：一個通過企業投資設立新的分支機構來形成，如生產企業投資建立銷售公司；二是通過企業間兼併、合併等形式將其他機構並入本公司系統而形成，如大型零售企業購買生產企業股權，生產企業兼併各種批發、零售機構等。

3. 基本類型分別由生產企業、商業企業控制

公司型的商品分銷模式有兩種基本類型：第一種是由生產企業擁有和管理，採用生產商業一體化經營方式。第二種是商業企業擁有和管理。如美國羅伯克·希爾思公司在全球擁3,000多家零售商店，其約30%的商品是由該公司擁有一定股權的生產性企業製造的。

(二) 公司型分銷模式的優勢

1. 有利於企業統一形象和品牌的樹立

由於從生產到最終消費過程中的各個環節均置於單一企業的控制之下，因而可以始終按照統一目標、計劃和規範來提供服務，使顧客能夠在任何時間、地點均獲得相同質量、相同價格的產品和服務，從而使企業能在市場上樹立統一形象，迅速提高和保持品牌的知名度、美譽度，獲得競爭優勢。

2. 最大限度地接近最終消費者

鬆散型分銷模式的每個成員都只關心自身利益，只負責將產品推向下一環節而不關心市場變化。公司型分銷模式改變了這一狀況，由於生產機構和銷售機構產權統一、榮辱與共，因此公司能夠通過和顧客直接接觸，全面瞭解市場信息。

3. 渠道效率較高，結構穩定，降低分銷成本

渠道成員關係緊密，統一指揮，能夠提高分工協作的程度，減少交易環節，簡化分銷程序，使商品能夠更迅速地進入消費領域。另外，分銷渠道結構穩定，減少了成員變動的成本和風險，也使交易成本大大減少。

4. 擺脫流通企業的控制

生產者的商品由於種種原因在商場上不能得到全面展示，中間商還往往會依仗其對流通渠道的控制要挾生產者，有的中間商甚至以「入場費」、「贊助費」、「廣告費」、「上貨架費」等名義索取「苛捐雜稅」。而公司型分銷模式則可以避開上述問題。

5. 保證長期戰略實施

短期行為常常損害公司的長遠利益，公司型分銷模式可以避免短期行為和不負責任的現象發生，確保長期戰略的堅決貫徹。

(三) 公司型分銷模式的缺陷

1. 投資成本高

不論是控股、兼併、合併、收購，還是投資建立統一產權控制下的公司型分銷渠

道，都需要占用公司較多的資金，先期投資成本高，給日常經營活動帶來較大的財務壓力。

2. 管理成本大

當生產、經營和銷售都統一在一個企業內部，就需要企業擁有健全的管理機構、高素質的管理人員、完善的管理程序和制度，用以管理、組織、協調和監督企業各項工作的完成。因此，管理成本十分高昂。

3. 靈活性差

公司型分銷模式一經形成，其分銷形式相對固定。當市場環境和企業經營目標發生變化時，這一形式很難立即發生變化。

三、管理型分銷模式

管理型分銷模式是介於鬆散型模式和公司型模式之間，一方面，它是由相互獨立的經營實體構成的；另一方面，渠道成員之間存在著緊密的聯繫和共同協調。

（一）管理型分銷模式的特徵和優勢

與鬆散型、公司型分銷模式相比，管理型分銷模式有其自身的特點和競爭優勢。

1. 渠道成員的地位相差懸殊

在管理型分銷模式中，通常存在一個或少數幾個核心企業，這些企業由於其自身擁有強大的資產實力、生產規模、良好信譽及品牌聲望，其在渠道體系中具有優越的地位，構成對其他網絡成員的巨大影響力。正因為如此，使一批中間商願意接受核心企業的指導，成為渠道成員，圍繞核心企業及其產品展開分銷活動。

2. 渠道成員具有相對的獨立性

分銷渠道各成員在產權上是相互獨立的實體，他們都有自己的物質利益。為此，核心企業可以避免公司型分銷模式構建渠道的巨大投資和靈活性差的問題。

3. 渠道成員間的相互關係相對穩定性

管理型模式成員的相互關係是建立在由核心企業統一管理和協調的分工協作基礎上的，在遵從核心企業的管理、協調和指導的前提下，須建立較高程度的合作關係，統一的分銷目標和共享的信息資源，使渠道具有相對穩定性。

4. 分銷目標趨向協調

由於核心企業的影響以及各成員相互關係的穩定，成員間的利益目標將由分散、相互矛盾的個體利益最大化，轉向分銷渠道的長期利益最大化，各成員的利益目標服從於整體利益最大化的目標。

（二）核心企業的作用和渠道成員的利益

核心企業是管理型分銷渠道的中心和靈魂。作為渠道的「管理者」，核心企業是渠道形成的始作俑者，是網絡計劃的制訂者，是網絡運行的領導者和監督員。核心企業在分銷渠道中的作用主要表現在：

（1）制定統一的經營目標。經營目標中包括銷售量、加價水準、利潤率、銷售中各種可能的減價因素與幅度。

（2）庫存計劃。包括各成員的庫存週轉率、商品分類指導、必備商品目錄及庫存水準。

（3）商品展示計劃與指導。幫助成員企業安排與指導店面陳設、店內商品佈局，

提供必要的陳設器材、產品介紹材料、樣品和價簽。

（4）人員銷售計劃。向成員企業推薦標準化的銷售用語和銷售展示規程，培訓銷售人員，設立鼓勵銷售人員的獎勵措施。

（5）廣告計劃和推銷活動計劃。統一安排廣告宣傳活動和制定財務預算，選擇適當的媒體，確定各種宣傳和推銷的主題。

（6）制定相關的職責並負責監督檢查。如生產廠商的職責和任務、各分銷商的職責與任務等。

管理型分銷渠道之所以能夠形成，並成為具有較高效率的分銷組織形式，各種分銷機構之所以能夠參與其中，管理或接受管理，其根本原因在於各成員能從中獲得好處。

對於核心企業和其他生產企業而言，其所獲得的好處主要有：能極大地提高產品的銷售量和盈利能力；避免或降低了相互間的競爭；生產和分銷規模擴大，規模經濟效益顯著，並可持續、穩定、有計劃地進行促銷活動；便於控制和掌握各種分銷機構的銷售活動，極大地方便了生產調度和庫存管理。

對於各種分銷商而言，所獲得的好處有：能及時、充分地獲得商品的供給；能更好地安排經營資源；減少庫存商品及資金占用；可獲得生產廠商的質量保證和各種服務；能學到核心企業的管理經驗。

四、客戶關係管理

（一）客戶關係管理的含義和內容

客戶關係管理是企業為贏得顧客的高度滿意，建立起與客戶的長期良好關係所開展的工作，主要包括以下幾方面的內容：

1. 顧客分析

主要分析誰是企業的顧客，顧客的基本類型，個人購買者、中間商、製造商客戶的不同需求特徵和購買行為，並在此基礎上分析顧客差異對企業利潤的影響等問題。

2. 企業對顧客的承諾

承諾的目的在於明確企業為客戶提供什麼樣的產品和服務。承諾的宗旨是使顧客滿意。

3. 客戶信息交流

這是一種雙向的信息系統，其主要功能是實現雙方的互相聯繫、互相影響。

4. 以良好的關係留住客戶

首先需要良好的基礎，即取得顧客的信任；同時要區別不同類型的客戶關係及其特徵，並經常進行客戶關係情況分析，評價關係的質量，採取有效措施；還可以通過建立顧客組織等途徑，保持企業與客戶的長期穩定關係。

5. 客戶反饋管理

反饋管理的目的在於衡量企業承諾目標實現的程度，及時發現在為顧客服務過程中的問題等。

（二）客戶關係管理功能

1. 企業的客戶可通過電話、傳真、網絡等訪問企業，進行業務往來。
2. 任何與客戶打交道的員工都能全面瞭解客戶關係，根據客戶需求進行交易，瞭

解如何對客戶進行縱向和橫向銷售，記錄自己獲得的客戶信息。

3. 能對市場活動進行規劃、評估，對整個活動進行全方位的透視。
4. 能夠對各種銷售活動進行追蹤。
5. 系統用戶可不受地域限制，隨時訪問企業的業務處理系統，獲得客戶所需信息。
6. 擁有對市場活動、銷售活動的分析能力。
7. 能夠從不同角度提供成本、利潤、生產率、風險率等信息，並對客戶、產品、職能部門、地理區域等進行多維分析。客戶關係管理系統（CRM，Coustomer Relation Management）通過管理與客戶的互動，努力減少銷售環節，降低銷售成本，發現新市場和渠道，提高客戶價值、客戶滿意度、客戶利潤貢獻度、客戶忠誠度，實現最終效益的提高。

要實施好客戶關係管理，主要應做好以下工作：

第一，要做好客戶信息的收集。為了控制資金回收，必須考核客戶的信譽，對每個客戶建立信用記錄，規定銷售限額。對新老客戶、長期或臨時客戶的優惠條件應有所不同。因此應建立客戶主文件。客戶主文件一般應包括客戶原始記錄、統計分析資料、企業投入記錄等內容。

第二，企業必須瞭解客戶的需求。通過建立一種以即時的客戶信息進行商業活動的方式，將客戶信息和服務融入到企業的運行中去，從而有效地在企業內部傳遞客戶信息，尤其是在銷售部門和生產部門之間。

第三，獲知客戶的喜好和需要並採取適當行動，建立並保持顧客的忠誠度。如果企業與顧客保持廣泛、密切的聯繫，價格將不再是最主要的競爭手段，競爭者也很難破壞企業與客戶間的關係。通過提供超過客戶期望值的服務，可將企業極力爭取的客戶發展為忠實客戶，大家都知道，爭取新客戶的成本要遠遠超過保留老客戶。

總之，客戶關係管理這樣一個跨知識管理、業務運作和電子商務等系統的融合概念，正在變革廣大企業的營銷觀念，正在改善企業與客戶之間的關係，提高企業的競爭力。

本章小結

分銷渠道選擇的正確與否直接關係到企業銷售通路的順暢及效率，企業在選擇渠道時應按照一定的原則，對影響渠道選擇的各種因素進行分析後，確定出適合本企業的渠道模式；然後根據產品的特性、企業的資源等具體情況來選擇確定渠道的成員及數量。

思考與練習

(1) 試說明批發商、零售商、代理商的區別。
(2) 簡述企業分銷設計的過程。
(3) 選擇分銷渠道應該考慮哪些因素？

第十一章　價格策略

學習目的：

瞭解影響定價的四大因素；瞭解成本導向定價、需求導向定價、競爭導向定價的具體表現形式及適應條件；掌握新產品定價策略的內容和運用；掌握價格變動策略、系列產品定價策略、心理定價策略的內容和運用。

重點難點：

掌握營銷定價的程序方法和營銷定價的基本要素。

關鍵概念：

需求彈性　成本導向定價法　競爭導向定價法　心理定價策略

　　產品定價是企業營銷組合策略的一個重要內容，也是不斷開拓市場的重要手段。產品價格的合理與否，很大程度決定了購買者是否接受這個產品，直接影響產品和企業的形象，影響企業在市場競爭中的地位。因此，從營銷角度出發，企業在盡可能合理地制定價格，並隨著環境的變化，及時對價格進行修訂和調整。

案例 11－1

　　1990 年以來，大批境外公司以品牌為武器進入中國市場，其品牌策略對中國本土企業、政府及公眾造成很大的影響和壓力，激發出本土高漲的品牌意識，以創建本土品牌為中心的非價格競爭成為主流。然而，20 世紀 90 年代中期迅速興起的價格競爭的熱潮，其廣度和力度表明，中國內地市場已進入價格競爭時期。

　　2000 年的中國市場，最熱鬧的事情非降價莫屬。價格競爭具有以下主要特徵：

1. 涉及面廣

相當多企業主動或被動地將降價視為首要的競爭手段，捲入降價戰的行業至少有：

・家電行業：彩電、微波爐、影音光碟（VCD）、空調、冰箱；
・服裝行業：西服積壓、超常降價；
・零售業：各業態之間相互衝擊，商業利潤下降；
・民航業：各航空公司掀起折扣機票潮，搶客源；
・國產汽車業：各品牌競相降價。

2. 降價競爭的多樣化

挑起降價的既有領導品牌，如格蘭仕、長虹、桑塔納；也有挑戰品牌，如萬和、高路華、愛多；既有製造商，如春蘭；也有經銷商，如國美電器；降價目標多樣化，如擴大市場份額、短期促銷、打壓競爭對手等。

3. 消費者價格彈性高，對降價反應強烈

與世界上發達國家和地區相比，中國消費者的消費水準仍處於較低層次，不少消費者屬於「價格敏感型」，降價常常引起普遍的關注和強烈的反應。這也是企業廣泛採用降價競爭的重要原因。

4. 惡性競價和良性競價並存

一些行業（如電腦、汽車、移動電話）的發展歷史表明，降價是推進行業進步和優勝劣汰的有效手段，為了適應中國加入 WTO 的國際競爭環境，一些產品的價格必須「減肥」；相反，如果單純用價格競爭為武器，造成相互殘殺，會使整個行業受損（如 VCD 行業、保暖內衣行業）。

5. 企業價格策略的盲點甚多

在降價問題上，見仁見智，常有爭論。企業在降價競爭中概念不夠清晰，思路比較狹窄，採取策略不夠靈活。

第一節　影響定價的因素

一、企業定價的理論依據

價值規律的理論就是定價的依據。價值是價格的基礎，產品價格是產品價值的貨幣表現形式。

價值決定價格，但價格並非與價值保持一致。在市場上發生的商品交換，受到多種因素的影響和制約，如供求關係及其變動、競爭狀況及政府干預等因素。這些有時致使價格與價值發生背離，價格高於或低於價值。但從一個較長的時期觀察，價格總是以價值為中心並圍繞著價值上下波動的。這就是價值規律的表現。價值規律是反應商品經濟特徵的重要規律，是研究價格形成的理論指導。企業為了科學地進行產品定價，必須研究分析影響定價的基本因素，價格實際上是各因素綜合影響的結果。

二、影響企業定價的因素

價格形成及運動是商品經濟中最複雜的現象之一，除了價值這個形成價格的基礎因素外，現實中的企業價格的制定和實現還受到多方面因素的影響和制約，因此企業應給予充分的重視和全面的考慮。

(一) 競爭環境

競爭環境是影響企業定價不可忽視的因素。不同的市場環境存在著不同的競爭強度，企業應該認真分析自己所處的市場環境，並考察競爭者提供給市場的產品質量和價格，從而制定出對自己更為有利的價格。

企業所面臨的競爭環境一般有以下四種情況：

1. 完全競爭市場

完全競爭市場特點在於：

(1) 產品完全相同。

(2) 企業進退自由。

(3) 生產同一種產品的企業很多。

（4）每個企業在市場中的份額都微不足道，任何一個企業增加或減少產量都不會影響產品的價格。

企業產品如果進入完全競爭市場，只能接受在市場競爭中形成的價格。要獲取更多的利潤，只能通過提高勞動生產率，節約成本開支，使本企業成本低於同行業的平均成本。

2. 不完全競爭市場

不完全競爭市場的特點在於：

（1）同行業各企業間的產品相似但不同，存在著質量、型號、銷售渠道等方面的差異，如彩電。

（2）行業進入比較容易，但不生產完全相同的產品。

（3）就某個特定產品而言，生產企業很少甚至只有一個，但同類產品的生產者很多。在這類市場，價格競爭和非價格競爭都很激烈，本企業產品價格受同類產品價格的影響很大。因此，企業可以根據其提供的產品或服務的差異優勢，部分地變動價格來尋求高的利潤。

3. 寡頭競爭市場

寡頭競爭市場的特徵在於：

（1）生產的產品相同或是很近似的替代品。

（2）市場進入非常困難。

（3）企業數目很少，每個企業的市場份額都相當大，足以對價格的制定產生舉足輕重的影響。

（4）市場價格相對穩定，在這種市場結構中，幾家企業相互競爭又相互依存，哪一家企業都不能隨意改變價格，因為任何一個企業的價格變動都會導致其他企業迅速而有力地反應而難獨自奏效。

企業產品進入這一市場，由於彼此價格接近，企業應十分注重成本意識。

4. 純粹壟斷市場

純粹壟斷市場的某種產品或服務只由某個企業獨家提供，幾乎沒有競爭對手，通常有政府壟斷和私人壟斷之分。

形成壟斷的原因有：

（1）技術壁壘。如祖傳秘方，若不外傳便具有壟斷性。

（2）資源獨占。如故宮只有一個，這就形成旅遊業的壟斷市場。

（3）政府特許。由於壟斷者控制了進入市場的種種障礙，因此它能完全控制市場價格。

（二）產品成本

產品成本是指產品在生產過程和流通過程中所花費的物質消耗及支付的勞動報酬的總和。

一般來說，產品成本是構成價格的主體部分，且同商品價格水準成同方向運動。產品成本是企業實現再生產的起碼條件，因此企業在制定價格時必須保證其生產成本能夠收回。隨著產量增加以及生產經驗的累積，產品的成本不斷發生變化，這便意味著產品價格也應隨之發生變化。

產品成本有個別成本和社會成本兩種基本形態。個別成本是指單個企業生產商品所耗費的實際生產費用。社會成本是指部門內部不同企業生產同種商品所耗費的平均

成本，即社會必要勞動時間，又稱部門平均成本。它是企業制定商品價格時的主要依據。由於各企業的資源條件和經營管理水準不同，其個別成本與社會成本必然會存在著差異，因此企業在定價時，應當根據本企業個別成本與社會成本之間的差異程度，分別牟取較高利潤、平均利潤、較低利潤甚至不得不忍受虧損。

就單個企業而言，其個別成本即總成本由固定成本和可變成本組成。固定成本是指用於廠房、設備等固定資產投資所發生的費用，在短期內它是固定不變的，並不隨產量的變化而變動。可變成本是指用於原材料、動力等可變生產要素支出的費用，它隨產量的變化而變化（見圖11-1）。

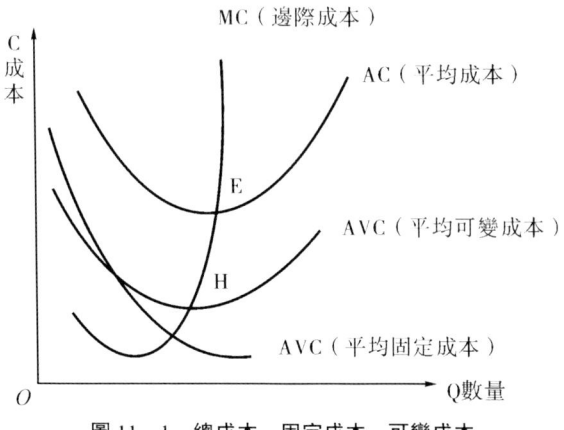

圖11-1　總成本、固定成本、可變成本

為使總成本得到補償，要求產品的價格不能低於平均成本。平均成本包含平均固定成本和平均可變成本兩部分。顯然平均固定成本隨著產量的增加而下降；在一定產量範圍內，平均可變成本最初也是下降的，但受邊際報酬遞減規律的影響，平均可變成本最終會出現上升現象。受二者的共同作用，平均成本呈現先下降後上升的U型形狀（如圖11-2）。

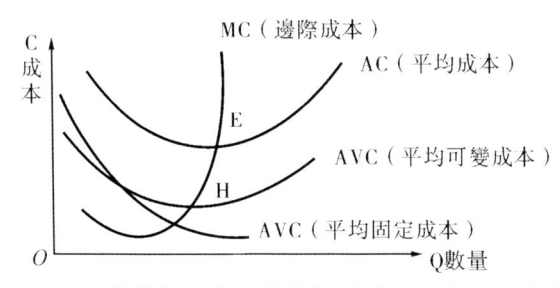

圖11-2　平均成本、平均可變成本、平均固定成本、邊際成本

為便於進一步分析產品價格與平均成本間的關係，這裡需要引入邊際成本的概念。邊際成本是指增加一單位產品所增加的總成本。當產量很低時，邊際成本隨產量增加而下降；當產量達到一定數量時，邊際成本隨產量增加而上升。

企業取得盈餘的初始點只能在產品的價格補償平均變動成本後等於平均固定成本之時，也就是圖中的正點，該點稱為收支相抵點。在正點，MC曲線一定交於AC曲線

最低點 E，即當 AC 等於 MC（MC＝AC）時，產品的價格正好等於產品的平均成本（AC＝TC＝P），成為企業核算盈虧的臨界點。當產品價格大於平均成本時企業就可能盈利；反之則會形成損Q。

企業虧損並不意味著企業會停止生產。在圖中正點和 H 點之間，企業還有可能繼續進行生產，因為價格除了能夠彌補全部平均可變成本外，還能抵償一部分平均固定成本。當產品的價格低於 H 點，企業將會停止生產，故該點稱為廠商停業點，因為市場價格如果低於該點，企業連變動成本也賺不回來，自然不再生產。H 點是 MC 曲線與 AVC 曲線最低點的相交點，即當產品價格等於 AVC，企業將不得不停止生產。

三、供求關係

供求規律是商品經濟的內在規律，產品價格受供求關係的影響，圍繞價值發生變動。

（一）價格與需求

這裡說的需求，是指有購買慾望和購買能力的有效需要。影響需求的因素很多，這裡只討論價格對需求的一般影響。在其他因素不變的情況下，價格與需求量之間有一種反向變動的關係：需求量隨著價格的上升而下降，隨著價格的下降而上升，這就是通常所說的需求規律。需求規律通常由需求曲線來反應。根據表 11－1 可繪製出如圖 11－3 所示的需求曲線圖。

表 11－1　　　　　　　　　　某物品需求

價格（元）	數量（公斤）
5	1,000
4	2,000
3	3,000
2	4,000
1	5,000

圖 11－3　需求曲線

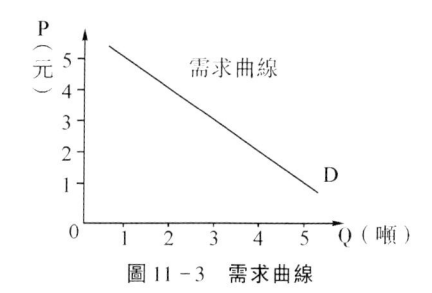

（二）價格與供給

供給是指在某一時間段內，生產者在一定的價格下願意並可能出售的產品數量。有效供給必須滿足兩個條件：有出售願望和供應能力。在其他因素不變的條件下，價格與供給量之間存在正相關關係：價格上升供給量增加，價格下降供給量下降。供給曲線反應了這一規律，如圖 11－4 所示。

圖 11-4　供給曲線

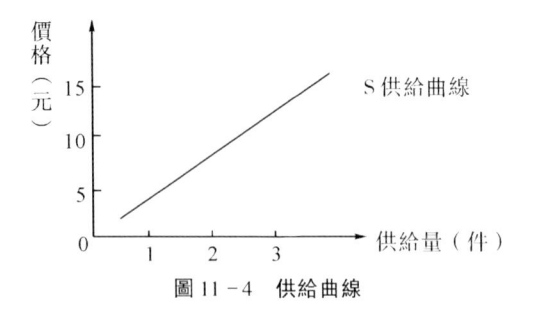

(三) 供求與均衡價格

受價格的影響，供給與需求的變化方向是相反的。如果在一個價格下，需求量等於供給量，那麼市場將達到均衡。這個價格稱為均衡價格，這個交易量稱為均衡量。圖 11-5 反應了均衡價格是如何形成的。當市場價格偏高時，購買者減少購買量使需求量下降。而生產者受高價吸引增加供應量，使市場出現供大於求的狀況，產品積壓必然加劇生產者之間的競爭使價格下跌。當市場價格偏低時，低價引起購買數量的增加，但生產者因價格降低減少供給量，使市場供小於求，購買者之間產生競爭導致價格上漲。

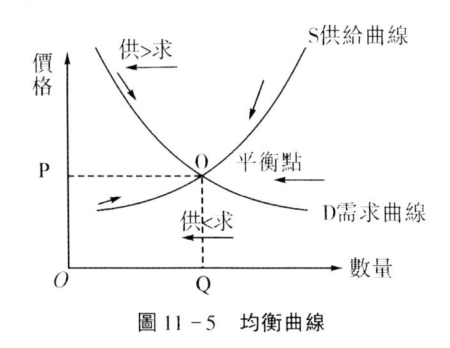

圖 11-5　均衡曲線

(四) 價格與需求彈性

1. 需求彈性含義

需求彈性又稱需求價格彈性，是指因價格變動所引起的需求呈相應的變動率，反應了需求變動對價格變動的敏感程度。需求彈性用彈性係數 E 表示，該係數是需求量變動百分比與價格變動百分比的比值。

$$E = \frac{\Delta Q}{Q} \div \frac{\Delta P}{P} \quad (E = (\Delta Q/Q)/\Delta P/P)$$

式中：

Q——原需求量。

P——原價格。

ΔQ——需求變動量。

ΔP——價格變動量。

2. 需求彈性類型

由於價格與需求一般成呈方向變動，因此彈性係數是一個負值，採用時取其絕對

值。不同的產品具有不同的需求彈性。從彈性強弱角度決定企業的價格決策,主要有以下幾種類型:

(1) E＝1,稱為需求無彈性,反應需求量與價格等比例變化。對於這類產品,價格無論怎麼變化都不會對總收入產生多大影響。因此企業定價時,可選擇實現預期盈利率為價格或選擇通行的市場價格,同時把其他營銷策略作為提高盈利率的手段。

(2) E＞1,稱為需求彈性大或富有彈性,反應了價格的微小變化會引起需求量大幅度變化。定價時,應通過降低價格、薄利多銷來增加盈利。反之,提價時務求謹慎以防需求量銳減、影響企業收入。這種彈性的商品如計算機、汽車、昂貴裝飾品等高檔產品、奢侈品等。

(3) E＜1,這類產品缺乏彈性,需求量的變化小於價格自身的變動。定價時,較高水準的價格往往能增加盈利,低價對需求量的刺激不大,薄利不能多銷,相反會降低企業的總收入。如糧食、鹽、煤氣等生活必需品便屬於此類,人們不會因為價格上漲而少買許多,也不會因價格下跌而多買許多,見圖11－5。

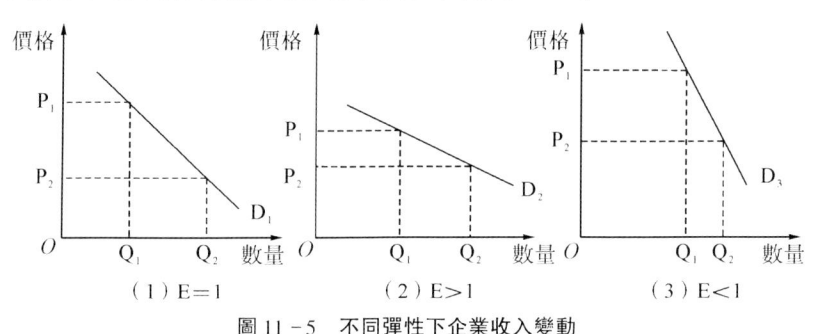

圖11－5　不同彈性下企業收入變動

圖11－5分別表示不同需求價格彈性下企業收入的變動。圖中 D_1、D_2、D_3 為不同彈性的需求曲線,價格從 P_1 降至 P_2,需求量從 Q_1 增至 Q_2,但增加幅度因需求彈性不同而表現不同,致使企業收入變化呈現差別。企業收入等於 P 乘 Q 所表示的矩形面積。彈性為1時,$P_1Q_1 = P_2Q_2$,收入不變;彈性＞1時,$P_1Q_1 < P_2Q_2$,收入增加;彈性＜1時,$P_1Q_1 > P_2Q_2$,收入減少。

3. 影響價格需求彈性的因素

(1) 消費品占消費者家庭預算中的分量。如果該商品在家庭預算中所占的分量小,消費者往往對價格變化的反應小,即該商品的價格需求彈性就小,反之則大。

(2) 有無代用品。如果一種商品具有滿足消費者特殊需求的特定功能,而沒有其他商品可以代用品,那麼消費者可能不管價格如何也會購買;如果一種商品有其他的商品能代替它的功能,那麼該商品一提價,消費者就會轉而去購買代替品。因此,有代用品的商品的價格彈性大,無代用品的商品的價格彈性小。一種商品的代用品的種類越多,代用品能代替的功能越強,其價格彈性就越大。例如洗染店裡的熨衣項目和干洗項目,兩者的價格彈性不樣,熨衣在一般家庭裡自己能夠進行,因而它的價格彈性就大,而干洗在家裡就難以做到,因而它的價格彈性就小。

(3) 是否是必需品。一般來說,必需品是消費者生活中的不可缺少的商品,因此它的價格彈性小,即使價格上升,消費者也必須買。奢侈品的價格彈性大,因為它對消費者來說是可有可無的,價格上升,消費者就會抑制自己的消費。

（4）時間的長短。價格彈性會隨著消費者為適應價格變化而需要進行調節的時間長短而有所不同。在價格變動的最初短時間內，消費者可能對價格的變化很敏感，因而價格彈性相對大一些。隨著時間的推移，消費者已經逐漸習慣了價格，這時，價格彈性就會變小。

4. 估算需求的價格彈性的方法

目前，專家已經可以用數學模型的方法來對價格彈性進行計算。但是這種方法很複雜，一般企業難以實行。在營銷實踐中，人們總結出一些簡單易行的方法來估算商品的價格彈性。

（1）直接購買意向調查法。即對潛在購買者的購買意向進行直接調查來估算出價格變動後的需求，以此得出某種商品的價格彈性。企業先估算出自己的潛在購買者數量，然後在潛在購買者中進行抽樣調查，詢問他們價格降低後的實際購買意向。最後，企業可以根據實際購買人數的百分比與潛在購買者的數量計算出商品的價格彈性。

（2）統計分析法。即對企業歷史上的某一商品價格與銷售量之間的相關性進行分析，來得出商品的價格彈性。例如，企業可以根據商品歷年來的銷售統計資料，通過對商品價格變動後的實際銷售數量資產，最終估算出價格彈性。

（3）市場實驗法。即通過實驗來估算價格彈性，因此估算比較準確，但是費用與時間的花費較大。如企業對現在市場上銷售的商品進行調價，在一定時間和範圍內觀察該商品的銷售情況，並據此計算出價格彈性。

四、企業定價目標

企業定價還受到企業定價目標的影響，不同的定價目標會導致企業不同的定價方法和策略，從而定出不同的價格。

（一）獲取理想利潤目標

這一目標即企業期望通過制定較高價格，迅速獲取最大利潤。採取這種定價目標的企業，其產品多處於絕對有利的地位。一般而言必須具備兩個條件：一是企業的個別成本低於部門平均成本，二是該產品的市場需求大於供應。在這種情況下，企業可以把價格定得高於按平均利潤率計算的價格。

但使用這種定價目標要注意的問題是，由於消費者的抵抗、競爭者的加入、代用品的盛行等原因，企業某種有利的地位不會持續長久，高價也最終會降至正常水準。因此，企業應該著眼於長期理想利潤目標，兼顧短期利潤目標，不斷提高技術水準，改善經營管理，增強競爭力。

（二）適當投資利潤率目標

這一目標即企業通過定價，使價格有利於實現一定投資報酬。採取這種定價目標的企業，一般是根據投資額規定的利潤率，然後計算出各單位產品的利潤額，把它加在產品的成本上，就成為該產品的出售價格。

採用這種定價目標，應該注意兩個問題：第一，要確定合理的利潤率。一般說，預期的利潤率應該高於銀行的存款利息率，但又不能太高，否則消費者不能接受。第二，產品必須是暢銷的，否則預期的投資利潤率就不能實現。

（三）維持和提高市場佔有率目標

這一目標著眼於追求企業的長遠利益，有時它比獲取理想利益目標更重要。市場

佔有率的高低反應了該企業的經營狀況和競爭能力，從而關係到企業的發展前景。因為從長期來看，企業的盈利狀況是同其市場佔有率正向運動的。為了擴大市場佔有率，企業必須相對降低產品的價格水準和利潤水準。但是，採用這一策略必須大批量生產能力結合起來，因為降價後市場需求量急遽增加，如果生產能力跟不上，造成供不應求，競爭者就會乘虛而入，反而會損害本企業利益。

（四）穩定市場價格目標

這種定價目標是企業為了保護自己，避免不必要的價格競爭，從而牢固地佔有市場，在產品的市場競爭和供求關係比較正常的情況下，在穩定的價格中取得合理的利潤而制定商品價格。這一策略往往是行業中處於領先地位的大企業所採取的。這樣做的優點在於：市場需求一時發生急遽變化，價格也不致發生大的波動，有利於大企業穩固地占領市場。

（五）應付競爭目標

這是競爭性較強的企業所採用的定價策略，為應付競爭，在定價前應注意收集同類產品的質量和價格資料，與自己的商品進行比較，然後選擇應付競爭的價格：①對於力量較弱的企業，應採用與競爭者價格相同或略低於競爭者的價格；②對於力量較強又想擴大市場佔有率的企業，可採用低於競爭者的價格；③對於資本雄厚，並擁有特殊技術的企業，可採用高於競爭者的價格；④有時可採取低價，從而迫使對手退出市場或阻止對手進入市場。

當然，企業所處的地理位置，政府對某些商品價格的規定等也是決定價格的因素。

第二節　定價方法

企業的定價方法很多，根據與定價有關的基本因素，可以總結出三種基本的定價方法：成本導向定價法、需求導向定價法和競爭導向定價法。不同企業所採用的定價方法是不同的，就是在同一種定價方法中，不同企業選擇的價格計算方法也有所不同，企業應根據自身的具體情況靈活選擇，綜合運用。

一、成本導向定價法

由於產品的成本形態不同，以及在成本基礎上核算利潤的方法不同，成本導向定價法可分為以下幾種具體形式：

（一）成本加成定價法

成本加成定價法：以成本為基礎制定商品價格的方法。這種定價方法就是在單位產品成本的基礎上，加上預期的利潤額作為產品的銷售價格。售價與成本之間的差額即利潤，稱為「加成」。其計算公式為：

價格＝平均成本＋預期利潤

【例題 11－2－1】某企業生產某種產品 10,000 件，單位可變成本為 20 元，固定總成本為 200,000 元，預期利潤率為 15%。則其成本、利潤率及產品售價各是多少？

解析：

固定總成本 200,000（元）

單位固定成本 200,000/10,000；20（元/件）
單位可變成本 20（元/件）
單位總成本 20＋20＝40（元）
預期利潤率 15%
產品售價 40＋40×15%＝46（元/件）

　　這種定價方法的優點在於價格能補償並滿足利潤的要求；計算簡便，有利於核算；能協調交易雙方的利益，保證雙方基本利益的滿足。缺點是定價依據是個別成本而並非社會成本，忽視市場供求狀況，難以適應複雜多變的競爭情況。因而，這種方法一般適用於經營狀態和成本水準正常的企業，以及供求大體平衡，市場競爭比較緩和的產品。

（二）邊際貢獻定價法

　　這種定價方法也稱邊際成本定價法，即僅計算可變成本，不計算固定成本，在變動成本的基礎上加上預期的邊際貢獻。邊際貢獻是指企業增加一個產品的銷售，所獲得的收入減去邊際成本的數目，即：

　　邊際貢獻＝價格－單位可變成本

　　從上式可以推出單位產品價格的計算公式：

　　價格：單位可變成本＋邊際貢獻

　　【例題 11－2－2】某企業的年固定成本消耗為 200,000 元，每件產品的單位可變成本為 40 元，計劃總貢獻為 150,000 元，當銷售量預計可達 10,000 件時，其價格為多少？

　　解析：

　　價格＝150,000/10,000＋40＝55（元/件）

　　這種定價方法的優點：易於各產品之間合理分攤可變成本；採用這一方法定價一般低於總成本加成法，能大大提高產品的競爭力；根據各種產品邊際貢獻的大小安排企業的產品線，易於實現最佳產品組合。這種產品一般在賣方競爭激烈時採用。

（三）收支平衡定價法

　　這是以盈虧平衡即企業總成本與銷售收入保持平衡為原則制定價格的一種方法。其計算公式為：

　　價格＝總成本＝固定成本＋單位變動成本×預期銷售量

　　【例題 11－2－3】某企業生產某產品的固定成本為 200,000 元，單位變動成本為 10 元/件，預期銷售量為 10,000 件，其價格為多少？

　　解析：

　　價格＝（200,000＋10×10,000）/10,000＝30（元/件）

　　這種定價方法比較簡便，單位產品的平均成本即為其價格，且能保證總成本的實現，其側重於保本經營。在市場不景氣的條件下，保本經營總比停業的損失要小得多。企業只有在實際銷售量超過預期銷售量時，方可盈利。這種方法的關鍵在於準確預測產品銷售量，否則制定出的價格不能保證收支平衡。因此，當市場供求波動較大時應慎用此法。

（四）投資回收定價法

　　這是根據企業的總成本和預計的總銷售量，加上按投資收益率制訂的目標利潤額，

作為定價基礎的方法。

計算公式是：

價格＝總成本＋投資總額×投資收益率/銷售量

【例題11-2-4】某企業生產某種產品，投資總額為2,000,000元，預期投資收益率為每年15%，預計年產量為100,000件（假設全部售完）。假設該企業年固定成本消耗為400,000元，單位產品可變成本為6元。那麼，該產品的市場價格為多少？

解析：

投資總額 2,000,000（元）

投資收益率 15%

固定成本消耗 400,000（元）

可變成本 6×100,000＝600,000（元）

總成本 400,000＋600,000＝1,000,000（元）

預計產量（銷售量）100,000（件）

根據上述公式，可得

價格＝（1,000,000＋2,000,000×15%）/100,000＝13（元/件）

這種定價法首先要估算出不同產量的總成本，估算未來階段可能達到的最高產量，然後確定期望達到的收益率，才能制定出價格。因此，這種定價法有一個缺陷，即企業是根據銷量倒過來推算價格，但是價格又是影響銷量的一個因素。這一定價法適合產品有專利權或在競爭中處於主導地位的產品。

案例11-2

小天鵝股份有限公司有一個獨特的產品價格觀：「小天鵝產品定價是由消費者確定的。」

小天鵝公司開發新產品前先做市場調研，從全國各地區、各階層消費者的實際需求、購買慾望和購買能力等方面看消費者對什麼產品能接受什麼樣的價位，然後再研究決定開發什麼樣的產品。定下來以後就對設計人員提出要求，不僅包括技術設計、功能設計和工藝設計的要求，也包括成本控制的要求。

「小天鵝」認為，小天鵝產品定價由消費者確定的不是一個空洞的口號，而是一個實實在在的運作過程。

二、需求導向定價法

影響消費者需求的因素很多，如消費習慣、收入水準和產品的價格彈性等，形成了不同的需求導向方法。

(一) 習慣定價法

這是企業依據長期被消費者接受和承認的並已成為習慣的價格對產品進行定價。某些產品在長期經營過程中，消費者已經接受了其屬性和價格水準，符合這種標準的容易被消費者接受，反之則會引起消費者的排斥。經營此類產品的企業不能輕易改變價格，減價會引起消費者對產品質量的懷疑，漲價會影響產品的銷路。

(二) 可銷價格倒推法

這是以消費者對商品價值的感受及理解程度為基礎確定其可接受價格的定價方法。

一般在兩種情況下企業可採用這種定價法：一是為了滿足在價格方面與現有類似產品競爭的需要；二是對新產品推出先確定可銷價格，然後反向推算出各環節的可銷價格。

【例題11-2-5】消費者對某品牌電視機可接受價格為2,500元，電視機零售商的經營毛利20%，批發商的批發毛利5%。計算零售商可接受價格、批發商可接受價格及成本各為多少？

解析：

零售商可接受價格＝消費者可接受價格×（1－20%）

＝2,500×（1－20%）

＝2,000（元）

批發商可接受價格＝零售商可接受價格×（1－5%）

＝2,000×（1－5%）

＝1,900（元）

1,900元即為該電視機的出廠價。如果該廠家欲獲取10%的利潤，那麼該電視機的成本就應該控制在1,710元以內，即：

1,900×（1－10%）＝1,710（元）

(三) 需求差異定價法

這是根據需求的差異，對同種產品制定不同的價格的方法。它主要包括以下幾種形式：

1. 對不同的顧客採取不同的價格。如同種產品對購買量大和購買量小的消費者採取不同價格；航空票價對國內、國外乘客分別定價；電影院對老年人、學生和普通觀眾按不同票價收費等。

2. 根據產品的式樣和外觀的差別制定不同的價格。對不同樣式的同種產品制定不同價格，價差比例往往大於成本差的比例。例如一些名著往往有平裝本和精裝本之分，其內容完全相同，只是包裝不同而已，但價格就有較大差別。

3. 相同的產品在不同的地區銷售，其價格可以不同。例如，同樣的產品在沿海和內地的價格是有差異的，甚至是迥然不同的。

4. 相同的產品在不同時間銷售其價格可以不同。如需求旺季的價格要明顯地高出需求淡季的價格，電視廣告在黃金時段收費特別高。

需求差異定價的前提條件是：①市場可以細分，各細分市場具有不同的需求彈性；②價格歧視不會引起顧客反感；③低價格細分市場的顧客沒有機會將商品轉賣給高價格細分市場顧客；④競爭者沒有可能在企業以較高價格銷售產品的市場上以低價競爭。

(四) 理解定價法

這是企業根據消費者對產品價值的感覺而不是根據賣方的成本制定價格的辦法。各種商品的價值在消費者心目中都有特定的位置，當消費者選購某一產品時常會將該商品與其他同類商品進行比較，通過權衡相對價值的高低來決定是否購買。因此，企業向某一目標市場投放產品時，首先需給這種產品在目標市場上「定位」，即企業要努力拉開本產品與市場上同類產品的差異，並運用各種營銷手段來影響消費者的價值觀念，使消費者感到購買該產品能比購買其他產品獲得更多的相對利益。然後，企業就可根據消費者所形成的價值觀念大體確定產品價格。

案例 11-3

　　美國卡特彼拉公司銷售某一型號拖拉機，成功地使用了理解定價法。他們擁有高質服務，其價格比同類產品高 4,000 美元，但銷量仍很大。公司銷售人員對本產品價格高的原因作如下解釋：

與同類產品同價	20,000 美元
比同類產品耐用	多收 3,000 美元
比同類產品可靠、安全	多收 2,000 美元
比同類產品服務優良	多收 3,000 美元
實際價格	28,000 美元
實行價格折讓	-4,000 美元
最終定價	24,000 美元

　　運用理解定價法的關鍵，是把自己的產品同競爭者的產品相比較，準確估計消費者對本產品的理解價值。為此在定價前必須做好市場調查，否則定價過高過低都會造成損失。如果定價高於買方的理解價值，顧客就會轉移到其他地方，企業銷售額就會受到損失；定價低於買方的理解價值，必然使銷售額減少，企業也同樣會受到損失。

三、競爭導向定價法

　　競爭導向定價法：以同類產品的市場供應競爭狀態為依據，根據競爭狀況確定本企業產品價格水準的方法。

（一）通行價格定價法

　　它也叫現行市價法，即依據本行業通行的價格水準或平均價格水準制定價格的方法。它要求企業制定的產品價格與同類產品的平均價格保持一致。在有許多同行相互競爭的情況下，當企業生產的產品大致相似時（如鋼鐵、糧食等），如企業產品價格高於別人，會造成產品積壓；價格低於別人又會損失應得的利潤，並引起同行間競相降價，兩敗俱傷。因此，在產品差異很小的行業，往往採取這種定價方法。另外，對於一些難以核算成本的產品，或者打算與同行和平共處，或者企業難以準確把握競爭對手和顧客反應的，也往往採取這一種定價辦法。

　　當然，這種定價法也有一定風險，一旦競爭者由於勞動生產率提高，成本降低，突然降低其產品價格，則往往使追隨者陷入困境，長虹彩電幾次大幅度降價造成許多彩電小廠倒閉便是一例。

（二）競爭價格定價法

　　與通行價格定價法相反，競爭價格定價法是一種主動定價方法，一般為實力雄厚或獨具特色的企業所採用。定價時首先將市場上競爭產品價格與本企業估算價格進行比較，分為高於、低於和一致三個層次。其次將產品的性能、質量、成本、式樣、產量與競爭企業進行比較，分析造成價格差異的原因。再次根據以上綜合指標確定本企業產品的特色、優勢及市場定位。在此基礎上，按定價所要達到的目標確定產品價格。

（三）投標定價法

　　一般是指在商品和勞務的交易中，採用投標招標方式，由一個買主對多個賣主的出價擇優成交的一種定價方法。在國際上，建築包工和政府採購往往採用這種方法。

投標定價法有如下步驟：
1. 招標

招標是由招標者發出公告，徵集投標者的活動。在招標階段，招標者要完成下列工作：

（1）制定招標書。招標書也稱招標文書，是招標人對招標項目成交所提出的全部約束條件。包括：招標項目名稱、數量、質量要求與工期、開標方式與期限、合同條款與格式等。

（2）確定底標。底標是招標者自行測標的願意成交的限額，它是評價是否中標的極為重要的依據。底標一般有兩種：一為明標，它是招標者事先公布的底標，供投標者報價時參考；二是暗標，它是招標者在公證人監督下密封保存，開標時方可當眾啓封的底標。

2. 投標

由投標者根據招標書規定提出具有競爭性報價的標書送交招標者，標書一經遞送就要承擔中標後應盡的職責。在投標中，報價、中標、預期利潤三者之間有一定的聯繫。一般來講，報價高，利潤大，但中標概率低；報價低，預期利潤小，但中標概率高。所以，報價既要考慮企業的目標利潤，也要結合競爭狀況考慮中標概率。

3. 開標

招標者在規定時間內召集所有投標者，將報價信函當場啓封，選擇其中最有利的一家或幾家中標者進行交易，並簽訂合同。

第三節　定價技巧與策略

制定價格不僅是一門科學，而且需要一套策略和技巧。定價方法側重於產品的基礎價格，定價技巧和策略側重於根據市場的具體情況，從定價目標出發，運用價格手段使其適應市場的不同情況，實現企業的營銷目標。

一、新產品價格策略

一種新產品初次上市，能否在市場上打開銷路，並給企業帶來預期的收益，價格因素起著重要的作用。常見的新產品定價技巧和策略有三種：撇脂定價策略、滲透定價策略和滿意定價策略。

（一）撇脂定價策略

撇脂定價策略即在新產品上市初期，把價格定得高出成本很多，以便在短期內獲得最大利潤。這種策略如同把牛奶上面的那層奶油撇出一樣，故稱之為撇脂定價策略。

這種定價策略的優點在於：新產品上市，需求彈性小，競爭者尚未進入市場，利用高價不僅滿足消費者求新、求異和求聲望的心理，而且可獲得豐厚利潤；價格高，為今後降價留有空間，為降價策略排斥競爭者或擴大銷售提供可能。其缺點是，價格過高不利於開拓市場，甚至會遭受抵制，同時高價投放形成旺銷，容易造成眾多競爭者湧入，從而造成價格急降。

從市場營銷實踐看，在以下條件下企業可以採用這種定價策略：

①市場有足夠的購買者，他們的需求缺乏彈性，即使把價格定得很高，市場需求

也不會大量減少。高價使需求減少一些，因而產量減少一些，單位成本增加一些，但這不至於抵消高價所帶來的利益。②在高價情況下，仍然獨家經營，別無競爭者，如受專利保護的產品。③為了樹立高檔產品形象。

案例 11-4

1945 年美國雷諾公司從阿根廷購進圓珠筆專利，迅速制成大批成品，並趁第一顆原子彈在日本爆炸的新聞熱潮，將圓珠筆取名原子筆。由於圓珠筆確實使用方便，免去使用墨水筆的諸多不便和煩惱，短期內無競爭者能模仿，該公司每支筆製造成本才 0.5 美元，卻以 20 美元的零售價投放市場。半年時間，雷諾公司生產原子筆投入 2.6 萬美元，竟獲得 15.6 萬美元的豐厚利潤。以後競爭者見原子筆獲利甚厚而蜂擁而至，原子筆價格不斷下降，雷諾公司把每支筆價格降至 0.7 美元，給競爭者有力一擊。

（二）滲透定價策略

滲透定價策略和撇脂定價策略相反，它是以低價為特徵的。把新產品的價格定得較低，使新產品在短期內最大限度地滲入市場，打開銷路。就像倒入泥土的水一樣，很快地從縫隙裡滲透到底。這一定價策略的優點在於能使產品憑價格優勢順利進入市場，並且能在一定程度上阻止競爭者進入該市場。其缺點是投資回收期較長，且價格變化餘地小。

新產品採用這一滲透定價應具備相應的條件：①新產品的價格需求彈性大，目標市場對價格極敏感，一個相對低的價格能刺激更多的市場需求。②產品打開市場後，通過大量生產可以促使製造和銷售成本大幅度下降，從而進一步做到薄利多銷；③低價打開市場後，企業在產品和成本方面樹立了優勢，能有效排斥競爭者的介入，長期控制市場。

（三）滿意定價策略

這是介於上面兩種策略之間的一種新產品定價策略，即將產品的價格定在一種比較合理的水準，使顧客比較滿意，企業又能獲得適當利潤。這是一種普遍使用、簡便易行的定價策略，以其兼顧生產者、中間商、消費者等多方面利益而廣受歡迎。但此種策略過於關注多方利益，反而缺乏開拓市場的勇氣，僅適用於產銷較為穩定的產品，而不適應需求多變、競爭激烈的市場環境。

案例 11-5

1989 年夏季，由美國可口可樂公司與杭州茶廠合資組建的中華食品公司開始灌裝供應碳酸飲料「雪碧」，把許多國產飲料擠出了市場，甚至一些正宗進口的洋飲料也甘拜下風。是什麼原因使「雪碧」獲得這樣的成功？

為了占領杭州飲料市場，中華食品公司採取了多種策略，包括產品策略、分銷策略、廣告促銷策略等，其中價格策略的成功是「雪碧」成功不可忽視的重要因素。針對大眾消費水準，雪碧價格確定為 0.65 元，介於國產普通汽水和進口易拉罐之間。當時，國產汽水每瓶 0.45 元，但口味不及「雪碧」；進口飲料如「粒粒橙」每罐 3.4 元，不是一般人所能問津的。價格適中，切合大眾消費需求的 0.65 元一瓶就能一炮打響。

同時，中華食品公司給予各個銷售點較高的銷售利潤，即讓一部分利潤給零售商。在杭州各銷售點每銷一瓶「雪碧」可得利 0.12 元，而普通國產汽水每瓶的銷售毛利只

有 0.07 元，故各零售點均願銷售「雪碧」。同時，儘管「粒粒橙」的銷售毛利更大，但是問津者畢竟少，在銷量上遠不敵「雪碧」，經銷它們易造成積壓，阻礙流動。

二、價格變動策略

企業處在一個不斷變化的環境中，為了生存和發展，有時需主動削價或者提價，有時又需要對競爭者的變價作出適當的反應。

（一）價格變動的原因

1. 企業削價的原因

在現代市場經濟條件下，企業削價的主要原因有：

（1）企業生產能力過剩。當企業生產能力過剩，同時又不能通過產品改進和加強銷售工作等來擴大銷售時，為了擴大銷售企業就必須考慮削價。

（2）保持或擴大市場份額。在強大競爭者的壓力之下，企業的市場佔有率有所下降，或有下降的趨勢，企業不得不拿起降價的武器。

（3）企業的成本費用比競爭者低，企圖通過削價來掌握市場或提高市場佔有率，從而擴大生產和銷售量，降低成本費用。

案例 11-6

信奉「價格競爭是最高層次的競爭」理念的格蘭仕在短短六年時間內，連續對競爭對手發動了 7 次價格競爭，見表 11-2。把微波爐行業的利潤降到很低點，提高了行業進入門檻，使許多欲進入該行業的企業喪失興趣，避免了強大潛在競爭對手的出現。

表 11-2　　　　　　　　　格蘭仕 7 次價格調整示意表

序次	時間	降價品種及調價幅度	降價成果
1	1996 年 8 月	WP800S，WP750 型等 3 個非燒烤型微波爐價格平均下調 24.6%	總體市場佔有率上升 14%，達到 50.2%
2	1997 年 7 月	最小型號產品 17 立升微波爐降價 40.6%	帶動格蘭仕整個產品的暢銷，佔有率上升 12.6%，達到 56.4%
3	1997 年 10 月 18 日	5 大機型價格下調，13 個產品品種全面降價，平均降幅 32.3%	市場份額再上升 11.6%，達到 58.7%
4	1998 年 7 月	兩個 17 立升型號降價，平均降幅 24.3%	總體產品市場佔有率上升 4.8% 達 55.7%
5	2000 年 5 月	「新世紀」系列產品價格大幅度下調並實施瘋狂的贈送行動	在全國引起強烈反響；6 月份市場佔有率為 73.74%
6	2000 年 6 月初	中檔改良型 750「五朵金花」系列降幅達 40%，高檔「黑金剛」系列買 1 送 15	
7	2000 年 10 月 20 日	所有產品（包括高檔產品）全部鎖定在 1,000 元以內，市場降價平均幅度達到 40%	微波爐市場價格體系受到摧毀，市場佔有率最高

格蘭仕降價特點及策略為：

第一，不斷拉高競爭壁壘。格蘭仕歷次降價的目的很明顯，即消滅散兵遊勇、驅

逐競爭對手，清除市場「雜音」。規模每上一個臺階，價格就大幅下調。當生產規模達到 125 萬臺時，就把出廠價定在規模為 80 萬臺的企業成本價以下；當規模達到 300 萬臺時，又把出廠價調到 200 萬臺規模的企業成本價以下。此時，格蘭仕還有利潤，而規模低於這個限度的企業，多生產一臺就多虧損一臺。

第二，降價幅度大。格蘭仕多次的降價幅度均在 30%～40%，規模小、實力弱的微波爐生產廠商是很難抵禦這樣的價格攻擊的。

第三，進攻性價格策略。格蘭仕的價格策略是「運用降價——增加銷量、擴大生產規模——規模經濟、成本下降——進一步降價」。

2. 企業提價的原因

(1) 通貨膨脹、物價上漲導致成本費用提高。在通貨膨脹條件下，許多企業往往採取種種方法來調整價格，以對付通貨膨脹。第一，採取推遲報價定價方法，即企業暫時不規定最後價格，等到產品制成或交貨時方規定最後價格。在工業建築和大型設備製造業等行業中一般採取這種方法。第二，在合同上規定調整條款，即企業在合同上規定一定時期內（一般到交貨時為止）可按某種價格指數來調整價格。第三，採取不包括某些商品和服務的定價方法，即企業決定產品價格不動，但是原來提供的服務要計價。第四，減少價格折扣，即企業決定削減正常的現金和數量折扣，並限制銷售人員以低於價目表的價格來拉生意。第五，取消低利產品。第六，降低產品質量，減少產品特色、功能和服務。

(2) 企業的產品供不應求，不能滿足其所有的顧客的需要。在這種情況下企業就必須提價。提價方式包括：取消價格折扣，在產品大類中增加價格較高的項目或者提價。

(二) 價格變動應考慮的因素

企業無論提價或削價，都會影響購買者、競爭者的利益，並引起他們不同程度的反應。為此，價格變動時必須考慮各方面的反應。

1. 顧客對價格變動的反應

顧客對某種產品的削價可能會這樣理解：第一，這種產品的式樣老了，將被新型產品所代替。第二，這種產品有某些缺點，銷售不暢。第三，企業財務困難，難以繼續經營下去。第四，價格還要進一步下跌。第五，這種產品的質量下降了。

企業提價通常會影響銷售，但是購買者也可能會這樣理解：第一這種產品很暢銷，不趕快買就買不到了。第二，這種產品很有價值。第三，賣主想盡量取得更多利潤。

對於提價，為防止顧客不滿，企業也要注意採用一些技巧：

(1) 避免全面漲價。如一個咖啡店具有代表性的商品是咖啡和紅茶，其中一個漲價，另一個就要保持原價，以緩解顧客的不滿，讓顧客慢慢地適應。

(2) 把明漲變為暗漲。如把包裝裡食品的分量減輕，而袋子的大小保持不變，價格也不變。顧客一般注意力集中在價格上，而對袋子裡裝多少東西則不大注意。這並非欺騙消費者，因為袋子上明明白白地寫上東西的重量。

(3) 總費用不漲。顧客雖然關心產品價格變動，但是通常更關心取得、使用和維修產品的總費用。因此，如果賣主能使顧客相信某種產品取得、使用和維修的總費用較低，那麼他就可以把這種產品的價格定得比競爭者高。

(4) 把握價格敏感商品。老資格的商場經理都知道，某些商品的價格是不能隨意提價的，否則就會給消費者造成一種這個商店價格比別家貴的感覺，這類商品就是價

格敏感商品。對於非價格敏感商品可以視情況適當提價，對價格敏感商品提價則需謹慎。所謂價格敏感商品，指消費者經常使用、高頻率購買、對價格熟知度高且易比較的商品，如可樂、醬油、肥皂、餐巾紙等商品。非價格敏感商品則是指非當令商品，或是耐用消費品，如反季節家電、盒裝果品等。

大賣場裡出售的商品總要比外面普通商店的便宜些，這似乎是不少市民的思維定勢。事實果真如此嗎？其實不然。一些市民不太經常購買的商品，如奶粉、沙灘椅等，在大賣場裡不但不便宜，反而要貴上不少。

曾經有記者分別抽取了品牌、規格相同的 5 種市民經常購買的商品和 5 種不常購買的商品，將它們在大賣場與食品店、百貨店中的價格進行比較，結果發現：5 種市民經常購買的商品在大賣場中的售價的確較低，而市民不常購買的商品，大賣場的價格則都一致地比食品店、百貨店的要高，價格差幅最多的竟達 30%，見表 11－3。

為什麼會有這種情況呢？其實，這是大賣場的經營之道。商家把握住了市民的購物心理，給商品來個雙重定價標準。對於經常購買的商品，市民對價格都心中有數，所以大賣場定低價，吸引市民去購買；相反，對於那些不太經常購買的商品，市民對價格不甚清楚，即使有大幅變化也不太敏感，所以，大賣場高開高走。這樣，很多消費者在買到便宜貨的同時，不知不覺中也買了一些高價貨。如果市民在大賣場購買的都是些可樂、醬油之類的東西，肯定有利可圖，但在不少情況下，不但無利可圖，反而會比在其他地方購買要「賠」上不少。

表 11－3　　　　　　　　市民常購及不常購商品價格之比較

市民經常購買的商品（大賣場便宜）		
商品名稱	大賣場/超市價（元）	其他商店價（元）
可樂（350 毫升）	1.75	2.50
醬油（400 毫升）	0.85	0.90
幫寶適（24 片）	46.80	62.40
特濃鮮奶（900 毫升）	6.90	7.60
透明皂	1.21	1.30

市民不常購買的商品（大賣場較貴）		
商品名稱	大賣場/超市價（元）	其他商店價（元）
雀巢能恩奶粉（1,000 克）	162.90	139.00
超霸鎳氫 5 號電池（2 節）	29.90	25.00
姬娜果（每 500 克）	6.50	5.00
沙灘椅（鐵質）	89.90	72.00
大滿貫精製油（5 升）	35.50	29.90

2. 競爭者對價格變動的反應

估計競爭者對價格變動的反應，至少有兩種方法：

（1）通過內部資料分析。一般是借助顧客、金融機構、供應商、代理商等獲取競爭對手的情報，或者專門成立小組，模仿競爭者的立場、觀點、方法思考問題。

（2）統計分析方法。從市場營銷實踐看，一般採用「推測的價格變動」的概念，

即競爭者的價格變動反應對本企業上次價格變動的比率來測定。

用數學公式表示如下：

$$VA \cdot t = \frac{PB \cdot t - PB \cdot T - 1}{PA \cdot t - PA \cdot T - 1}$$

式中，VA·t 表示競爭者 B 在 t 期間的價格變動與企業 A 在 t 期間的價格變動的比值。

PB, t-PB, t-1 表示競爭者 B 在 t 期間的價格變動；PA, t-PA, t-1 表示 A 在 t 期間的價格變動。觀察值可被企業 A 用來估計競爭者的可能反應。假如 VA, t=0，表明競爭者上次沒有反應；假如 VA, t=1，表明競爭者完全跟進企業的價格變動；假如 VA, t=1/2，表明競爭者只跟進企業價格變動的一半。

應該指出，如果僅僅對上次反應進行分析，可能會誤入歧途，最好將過去若干個期間比值給予不同的權重，近幾年的比重較大，計算平均值。

三、系列產品定價策略

系列產品是指企業生產的產品不是單一的，而是相關的一組產品。與單一產品銷售不同，系列產品定價必須兼顧產品之間的關係，以使整個產品系列獲得最大的經濟利益。為此，企業在考慮制定或調整某一產品價格的時候，不僅要考慮調價對該產品本身利潤和成本的影響，還要考慮這種產品價格或變化對其他相關聯產品的利潤和成本的可能影響。

(一) 產品線定價策略

企業通常開發出來的是產品線，而不是單一產品。當企業生產的系列產品存在需求和成本的內在關聯性時，為了充分發揮這種內在關聯性的積極效應，企業可採取產品線定價策略。

一般來說，產品線的兩個終端價格比系列中的其他產品的價格更能引起消費者注意。低端價格一般是最常被人們記住的，所以常常被用來作為打開銷路的產品。高端價格意味著整個產品線質量最高，也十分引人注目，會對需求起指導、刺激作用。這兩個終端價格水準能為潛在買主提供某種信息：廉價或高檔，並影響整個產品系列中全部產品的價格印象，進而影響銷售收入。

對產品線上介於終端價格之間的產品，企業首先要確立明顯的質量差別，以突出價格上的差異。然後，用價格的差異來表現質量的差別，使這些產品在相應的市場上受到消費者的認同。

案例 11-7

日本松下公司設計出五種不同的彩色立體聲攝影機。從簡單攝影機到帶有自動定焦距、有感光控制器和兩種速度的變焦鏡頭的複雜攝影機，每一種後繼機都比前一種多了附加新功能，為價格差異提供了質量差異的證據。松下公司詳細考慮了包括計算各產品成本之間、顧客對產品不同特點的評價之間、與競爭者的價格之間的差異，制定出相應的價格等級。另外，他們發現，如果兩種等級攝影機之間的價格差異較小，購買者會選擇質量較高級的那種，而且此時兩產品的成本差異小於價格差異，將提高企業的總利潤；如果價格差異較大，購買者會選擇較低檔的那種產品。

與上述差異價格策略相反，統一定價是另外一種產品線定價策略。為吸引消費者、

促進銷售，有的企業針對顧客求廉心理，對其經營的同類商品用整齊劃一的價格，實行薄利多銷。對於統一定價的商品大多是大型商場所忽略的日用小商品，如「二元商品」、「均價商品」、「50元專櫃」等。企業通過不同商品的有賠有賺，給顧客以便宜、便於交易、好奇等刺激，吸引不少消費者。

(二) 替代產品定價策略

替代品是能使消費者實現相同消費滿足的不同產品，它們在功能、用途上可以互相替代。假設 Q_1、Q_2 是一組替代產品，提高 Q_1 的價格，Q_1 的需求量就會下降，對 Q_2 的需求卻會相應地上升。企業可以利用這種效應來調整產品結構。

(三) 互補品定價策略

互補品是在功能上互相補充，需要配套使用的產品。互補品廣泛存在於日常消費中，如照相機與膠卷、錄音機與磁帶、鋼筆與墨水等。我們把互補品中發揮主要功效、耐用性強的產品稱為基礎產品或互補產品中的主件，而發揮輔助功效、易耗的產品稱為輔助產品或互補產品中的次件。互補產品的價格相關性表現在它們之間需求的同向變動上。假設 Q_1 產品與 Q_2 產品存在互補關係，那麼，降低價格引起對 Q_1 產品的需求上升後，Q_2 產品的需求也會相應提高。企業利用這種互補效應及主次件的關係，可以降低某種產品尤其是基礎產品的價格來占領市場，再通過增加其互補產品的價格使總利潤增加。柯達公司以物美價廉的照相機吸引消費者，同時生產較其他牌號昂貴得多的柯達膠卷，相配使用效果極佳。柯達相機利微，但在柯達膠卷的厚利下得到彌補。需要注意的是，互補品的需求影響是相互的，如果輔導產品價格定得過高，消費者難以承受，也會影響基礎產品的銷量。

四、折扣定價策略

長期以來，折扣一直被企業作為增加銷售的主要方法之一，是企業常用的定價策略。一般有下列幾種折扣方式：

(一) 現金折扣

這是企業給那些當場付清貨款的顧客的一種獎勵。採用這一策略，可以促使顧客提前付款，從而加速資金週轉。這種折扣的大小一般根據提前付款期間的利息和企業利用資金所能創造的效益來確定。

(二) 數量折扣

這種折扣是企業給那些大量購買產品顧客的一種減價，以鼓勵顧客購買更多的貨物。數量折扣有兩種：一種是累計數量折扣，即規定在一定時間內，購買總數超過一定數額時，按總量給予一定的折扣；另一種是非累計數量折扣，規定顧客每次購買達到一定數量或金額時給予一定的價格折扣。

(三) 業務折扣

業務折扣也稱中間商折扣，即生產者根據各類中間商在市場營銷中所擔負的不同業務職能和風險的大小，給予不同的價格折扣。其目的是促使他們願意經營銷售本企業的產品。

(四) 季節折扣

這種折扣是企業給那些購買過季商品或服務的顧客的價格優惠，鼓勵消費者反季

節消費，使企業的生產和銷售在一年四季保持相對穩定。這樣有利於減輕企業儲存的壓力，從而加速商品銷售，使淡季也能均衡生產，旺季不必加班加點，有利於充分發揮生產能力。

五、心理定價策略

心理定價策略：根據消費者購買商品時的心理來對產品進行定價。

（一）聲望定價

所謂聲望定價，是指企業利用消費者仰慕名牌商品或名牌商店的聲望所產生的某種心理來制定商品的價格，故意把價格定成高價。

（二）尾數定價

尾數定價又稱奇數定價，即根據消費者習慣上容易接受尾數為非整數的價格的心理定勢，而制定尾數為非整數的價格。如某空調機的價格定為 3,999 元，而非 4,000 元。雖然只是一元的差別，但給消費者的心理感受是不同的。

（三）招徠定價

企業利用顧客求廉的心理，特意將某幾種商品的價格定得較低以吸引顧客，並帶動選購其他正常價格的商品。

本章小結

產品定價是企業營銷組合策略的一個重要內容，這從近幾年一浪又一浪的價格戰中就可以看出企業、消費者對它的重視和關注。

在市場經濟條件下，大部分產品的價格已經放開，但是定價並不是一項隨意的工作，它必須考慮競爭環境、產品成本、供求關係和企業定價目標等因素的影響。實際上，定價是這些因素共同作用的結果。

定價有三種基本方法：成本導向定價、需求導向定價和競爭導向定價。不同企業應視具體情況確定採取哪種方法及哪種計算類型。

定價是一門科學，定價需要一定的策略和技巧，即從定價目標出發，運用價格手段實現營銷目標。

思考與練習

1. 試比較完全競爭市場、不完全競爭市場、寡頭競爭市場和純粹壟斷市場的特徵。企業產品進入這些市場應採取怎樣的價格策略？
2. 什麼叫需求彈性和需求彈性系數？它對企業定價有何影響？試舉例說明。
3. 成本導向定價法有幾種表現形式？
4. 需求導向定價法的實質和難點是什麼？
5. 舉例說明新產品價格策略的實踐運用。

第十二章　促銷策略

學習目的：

　　瞭解促銷組合的三種基本策略：推式、拉式和推拉結合策略的內容及適應條件；掌握影響促銷組合的因素分析；瞭解人員推銷管理內容；瞭解銷售人員的條件、挑選、訓練、激勵和評價；掌握廣告策略內容及管理要點；掌握銷售促進的各種形式。

重點難點：

　　掌握促銷組合基本策略和營業推廣方法。

關鍵概念：

　　促銷　促銷策略　促銷組合　人員推銷　銷售促進

　　現代市場營銷不僅要求企業開發適銷對路的產品，制訂有吸引力的價格，通過合適的渠道使目標顧客易於得到他們所需要的產品，而且還要求企業樹立其在市場上的形象，加強企業與社會公眾的信息交流和溝通工作，即進行促銷活動。現代企業促銷的手段與方式日新月異，由於各種手段和方式各具不同的特點，因此需要在實際促銷活動中組合運用，各種不同的促銷方式編配組合即形成了不同的促銷策略。

第一節　促銷組合

　　促銷是指企業以各種有效的方式向目標市場傳遞有關信息，以啓發、推動或創造對企業產品和勞務的需求，並引起購買慾望和購買行為的一系列綜合性活動。促銷的本質是企業同目標市場之間的信息溝通。促銷是企業市場營銷活動的基本策略之一，它一般包括廣告、人員推銷、營業推廣和公共關係等促銷形式。

一、促銷組合的構成要素

　　促銷組合的構成要素可以從廣義和狹義兩個角度來考察。

（一）廣義構成要素

　　就廣義而言，市場營銷組合的各個因素都可以納入促銷組合，諸如產品的功能、式樣、包裝的顏色與外觀、價格、品牌、分銷渠道等，因為它們都從不同角度傳播產品的某些信息，推動對產品的需求。

（二）狹義構成要素

　　就狹義而言，促銷組合只包括具有溝通性質的促銷工具，主要包括各種形式的廣

告、展銷會、商品陳列、銷售輔助物（目錄、說明書等）、勸誘工具（競爭、贈品券、贈送樣品、彩券）以及宣傳等。

企業的促銷方式主要包括：廣告、人員推銷、銷售促進。

二、促銷策略組合

促銷策略組合研究的是對各促銷手段的選擇及在組合中側重使用某種促銷手段。一般有以下三種策略：

(一) 推式策略

推式策略是指利用推銷人員與中間商促銷，將產品推入渠道的策略。這一策略需利用大量的推銷人員推銷產品，它適用於生產者和中間商對產品前景看法一致的產品。推式策略風險小、推銷週期短、資金回收快，但其前提條件是須有中間商的共識和配合（見圖 12-1）。

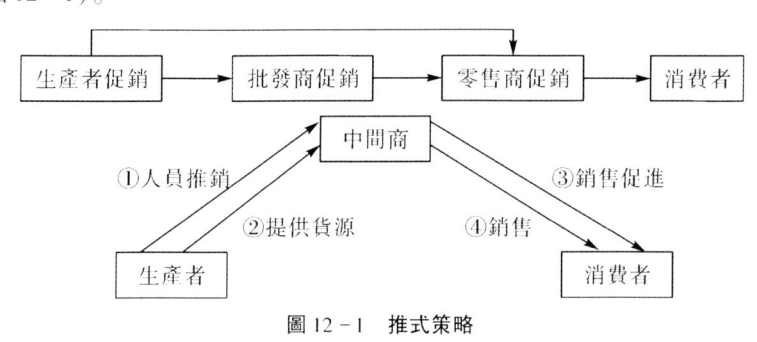

圖 12-1　推式策略

推式策略常用的方式有：派出推銷人員上門推銷產品，提供各種售前、售中、售後服務促銷等。

(二) 拉式策略

拉式策略是企業針對最終消費者展開廣告攻勢，把產品信息介紹給目標市場的消費者，使人產生強烈的購買慾望，形成急切的市場需求，然後拉引中間商紛紛要求經銷這種產品（見圖 12-2）。

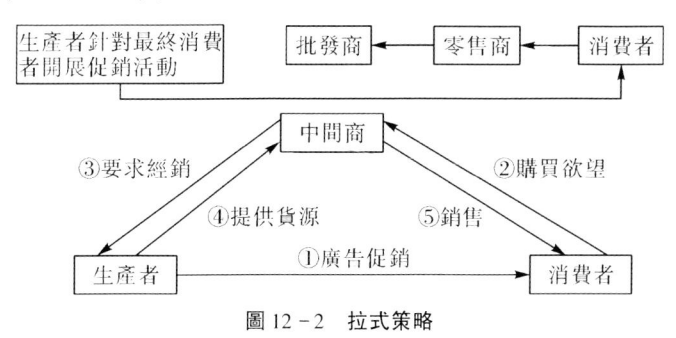

圖 12-2　拉式策略

在市場營銷過程中，由於中間商與生產者對某些新產品的市場前景常有不同的看法，因此，很多新產品上市時，中間商往往因過高估計市場風險而不願經銷。在這種

情況下，生產者只能先向消費者直接推銷，然後拉引中間商經銷。

拉式策略常用的方式有：價格促銷、廣告、展覽促銷、代銷、試銷等。

(三) 推拉結合策略

在通常情況下，企業也可以把上述兩種策略配合起來運用，在向中間商進行大力促銷的同時，通過廣告刺激市場需求。其程序如圖12－3所示。

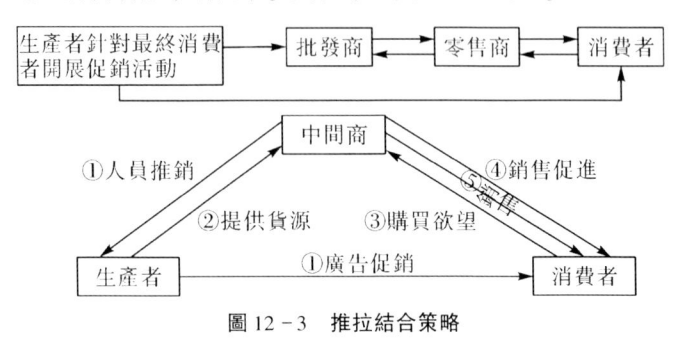

圖12－3 推拉結合策略

在「推式」促銷的同時進行「拉式」促銷，用雙向的促銷努力把商品推向市場，這比單獨地利用推式策略或拉式策略更為有效。

三、影響促銷組合的因素

由於不同的促銷手段具有不同的特點，企業要想制定出最佳組合策略，就必須對促銷組合進行選擇。企業在選擇最佳促銷組合時，應考慮以下因素：

(一) 產品類型

產品類型不同，購買差異就很大，不同類型的產品應採用相應的促銷策略。一般來說，消費品主要依靠廣告，然後是銷售促進、人員推銷和宣傳；生產資料主要依靠人員推銷，然後是銷售促進、廣告和宣傳（見圖12－4）。

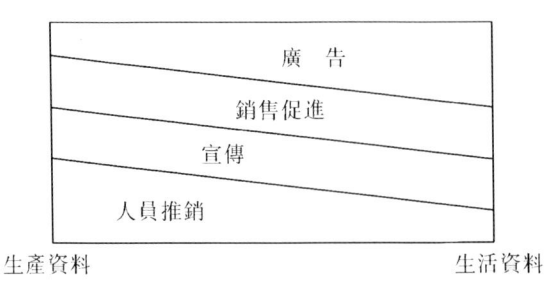

圖12－4 不同產品類型各種促銷方式的相對重要程度

(二) 產品生命週期

處在不同時期的產品，促銷的重點目標不同，所以採用的促銷方式也有所區別（見表12－1）。

表 12-1　　　　　　　　　　產品生命週期與促銷方式

產品生命週期	促銷的主要目的	促銷主要方法
導入期	使消費者認識商品，使中間商願意經營	廣告介紹，對中間商用人員推銷
成長期和成熟期	使消費者感興趣，擴大市場佔有率，使消費者偏愛產品	擴大廣告宣傳，搞好營業推銷和廣告宣傳
衰退期	保持市場佔有率，保持老顧客和用戶推陳出新	適當的銷售促進、輔之廣告、減價

　　從表 12-1 可以看出，在導入期、成長期和成熟期，促銷活動十分重要，而在衰退期則可降低促銷費用支出，縮小促銷規模，以保證足夠的利潤收入。

(三) 市場狀況

　　市場需求情況不同，企業應採取的促銷組合也不同。一般來說，市場範圍小，潛在顧客較少以及產品專用程度較高的市場，應以人員推銷為主；而對於無差異市場，因其用戶分散，範圍廣，則應以廣告宣傳為主。

四、最佳促銷組合模型

　　通過上述分析可以看出，企業要想收到理想的促銷效果，必須根據目標市場合理安排促銷組合，也就是對四種促銷工具進行有機地配合、運用，以取得最好的促銷效果。西方市場營銷學者提出了各種促銷組合模型，如布恩—布爾茨模型、麥卡錫模型、科特勒模型等。在此，我們介紹一種新式的促銷組合模型：阿布萊特—韋斯惠曾模型（見圖 12-5）。

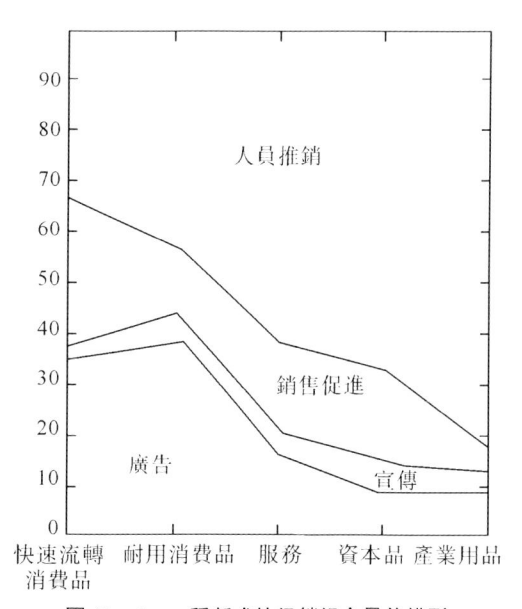

圖 12-5　一種新式的促銷組合最佳模型

此模型是南非共和國的兩位學者羅素・阿布萊特（Russell Abratl）和布萊恩・韋斯惠曾（BrianlC Vander Westhuixen）在 1987 年提出的。他們在約翰內斯堡等城市選擇了具有代表性的 25 家大公司作為戰略業務單位，並將其劃分為五個部門：快速流轉消費品部門（如食品及其連帶產品）、耐用消費品部門（如家具、電器、汽車）、服務部門（如銀行、出租汽車公司）、產業用品部門（如原材料、零部件等）、資本品部門（如重型機械設備），然後對他們的促銷組合及促銷費用支出情況進行了調查，得出企業應採用的最佳促銷組合模型。

第二節　人員推銷

一、人員推銷的含義與特點

人員推銷是一種傳統的促銷方式，可在現代企業市場營銷活動中仍起著十分重要的作用。國內外許多企業在人員推銷方面的費用支出要遠遠大於在其他促銷方面的費用支出。實踐表明，人員銷售與其他促銷手段相比具有不可替代的作用。

（一）人員推銷含義

人員推銷：企業派出推銷人員直接與顧客接觸、洽談、宣傳商品，以達到促進銷售目的的活動過程。人員推銷不僅存在於工商企業中，而且存在於各種非營利組織及各種活動中。西方營銷專家認為，今天的世界是一個需要推銷的世界，大家都在以不同形式進行推銷，人人都是推銷人員。科研單位在推銷技術，醫生在推銷醫術，教師推銷知識。可見推銷無時不在，無處不在。

企業可以採取種種形式開展人員推銷：

（1）可以建立自己的銷售隊伍，使用本企業的銷售人員來推銷產品。推銷隊伍中的成員又稱推銷員、銷售代表、業務經理、銷售工程師。他們又可分為兩類：一類是內部銷售人員，另一類是外勤推銷人員。

（2）可以使用合同銷售人員，按其銷售額付給佣金。

（二）人員銷售的特點

與廣告、銷售促進等促銷方式相比，人員銷售有其特有的優勢：

1. 親切感強

推銷人員深深知道，滿足顧客需要是保證銷售達成的關鍵。因此，推銷人員總願意在許多方面為顧客提供服務，幫助他們解決問題。因此，推銷人員通過同顧客面對面交流，消除疑惑，加強溝通。同時，雙方在交流過程中可能建立起信任和友誼。

2. 說服力強

推銷人員通過現場示範，介紹商品功能，回答顧客問題，可以立即獲知顧客的反應，並據此適時調整自己的推銷策略和方法，容易使顧客信服。

3. 針對性強

廣告所面對的範圍廣泛，其中有相當部分根本不可能成為企業的顧客。而人員推銷總是帶有一定的傾向性訪問顧客，目標明確，往往可以直達顧客。因而，無效勞動較少。

4. 競爭性強

各個推銷人員之間很容易產生競爭，在一定物質利益機制驅動下，會促使這一工作做得更好。

儘管人員推銷有上述優點，但並不意味著在所有的場合都適合採用這一方式。人員推銷成本費用較高，在市場範圍廣泛，而買主又較分散的狀態下，顯然不宜採用此方法；相反，市場密集度高，買主集中（如有些生產資料市場），人員銷售則可扮演重要角色。由於人員銷售可以提供較詳細的資料，還可以配合顧客需求情況，提供其他服務，所以它最適於推銷那些技術性較強的產品或新產品；而一般標準化產品則不必利用人員銷售，以免增加不必要的支出。

二、人員推銷管理

根據企業外部環境和內部資源條件，對銷售隊伍規模和銷售區域等進行設計和管理，這是人員推銷管理的主要內容。

(一) 銷售隊伍規模

銷售人員是企業最重要的資產，也是花費最多的資產，銷售人員的規模與銷售量和成本具有密切關係。因此，確定銷售隊伍規模是人員推銷管理中的一個重要問題。銷售隊伍規模的確定有以下方法：

1. 分解法

這種方法首先決定預測的銷售額，然後估計每位銷售員每年的銷售額，銷售人員規模可將預測的銷售額除以銷售員的銷售額而得。

2. 工作量法

工作量法分為五個步驟：

（1）按年銷售量的大小將顧客分類。
（2）確定每類顧客所需要的訪問次數。
（3）每類顧客的數量乘以各自所需的訪問次數就是整個地區的訪問工作量。
（4）確定一個銷售代表每年可進行的平均訪問數。
（5）將總的年訪問次數除以每個銷售代表的平均年訪問數即得出銷售人員規模。

3. 銷售百分比法

企業根據歷史資料計算出銷售隊伍的各種耗費占銷售額的百分比以及銷售人員的平均成本，然後對未來銷售額進行預測，從而確定銷售人員的數量。

(二) 銷售隊伍組織結構

銷售隊伍組織結構設計關係到推銷工作的效率和資源最佳利用問題。銷售隊伍組織結構可按照區域結構、產品結構、顧客結構以及這三個因素的結合進行調整和組織。

1. 按地區結構設計

這是最簡單的推銷人員結構（見圖12-6）。這種組織結構的好處是：第一、結構清晰，便於整體部署。第二、銷售人員的活動範圍與責任邊界明確，有利於管理與調整銷售力量，能鼓勵推銷員努力工作。第三、有利於推銷員與當地商界及其他公共部門建立良好關係。第四、相對節省往返旅途費用。

企業在規劃地理區域時，要充分考慮地理區域的某些特徵：各區域是否易於管理，各區域銷售潛力是否易於估計，他們用於推銷的全部時間可否縮短等。

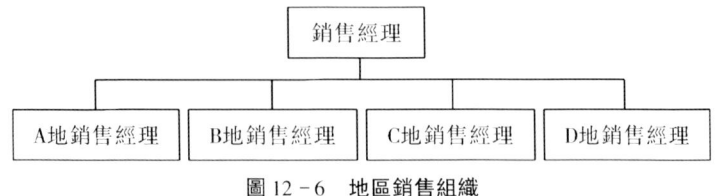

```
                    销售经理
         ┌────────┬────────┬────────┐
      A地销售经理 B地销售经理 C地销售经理 D地销售经理
```
圖 12-6　地區銷售組織

2. 按產品結構設計

這是按產品線來設計的推銷結構，推銷員負責一種或一類產品的推銷工作（見圖 12-7）。

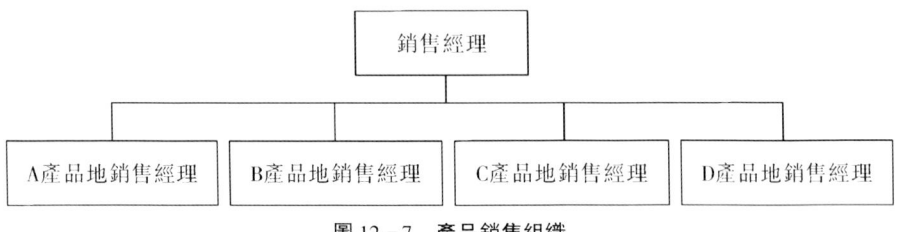

```
                    销售经理
         ┌────────┬────────┬────────┐
   A產品地銷售經理 B產品地銷售經理 C產品地銷售經理 D產品地銷售經理
```
圖 12-7　產品銷售組織

這種設計一般適合以下情況：

（1）產品技術性強，生產工藝複雜，不同產品線的推銷員應有專門知識，否則很難有效地推銷。

（2）企業產品種類繁多。

這種類型的組織設計的優點主要有：

（1）產品經理能夠實現產品的最佳營銷組合。

（2）產品能較快地成長起來。

（3）能夠對市場出現的問題及市場狀況的變化迅速作出反應。

當然，這種組織也存在一些問題：第一，缺乏整體觀念。在產品型組織中，各個產品經理相互獨立，他們會為保持各自產品的利益而發生摩擦。第二，部門衝突。產品經理的工作未必能獲得廣告、生產、財務等方面的理解和支持。第三，多頭領導。由於權責劃分不清楚，具體推銷人員可能會得到多方面的指令。

3. 按顧客結構設計

企業也常常按顧客類別來分配推銷人員。如企業對不同行業安排不同的銷售隊伍，一般來說，分類方法有：行業類別、用戶規模、分銷途徑等（見圖 12-8）。

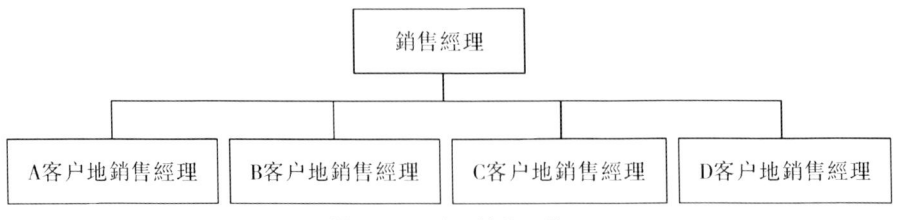

```
                    销售经理
         ┌────────┬────────┬────────┐
   A客戶地銷售經理 B客戶地銷售經理 C客戶地銷售經理 D客戶地銷售經理
```
圖 12-8　客戶銷售組織

這類設計能針對不同顧客採取不同的推銷策略。但是，一個銷售員可能要橫跨若

干省份或大區域，整個銷售隊伍有可能重複交叉出現在同一個地區。

三、銷售人員的條件

一個理想的銷售員應該具有何種特徵呢？其基本條件主要有以下幾點：

(一) 健康的心理

世界衛生組織對「健康」的定義是「不僅僅是未患疾病，還包括心理和社交活動正常」。心理和社交活動正常對推銷人員很重要，這包括：

1. 對現實與他人的認識趨於準確、客觀

心理健康者對現實世界及他人的認識是客觀的、如實的，很少受主觀偏見的影響，這樣才能根據正確的信息採取行動。

2. 對事實持現實的態度

心理健康者是現實的，他們往往能承受各種挫折，對人也不會過分苛刻。

3. 廣泛而深厚的人際關係

推銷人員善於與他人接近，能和大多數人和睦相處，經常表現出友善、耐心和合作的願望。

(二) 堅強的意志

意志是人自覺地確定目的，並根據目的來支配調節自己的行動，克服各種困難，從而實現目的心理過程。意志的作用在於自覺努力地去保證意識目的的實現，使主體克服各種障礙，並服從前進的目標。

1. 明確自己的責任

在市場經濟條件下，推銷員工作十分重要，有人稱之為「火車頭」。推銷員工作上去了，企業整體發展也有了保證。為此，推銷員要有強烈的責任感。

2. 深知工作性質

推銷人員就是和不同的顧客打交道。從瞭解顧客、上門、與顧客接洽，直到成交，每一關都是荊棘叢生，沒有平坦大道可走。面對困難，坦然相迎。同時，推銷員將公眾利益、企業利益結合起來，所以應該理直氣壯，為此感到自豪，不卑不亢，無懼無畏。

3. 以勤為徑，百折不撓

美國推銷協會的一項調查表明，48%的推銷員在第一次拜訪用戶後便放棄了繼續推銷的意志；25%的推銷員在第二次拜訪用戶後放棄了繼續推銷的意志；12%的推銷員在第三次拜訪用戶後放棄了繼續推銷的意志；5%的推銷員在第四次拜訪用戶後放棄了繼續推銷的意志。只有10%的推銷員鍥而不捨，而他們的業績占了全部銷售額的80%。

(三) 複合的個人特性

一個理想的銷售員應該具有何種特性呢？有人認為銷售員應該是外向的和精力充沛的，然而有許多成功的推銷員卻是內向的和態度溫和的。其實，銷售員的個人特性是由他們的責任決定的（見表12－2）。

表 12-2　　　　　　　　　　　銷售員責任與個人特性的關係

銷售員的責任	個人特性
挖掘潛在顧客的需要	主動、機智、多謀、富有想像力、具有分析能力
宣傳產品	知識豐富、熱誠、富有語言天分、有個性
說服顧客	具說服力、具持久力、機智多謀
答辯	有自信心、知識豐富、機智、有遠見
成交	具有持久性、有衝勁、有自信心
日常訪問報告、計劃和訪問編排	有條不紊、誠實、留意小節
以服務建立企業信譽	友善、有禮貌、樂於助人

案例 12-1

被日本人稱為「推銷之神」的原一平，身高 1.45 米，可他連續 15 年推銷額全國第一。當他 69 歲時應邀演講，有人問他成功的秘訣，他脫掉襪子請人摸他的腳底板，一層厚厚的腳繭。又有人問他，在幾十年推銷生涯中是否受過侮辱，他回答：「我曾十幾次被人從樓梯上端下來，五十多次手被門夾痛，可我從未受過侮辱。」他每月用掉 1,000 張名片，要訪問幾十位客戶，從未間斷。

四、銷售人員的挑選與訓練

企業要制定有效的措施和程序，加強對銷售人員的挑選和訓練。挑選銷售人員的一般程序見圖 12-9。

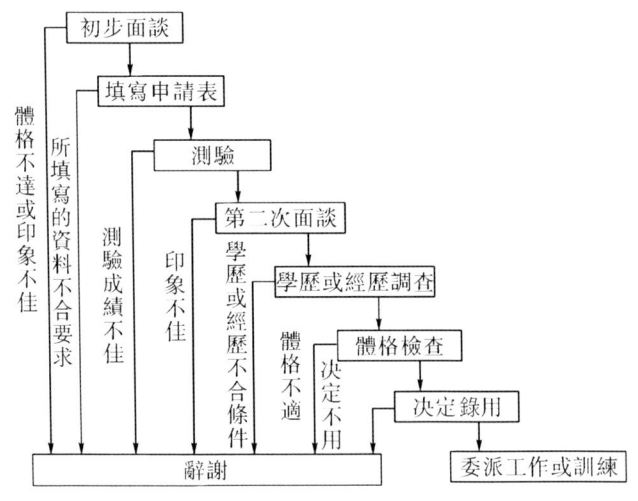

圖 12-9　銷售人員挑選程序

銷售員的訓練一般包括以下內容：

（1）瞭解企業情況。企業情況包括歷史、經營目標、組織結構設置、主要負責人、主要產品、銷售量等。

（2）瞭解產品情況。包括產品製造過程、技術含量、功能、用途等。

（3）瞭解顧客情況。顧客情況包括他們的購買動機、購買習慣、購買數量、地理分佈、負責人情況、付款方式、信用狀況等。

（4）瞭解推銷程序和責任。銷售員要懂得怎樣在現有客戶和潛在客戶間分配時間，如何擬定推銷路線，如何合理支配費用等。

五、銷售人員的激勵

激勵是一種精神的和物質的力量或狀態，起加強、激發和推動作用，並指導和引導行為指向目標。事實上，組織中的任何成員都需要激勵，銷售人員亦不例外。

（一）激勵方式

銷售人員的激勵方法是多方面的，常見的有：

（1）銷售競賽。對有優良銷售表現的人員給予特別的獎勵。相對於企業內晉升職位言之，給予銷售員適時而恰當的贊譽有時比獎金更有激勵作用。

（2）表彰。有些企業將優秀的推銷員介紹於報刊，使一般人知道他們在企業內和同行內的聲譽或地位。

（二）確定銷售報酬水準

對於同一類型的銷售員工作，本企業銷售報酬水準應與當前市場水準有某種聯繫。一般來說，企業若支付低於市場價格的報酬，招募的推銷員素質可能就會比同行競爭者低。同時，銷售員報酬水準還必須兼顧企業內部的報酬體系。

（三）銷售員報酬方式

1. 純薪金制

在這種制度下，銷售員能得到固定薪金和完成各項任務所需要的費用。

這種方法的優點是：

（1）在管理層調整銷售員的工作時，不會遭到銷售員的強烈反對。

（2）易於理解，也易於管理。

（3）由於收入穩定，能保持其較高的積極性。

這種方法的缺點是：

（1）缺少刺激作用，不利於鼓勵他們去做比平均銷售水準更好的工作。

（2）給管理、評估和獎勵銷售員的工作帶來困難。

（3）業務下降時，薪金制因缺少靈活性，會使銷售費用成為沉重負擔；而業務好轉時，薪金又不能起到激發銷售員的作用。

（4）由於工資固定等因素，企業較難吸引和留住有進取心的推銷員。

2. 純佣金制

這是按銷售額或利潤額的大小給予銷售員的固定或按情況可調整比率的報酬。

這種方法的優點是：

（1）能鼓勵銷售員盡最大努力工作。

（2）使銷售費用與現行收益緊密相連。

（3）管理人員可根據不同產品、不同工作給予不同的佣金，從而可以對推銷員如何支配他們的時間施加影響。

這種方法的缺點是：

（1）如果管理層安排銷售員做一些不能立即獲得效益的工作，往往會遭到他們的拒絕。

（2）由於推銷業績與推銷員利益直接有關，利益的驅動可能會使他們在推銷時做

出一些有損企業信譽的事情來。

（3）純佣金制的管理費用較高，工作上缺乏安全感，特別是由於不可控因素導致銷售量下降時，會導致他們的積極性下降。

3. 混合制

絕大部分企業採用薪金和佣金混合的制度，以期保留兩者各自的優點而又避免其缺點。這種制度適用於銷售額大小與銷售員努力密切有關和管理部門希望適當控制銷售員非銷售職責的情況。採用混合制，在業務下降時，企業不會因銷售成本固定不變的束縛而不能動彈，銷售員也不會失去他們的全部收入。

銷售人員是直接為企業創造效益的中堅力量，也是企業中人員流動較為頻繁的群體。「底薪＋提成」是目前被絕大多數企業廣泛採用的業務人員的薪資結構。在實際操作中，「底薪＋提成」模式應該在不同企業、不同階段加以調整，在變幻莫測的商海中，為銷售人員度身訂制的周全而嚴密的薪資結構將有效地鞏固企業的前方陣地。

（1）低底薪＋高提成。這種薪酬策略目前被許多公司尤其是中小規模企業所採用，既給予銷售人員一定的生活保障並對其進行制約管理，又給予業績突出者豐厚回報。這種銷售人員薪資結構比較適用於：

第一，市場開拓期。企業需要大量的銷售人員開拓市場，採用高底薪策略無疑會大大增加企業成本支出，低底薪＋高提成的薪資結構既可控制人工成本，又可使良莠不齊的銷售員隊伍拉開收入差距，並自然完成優勝劣汰。

第二，主力產品、新產品的銷售階段。薪資結構調整也是貫徹企業目標、意圖的有效手段。比如，某公司同時銷售 A、B 兩種商品，且利潤率相同，但 A 產品是該公司獨家代理產品，則該公司可提高 A 產品的銷售提成，明確企業的主攻方向。同樣，如果兩個部門分別負責推銷不同商品，A 部門推銷的 A 產品是企業的最新產品，而 B 部門推銷的 B 產品是成熟的已經在市場上占據一定份額的產品，則 A 部門更適用低底薪＋高提成的薪資結構。

（2）低底薪＋提成＋業績獎金。銷售局面一時難以打開，原因不僅僅在銷售員身上，而四處奔波之後的所得還不足以支付膳食、交通、通訊等費用，肯定會挫傷銷售人員工作熱情，很多時候採用「低底薪＋高提成」薪資結構的企業會面臨業務人員流動過於頻繁的壓力。這時，企業可根據自身情況增設獎金。比如，企業計算出當期業務部門的人平均銷售額，達到或超過平均數的銷售員可得到一筆獎金。這樣既給予銷售員適當的補貼，又體現了與業績掛勾、獎勤罰懶的原則。

（3）高底薪＋提成。高底薪容易滋長員工惰性，但是支付高薪有時是必要的：

第一，在薪酬上採取領先策略，可以防止同行「挖角」。

第二，對需要掌握專業技術的銷售人員，必須支付較高的固定薪水。

第三，當企業發展日漸成熟，產品市場份額趨於穩定時，企業對銷售員個人能力的依賴大大減少，這時採用適當提高底薪而降低佣金的策略是明智的。

六、銷售人員的評價

銷售人員的評價是企業對銷售人員工作業績考核與評估的反饋過程。它不僅是分配報酬的依據，而且是企業調整市場營銷戰略、促進銷售人員更好地為企業服務的基礎。

(一) 評估資料獲取

銷售員銷售報告是主要的評估資料。銷售報告包括工作計劃和完成任務記錄，其中，工作計劃是銷售員對他下一步工作提出的安排，包括他準備要訪問和要走的路線，完成任務報告記錄則提供了銷售活動的成果（見圖12-10）。

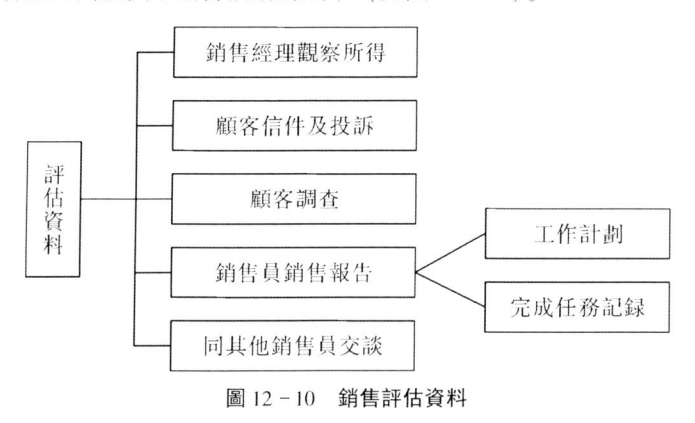

圖12-10 銷售評估資料

(二) 建立評估的指標

評估指標要基本上能反應銷售人員的銷售績效。

為了科學、客觀地進行評估，在評估時還應該注意一些客觀條件，如銷售區域的潛力、區域形狀的差異、地理狀況、交通條件等。這些條件都會不同程度地影響銷售效果（見表12-3）

表12-3　　　　　　　　　　　銷售員的評估標準

標準	解釋
銷售量	衡量銷售增長狀況
毛利	衡量利潤的潛量
訪問率（每天訪問次數）	衡量推銷員的努力程度，但不表示銷售效果
訪問成功率	衡量推銷員工作效率的標準
平均訂單數目	經常與每日平均訂單數目一起來衡量
銷售費用與費用率	衡量每次訪問的成本及銷售費用占營業額的比重
新客戶	開發新客戶的衡量標準

(三) 工作績效的正式評估

正式評估通常可以採用以下兩種方法：

1. 橫向比較

比較不同銷售員在一定時期的銷售量和銷售效率。當然，這種比較必須建立在各區域市場的銷售潛力、工作量、環境、企業促銷組合大致相同的基礎上，應該指出的是，銷售量並非反應銷售員全部工作成就，管理部門還應對其他指標進行全面衡量。

2. 縱向比較

比較同一銷售員現在和過去工作實績。這一比較包括銷售額、毛利、銷售費用、

新增顧客數、喪失顧客數等。這種比較有利於全面瞭解每個銷售員的業績，督促和鼓勵他努力改進下一步工作。

第三節　廣告策略

　　企業的廣告策略包括確定廣告目標、廣告預算、選擇廣告媒體、廣告效果評價等內容。對每一個內容的管理，都必須將其置於總系統中去把握。

一、廣告目標

　　一個企業要實施廣告決策，首先要確定廣告活動的具體目標。沒有具體有效的廣告目標，企業就不可能對廣告活動進行有效的決策、指導和監督，也無法對廣告活動效果進行評價。

（一）如何確定廣告目標

　　確定廣告的目標，應注意以下原則：

　　1. 廣告的目標要易於測定

　　1961年美國廣告學家羅素・赫・科利撰寫了《制定廣告目標以測定廣告效果》的論文，提出了一條切實可行的廣告目標確定方法，即從可以衡量的廣告效果出發，擬定某個特定時間序列的廣告目標，然後將廣告效果測定結果同廣告目標加以對比。

　　科利理論的最重要的主題是，有效的廣告目標是既明確又能測定的。測定廣告效果的關鍵在於如何界定明確的廣告目標。一般來講，抽象的目標只能反應出目標的性質和方向，但缺乏操作性，難以實施。為此，目標要盡可能具體。

　　2. 廣告目標要服從企業營銷總目標

　　廣告作為企業營銷工作的一部分，必須有助於企業營銷目標的實現，而不能脫離營銷工作的方向，甚至在進度、步驟等方面也必須服從整體工作的進程。

　　3. 廣告目標的確定要獲得有關部門同意

　　為了減少企業內部不必要的干擾，更為了協調計劃、財務、營銷等部門關係，爭取各方面的理解和支持，企業營銷部門在制定廣告目標時應徵求多方面意見，獲得他們的同意。

（二）廣告目標類型

　　1. 產品銷售額目標

　　在某些情況下，企業可以根據產品的銷售情況來確定廣告目標。但這種方式的採用必須建立在廣告是促進產品銷售增加的唯一因素或者至少是最主要因素的基礎上。因此，以產品銷售額作為廣告目標往往只適合少數產品，對於大多數以普通方式銷售的商品，這種方式並不適用。

　　2. 創造品牌目標

　　這類廣告目標在於開發新產品和開拓新市場，它通過對產品的性能、特點和用途的宣傳介紹，提高消費者對產品的認識程度。這類廣告目標的具體內容有：向市場告知有關新產品情況；通知市場有關價格的變化情況；說明新產品如何使用；描述所提供的各種服務；糾正錯誤的印象；樹立公司形象。

3. 保牌廣告目標

其目的在於鞏固已有的產品市場，深入開發潛在市場和刺激購買需求，提高產品的市場佔有率。主要方式是通過連續廣告，加深消費者對已有商品的認識和印象，使顯在消費者養成消費習慣，使潛在消費者發生興趣，並促成其購買行為。廣告的訴求重點是保持消費者對廣告產品的好感、偏愛、增強其信心。這類廣告的具體內容有：建立品牌偏好；改變顧客對產品屬性的知覺；保持最高的知名度。

4. 競爭性廣告目標

其目的在於加強產品的宣傳競爭，提高產品的市場競爭能力。廣告的訴求重點是宣傳本產品比之其他品牌產品的優異之處，使消費者認識到本產品的好處，以增強他們對廣告的偏愛，指名購買，並爭取使偏好其他產品的消費者轉變偏好，轉而購買本企業產品。

二、廣告預算

企業確定廣告預算的主要方法有以下幾種：

1. 銷售百分比法

這是以一定期限內的銷售額的一定比率計算出廣告費總額。由於執行的標準不一，又可細分為計劃銷售額百分比法、上年銷售額百分比法、兩者的綜合折中百分比法以及計劃銷售增加額百分比法四種。

這種方法的優點是：

（1）暗示廣告費用將隨著企業所能提供的資金量的大小而變化，促使管理人員認識到費用支出的真正來源。

（2）可以促使企業管理人員根據單位廣告成本、產品售價和銷售利潤之間的關係去考慮企業的經營管理問題。

（3）計算方法簡單。

這種方法的缺點是：

（1）把銷售收入當成了廣告支出的「因」而不是「果」，造成了因果倒置。

（2）由於廣告預算隨每年的銷售波動而增減，從而與廣告長期方案相抵觸。

（3）這一辦法取決於可用資金的多少，而不是市場機會的發現和利用，因而可能會失去一些有利的市場機會。

（4）不是根據不同的產品或不同的地區確定不同的廣告預算，而是所有的廣告均按同一比率分配預算，造成不合理的平均主義。

2. 利潤百分比法

這種方法在計算上較簡便，同時使廣告費和利潤直接掛勾，適合於不同產品間的廣告費分配。但是，這一方法對新上市產品顯然不適合，新產品上市需要做大量廣告，廣告開支比例自然就大。

3. 目標任務法

這是根據企業的戰略目標確定廣告目標，決定為達到這種目標而必須執行的工作任務，然後估算完成這些任務所需要的廣告預算。這一方法較科學，尤其對新產品發動強力推銷是很有益處的；這一方法可以靈活地根據市場營銷的變化（如廣告階段不同、環境變化等）來調整費用。同時，也較易於檢查廣告效果。

目標任務法的缺點是沒有從成本的觀點出發來考慮某一廣告目標是否值得追求。

因此，如果企業能夠先按成本來估計各目標的貢獻額，然後再選擇最有利的目標付諸實現，則效果更佳。

4. 量力而行法

這種方法為不少企業所採用。即企業確定廣告預算的依據是他們所能拿得出的資金數額，企業根據其財力情況來決定廣告開支。當然，這一方法也有一定的片面性，因為廣告是企業的一種促銷手段，其目的是為了促進銷售；當廣告費投入不到位時，有可能影響目標的實現。

5. 競爭對抗法

這一方法是根據競爭對手的廣告費開支來確定本企業的廣告預算。在這裡，廣告主明確把廣告當作了進行市場競爭的工具。其具體的計算方法又有兩種：一是市場佔有率法，二是增減百分比法。

市場佔有率法的計算公式如下：

廣告預算 = 對手廣告費額/對手市場佔有率 × 企業預期市場佔有率

增減百分比法的計算公式如下：

廣告預算 =（1 + 競爭者廣告費增減率）× 上年廣告費

採用這種方法的前提條件：

（1）企業必須能獲悉競爭者確定廣告預算的可靠信息。
（2）各企業的廣告信譽、資源、機會與目標大致相同。
（3）企業採取這種方法能代表集體的智慧，是科學的。

顯然，上述條件都具備是有一定難度的。

三、選擇廣告媒體

廣告媒體的作用在於把產品的信息有效地傳遞到目標市場上去。廣告的效用不僅與廣告信息有關，也與廣告主所選用的廣告媒體有關。事實上，要使人們對某項產品產生好感，這樣的職責是由廣告信息、廣告信息的表現方式（廣告作品）和適當的廣告媒體共同承擔的。同時，在廣告宣傳中，所運用的廣告媒介不同，廣告費用、廣告設計、廣告策略、廣告效果等內容都是不同的。因此，在廣告活動中要認真選擇廣告媒體。

（一）媒體調查

媒體調查是為了掌握各個廣告媒體單位的經營狀況和工作效能，以便根據廣告目標來選擇媒體。

1. 報刊媒體調查

報刊媒體調查的內容包括：

（1）發行量。報刊的發行量越大，廣告的接觸傳播面越廣，同時，廣告費用也相對降低。

（2）發行區域分佈。主要調查報刊發行區內各細分區域內的報刊發行比例，其目的在於瞭解報刊在各地區的接觸傳播效果。

（3）讀者層構成。包括年齡、性別、職業、收入和文化程度等的不同構成情況。

（4）發行週期。發行週期指報刊發行日期的間隔期，如日報、雙日報、周刊、旬刊、月刊等。

（5）信譽。主要指該報刊在當地所享有的權威性以及社會大眾對其信任程度等。

2. 廣播電視媒體調查

廣播電視媒體調查的內容有：

（1）傳播區域。廣播電視播送所達到的地區範圍以及其覆蓋範圍。

（2）視聽率。在覆蓋範圍內收聽收視的人數或戶數，一般用社會所擁有的電視機和收音機量來匡算。

（3）視聽者層。主要是根據人口統計情況和電視機、收音機擁有情況，匡算出有關視聽者層的分佈和構成。

3. 其他媒介調查

其他廣告媒介調查包括交通廣告、路牌、霓虹燈廣告等，主要通過調查交通人流量、乘客人員來匡算測定，郵寄廣告則通過發信名單進行抽查即可。

(二) 媒體選擇

企業在選擇媒體時要考慮如下因素：

1. 目標顧客的媒體習慣

人們在接受信息時，一般是根據自己的需要和喜好來選擇媒體。比如，教育程度高的人，接受信息的來源往往偏重於因特網和印刷媒體；老年人則有更多的閒暇時間用於看電視和聽廣播；在校大學生偏愛上網和聽廣播。分析目標顧客的媒體習慣，能夠更有針對性地選擇廣告媒體，提高廣告效果。

2. 媒體特點

不同媒體的市場覆蓋面、市場反應程度、可信性等均有不同的特點，具體見表12－4。

表12－4　　　　　　　　　不同媒體的不同特點

媒體種類	覆蓋面	反應程度	可信性	壽命	保存價值	信息量	製作費用	吸引力
報紙	廣	好、快	好	較短	較好	大而全	較低	一般
雜誌	較窄	差、慢	好	長	好	大而全	較低	好
廣播	廣	好、快	較好	很短	差	較小	低廉	較差
電視	廣	好、快	好	很短	差	較小	很高	好
郵政	很窄	較慢	較差	較長	較好	大而全	高	一般
戶外	較窄	較快	較差	較長	較好	較小	低	較好
因特網	廣	較快	較好	短	差	一般	高	一般

4. 產品特性

不同產品在展示形象時對媒體有不同要求，如性能較為複雜的技術產品需要一定的文字說明，較適合印刷媒體；服裝之類產品最好通過有色彩的媒體做廣告，如電視、雜誌等。

5. 媒體費用

不同媒體所需成本也是媒體選擇所必須考慮的因素之一。考慮媒體費用不能僅僅分析絕對費用，如電視媒體的費用大、報紙媒體的費用低等，更要研究相對費用，即溝通對象的人數構成與費用之間的相對關係。

四、廣告效果評價

廣告效果評價是運用科學的方法來鑒定廣告的效益。廣告效果主要包括三個方面，即傳播效果、促銷效果和心理效果。傳播效果是廣告被認知和被接受的情況，如廣告的覆蓋面、接觸率、注意度、記憶度和理解度等，這是廣告效果的第一層次。促銷效果是廣告所引起的產品銷售情況，這既是廣告最為明顯的實際效果，也是廣告效果的第二層次。心理效果是廣告所引起的廣告受眾的心理反應，使消費者對企業好感的增強，建立起品牌忠實度，這是廣告的第三層次效果，也是最高的效果層次。

(一) 廣告效果評價方法

廣告效果評價方法分為事先和事後兩個方面：

1. 事先評價方法

事先評價是在廣告設計完成之後和投入傳播之前，在小範圍內進行的傳播效果測試。事先評價主要是採用德爾菲法和殘像測試法。

(1) 德爾菲法。即組織消費者小組或廣告專家小組觀看各種廣告，然後請他們對廣告作出評定。表12-5是廣告效果評分表，與會者對每一廣告的吸引性、可讀性、認知力、影響力和行為力予以評分（每項最高為20分）。總分0~20分為劣等廣告，20~40分為次等廣告，40~60分為中等廣告，60~80分為好廣告，80~100分為最佳廣告。

表12-5　　　　　　　　　廣告效果評分表

指標	內容	打分
吸引力	此廣告吸引讀者的注意力如何？	
可讀性	此廣告促使讀者進一步細讀的可能性如何？	
認知力	此廣告的中心內容是否交代清楚？	
影響力	此廣告訴求點的有效性如何？	
行為力	此廣告引起的行為可能性如何？	
總分		

(2) 殘像測試法。即將已設計好的廣告向選定的受眾進行短暫的展示，作品撤走後，立即詢問受眾對該廣告的殘留印象。如果受眾的殘留印象正是廣告所突出的主題，說明廣告是成功的，否則是失敗的。

2. 事後評價法

(1) 記錄法。選擇一些固定的調查對象，發給他們事先設計好的調查表，讓其逐日將接觸過的媒體類型、節目類型、接受時間填入調查表，定期收回統計分析，掌握受眾對媒體的接收情況，瞭解廣告的視聽率。

(2) 回憶法。用隨機抽樣的方法訪問被調查者，讓其憑自己的記憶講述在指定時間內所接受的節目，並可讓其回憶是否注意某一廣告，以及他對廣告的殘留印象。

(3) 即時監測法。在廣告播發的同時，利用一些先進技術設備對廣告接受情況進行監測。如用攝像機跟蹤受眾者視線移動、臉部表情、目光停留時間等用以分析。

(4) 比較法。在廣告實施之前和之後，分別對同類指標在同樣範圍內進行調查，根據前後情況對比來瞭解廣告實施的效果。

(二) 廣告效果的評價

根據廣告效果的三個層次，評價也分為三個方面：

1. 廣告傳播效果評價

衡量廣告傳播效果主要利用以下指標：

（1）接收率。接收率指接收某種媒體廣告信息的人數占接觸該媒體總人數的比率。

接收率＝接收廣告信息的人數/接觸該媒體的總人數×100%

當然，接收率往往只是指接收信息的廣度，為了全面評價廣告傳播效果，還應使用深度指標。

（2）認知率。認知率是指接收到廣告信息的人數中，真正理解廣告內容的人所占的比率，這一指標真正反應廣告傳播效果的深度。

認知率＝理解廣告內容的人數/注意到此廣告的人數×100%

2. 廣告促銷效果評價

廣告的促銷效果比傳播效果更難測量，因為除了廣告因素外，銷售還受到許多其他因素的影響，如產品特色、價格等。這些因素越少，或者越是能被控制，廣告對於銷售的影響也就越容易測量。所以採用郵寄廣告方式時廣告銷售效果最容易測量，而品牌廣告或企業形象廣告的銷售效果最難測量。人們一般利用以下辦法來衡量廣告的促銷效果：

（1）廣告增銷率。廣告增銷率是一定時期內廣告費的增長幅度與相應期銷售額的增長幅度之比較。其公式為：

廣告增銷率＝銷售增長率/廣告費增長率×100%

【例題 12-3-1】某企業第一季度廣告費投入為 6,500 元，第二季度為 8,000 元，第三季度為 10,000 元。與之相對應，該企業第二季度的銷售額為 900,000 元，第三季度為 1,000,000 元，第四季度為 1,200,000 元。計算第三、四季度廣告增長率。

解析：

第三季度廣告增長率＝（1,000,000－900,000）/900,000/［（8,000－6,500）/6,500］×100% ＝48.3%

第四季度廣告增長率＝（1,200,000－1,000,000）/1,000,000/［（10,000－8,000）/8,000］×100% ＝80%

相比之下，第四季度的廣告增銷率較高，說明第三季度的廣告費投入是比較有效的。

（2）廣告費占銷率。廣告費占銷率指一定時期內企業廣告費的支出占該企業同期銷售額的比例。這也是一種通過廣告費和銷售額的比較來反應廣告促銷效果的方法。

廣告費占銷率＝廣告費支出/同期銷售額×100%

【例題 12-3-2】某企業 1987 年和 1988 年的廣告費都是 30 萬元，而 1987 年的銷售額為 1,500 萬元，1988 年的銷售額為 1,800 萬元，那麼該企業這兩年的廣告費占銷率分別為多少？

解析：

1987 年的廣告費占銷率 ＝ $\frac{30\ 萬}{1,500\ 萬} \times 100\%$ ＝2%

1988 年的廣告費占銷率 ＝ $\frac{30\ 萬}{1,800\ 萬} \times 100\%$ ＝1.7%

顯然，1988 年的廣告效果好於 1987 年。

應該指出的是，以上評價方法都有一個共同的前提，即測試期內銷售額其他影響因素無明顯變化，否則會影響測試的精確性。如一些常規因素影響不可避免（如銷售淡季、旺季變化），可根據變化規律設置某些調整系數，當然也可以將具有週期性變化規律的時期作為一個測試期（如一年）來進行測試和比較。

3. 廣告形象效果評價

廣告形象效果評價是對廣告所引起的企業或產品知名度和美譽度的變化情況所進行的檢測和評價。廣告效果並不僅僅反應在對產品銷售的促進方面，因為儘管有些消費者接觸了廣告後並不馬上會產生對產品的購買慾望，但畢竟會給他們留下一定的印象，這種印象可能導致將來產生購買慾望。

企業形象一般用知名度和美譽度兩項指標來衡量，通過廣告前後的對固定對象的調查，瞭解企業形象的變化。

案例 12-2 「活力 28」廣告策劃（廣東市場）

一、市場分析

1. 競爭對手分析

在廣東地區「活力 28」主要競爭對手是廣州浪奇的「高富力」洗衣粉。「高富力」的優勢為：產品質量較好，本地產品、長期經營，廣告活動經過整體、細緻的策劃，許多企業常年把它作為勞保品奉送。

「高富力」缺陷是：「高富力」超濃縮洗衣粉比普通洗衣粉的濃度高三倍，而活力 28 高四倍。未做到真正速溶；包裝略遜於「活力 28」。

「高富力」廣告效果調查：消費者中，看過其廣告的占 71.8%；喜歡其廣告的占 50%，一般占 48%，不喜歡占 2%；信息來源 67% 通過珠江電視臺，53% 的人在報紙上見過「高富力」廣告。「高富力」產品使用情況調查：使用過該產品的占 56.6%。

2. 消費者分析

一般由家庭主婦在住家附近購買，購買隨意性強，價格對其選擇的影響不大；廣東地區消費者一般認為洗衣粉泡愈多洗得愈乾淨，對無泡產品存在衝突。

3. 市場潛量分析

廣東地區人均收入高、消費能力強；廣東高溫期持續時間長、洗滌用品消耗量特別大；高富力雖為一方之主，但仍有很大的市場空缺。

二、廣告定位

1. 市場定位

以廣州市為中心，向珠江三角洲輻射。

2，商品定位

高品質、高價位的新一代洗滌用品。

3. 廣告對象定位

年輕的、未婚的上班族，24～45 歲的家庭主婦。

三、廣告策略

1. 廣告目的

經過一年的廣告攻勢，在珠江三角洲消費者心目中，樹立起「活力 28」的知名度和好感度，在廣東市場站穩腳跟，與「高富力」分割市場。

2. 廣告訴求點

高品質、超濃縮、超強去污、無泡去污、靜態去污、柔順作用、省時、省力、省水、省電、一比四。

3. 廣告分期

（1）擴銷期（XXXX年4～6月）。主要任務是吸引消費者對「活力28」的注意；培養零售店主的推薦率，初步樹立產品形象。

（2）強銷期（7～10月）。深度引導消費者，塑造對產品的信賴感與好感。

（3）補充期（11月～春節）。以各種軟性活動，在淡季維持產品的熱銷。

4. 策略建議

（1）系列報紙廣告，常年登載。

（2）設計POP廣告，在店頭懸掛、招貼和擺設。

（3）重視廣告歌曲，在各電臺播放。

（4）重新拍攝電視廣告，強化「超濃縮」概念。

具體做法：

（1）選擇一些重點地區派發，附「生活小竅門」手冊，介紹產品優勢。

（2）舉辦「活力28聯誼會」，邀請零售商參加，協調關係。

（3）規定一些對零售商的獎勵制度。

第四節　銷售促進策略

隨著市場競爭的日益激烈，銷售促進的使用越來越受到企業的重視。

十年前，美國廣告和銷售促進的比例是60：40，今天在許多美國日用消費品公司裡，銷售促進已占促銷總預算的60%～70%。和廣告每年7.6%的增長率相比，銷售促進費用每年增長12%。

一、銷售促進含義

銷售促進：企業在某一段時期內採用特殊的手段，對消費者和中間商實行強烈刺激，以促進企業銷售迅速增長的非常規、非經常性使用的促銷行為。

（1）銷售促進是非常規、非經常性的行為。與人員推銷、廣告等經常性促銷手段相比，銷售促進不能經常使用，只是用於解決一些短期的、具體的促銷任務。

（2）適合銷售促進的品種有限。在大多數情況下，品牌聲譽不高的產品採用銷售促進的較多，而名牌產品則主要依靠品牌形象取勝，過多地使用銷售促進可能降低其品牌聲譽。同時，銷售促進實質上表現為經濟利益的讓渡，所以對於價格彈性較大的產品比較適用，而價格彈性小，品質要求高的產品不宜過多使用銷售促進手段。

（3）銷售促進手段多樣。銷售促進依據對象不同，可以分為三種類型：面向消費者銷售促進、面向中間商銷售促進、面向本企業推銷員銷售促進。這三種類型的銷售促進都有一系列方式（見表12-6）。

表 12-6　　　　　　　　　常用的銷售促進方式

銷售促進對象	銷售促進方式
消費者	贈送樣品、有獎銷售、現場示範、廉價包裝、免費品嘗、折價券、展銷會
中間商	銷售津貼、列名廣告、贈品、銷售競賽、招待會、培訓、展銷
企業內推銷員	獎金、推銷會議、推銷競賽、旅遊

面向本企業推銷員銷售促進的面較窄，同時它又可以看作企業內部管理的範疇，所以銷售促進主要指前兩種類型。

(4) 短期效應明顯。人員推銷和廣告一般需要一個較長週期才能顯示出效應，而銷售促進只要選擇得當，其效益才能很快地體現出來。

二、銷售促進形式

經過國內外企業的多年營銷實踐，以下一些銷售促進的形式是富有實效的：

(一) 對中間商的銷售促進

對中間商的銷售促進，目的是吸引他們經營本企業產品，維持較高水準的存貨，抵制競爭對手的促銷影響，獲得他們更多的合作和支持。

其主要銷售促進方式有：

1. 銷售津貼

銷售津貼也稱銷售回扣，這是最具代表性的銷售促進方式。這是為了感謝中間商而給予的一種津貼，如廣告津貼、展銷津貼、陳列津貼、宣傳津貼等。

2. 名列廣告

企業在廣告中列出經銷商的名稱和地址，告知消費者前去購買，提高經銷商的知名度。

3. 贈送贈品

包括贈送有關設備和廣告贈品。前者是向中間商贈送陳列商品、銷售商品、儲存商品或計量商品所需要的設備，如貨櫃、冰櫃、容器、電子秤等。後者是一些日常辦公用品和日常生活用品，上面都印有企業的品牌或標誌。

4. 銷售競賽

這是為了推動中間商努力完成推銷任務的一種促銷方式，獲勝者可以獲得現金或實物獎勵。銷售競賽應事先向所有參加者公布獲獎條件、獲獎內容。這一方式可以極大地提高中間商的推銷熱情。像獲勝者的海外旅遊獎勵等已被越來越多的企業所採用。

5. 業務會議和展銷會

企業一年舉行幾次業務會議或展銷會，邀請中間商參加，在會上，一方面介紹商品知識，另一方面現場演示操作。

(二) 對消費者銷售促進

對消費者的銷售促進，是為了鼓勵消費者更多地使用產品，促使其大量購買。其主要方式有：

1. 贈送樣品

企業免費向消費者贈送商品的樣品，促使消費者瞭解商品的性能與特點。樣品贈

送的方式可以派人上門贈送，也可以通過郵局寄送，可以在購物場所散發，也可以附在其他商品上贈送等。這一方法多用於新產品促銷。

2. 有獎銷售

這是通過給予購買者一定獎項的辦法來促進購買。獎項可以是實物，也可以是現金。常見的有幸運抽獎，顧客只要購買一定量的產品，即可得到一個抽獎機會，多買多獎。或當場抽獎，或規定日期開獎。也可以採取附贈方式，即對每位購買者另贈紀念品。

3. 現場示範

利用銷售現場進行商品的操作表演，突出商品的優點，顯示和證實產品的性能和質量，刺激消費者的購買慾望。這是屬於動態展示，效果往往優於靜態展示。現場示範特別適合新產品推出，也適用於使用起來比較複雜的商品。

4. 廉價包裝

在產品質量不變的前提下，使用簡單、廉價的包裝，而售價則有一定削減，這是很受長期使用本產品的消費者歡迎的。

5. 折價券

這是可以以低於商品標價購買商品的一種憑證，也可以稱為優惠券、折扣券。消費者憑此券可以獲得購買商品的價格優惠。折價券可以郵寄、附在其他商品中，或在廣告中附送。

本章小結

促銷組合有三種基本策略：推式、拉式和推拉結合策略。

人員推銷是一種傳統的促銷方式，可在現代企業市場營銷活動中仍起著十分重要的作用。

企業的廣告策略包括確定廣告目標、廣告預算、選擇廣告媒體、廣告效果評價等內容。

銷售促進是企業在某一段時期內採用特殊的手段，對消費者和中間商實行強烈刺激，以促進企業銷售迅速增長的非常規、非經常性使用的促銷行為。

思考與練習

1. 如何理解「從廣義而言，市場營銷各因素都可以納入促銷範疇」這句話？
2. 比較推式策略和拉式策略。
3. 試評價阿布萊特—韋斯惠曾促銷組合模式。
4. 人員推銷有何特有的優勢？
5. 銷售隊伍組織結構三模式的比較。
6. 如何理解「推銷就是和拒絕的人打交道」？
7. 如何確定廣告目標？
8. 如何選擇媒體？
9. 如何評價廣告效果？
10. 如何準確把握銷售促進的含義？

附　錄

附表 1　　　　　　　　複利終值系數表（FVIF 表）

	1%	2%	3%	4%	5%	6%	7%	8%	9%	10%	11%	12%	13%	14%	15%	16%	17%	18%	19%	20%	25%	30%
1	1.01	1.02	1.03	1.04	1.05	1.06	1.07	1.08	1.09	1.1	1.11	1.12	1.13	1.14	1.15	1.16	1.17	1.18	1.19	1.2	1.25	1.3
2	1.02	1.04	1.061	1.082	1.103	1.124	1.145	1.166	1.188	1.21	1.232	1.254	1.277	1.3	1.323	1.346	1.369	1.392	1.416	1.44	1.563	1.69
3	1.03	1.061	1.093	1.125	1.158	1.191	1.225	1.26	1.295	1.331	1.368	1.405	1.443	1.482	1.521	1.561	1.602	1.643	1.685	1.728	1.953	2.197
4	1.041	1.082	1.126	1.17	1.216	1.262	1.311	1.36	1.412	1.464	1.518	1.574	1.63	1.689	1.749	1.811	1.874	1.939	2.005	2.074	2.441	2.856
5	1.051	1.104	1.159	1.217	1.276	1.338	1.403	1.469	1.539	1.611	1.685	1.762	1.842	1.925	2.011	2.1	2.192	2.288	2.386	2.488	3.052	3.713
6	1.062	1.126	1.194	1.265	1.34	1.419	1.501	1.587	1.677	1.772	1.87	1.974	2.082	2.195	2.313	2.436	2.565	2.7	2.84	2.986	3.815	4.827
7	1.072	1.149	1.23	1.316	1.407	1.504	1.606	1.714	1.828	1.949	2.076	2.211	2.353	2.502	2.66	2.826	3.001	3.185	3.379	3.583	4.768	6.275
8	1.083	1.172	1.267	1.369	1.477	1.594	1.718	1.851	1.993	2.144	2.305	2.476	2.658	2.853	3.059	3.278	3.511	3.759	4.021	4.3	5.96	8.157
9	1.094	1.195	1.305	1.423	1.551	1.689	1.838	1.999	2.172	2.358	2.558	2.773	3.004	3.252	3.518	3.803	4.108	4.435	4.785	5.16	7.451	10.604
10	1.105	1.219	1.344	1.48	1.629	1.791	1.967	2.159	2.367	2.594	2.839	3.106	3.395	3.707	4.046	4.411	4.807	5.234	5.695	6.192	9.313	13.786
11	1.116	1.243	1.384	1.539	1.71	1.898	2.105	2.332	2.58	2.853	3.152	3.479	3.836	4.226	4.652	5.117	5.624	6.176	6.777	7.43	11.642	17.922
12	1.127	1.268	1.426	1.601	1.796	2.012	2.252	2.518	2.813	3.138	3.498	3.896	4.335	4.818	5.35	5.936	6.58	7.288	8.064	8.916	14.552	23.298
13	1.138	1.294	1.469	1.665	1.886	2.133	2.41	2.72	3.066	3.452	3.883	4.363	4.898	5.492	6.153	6.886	7.699	8.599	9.596	10.699	18.19	30.288
14	1.149	1.319	1.513	1.732	1.98	2.261	2.579	2.937	3.342	3.797	4.31	4.887	5.535	6.261	7.076	7.988	9.007	10.147	11.42	12.839	22.737	39.374
15	1.161	1.346	1.558	1.801	2.079	2.397	2.759	3.172	3.642	4.177	4.785	5.474	6.254	7.138	8.137	9.266	10.54	11.974	13.59	15.407	28.422	51.186
16	1.173	1.373	1.605	1.873	2.183	2.54	2.952	3.426	3.97	4.595	5.311	6.13	7.067	8.137	9.358	10.75	12.33	14.129	16.172	18.488	35.527	66.542
17	1.184	1.4	1.653	1.948	2.292	2.693	3.159	3.7	4.328	5.054	5.895	6.866	7.986	9.276	10.761	12.47	14.43	16.672	19.244	22.186	44.409	86.504
18	1.196	1.428	1.702	2.026	2.407	2.854	3.38	3.996	4.717	5.56	6.544	7.69	9.024	10.575	12.375	14.46	16.88	19.673	22.901	26.623	55.511	112.46
19	1.208	1.457	1.754	2.107	2.527	3.026	3.617	4.316	5.142	6.116	7.263	8.613	10.197	12.056	14.232	16.78	19.75	23.214	27.252	31.948	69.389	146.19
20	1.22	1.486	1.806	2.191	2.653	3.207	3.87	4.661	5.604	6.727	8.062	9.646	11.523	13.743	16.367	19.46	23.11	27.393	32.429	38.338	86.736	190.5
21	1.232	1.516	1.86	2.279	2.786	3.4	4.141	5.034	6.109	7.4	8.949	10.804	13.021	15.668	18.822	22.57	27.03	32.324	38.591	46.005	108.42	247.07
22	1.245	1.546	1.916	2.37	2.925	3.604	4.43	5.437	6.659	8.14	9.934	12.1	14.714	17.861	21.645	26.19	31.63	38.142	45.923	55.206	135.53	321.18
23	1.257	1.577	1.974	2.465	3.072	3.82	4.741	5.871	7.258	8.954	11.03	13.552	16.627	20.362	24.891	30.38	37.01	45.008	54.649	66.247	169.41	417.54
24	1.27	1.608	2.033	2.563	3.225	4.049	5.072	6.341	7.911	9.85	12.24	15.179	18.788	23.212	28.625	35.24	43.3	53.109	65.032	79.497	211.76	542.8
25	1.282	1.641	2.094	2.666	3.386	4.292	5.427	6.848	8.623	10.835	13.59	17	21.231	26.462	32.919	40.87	50.66	62.669	77.388	95.396	264.7	705.64
26	1.295	1.673	2.157	2.772	3.556	4.549	5.807	7.396	9.399	11.918	15.08	19.04	23.991	30.167	37.857	47.41	59.27	73.949	92.092	114.48	330.87	917.33
27	1.308	1.707	2.221	2.883	3.733	4.822	6.214	7.988	10.245	13.11	16.74	21.325	27.109	34.39	43.535	55	69.35	87.26	109.59	137.37	413.59	1,192.5
28	1.321	1.741	2.288	2.999	3.92	5.112	6.649	8.627	11.167	14.421	18.58	23.884	30.633	39.204	50.066	63.8	81.13	102.97	130.41	164.85	516.99	1,550.3
29	1.335	1.776	2.357	3.119	4.116	5.418	7.114	9.317	12.172	15.863	20.62	26.75	34.616	44.693	57.575	74.01	94.93	121.5	155.19	197.81	646.24	2,015.4
30	1.348	1.811	2.427	3.243	4.322	5.743	7.612	10.063	13.268	17.449	22.89	29.96	39.116	50.95	66.212	85.85	111.1	143.37	184.68	237.38	807.79	2,620
40	1.489	2.208	3.262	4.801	7.04	10.286	14.974	21.725	31.409	45.259	65	93.051	132.78	188.88	267.86	378.7	533.9	750.38	1,051.7	1,469.8	7,523.2	36,119
50	1.654	2.692	4.384	7.107	11.467	18.42	29.457	46.902	74.358	117.39	184.6	289	450.74	700.23	1,083.7	1,671	2,566	3,927.4	5,988.9	9,100.4	70,065	497,929

附表 2　　　　　　　　複利現值系數表（PVIF 表）

n	1%	2%	3%	4%	5%	6%	8%	10%	12%	14%	15%	16%	18%	20%	25%	30%	35%	40%	50%
1	0.99	0.98	0.97	0.961	0.952	0.943	0.925	0.909	0.892	0.877	0.869	0.862	0.847	0.833	0.8	0.769	0.74	0.714	0.666
2	0.98	0.961	0.942	0.924	0.907	0.889	0.857	0.826	0.797	0.769	0.756	0.743	0.718	0.694	0.64	0.591	0.548	0.51	0.444
3	0.97	0.942	0.915	0.888	0.863	0.839	0.793	0.751	0.711	0.674	0.657	0.64	0.608	0.578	0.512	0.455	0.406	0.364	0.296
4	0.96	0.923	0.888	0.854	0.822	0.792	0.735	0.683	0.635	0.592	0.571	0.552	0.515	0.482	0.409	0.35	0.301	0.26	0.197
5	0.951	0.905	0.862	0.821	0.783	0.747	0.68	0.62	0.567	0.519	0.497	0.476	0.437	0.401	0.327	0.269	0.223	0.185	0.131
6	0.942	0.887	0.837	0.79	0.746	0.704	0.63	0.564	0.506	0.455	0.432	0.41	0.37	0.334	0.262	0.207	0.165	0.132	0.087
7	0.932	0.87	0.813	0.759	0.71	0.665	0.583	0.513	0.452	0.399	0.375	0.353	0.313	0.279	0.209	0.159	0.122	0.094	0.058
8	0.923	0.853	0.789	0.73	0.676	0.627	0.54	0.466	0.403	0.35	0.326	0.305	0.266	0.232	0.167	0.122	0.09	0.067	0.039
9	0.914	0.836	0.766	0.702	0.644	0.591	0.5	0.424	0.36	0.307	0.284	0.262	0.225	0.193	0.134	0.094	0.067	0.048	0.026
10	0.905	0.82	0.744	0.675	0.613	0.558	0.463	0.385	0.321	0.269	0.247	0.226	0.191	0.161	0.107	0.072	0.049	0.034	0.017
11	0.896	0.804	0.722	0.649	0.584	0.526	0.428	0.35	0.287	0.236	0.214	0.195	0.161	0.134	0.085	0.055	0.036	0.024	0.011
12	0.887	0.788	0.701	0.624	0.556	0.496	0.397	0.318	0.256	0.207	0.186	0.168	0.137	0.112	0.068	0.042	0.027	0.017	0.007
13	0.878	0.773	0.68	0.6	0.53	0.468	0.367	0.289	0.229	0.182	0.162	0.145	0.116	0.093	0.054	0.033	0.02	0.012	0.005
14	0.869	0.757	0.661	0.577	0.505	0.442	0.34	0.263	0.204	0.159	0.141	0.125	0.098	0.077	0.043	0.025	0.014	0.008	0.003
15	0.861	0.743	0.641	0.555	0.481	0.417	0.315	0.239	0.182	0.14	0.122	0.107	0.083	0.064	0.035	0.019	0.011	0.006	0.002
16	0.852	0.728	0.623	0.533	0.458	0.393	0.291	0.217	0.163	0.122	0.106	0.093	0.07	0.054	0.028	0.015	0.008	0.004	0.001
17	0.844	0.714	0.605	0.513	0.436	0.371	0.27	0.197	0.145	0.107	0.092	0.08	0.059	0.045	0.022	0.011	0.006	0.003	0.001
18	0.836	0.7	0.587	0.493	0.415	0.35	0.25	0.179	0.13	0.094	0.08	0.069	0.05	0.037	0.018	0.008	0.004	0.002	0
19	0.827	0.686	0.57	0.474	0.395	0.33	0.231	0.163	0.116	0.082	0.07	0.059	0.043	0.031	0.014	0.006	0.003	0.001	0
20	0.819	0.672	0.553	0.456	0.376	0.311	0.214	0.148	0.103	0.072	0.061	0.051	0.036	0.026	0.011	0.005	0.002	0.001	0
21	0.811	0.659	0.537	0.438	0.358	0.294	0.198	0.135	0.092	0.063	0.053	0.044	0.03	0.021	0.009	0.004	0.001	0	0
22	0.803	0.646	0.521	0.421	0.341	0.277	0.183	0.122	0.082	0.055	0.046	0.038	0.026	0.018	0.007	0.003	0.001	0	0
23	0.795	0.634	0.506	0.405	0.325	0.261	0.17	0.111	0.073	0.049	0.04	0.032	0.022	0.015	0.005	0.002	0.001	0	0
24	0.787	0.621	0.491	0.39	0.31	0.246	0.157	0.101	0.065	0.043	0.034	0.028	0.018	0.012	0.004	0.001	0	0	0
25	0.779	0.609	0.477	0.375	0.295	0.232	0.146	0.092	0.058	0.037	0.03	0.024	0.015	0.01	0.003	0.001	0	0	0
26	0.772	0.597	0.463	0.36	0.281	0.219	0.135	0.083	0.052	0.033	0.026	0.021	0.013	0.008	0.003	0.001	0	0	0
27	0.764	0.585	0.45	0.346	0.267	0.207	0.125	0.076	0.046	0.029	0.022	0.018	0.011	0.007	0.002	0	0	0	0
28	0.756	0.574	0.437	0.333	0.255	0.195	0.115	0.069	0.041	0.025	0.019	0.015	0.009	0.006	0.001	0	0	0	0
29	0.749	0.563	0.424	0.32	0.242	0.184	0.107	0.063	0.037	0.022	0.017	0.013	0.008	0.005	0.001	0	0	0	0
30	0.741	0.552	0.411	0.308	0.231	0.174	0.099	0.057	0.033	0.019	0.015	0.011	0.006	0.004	0.001	0	0	0	0
31	0.734	0.541	0.399	0.296	0.22	0.164	0.092	0.052	0.029	0.017	0.013	0.01	0.005	0.003	0	0	0	0	0
32	0.727	0.53	0.388	0.285	0.209	0.154	0.085	0.047	0.026	0.015	0.011	0.008	0.005	0.002	0	0	0	0	0
33	0.72	0.52	0.377	0.274	0.199	0.146	0.078	0.043	0.023	0.013	0.009	0.007	0.004	0.002	0	0	0	0	0
34	0.712	0.51	0.366	0.263	0.19	0.137	0.073	0.039	0.021	0.011	0.008	0.006	0.003	0.002	0	0	0	0	0
35	0.705	0.5	0.355	0.253	0.181	0.13	0.067	0.035	0.018	0.01	0.007	0.005	0.003	0.001	0	0	0	0	0
36	0.698	0.49	0.345	0.243	0.172	0.122	0.062	0.032	0.016	0.008	0.006	0.004	0.002	0.001	0	0	0	0	0
37	0.692	0.48	0.334	0.234	0.164	0.115	0.057	0.029	0.015	0.007	0.005	0.004	0.002	0.001	0	0	0	0	0
38	0.685	0.471	0.325	0.225	0.156	0.109	0.053	0.026	0.013	0.006	0.004	0.003	0.001	0	0	0	0	0	0
39	0.678	0.461	0.315	0.216	0.149	0.103	0.049	0.024	0.012	0.006	0.004	0.003	0.001	0	0	0	0	0	0
40	0.671	0.452	0.306	0.208	0.142	0.097	0.046	0.022	0.01	0.005	0.003	0.002	0.001	0	0	0	0	0	0
41	0.665	0.444	0.297	0.2	0.135	0.091	0.042	0.02	0.009	0.004	0.003	0.002	0.001	0	0	0	0	0	0
42	0.658	0.435	0.288	0.192	0.128	0.086	0.039	0.018	0.008	0.004	0.002	0.002	0.001	0	0	0	0	0	0
43	0.651	0.426	0.28	0.185	0.122	0.081	0.036	0.016	0.007	0.003	0.002	0.001	0	0	0	0	0	0	0
44	0.645	0.418	0.272	0.178	0.116	0.077	0.033	0.015	0.006	0.003	0.002	0.001	0	0	0	0	0	0	0
45	0.639	0.41	0.264	0.171	0.111	0.072	0.031	0.013	0.006	0.002	0.001	0.001	0	0	0	0	0	0	0
46	0.632	0.402	0.256	0.164	0.105	0.068	0.029	0.012	0.005	0.002	0.001	0.001	0	0	0	0	0	0	0
47	0.626	0.394	0.249	0.158	0.1	0.064	0.026	0.011	0.004	0.002	0.001	0.001	0	0	0	0	0	0	0
48	0.62	0.386	0.241	0.152	0.096	0.06	0.024	0.01	0.004	0.001	0.001	0	0	0	0	0	0	0	0
49	0.614	0.378	0.234	0.146	0.091	0.057	0.023	0.009	0.003	0.001	0.001	0	0	0	0	0	0	0	0
50	0.608	0.371	0.228	0.14	0.087	0.054	0.021	0.008	0.003	0.001	0	0	0	0	0	0	0	0	0

附表 3　　　　　　　　　　年金終值系數表（FVIFA 表）

n	1%	2%	3%	4%	5%	6%	7%	8%	9%	10%	11%	12%	13%	14%	15%	16%	17%	18%	19%	20%	25%	30%
1	1	1	1	1	1	1	1	1	1	1	1	1	1	1	1	1	1	1	1	1	1	1
2	2.01	2.02	2.03	2.04	2.05	2.06	2.07	2.08	2.09	2.1	2.11	2.12	2.13	2.14	2.15	2.16	2.17	2.18	2.19	2.2	2.25	2.3
3	3.03	3.06	3.091	3.122	3.153	3.184	3.215	3.246	3.278	3.31	3.342	3.374	3.407	3.44	3.473	3.506	3.539	3.572	3.606	3.64	3.813	3.99
4	4.06	4.122	4.184	4.246	4.31	4.375	4.44	4.506	4.573	4.641	4.71	4.779	4.85	4.921	4.993	5.066	5.141	5.215	5.291	5.368	5.766	6.187
5	5.101	5.204	5.309	5.416	5.526	5.637	5.751	5.867	5.985	6.105	6.228	6.353	6.48	6.61	6.742	6.877	7.014	7.154	7.297	7.442	8.207	9.043
6	6.152	6.308	6.468	6.633	6.802	6.975	7.153	7.336	7.523	7.716	7.913	8.115	8.323	8.536	8.754	8.977	9.207	9.442	9.683	9.93	11.259	12.756
7	7.214	7.434	7.662	7.898	8.142	8.394	8.654	8.923	9.2	9.487	9.783	10.089	10.405	10.73	11.067	11.414	11.772	12.142	12.523	12.916	15.073	17.583
8	8.286	8.583	8.892	9.214	9.549	9.897	10.26	10.637	11.028	11.436	11.859	12.3	12.757	13.233	13.727	14.24	14.773	15.327	15.902	16.499	19.842	23.858
9	9.369	9.755	10.159	10.583	11.027	11.491	11.978	12.488	13.021	13.579	14.164	14.776	15.416	16.085	16.786	17.519	18.285	19.086	19.923	20.799	25.802	32.015
10	10.462	10.95	11.464	12.006	12.578	13.181	13.816	14.487	15.193	15.937	16.722	17.549	18.42	19.337	20.304	21.321	22.393	23.521	24.701	25.959	33.253	42.619
11	11.567	12.169	12.808	13.486	14.207	14.972	15.784	16.645	17.56	18.531	19.561	20.655	21.814	23.045	24.349	25.733	27.2	28.755	30.404	32.15	42.566	56.405
12	12.683	13.412	14.192	15.026	16.917	16.87	17.888	18.977	20.141	21.384	22.713	24.133	25.65	27.271	29.002	30.85	32.824	34.931	37.18	39.581	54.208	74.327
13	13.809	14.68	15.618	16.627	17.713	18.882	20.141	21.495	22.953	24.523	26.212	28.029	29.985	32.089	34.352	36.786	39.404	42.219	45.244	48.497	68.76	97.625
14	14.947	15.974	17.086	18.292	19.599	21.015	22.55	24.215	26.019	27.975	30.095	32.393	34.883	37.581	40.505	43.672	47.103	50.818	54.841	54.196	86.949	127.91
15	16.097	17.293	18.599	20.024	21.579	23.276	25.129	27.152	29.361	31.772	34.405	37.28	40.417	43.842	47.58	51.66	56.11	6.965	66.261	72.035	109.69	167.29
16	17.258	18.639	20.157	21.825	23.657	25.673	27.888	30.324	33.003	35.95	39.19	42.753	46.672	50.98	55.717	60.925	66.649	72.939	79.85	87.442	138.11	218.47
17	18.43	20.012	21.762	23.698	25.84	28.213	30.84	33.75	36.974	40.545	44.501	48.884	53.739	59.118	65.075	71.673	78.979	87.068	96.022	105.93	173.64	285.01
18	19.615	21.412	23.414	25.645	28.132	30.906	33.999	37.45	41.301	45.599	50.396	55.75	61.725	68.394	75.836	84.141	93.406	103.74	115.27	128.12	218.05	371.52
19	20.811	22.841	25.117	27.671	30.539	33.76	37.379	41.446	46.018	51.159	56.939	63.44	70.749	79.969	88.212	98.603	110.29	123.41	138.17	154.74	273.56	483.97
20	22.019	24.297	26.87	29.778	33.066	36.786	40.995	45.762	51.16	57.275	64.203	72.052	80.947	91.025	120.44	115.38	130.03	146.63	165.42	186.69	342.95	630.17
25	28.243	32.03	36.459	41.646	47.727	54.865	63.249	73.106	84.701	98.347	114.41	133.33	155.62	181.87	212.79	249.21	292.11	342.6	402.04	471.98	1,054.8	2,348.8
30	34.785	40.588	47.575	56.085	66.439	79.058	94.461	113.28	136.31	164.49	199.02	241.33	293.2	356.79	434.75	530.31	647.44	790.95	966.7	1,181.93	2,227.2	8,730
40	48.886	60.402	75.401	95.026	120.8	154.76	199.64	259.06	337.89	442.59	581.83	767.09	1,013.7	1,342	1,779.1	2,360.83	3,134.5	4,163.25	5,519.87	7,343.9	30,089	120,393
50	64.463	84.579	112.8	152.67	209.35	290.34	406.53	573.77	815.08	1,163.91	1,668.8	24,000	3,459.5	4,991.57	7,217.7	10,436	15,090	21,813	31,515	45,497	280,256	165,976

附表 4　　　　　　　　　　年金現值表

n	1%	2%	3%	4%	5%	6%	8%	10%	12%	14%	15%	16%	18%	20%	22%	24%	25%	30%	35%	40%	45%	50%
1	0.99	0.98	0.97	0.961	0.952	0.943	0.925	0.909	0.892	0.877	0.869	0.862	0.847	0.833	0.819	0.806	0.799	0.769	0.74	0.714	0.689	0.666
2	1.97	1.941	1.913	1.886	1.859	1.833	1.783	1.735	1.69	1.646	1.625	1.605	1.565	1.527	1.491	1.456	1.44	1.36	1.289	1.224	1.165	1.111
3	2.94	2.883	2.828	2.775	2.723	2.673	2.577	2.486	2.401	2.321	2.283	2.245	2.174	2.106	2.042	1.981	1.952	1.816	1.695	1.588	1.493	1.407
4	3.901	3.807	3.717	3.629	3.545	3.465	3.312	3.169	3.037	2.913	2.854	2.798	2.69	2.588	2.493	2.404	2.361	2.166	1.996	1.849	1.719	1.604
5	4.853	4.713	4.579	4.451	4.329	4.212	3.992	3.79	3.604	3.433	3.352	3.274	3.127	2.99	2.863	2.745	2.689	2.435	2.219	2.035	1.875	1.736
6	5.795	5.601	5.417	5.242	5.075	4.917	4.622	4.355	4.111	3.888	3.784	3.684	3.497	3.325	3.16	3.02	2.951	2.642	2.385	2.167	1.983	1.824
7	6.728	6.471	6.23	6.002	5.786	5.582	5.206	4.868	4.563	4.288	4.16	4.038	3.811	3.604	3.415	3.242	3.161	2.802	2.507	2.262	2.057	1.882
8	7.651	7.325	7.019	6.732	6.463	6.209	5.746	5.334	4.967	4.638	4.487	4.343	4.077	3.837	3.619	3.421	3.328	2.924	2.598	2.33	2.108	1.921
9	8.566	8.162	7.786	7.435	7.107	6.801	6.246	5.759	5.328	4.946	4.771	4.606	4.303	4.03	3.786	3.565	3.463	3.019	2.665	2.378	2.143	1.947
10	9.471	8.982	8.53	8.11	7.721	7.36	6.71	6.144	5.65	5.216	5.018	4.833	4.494	4.192	3.923	3.681	3.5	3.091	2.715	2.413	2.168	1.965
11	10.37	9.786	9.252	8.76	8.306	7.886	7.138	6.495	5.937	5.452	5.233	5.028	4.656	4.327	4.035	3.775	3.656	3.147	2.751	2.438	2.184	1.976
12	11.26	10.575	9.954	9.385	8.863	8.383	7.536	6.813	6.194	5.66	5.42	5.197	4.793	4.439	4.127	3.851	3.725	3.19	2.779	2.455	2.196	1.984
13	12.13	11.348	10.634	9.985	9.393	8.852	7.903	7.103	6.423	5.842	5.583	5.342	4.909	4.532	4.202	3.912	3.78	3.223	2.799	2.468	2.204	1.989
14	13	12.106	11.296	10.563	9.898	9.294	8.244	7.366	6.628	6.002	5.724	5.467	5.008	4.61	4.264	3.961	3.824	3.248	2.814	2.477	2.209	1.993
15	13.87	12.849	11.937	11.118	10.379	9.712	8.559	7.606	6.81	6.142	5.847	5.575	5.091	4.675	4.315	4.001	3.859	3.268	2.483	2.213	1.995	
16	14.72	13.577	12.561	11.652	10.837	10.105	8.851	7.822	6.973	6.265	5.954	5.668	5.162	4.729	4.356	4.033	3.887	3.283	2.833	2.488	2.216	1.996
17	15.56	14.291	13.166	12.165	11.274	10.477	9.121	8.021	7.119	6.372	6.047	5.748	5.222	4.774	4.39	4.059	3.909	3.294	2.839	2.491	2.218	1.997
18	16.4	14.992	13.753	12.659	11.689	10.827	9.371	8.201	7.249	6.467	6.127	5.817	5.273	4.812	4.418	4.079	3.927	3.303	2.844	2.494	2.219	1.998
19	17.23	15.678	14.323	13.133	12.085	11.158	9.603	8.364	7.365	6.55	6.198	5.877	5.316	4.843	4.441	4.096	3.942	3.31	2.847	2.495	2.22	1.999
20	18.05	16.351	14.877	13.59	12.462	11.469	9.818	8.513	7.469	6.623	6.259	5.928	5.352	4.869	4.46	4.11	3.953	3.315	2.85	2.497	2.22	1.999
21	18.86	17.011	15.415	14.029	12.821	11.764	10.016	8.648	7.562	6.686	6.312	5.973	5.383	4.891	4.475	4.121	3.963	3.319	2.851	2.497	2.221	1.999
22	19.66	17.658	15.936	14.451	13.163	12.041	10.2	8.771	7.644	6.742	6.358	6.011	5.409	4.909	4.488	4.129	3.97	3.322	2.853	2.498	2.221	1.999
23	20.46	18.292	16.443	14.856	13.488	12.303	10.371	8.883	7.718	6.792	6.398	6.044	5.432	4.924	4.498	4.137	3.976	3.325	2.854	2.498	2.221	1.999
24	18.913	16.935	15.246	13.798	12.55	10.528	8.984	7.784	6.835	6.433	6.072	5.45	4.937	4.507	4.142	3.981	3.327	2.855	2.499	2.221	1.999	
25	22.02	19.523	17.413	15.622	14.093	12.783	10.674	9.077	7.843	6.872	6.464	6.097	5.466	4.947	4.513	4.147	3.984	3.328	2.855	2.499	2.222	1.999
26	22.8	20.121	17.876	15.982	14.375	13.003	10.809	9.16	7.895	6.906	6.49	6.118	5.48	4.956	4.519	4.151	3.987	3.329	2.855	2.499	2.222	1.999
27	23.56	20.706	18.327	16.329	14.643	13.21	10.935	9.237	7.942	6.935	6.513	6.136	5.491	4.963	4.524	4.154	3.99	3.33	2.856	2.499	2.222	1.999
28	24.32	21.281	18.764	16.663	14.898	13.406	11.051	9.306	7.984	6.96	6.533	6.152	5.501	4.969	4.528	4.156	3.992	3.33	2.856	2.499	2.222	1.999
29	25.07	21.844	19.188	16.983	15.141	13.59	11.158	9.369	8.021	6.983	6.55	6.165	5.509	4.974	4.531	4.158	3.993	3.331	2.856	2.499	2.222	1.999
30	25.81	22.396	19.6	17.292	15.372	13.764	11.257	9.426	8.055	7.002	6.565	6.177	5.516	4.978	4.533	4.16	3.995	3.332	2.856	2.499	2.222	1.999
40	32.83	27.355	23.114	19.792	17.159	15.046	11.924	9.779	8.243	7.105	6.641	6.233	5.548	4.996	4.543	4.165	3.999	3.333	2.857	2.499	2.222	1.999
50	39.2	31.423	25.729	21.482	18.255	15.761	12.233	9.914	8.304	7.132	6.66	6.246	5.554	4.999	4.545	4.166	3.999	3.333	2.857	2.499	2.222	1.999

國家圖書館出版品預行編目（CIP）資料

工業管理與行銷 / 劉金文 主編. -- 第一版.
-- 臺北市：財經錢線文化, 2019.10
　面；　公分
POD版

ISBN 978-957-680-390-1(平裝)

1.工業管理

494　　　　　　　　　　　　　　　　108017275

書　　名：工業管理與行銷
作　　者：劉金文 主編
發 行 人：黃振庭
出 版 者：財經錢線文化事業有限公司
發 行 者：財經錢線文化事業有限公司
E-mail: sonbookservice@gmail.com
粉 絲 頁：　　　　　網　址：
地　　址：台北市中正區重慶南路一段六十一號八樓815室
8F.-815, No.61, Sec. 1, Chongqing S. Rd., Zhongzheng Dist., Taipei City 100, Taiwan (R.O.C.)
電　　話：(02)2370-3310　傳　真：(02) 2370-3210
總 經 銷：紅螞蟻圖書有限公司
地　　址：台北市內湖區舊宗路二段 121 巷 19 號
電　　話:02-2795-3656 傳真:02-2795-4100　網址：
印　　刷：京峯彩色印刷有限公司（京峰數位）

　本書版權為西南財經出版社所有授權崧博出版事業有限公司獨家發行電子書及繁體書繁體字版。若有其他相關權利及授權需求請與本公司聯繫。

定　　價：500元
發行日期：2019 年 10 月第一版

◎ 本書以 POD 印製發行